ZHONGGUO MEIXUE JIANSHI

中国美学简史

朱志荣　主编

图书在版编目(CIP)数据

中国美学简史/朱志荣主编. —北京:北京大学出版社,2007.2
ISBN 978-7-301-10738-6

Ⅰ. 中… Ⅱ. 朱… Ⅲ. 美学史－研究－中国－高等学校－教材
Ⅳ. B83-092

中国版本图书馆 CIP 数据核字(2006)第 053950 号

书　　　名：中国美学简史
著作责任者：朱志荣　主编
责 任 编 辑：张雅秋
标 准 书 号：ISBN 978-7-301-10738-2/B・0365
出 版 发 行：北京大学出版社
地　　　址：北京市海淀区成府路 205 号　100871
网　　　址：http://www.pup.cn　电子邮箱：pkuwsz@yahoo.com.cn
电　　　话：邮购部 62752015　发行部 62750672　编辑部 62752022
　　　　　　出版部 62754962
印 刷 者：北京汇林印务有限公司
经 销 者：新华书店
　　　　　　650mm×980mm　16 开本　27.5 印张　461 千字
　　　　　　2007 年 2 月第 1 版　2008 年 5 月第 2 次印刷
定　　　价：34.00 元

未经许可,不得以任何方式复制或抄袭本书之部分或全部内容。
版权所有,侵权必究
举报电话:010-62752024　电子邮箱:fd@pup.pku.edu.cn

本书编著者

绪论：朱志荣；
第一章（史前至夏商西周的审美意识）：朱志荣；
第二章（春秋战国美学）：朱志荣；
第三章（秦汉美学）：朱志荣；
第四章（魏晋南北朝美学）：祝菊贤；
第五章（隋唐五代美学）：王耘；
第六章（宋金元美学）：史鸿文；
第七章（明代美学）：史鸿文；
第八章（清代美学）：徐林祥；
第九章（现代美学）1—4节：侯宏堂；
第九章（现代美学）第5节：朱志荣。

目录

绪论 /1
    第一节　中国美学的历史变迁/1
    第二节　中国美学的基本特征/8
    第三节　中国美学史的研究方法/16
    第四节　中国美学史的当代价值/19

第一章　史前至夏商西周的审美意识/21
    第一节　史前审美意识/21
    第二节　商代审美意识/38
    第三节　西周审美意识/54

第二章　春秋战国美学/64
    第一节　儒家美学/65
    第二节　道家美学/84
    第三节　其他美学/98

第三章　秦汉美学/113
    第一节　秦代美学/114
    第二节　汉代美学/122
    第三节　《淮南子》的美学/135
    第四节　儒家美学的拓展
        ——董仲舒及《毛诗序》的美学思想/140
    第五节　屈骚美学思想的拓展
        ——司马迁及关于屈原作品争论中的美学思想/146
    第六节　汉代书法理论中的美学/151

第四章　魏晋南北朝美学/157
    第一节　魏晋玄学与美学/157
    第二节　魏晋南北朝的自然美学/166

第三节　魏晋南北朝的生命意识/170
第四节　魏晋南北朝绘画美学/175
第五节　魏晋南北朝音乐美学/181
第六节　魏晋南北朝文学美学/185

第五章　隋唐五代美学/198
第一节　隋唐五代美学概述/198
第二节　隋代美学/199
第三节　唐代诗文美学/202
第四节　唐代书法美学/209
第五节　唐代绘画美学/223
第六节　唐代佛学美学/231
第七节　五代美学/235

第六章　宋金元美学/239
第一节　宋金元艺术、文化思潮及其对美学的影响/239
第二节　宋金元美学的整体演进/248
第三节　宋金元音乐美学/255
第四节　宋金元书法美学/258
第五节　宋金元绘画美学/263
第六节　宋金元诗文美学/272

第七章　明代美学/281
第一节　明代美学概述/281
第二节　明代美学的新变/287
第三节　明代绘画美学/295
第四节　明代书法美学/299
第五节　明代园林美学/303
第六节　徐上瀛《溪山琴况》的音乐美学/309
第七节　明代小说、戏曲和诗文美学/314

第八章　清代美学/321
第一节　清代美学概述/321
第二节　清代诗歌散文美学/323

第三节　清代小说戏曲美学/338
　　第四节　清代书法绘画美学/348
　　第五节　刘熙载的文艺美学思想/358
第九章　现代美学/370
　　第一节　现代美学概述/370
　　第二节　王国维美学思想/381
　　第三节　朱光潜美学思想/390
　　第四节　宗白华美学思想/396
　　第五节　李泽厚美学思想/405
　　第六节　蒋孔阳美学思想/416
后　记/431

绪　论

中国美学史是中国学者以西方美学为参照坐标,从中国传统思想资源中梳理的结果。与西方一样,中国早在两千多年前的轴心时代就已经有了对于审美问题的零星看法。长期以来这些看法日渐丰富,并形成了自己的传统,只是在中国近代以前没有得到规范、总结和西方式的学理化而已。在中国传统的哲学思想里,包含着中国古人对审美问题的见解,对道器、道艺的见解。在文学艺术理论和批评里更是有着丰富的美学思想。宗白华先生曾说:"中国古代的文论、画论、乐论里,有丰富的美学思想的资料,一些文人笔记和艺人的心得,虽则片言只语,也偶然可以发现精深的美学见解。"[①]这些思想反映出中国人在审视问题的角度和方法等方面与西方有相同之处,也有不同之处,对于西方曾经忽略了的一些审美问题,中国古代的学者也提出过一些精湛的见解。中西方在审美趣味等方面的明显差异,也体现在作为理论概括的美学思想中。无论是相同还是相异,中国美学在一定程度上与西方美学是互补的,中国美学的独特性对世界美学的发展无疑具有着重要的推动作用。

第一节　中国美学的历史变迁

中国古代审美思想的演进和发展,始终与每个时代的哲学思想和艺术理论相伴,但毋庸置疑的是,儒家思想和道家思想作为中华文化的两大思想源头,几乎参与了每一时代的美学思想的酝酿、形成和发展,并使得中国古代美学思想的内涵保持了自身的民族特性,而外来文化与每个时代诞生的

[①]　《漫话中国美学》,《宗白华全集》第三卷,安徽教育出版社1995年版,第391页。

新的哲学思想,特别是佛学思想等,则激活了每个时代美学思想的民族内涵,推动了中国古代美学思想的创新与发展,从而使得中国古代美学既具有鲜明的民族特色,又具有独特的时代特色。

从中国美学史变迁历程的实际出发,我们可以将中国美学史的历史变迁划分为四个时期:史前夏商周秦汉时期作为上古时期,为萌芽兴起期;魏晋南北朝隋唐五代时期作为中古时期,为发展期;宋金元明清时期作为近古时期,是中国美学的转型期;20世纪以来,则是中国美学的新变期。尽管按朝代来对中国美学的发展进行分期,未必能贴切地体现审美意识和美学思想自身发展变迁的特征,但是考虑到研究和协作撰写时章节划分的便利,我们还是大体以朝代来划分。

一 萌芽兴起期

中国早期文明,尤其是旧石器时期至西周的文明,由于缺乏直接和丰富的原始文献资料,我们尚无法对之做学理上的考究,而只能依据考古发现的文物遗存,依据先民生产和生活的思维及心理特点,采取一种对话性的方式来发掘和再现其原生态的审美文化。这一时期,虽然完整而系统的审美思想还未形成,但先民们朴素而原始的审美意识却异常丰富,并且他们的审美体验与其劳动实践、器物创造是浑然一体的。透过旧石器时代至西周时代的石器、玉器、陶器和青铜器等工艺品遗存,我们依稀可见蕴含于其中的审美意识的历史变迁。

中国最原始的审美意识,最初在旧石器时期先民的身体进化和劳动实践中得以酝酿,继而在他们的器物制作中,尤其是石器的多样化造型中得以物化,实现了主观的审美形式感和审美情感同客观的人造物的结合,原始自发的审美活动得以发生;到了新石器时代,中国原始的审美意识在先民的生产和生活经验中进一步演化,他们也开始了自觉的审美活动,具体表现为这一时期陶器和玉器的制作在注重造型的同时,也追求纹样和图案的装饰作用,实用性与审美性并重,有的甚至更加追求装饰的表意性功能,形成了多样统一的审美风格。进入夏商周时代之后,则出现了丰富多彩的青铜文明:夏代的九鼎铜爵、商代的青铜饕餮以及西周的钟鼎铭文以庄严、肃穆的艺术风格取代了朴素、自然的审美取向,将原始的审美意识推向了新的高度,也为即将到来的春秋战国时期的美学思想的诞生奠定了坚实的物质和心理基础。

春秋战国是中国美学的奠基时期,以儒家和道家美学为代表。孔子是儒家美学的创始人,孔子的美学思想体现了政治、伦理、美学的统一。如孔子提出"尽善尽美"、"文质彬彬"、"兴于诗、立于礼、成于乐"等审美观念,体现了礼乐相成、美善合一的审美理想。另外,在人生境界上,孔子一方面追求"从心所欲不逾矩"的独立自由,另一方面又追求自强不息的进取精神,如"三军可夺帅也,匹夫不可夺志也",体现了合规律性和合目的性的统一。孟子是儒家美学的主要代表,更强调内心修养,他认为"充实之谓美",而这种审美理想是通过"养浩然之气"实现的。孟子主张性善论,在此基础上强调美感的共同性。在文艺观上,孟子提出了"知人论世"、"以意逆志"说,对后世影响很大。荀子作为儒家美学的后期代表,既注重顺天,又强调后天的努力,既主张"虚一而静",又主张君子以"全粹为美",并提倡繁丽和奢华。

道家思想以老子和庄子为代表。老子的自然观作为审美的最高理想,对中国传统的文学艺术产生了广泛的影响。他的"大音希声"说和"大象无形"说,认为优秀的艺术超越了物质形态的"声"和"形",成就了感性的审美境界。而他的"虚静"说与"涤除玄鉴"理论,则通过庄子对后世产生了深刻的影响。他的"有无相生"理论对后代艺术理论中的动静相成、有无相生等观点,也有广泛的影响。庄子发展了老子的自然观,提出顺任自然、由技进道的"游心"境界。他的"得意忘言"、"言不尽意"等思想,最终指向大美不言的胜境。

《周易》作为肇始于商末周初、在战国时期完成的《易传》中得到充分展开的上古经典,系统阐释了"天人合一"的思想,体现了阴阳化生的生命意识,具有比兴特征的诗性思维方式,本身就体现了审美功能,对中国古代的诗歌和其他艺术产生了深远的影响。其中的"易象"理论及其"观物取象"、"立象尽意"的思想,对中国古代的意象学说产生了根本性的影响。《考工记》作为中国第一部工艺美术著作,阐述了工艺创造中"天人合一"的原则,并从色彩等方面阐述了五行相生的思想,对纹饰的仿生性和虚实相生的创构思想,结合具体的工艺创造,进行了阐释。《乐记》作为中国第一部系统的音乐理论专著,从音乐的产生、功能、性质、方式和效果诸方面论述了音乐缘情、和谐和"以道制欲"等方面的内在规律。

秦汉时期是中华民族走向"大一统"的时期,秦汉美学是对先秦诸子美学的整合,又在新形势下对中国美学思想作了进一步的拓展。秦汉美学有以下特点:一、秦汉美学受道家宇宙观的影响,把审美与宇宙的统一性联系起来,同时还受到儒家思想的影响,又兼收墨、名、法、兵、农各家,是对先秦诸子美学的概括和综合,如《吕氏春秋》、《淮南子》、《诗大序》等秦汉时期的著作对儒道各家都有不同程度的继承和发展。二、秦汉时期的美学思想还没有摆脱原始巫术观念的影响,日常生活的审美观往往表现为一种吉凶观。汉初,黄老思想流行,后儒家思想盛行。儒学经历了一个"儒学经学化,经学谶纬化"的过程。受经学思想影响,汉代美学具有一种气象庞大、风格繁丽的时代审美特征。汉大赋、汉建筑和石雕是其代表。另外,汉代后期谶纬思想流行,为此,王充提出要"疾虚妄"。三、围绕对屈骚的评价,自淮南王刘安始,司马迁、扬雄、班固、王逸等展开种种争论,司马迁对屈原的人生遭际感同身受,对其伟大的人格给予极高的评价,在此基础上提出"发愤著书"说,打破了儒家"中庸之道"的美学理想。四、秦汉时期书法艺术走向独立,并出现了一些对后世影响深远的书法理论,如扬雄提出著名的"心画"说,许慎提出"象形"说,崔瑗则有"观其法象"的观点,蔡邕提出"势"的审美范畴,并指出书法创作者的心志要"散",强调了书法与自然的内在联系。

二 发展期

魏晋南北朝时代,以《老子》、《庄子》、《周易》等"三玄"为阐释对象的玄学成为这个时代美学与艺术理论的哲学基础。玄学抨击名教、崇尚自然,其情性自然观催生了以情为本的审美观的确立。玄学清谈中的言、象、意之辩催生了意象理论,并为中国古代美学的核心范畴——意境理论奠定了基础。玄学的基本概念"道"、"玄"、"无"对审美直觉体验理论启迪深远。玄学对宇宙本体的追求使魏晋南北朝美学富有形而上特色。玄学变化日新的发展观影响了南朝求新求变的美学思想。

在美学基本理论方面,魏晋南北朝时代奠定了中国古代以审美体验、审美感兴、审美形式的创造等为核心的基本美学风貌,揭示了审美活动贯通宇宙万物和主体生命,使得主体与宇宙韵律和谐运动的最高境界,确立了审美与艺术活动对于实现个体生命完善、不朽、超越、自由和享受的独立价值。重要范畴如虚己应物,触物兴感,神与物游,即物悟道,文气说,缘情绮靡说,性灵说,情景关系,情文关系,言、象、意关系,道与文,声律理论,形神关系,传神写照,气韵生动,自然,文质,神思,意象,风骨,神韵,滋味,通变,才,气,识,学等等,无不成为后代新的文艺美学思想的生发点。

魏晋玄学清谈中的人物品藻,达到了中国古代人物审美思想的最高水平;对于自然的审美,魏晋南北朝开创了中国古代系统的自然美理论;音乐、绘画、书法、文学等各个门类的美学理论在这时也得以建立。阮籍、嵇康的音乐美学思想,顾恺之、宗炳、王微、谢赫的绘画美学思想,王羲之、孙绰等人的自然美理论,陆机、刘勰、钟嵘的文学美学思想,都是这一时期美学思想的代表。

隋代是中国美学思想由魏晋南北朝向唐代转化的过渡期,南北文化开始整合,但由于国祚短促,整合的过程并没有真正完成,只呈现为过渡状态。诗文方面,隋朝出现过两次改革文风的活动,以李谔、王通为代表,但因其理论薄弱而未起多大作用;书法方面,隋代书法美学的代表人物为智永、智果,智永确立了"永字八法"的理论,智果注重汉字结构的平衡与变化的美学原则,体现出隋代书法美学思想有向强调书法"法度"发展的趋势;绘画方面,隋代最为鲜明的特色在于壁画的大量出现,但就绘画理论而言,由于时间的短促,并未出现绘画美学专著,仅留下些只言片语。这一阶段的艺术创作领域和美学界都没有堪称大家的人物出现,作品数量不多,题材、风格单一,流派并未形成,所以,隋代美学在中国美学史上的意义极为有限。

唐代是中国美学史走向成熟的建构期。唐代佛学堪称中国佛学的精华,对中国美学乃至中国文化深层话语影响深远,尤其是禅宗。禅宗的此岸与彼岸、主体与世界的绝对合一取缔了前期各宗各派对于漫长奔赴道路的预设,使中国佛教在从崇拜走向审美的道路上突飞猛进。

唐代各门类艺术理论体系业已基本成形。唐代诗文美学思想璀璨夺目:孔颖达延续了儒家"诗言志"的美学思想主流;李白、杜甫糅合和渗透了儒、道两家思想系统以及形式美学风尚;白居易提出"美刺"说,秉承了儒家诗教传统;韩愈、柳宗元坚持文以明道,掀起风起云涌的古文运动;盛唐诗歌从"兴寄"到"兴象",体现了特有的诗美;司空图提出"象外之象"之意境观与"味外之旨"之诗味说,代表了晚唐诗歌美学理论的最高成就。唐代还是中国书法艺术开疆封域的伟大时代,颜真卿、柳公权、张旭与怀素等名家辈出,正楷、行楷、行草、草书等各体兼备;唐书法作品约可分为形、象、意三个层面,彼此之间又相互统构。唐书法"尚法",通过唐代书法家的创作,中国书法"法度"的格局已基本奠定;绘画方面,唐代画论以王维《山水诀》、张彦远《历代名画记》为代表,其中《历代名画记》纵横开阖,体大思精,是中国历史上第一部绘画通史。唐代文人画强调写意,崇尚自然,张扬个性,对于中国绘画史影响巨大。乐舞方面,唐代乐舞较前代更为丰富,体现在佛教音乐的兴起、西域乐舞的传入、民间曲子的流行、燕乐的发展和新乐府运动的出现等方面,但就乐舞美学而言,隋唐五代的乐舞理论并不突出。

五代十国是中国历史上一段较为混乱的时期,其美学思想显得较为苍白和单薄。五代时期的诗文代表作家有西蜀《花间集》的作者群以及南唐李璟、李煜、冯延巳等。其中《花间集》所表现出来的是当时的一种追求轻艳淫靡的风尚,温庭筠、韦庄亦写闺阁,但多少有了些女性身姿之外的内心生活。五代时期的诗文理论曾出现过两种理论导向,一是强调文学的政教化以至功利化,二是体现为五代时期诗文美学最重要特征的缘情说。缘情说又分为滥情和真情两支。西蜀文论重于滥情,而南唐文论重于真情。五代是一个禅学入于书学的时代,一大批僧人具有深厚的书法造诣,把禅的精神带入了书学,如贯休、亚栖、奢光、吴融居士等。在绘画上,荆浩的《笔法记》是唐代画学走向宋代画学的标志。五代美学思想既带有唐代美学的印迹,也拓展了唐代美学的思路,远承魏晋美学,终于酝酿出宋代美学的思想脉络。

三　转型期

宋金元时期的艺术创作和文化思潮呈现出日益内省化和义理化的特点。宋金元美学虽然和唐代美学一样,重视对艺术和自然的审美鉴赏而轻视哲理性学说建构,但仍然有很多学者从对艺术和自然的感悟中生发出了一些有普遍意义的美学命题和美学学说,如"外游论"与"内游论"、"以我观物"与"以物观物"、"诗中有画"与"画中有诗"等等。宋金元艺术创作在意境的成熟中蕴涵着飘逸之气;宋代理学思潮的兴起,使得传统儒学在义理化的层次上达到了一个新的高度;与此同时,传统隐逸文化也在宋金元时期有所发展。

这一时期,就各门类艺术美学而言,音乐主要涉及字声关系、情律关系、音乐表演的美学问题及其艺术境界等;书法尚韵、尚意,反对"束于法"、"拘于法",提出了"无法之法"的见解,同时注重意境的空灵之美,强调"适意"、"乐心"的审美愉悦与娱乐消愁的作用,并高扬以人论艺、以艺喻人的传统。宋金元绘画美学将"逸格"视为画格之最高境界,苏东坡论画形理并重,强调神似。山水画理论以郭熙、郭思父子的《林泉高致》中的《山川训》最为著名。在审美意象的营构问题上,苏东坡提出了"成竹在胸"与"身与竹化"两个命题。宋人强调画家要多角度、立体、全景式地观察事物,提出"以大观小"的主张,并追求"远"的美学境界;文学方面,高扬文道"两本"的观念,推崇自然与平淡的风格,重含蓄、余蕴、韵味和言外之意。另外,以禅喻诗是宋金元美学思想的一大特色,以严羽的《沧浪诗话》为代表。

明代的文学艺术理论与明代心学相呼应,明代前后七子以复古为口号,强调兴寄,反对宋人以议论为诗的非审美倾向。唐宋派文人强调直抒胸臆,提倡本色自然,并遗貌取神,注重作品的内在生命力。到明代后期,随着市民文化的兴起,个性解放思潮的汹涌澎湃,徐渭倡导本色与自然,对戏曲、小说给予了相当的重视,理学受到了根本性的冲击,文学主张充满了清新浪漫的情调。李贽以人为本,强调发乎情性,由乎自然,要求艺术家具有纯真的童心。汤显祖则从戏曲的角度,提倡文以意趣为主,强调性灵、灵气和情感。到公安派的袁氏三兄弟,则要求作品有自家本色,反对为格套所拘,反对复古,崇尚个性和对时代精神的表现,强调艺术作品要有自然之趣。

明代思想在其早期虽有以理节情的一面,后期的艺术实践也有对人欲横流津津乐道的一面,但其整体趋向,乃是引发了个性伸张和审美趣味的市民化倾向,使得经典的审美理论受到了一次冲击和震撼。伴随着明代政治制度和社会经济秩序的变更,人性解放和个体自由成为时代主题。相应地,明代美学除了在总结中拟古守旧,更多的是在探索中革旧创新。

清代对以往各文艺门类的美学思想都进行了深入的探讨和系统的总结。诗歌散文美学方面,中国古代诗文创作与理论发展在清代达到了新的高潮。王夫之的诗歌美学思想,标志着中国诗歌美学发展史上"言志"与"缘情"两股思潮的汇合。散文美学方面,姚鼐是桐城派影响最大的代表作家和文学理论的集大成者。小说戏曲美学方面,以金圣叹为代表的清代小说批评家,比之前代,更看重小说自身的特殊性,反映了清代小说理论对审美特性的重视。李渔的《闲情偶寄》第一次系统地从"戏"的角度来研究戏曲艺术自身的规律,构成了一个较完整的体系,在中国美学史上,这是前无古人的。绘画、书法美学方面,石涛的《画语录》是中国绘画美学著作中最为重要的著作,他从哲学的高度揭示了以山水画为代表的中国画的美学本质,并阐明了中国画家如何在艺术创作活动中获得自由这样一个根本问题,从而将古典画论提升到前所未有的高度。书法美学方面,康有为《广艺舟双楫》最有美学价值的地方是对阳刚之美、崇高之美的竭力张扬。刘熙载完成了对中国古典文艺美学的总结。他以自己深厚的学识根底和博大的精神力量,融会贯通,夺胎换骨,使中国古代积淀的重要的文艺美学思想都向形而上的高度超越,从而使中国古典美学得到最充分的发展与完善,为中国美学的转型和新变做了准备。

四　新变期

中国在近代以前的五千年文明史里，虽有悠久的审美意识史和丰富的美学思想，但并不存在科学的、严格意义上的"美学"。中国有"美"有"学"的历史，要到20世纪初年才算真正开启。"美学"在中国，其诞生主要是19世纪末20世纪初"西学东渐"的产物，其发展主要是中西学术文化与美学思想激情碰撞、初步交融的成果。

中国现代美学大体可以分为三个时期：20世纪初的美学启蒙及其学科创建时期，三四十年代的中国现代美学奠基和中国马克思主义美学诞生时期，20世纪后期的"实践论美学"在论争中不断发展的时期。在中国现代美学的百年进程中，成就最卓越、地位最崇高、影响最深远的是四大美学家，即王国维、朱光潜、宗白华和李泽厚。王国维的美学启蒙及其悲剧、境界理论中所体现的中西美学融合之初步尝试，朱光潜对西方美学的翻译介绍、批判综合以及他在美学研究中所体现的心理学方法与向度，宗白华对中国美学与艺术的精深微妙的体验、把握以及他在艺术境界理论的建构中所体现的中国美学的本土立场，李泽厚美学研究中的体系意识、哲学高度以及他在实践论美学中所体现的对马克思主义哲学的深刻理解与重新阐释，共同为中国美学现代体系的构建和21世纪的重新发动奠定了坚实而厚重的理论基础。

回望百年中国美学的现代进程，我们看到，中国现代美学家的努力与探索，取得了令世界瞩目的丰硕成果。但是，我们又不能不清醒地认识到，中国美学由古典而现代的转型还远远没有完成，富于民族特色的中国现代美学体系的真正构建还有待于新世纪中国美学家们继往开来的学术努力与创新。

第二节　中国美学的基本特征

与哲学和文学艺术理论一样，中国美学在思维方式、范畴和研究方法等方面有着自己的特点，这些特点既有其可以与西方美学互补、值得全球美学界珍视的方面，也有一些需要扬弃或需要借鉴西方美学加以改造的方面；了解中国美学的基本内容，把握中国美学的思维方式、范畴和研究方法等，有助于我们对中国美学进行反思,知其然且知其所以然,也有助于纵横交错、史论结合地研究中国美学史。

一 思维方式

中国传统美学的思维方式有着独特特征。这种思维方式通过譬喻、连类和想象等手法,以诗意的情调体悟自然和人生,反映出体现生命意识的天人合一的思想和以人为中心的体悟特征,并且体现出和谐的原则。作为一种触及整个身心的活动,审美活动通过感物动情的诗意方式,体现了对象与主体身心的贯通——使全身心都获得一种愉快,并通过虚静的心灵,和特定的感悟方式使主体的生命进入崭新的境界。

中国传统美学强调独特的重感悟的思维方式。这种思维方式作为一种始终不脱离感性形态的直觉体悟,经由情的感动,通过类比和感兴,使得主体在物象中从生理到心理,乃至在生命本原的体道境界中能与自然及自然之道合而为一,从中体现出主体生命的创造精神。这首先表现为一种比兴的方式,即类比和感兴的思维方式。这种方式是主体先通过感知与审美对象发生联系,引景入心,然后感物而生情。主体将自己的情性、志趣寄托在所感受的物象中,心物感应,遂成就了审美的主体。所谓外感于物,内动于情,就是主体感知的事物通过想象、类比等加工,在想象力的作用下举一反三,衍生出相关的情感,创造出崭新的审美意象。从先秦开始有自觉意识的自然比德说,和从魏晋开始有自觉意识的畅神说,都反映了主体审美的比兴思维方式,体现了对象的特征与主体情调的对应贯通关系。

这种比兴的思维方式,使得主体的心灵受到了自然山水的感发,获得了升华,形成了一种使自然对象超越物质的障蔽成为独特的精神形态的传统。李仲蒙把比兴视为主体对自然山水体悟的两种思维方式,即借景抒情和即景生情(胡寅《与李叔易书》引,见《斐然集》)。其中比不只是艺术中的比喻方式,更是审美活动中比拟的体验方式。善用比喻,反映了中国古人审美的感受特征和思维特征。这使得主观情感投注到对象上,通过联想等方式丰富了感受的内涵,强化了感受的情趣。这种比类取象的方法被进一步运用到艺术观上。艺术品被视为一个有机的整体,仿佛是系统的、完整的人的外化。

在中国古代思想中,以自然比附社会文化的方式所形成的比德传统,把自然看成是德性的象征,乃是一种成熟的比喻文化。比德说认为,自然对象之所以美,是因为对象的某些自然特征与人的德性等精神品质有一定的相通之处,主体在观照它们的时候,以己度物,引发了特定的联想,将山水性情或特征与主体心灵贯通起来,使自然山水具有丰富的意蕴,从中获得审美享受,并藉以感发和提升自己。在感受者的眼里,自然成了道德的象征,构成了审美的境界。在现存文献中,这种比德思想最早来源于孔子。如"子在川上曰:逝者如斯夫,不舍昼夜"(《论语·子罕》),以滔滔不绝的流水与时光的流逝相比拟。刘向在《说苑·杂言》中,记载孔子以水为君子移情比德的对象,是天人合一思维方式的运用。后来孟子、荀子等均对此加以阐释、发挥,形成了一个比德理论的传统,并深深地影响了后世对自然的审美领悟。后世诗画中盛行的松竹梅兰菊等题材,均受比德思维方式的影响。

"兴"是感性物态直接感发主体的情意,引发丰富的联想和深切的体验。这是一种即兴的体验,包含着当下的灵感。"兴"发之时,眼前的景物便染上了人的感情色彩,欣赏者的情思和意趣正通过这种景物获得感性、具体的表现。因此,兴的感发是沟通物我、融合情景的欣赏方法,是依物生情,由自然引起的激荡和回应。它使得自然山水作为心灵的对应物,作为主体精神成就的对应物而存在。物象感动心灵,而兴会的灵感让我们豁然贯通,从对象中受到情感的激荡,在审美活动的瞬间,在忘我的刹那,实现物我交融。"兴"发之时,眼前的景物便染上了人的感情色彩,欣赏者的情思和意趣正通过这种景物获得感性、具体的表现。这是一种心物偶然相遇、适然相合的心理体验。通过兴的思维方式,主体在审美活动中即景会心、自然灵妙,有一种浑然天成、不着痕迹的特点。在审美活动中,主体感物兴情,兴以起情。感而能兴,是以主体的感慨和体验为基础的,是一种直觉体验。

自然之象与主观情意的融合,乃是通过比兴实现的。中国古代的诗歌以鸟兽草木比、兴,重视心物间的感应。孔子的"仁者乐山,智者乐水",通过比拟和譬喻的思维方式,从自然中寻求精神寄托,拓展自我的精神生命。人们从山水比德中获得欣悦;以自然特征与人的精神品质相类比,把自然看成人的特定心态的象征。在对人生的审美体验中,比兴具体表现为"以己度人,推己及人"。

中国古人特别重视审美活动中悟的特点。悟本意为心领神会,心解、了达就是一种透彻的领会。佛教禅宗则讲究了悟本心,由悟见性,通过悟来寻求生命的归依,是整个审美活动中体悟的写照。在审美活动中,悟是一种主客体沟通的思维方式。这是一种通过直觉、经神合到体道的审美体验,而这种体验又是在瞬间完成的。它以意会为基础,但又超越意会,既体验到对象,又把握到自我,包含着豁然贯通的觉醒。

在审美活动中,悟是通过对自然大化的生命精神的体验,通过对社会道德律令的比附贯通的把握,并且借助于内心的省思,主体对人生心领而神会,从而超越了现实的既定的人生体验,消解了自然规律与社会法则的对立,进入一种物我两忘的个体与社会、主体与自然之道的交融境界。悟使得诗情与物象交融为一,是一种即景而会心,或因景生情,或因情而触景,实现物我合一。这是一种物我之间由感而通的境界。悟是在景的感动下情感的激荡与生命的勃发。通过悟,人在审美中实现了物态人情化、人情物态化。通过妙悟,主体由感官感受到的感性对象,激发起内心澎湃的情思,由悟对而通神,使得心灵突破身观局限,超越现实的时空,由主体体悟自然之道,而使自我得以升华,从而神超形越,从了然于心进入到游心于道的化境之中,使大化精神汇入到个体的精神生命,从而创构出自由的人生境界。

"天人合一"是中国传统的农业文明的产物,但对于美学至今仍有着深刻的意义。天人合一是中国传统文化中的一个重要的核心命题。在审美的意义上,它体现了人们以人情看物态、以物态度人情的审美的思维方式。在中国传统的审美思想中,人与自然是统一的,万物生命间是息息相通的,处在相互对应的有机联系中,存在于统一的生命过程中,体现出生命的某种象征意义。天人合一的思维方式,体现了中国传统审美活动的独特特征和有机整体的思想方法,这对我们总结人类审美活动的基本特征,乃至将中国传统的文艺理论思想发扬光大,有着重要的理论意义和实践意义。

天人合一意味着对象与人不但被视为一体,而且使主体在审美体验中跃身大化,与天地浑然为一。天人合一的境界是一种天人和谐的境界,个体投身到自然大化中去,实现个体生命与宇宙生命的融合。人可与日月同辉,与天地并生。人参天地化育,反映了人对自然的积极回应和人与自然的亲和关系。在审美活动中,"天人合一"不是单纯的主体对自然之道的被动体现,而是主体对自然的能动顺应,从对天地自然的积极适应和相融协调中伸张自我,实现心灵的自由。

中国艺术既源自自然,又参赞化育,造于自然,以笔补造化,正是天人合一的一种表现。天人合一在人与自然亲密的基础上形成了一种相关的文化心理,这是人以诗意的情怀去体悟自然的结果,认为人与自然本为一体,是一种亲和关系。自然万物是愉情悦性的对象,人们可以从中获得身心的愉悦。中国美学正是从"天人合一"的生命情调中,即人与自然的亲和关系中寻求美。

二 范畴特点

中国传统的美学范畴既受到传统哲学等范畴的影响,也取自于现实的人生,以抽象的概念记录自己的直接印象。其中许多单体范畴相互结合,或主从修饰,或并列融合,构成了新的复合范畴。同时,中国传统的美学范畴还在借鉴外来范畴的基础上衍生了新的范畴。中国古代哲学和艺术批评中的范畴,如体现"天人合一"的思维方式和生命意识的气韵、风骨等,是中国古人对审美问题的独特的理论概括。他们将自然与人生感悟相贯通,尤其关注现实人生的价值。有的可与西方美学相互印证,有的则反映了中国人的独特贡献,与其他国家美学理论互补,对当代美学理论的建构有启发,应予重视和深化。

首先,中国传统美学范畴与哲学范畴是相贯通的。这些范畴深受中国传统的哲学体系的影响,在某种程度上,我们甚至可以说,中国美学范畴是中国古代哲学体系的有机组成部分。从有机整体观出发,中国传统美学将审美现象放在与宇宙自然、社会历史和人类的整个精神世界的广泛联系中进行考察,把审美现象看做一个由各种不同因素多层次结合在一起的有机体,看做一个生气贯注、血脉相通的生命整体。体现生命意识的"神"、"气"、"意"、"象"、"味"等思想都是受中国传统哲学影响的结果。受哲学思想的影响,中国传统美学思想还重视辩证方法,以形神、动静、虚实、意象、情景等范畴进行分析,有着非常自觉的对立统一意识。

其次,中国古代美学的范畴还体现了生命意识。中国古人认识到艺术作品不仅是人生命的体现和结晶,而且它本身的结构形式具有人的生命特征,艺术作品亦如人,有肌肤、骨骼、血脉、精神,是个生机盎然、有血有肉的生命体,是一种生气贯注的有机形式。它源于生命,在表现生命的同时,自身又获得了生命形式,并且以自身的生命形式而给人以无穷的美感。如"气",既是作品作为有机生命整体的气、作品的内在生意等,又是作为作品源头的作家内在气质、个性的气,这反映了中国古代美学对艺术作品的独特领悟;又如作为艺术风格的"风骨"范畴,其内涵也体现了中国美学的生命意识,描述作品由言辞表达出来的强健有力的感人风采。再如"神韵"一语,最早见于南朝,本是人物评品用语,意为人物的神采气度,如"神韵冲简,识宇标峻"(《宋书》卷六十六《王敬弘传》)、"神韵峻举"(梁武帝《赠萧子显诏》),

《全梁文》卷四)等，后来这些评品人物的话语被用于评画，南齐谢赫也以"神韵"论画，其意与"气韵"相近，诗论中的"神韵"是受画论影响的结果，如明代陆时雍《诗镜总论》、王渔洋等均以"神韵"论诗。

中国传统美学往往以生命喻艺术作品，或以植物评诗，如"根情、苗言、华声、实义"，或以人与动物喻诗，如神明、骨鲠、肌肤、声气，都是生命意识的体现。他们特别注重近取诸身，以人喻艺，以气、性论人，如气、才、性、情、志、骨、神、脉、文心、句眼、肌理、神韵等。归庄《玉山诗集序》："气犹人之气，人所赖以生者也，一肢不贯，则成死肌，全体不贯，形神离矣。"以人的生命作喻，如《文心雕龙·附会》："情志为神明，事义为骨髓，辞采为肌肤，宫商为声气"，把作品比做人体、生命、风骨。胡应麟《诗薮》云："诗之筋骨，犹木之根干也；肌肉，犹木之枝叶也，色泽神润，犹花蕊也。"吴沆《环溪诗话》也说："诗有肌肤，有血脉，有骨髓，有精神。"王铎《文凡》云："文有神，有魂，有魄，有窍，有脉，有筋，有奏理，有骨，有髓。"这些以人喻诗、喻文，将艺术生命化的观点，反映了中国古人对艺术审美特征的深刻认识。

第三，与生命意识相关的，中国传统美学还将自然感悟与社会特征贯通起来。如"味"本来是生理感官的传达，陆机则以"味"来比喻作品的艺术感染力。这是基于生理基础上的心理体验。他在《文赋》中说："或清虚以婉约，每除烦而去滥，阙大羹之遗味，同朱弦之清汜，虽一唱而三叹，固既雅而不艳"，即表达好的作品留给人的长久回味。刘勰在《文心雕龙》中也多次提到了"味"或"滋味"。钟嵘《诗品序》也在刘勰之后提出了五言诗的创作要有"滋味"。宋代的张戒、杨万里、严羽、朱熹等人，大都在陆机、刘勰、钟嵘的基础上既有继承，又有创新。

第四，中国传统美学范畴还借鉴了外来文化中的范畴，特别是佛教理论的范畴。如盛行于东晋南朝时期的佛教境界理论在借鉴玄学理论内核的基础上，对"境"和"境界"作了较为系统和深入的阐述，为意境说的产生提供了思想基础和思维方法。尤其佛教理论家们对"心"与"境"关系的论述与艺术意境理论的基本特征相契合，故影响更为广泛。在唐代佛教各宗派中，对"境界"理论作系统阐述并对意境说的形成产生影响的首推禅宗。禅宗吸取了唯识宗对"识"与"境"关系的论述，提出了"境界"观。自盛唐以后的诗论多有以"境"论诗的，很多受到了禅宗思想的影响，如殷璠《河岳英灵集》评王维的诗"一字一句，皆出常境"。一直到王昌龄《诗格》才对"物境"、"情境"和"意境"的内涵给予了界定，他把唐代山水田园诗人的诗趣与佛家的"境界"

相融合,从而加强了"意境"概念的内涵和风韵。正因为佛教思想和禅宗的影响,才使"意境"的内涵得到了延伸与拓展。

这些全然不同于西方美学的中国传统范畴,充分体现了中国古人对于对象的感性直觉体验,虽然有着缺乏知性思考和逻辑性的弱点,但超越了认识论对审美问题研究的局限,在对人生体验的感悟方面,契合于审美活动作为精神价值体现的独特性,重视了知性所不能剖析的审美的感性特征,使得美学学科体现出独特的美学精神。

三　理论形态

在美学的理论形态上,中国传统的美学思想常常通过直觉的方式对审美现象进行反思。与西方传统的分析方法相比,中国传统的思维方式更趋于综合,更具有人文情调。这是一种诗性思维,它始终不脱离感性形态,具有不即不离、若即若离的特征。中国古代的思想家们往往依靠敏锐的直觉体验,重领悟、重描述、重整体感受和印象,带有较多的直观性和经验性,对读者进行感性引导,富于启发性,多给人以启示,让人了然于心,在体验中获得共鸣,从中反映了中国古代美学思想的诗性内涵。对于艺术作品,中国古代的学者常常"寓目辄书",或比较,或比喻,或知人论世,或形象喻示,均为诗性话语,但遗憾的是它们缺少缜密的分析。具体表现在以下几个方面:

第一,中国传统的美学思想重视感悟和连类无穷的诗性表达,其美学思想自身就是诗意的、审美的。艺术批评如诗论,就有以诗论诗的传统。杜甫的《戏为六绝句》和《解闷五首》,白居易的《与元九书》等都是批评文体中的名作。韩愈的论诗诗,数量多,诗语奇,如《调张籍》用了一系列奇崛的比喻来状写李杜诗风的宏阔与雄怪,读来令人惊心动魄。司空图的《二十四诗品》更是运用优美的语言来评说诗人诗作和诗意诗境。其他如陆机的《文赋》、曹丕的《典论·论文》、欧阳修的《六一诗话》等本身就是文学艺术作品。

这是中国传统文化的基本特征决定的。中国上古时代的农耕文化造就了中国传统的诗性文明。农耕的生产方式,决定了中华民族特定的心理品质和思维方式。中国传统的美学思想之所以会走向与西方不同的诗性道路,就在于中国古代早期文化中所孕育出来的诗性智慧,同时也是儒、道、释共同作用的结果。中国艺术重赏会与妙悟,中国传统的美学思想与艺术思想也重赏会与妙悟,这种妙悟的方式本身也是诗意的方式。他们从创作和欣赏活动的切实体验出发,引发读者通过体验而共鸣。

第二，中国传统美学思想还具有具象性特征。中国传统美学思想常常以象喻义，具有暗示性和启发性。中国文字以象见义，象形会意的文字不但给中国文学带来了独特性，也给中国的学术带来了独特性。中国文字具有单体独文和表意性特征，在文法上没有主动被动、单数复数以及人称和时间的严格限制。涵喻的字词是流动的，随时相配而构成新的单元，不拘于宾主、人称等种种关系和要求，所以它多变、简洁、富有弹性。用它构成文学作品也富于暗示、朦胧的特性，同时，适于对情调、气氛的描写。这造成了美学理论中文学修辞的发达、诗文评论讲究炼字和炼句、散文评论讲求整齐和谐的俪偶和短长高下的气势的特点。这就导致中国美学理论比较重视感性，又超越于感性；基于具象，又超越具象；重体验，诉诸直观体验；重视心悟，以感性形象喻诗；通过生动的形象对对象加以表述，想象奇特、引譬联类，形象地表达了抽象的内容，如《二十四诗品》中常用"如"、"若"、"犹"、"似"来表达一些基本的审美特征。

第三，中国传统的美学思想本身也体现了生命意识。中国艺术特别是书画和文学等，为了能更好地表达出神韵来，常常用骨、气、血、肉、肌肤等加以描述，这无疑也是生命意识的体现。钟嵘《诗品》所谓"真骨凌霜"，明末清初宋曹所谓"用骨为体"（《书法约言》），沈宗骞所谓"画以骨格为主"（《芥舟学画编》）等，分别在诗歌、书法和绘画诸方面用骨来对作品作描述。荆浩《笔法记》称："笔有四势，筋、肉、骨、气。"唐岱《绘事发微》要求"骨肉相辅"，刘勰《文心雕龙·附会》云："必以情志为神明，事义为骨髓，辞采为肌肤，宫商为声气"，苏轼论书云："书必有神气骨血肉，五者阙一不能成书也"（《东坡题跋》卷上），张怀瓘论画云："象人之美，张（僧繇）得其肉，陆（探微）得其骨，顾（恺之）得其神。神妙无方，以顾为最"（《画断》)，等等，其他如风骨、气韵、风力、骨气等，均属生命系统的范畴。中国艺术常常追求"一片化机之妙"的境界，正是一种体现生命意识的体道境界。

第四，中国传统艺术具有重机能轻结构的特点。中国传统艺术注重的不是维纳斯式的结构比例，也不强调对形体的简单摹拟；对自然，对外界，既是亲近的，又是敬畏的。他们认为无需细腻地摹拟自然对象的形态，"论画以形似，见与儿童邻"（苏轼《书鄢陵王主簿所画折枝》），也不可能写出对象的逼真形态来。人们在这一点上，是不能与自然匹比的；而人之神态、气质，美丑好恶，又非摹形所能传达。"欲得其人之天"（苏轼《传神记》），必当重以传神，必当重其充盈的生气。于是，人们便从神，从风骨、气血、肌肤等生命力的表征上去谋求表现。中国艺术的所谓骨气血肉，也非肉体的现实，而是从功能角度去把握的。无物之象，无骨之肉，必不能立，更无风力可言。故画虽无骨，却处处见骨。字虽无血，却能墨中见血。无血则不生。至于肌肤，则更是神采的体现。故传统的艺术，轻形而重神，以神为中心，从机能的角度，以人比艺，将艺术视为一个生命的系统。

第三节　中国美学史的研究方法

中国美学既有与西方美学相印证的一面，又有对西方美学进行补充的一面，更有对世界美学丰富和启示的一面。这就需要我们在具体的研究中尊重中国美学史的本来面目，既不可以西方美学观念简单地取舍中国传统美学，对其进行同化，又不可用狭隘的实用观点，对其进行肢解。

第一，中国美学史有自己的学科疆域，它应当是美学的历史，而不应当是文化史或艺术理论史甚至风俗史等。我们主张中国美学和中国美学史研究，可以突破一些狭隘的理解，兼顾到理论与实践，但这并不意味着取消美学这一学科的基本边界。时下一些研究美学或中国美学史的著作，把中国美学和中国美学史的概念泛化了，以文化为美学的全部内容，以现实生活的一切内容为美学研究的对象，衣食住行，无所不包，在人格品评中美善不分，甚至以消费活动为审美活动，以动物性的感官快适为美感，这是对美学这个词的滥用，不但降低了美学学科的格调和品位，而且使美学学科成为无边的学科，最终会导致美学被解构，是美学和美学史研究中的一种堕落行为。我们要维持美学和美学史学科的严肃性，不能泛化美学史。中国美学史与西方美学史在研究内容和范畴体系等方面确实有着相当的差异，但这不是中国美学史没有边界的理由。尽管学术界包括美学界对审美和美学的对象和内容的界定还存在分歧，作为严肃的学术问题当然还可以讨论，但我们还是一定要将美学与文化等区分开来，而不能使美学失去定性。尽管我们可以从中国文化思想里提炼美学思想，但美学史本身必须尊重美学的基本学术规范，不能把美学同艺术学、伦理学混为一谈，更不能把它看成意识形态的附庸。中国美学史所讨论的基本问题应该而且必须是审美问题。我们应当尊重迄今为止美学前辈对美学和中国美学史学科研究的成果。

第二，中国美学史应当是中国美学理论与实践统一的美学史，而不应当只是美学理论史。中国美学史的资源既包括前人已经总结出来的理论内容,也包括尚待总结的感性材料,兼其形而上的思想资源和形而下的感性审美物态。整理古代学者的美学思想,是我们美学工作者的责任,而在古人的艺术(包括工艺)创造的实践中概括和总结他们的审美意识同样是我们的责任,而且更有难度,在某种程度上更有价值。我们应当超越局限于美学理论来研究美学史的思路,从更为广阔的视野中研究中国美学史。因此,研究中国美学史既要以已有的理论和思想为基础,又要在审美的感性形态尤其是艺术实践中对其进行概括和总结,不能把那些尚未归纳、总结,或归纳、总结得不够的审美现象搁置一边。这些艺术实践不但可以给我们提供印证已有理论和思想的基础,而且其中保留了丰富多彩的审美趣味和审美理想的标本。因此,我们要重视古代的优秀艺术品,重视出土文物,要以感性对象为基础。中国早期的器物、工艺、绘画、音乐、园林、建筑、文字和书法乃至社会制度等等具体的创造物和艺术作品,都显示了中国人独特的审美理想和审美趣味。由此而产生的相关的艺术理论和批评,体现了中国古人的审美理想和审美趣味。可以说,中国美学在中国哲学体系的背景下,更充分地体现在各门类艺术理论中,并对各门类艺术产生了深刻的影响。在此基础上,我们应该对中国美学史中的道与器、雕饰与自然以及雅与俗等范畴均给予足够的重视,使审美意识得到更全面的揭示。

第三,中国美学史在全球视野下,从内容到研究方法均应该具有鲜明的中国特色。因此,我们要反对不顾中国美学的实际,以西方的方法简单套用中国美学的做法,也反对用个人的思想去割裂中国美学史。既然美学作为一门学科是在西方诞生的,西方在美学学科上已经先行一步,积累了丰富的经验,那么用它们作为研究中国美学的参照坐标,是非常必要的,可以藉此看出中国美学的特点。同时尤其要重视比较的研究方法,在比较中能够更加深入地看到中国美学的特质。与西方美学相比,中国美学更重视技能效果,而轻结构形式。但西方美学只能作为参照坐标和比较的对象,而不能以西方的范式削足适履,不能以中国美学比附西方美学,更不能以西方美学肢解中国美学,因此就不能在中国美学范畴和西方美学范畴间简单地划等号,比如不能在天人合一和人化自然之间简单地划等号。过去那种用唯物主义、唯心主义作为主线去贯穿中国美学史,或是用现实主义、浪漫主义去划分文艺现象,都是不符合中国美学的具体实际的。中国美学史与西方美学史在美学史方面既有逻辑上的一致性,又有内涵上的差异性。中国美学史既有依托于中国哲学传统的独特的范畴系统,又与审美体验和艺术实践有着天然的联系。因此,它需要我们处理好中国哲学与中国艺术理论、中国艺术实践的天然关系。比如,中国美学高度地体现了生命意识,重视内在的肌理和功能的评价。诸如"气韵生动"不仅体现在各门艺术的评价中,也体现在对人物气度的评价中,乃至贯穿在整个中国美学中,而不像西方美学那样拘泥于黄金分割一类的形式规律。在思想形态上,中国美学更注重生动活泼的感性评点,表述主体的体验和感受,不同于西方的以理性逻辑论证为主。在文人和艺人的笔记、体会中,也有许多精湛的美学见解。

第四,个人对中国美学史的研究应该尊重客观事实,不能把美学史变成个人思想的注脚。个人可以有自己独特的视角和独到的研究方法,但必须尊重中国美学史这一具体、特定的对象本身,不能通过"六经注我"式的方法,在中国美学的史料中望文生义,断章取义,剪裁割裂,取其所需,甚至肆意歪曲,把中国美学史看成研究者个人观点的注脚,也不宜对中国美学史用当代的思想作过度阐释。个人对中国美学史的研究,只能从中发现真理,而不能借此发明真理。有些研究者从已有的经典出发,把美学史变成某一经典的注脚,也是"六经注我"的一种表现。经典也应该是规律的体现,应当在美学史中得到印证。中国美学史有自身的源流和自身的逻辑,其概念范畴也自成系统,既有其科学性和历史性,又有其特殊性和独立性。我们要直面中国美学史的历史史实,尊重中国美学史发展的逻辑线索,尊重中国美学史中的文本和审美现象,对其进行具体实证的研究。那种单纯用西方逻辑体系来解读中国美学史,或采用狭隘的实用主义方法,或把中国美学史套入现有的美学体系的做法,都是牵强附会的。如果说"六经注我"作为一种学术方法在论证过程中有它的可取之处的话,那么它至少在中国美学史这种历史科学的研究中,是不可取的。"六经注我"突显了研究者的历史意识,虽然也常有闪光的、独到的发现,但从根本上违背了美学史的客观规律。美学史的实证研究中并不反对理论创新,但理论创新需要奠定在历史意识的基础上。在中国美学史研究的历史与逻辑的统一中,历史应该是优先的,历史背景是逻辑的基础。美学史的研究有助于破除美学家心中先在的逻辑偏见和思想成见。对于中国美学史研究来说,尤其是目前来说,只能论从史出,而不能把美学史作为既有观点的注脚,否则会使中国美学史失去作为一种史学的自身价值。

第五,中国美学史研究应当体现出当代意识。中国美学和中国美学史作为一门独立的学科是现代中国学者参照西方美学建立起来的,是以现代学科意识和学科规范来对中国传统审美思想和艺术实践等进行梳理的结果。因此,中国美学史并不是材料的简单罗列,也不是古董的陈列,应该体现出新方法、新视野和新视角,尤其应该重视其当代意识和当代价值。这种当代意识首先在于它要有自觉的学科意识,从当代既定的学术规范来研究中国美学史。这就要求我们要按照国际通行的学术规范,将中国美学史的资源转化成在未来有生命力的、可以与西方和其他文化体系中的美学思想进行对话的美学系统,以当代的视角和全球化的视角去审视,从中实现现代学术体系的规范和要求与中国美学史的内在精神的统一,并且从史料中发现前人所未曾发现的线索和独特的思路,以便对其补苴罅漏,张皇幽眇,为当代的中国美学理论的基本建设作贡献。可见,中国美学史研究中体现当代意识与中国美学史自身实际并不矛盾,与中国美学史研究中的当代性与实用主义的"六经注我"式的美学史研究方法有着本质的区别。

在中国美学史的研究方面,宗白华先生是我们的楷模。他的《中国美学史中重要问题的初步探索》,充分表达了他对中国美学史独特特征的理解。他对中国古代哲学和工艺美术思想的阐释,对中国绘画、书法、音乐等艺术及批评的灵心妙悟,乃至对晋人风神的剖析,对雕饰和自然风格的强调,对虚实、骨力等范畴的重视等,都对我们后来的中国美学史的研究产生了或隐或显的影响。

第四节　中国美学史的当代价值

中国美学史对于当代美学理论的建构无疑具有活力和价值。中国史前和夏商周以降的石器、玉器、陶器和青铜器等器物的创造,其在造型和纹饰及构图章法等方面的探索,世代传承,不断发展;原始岩画、神话和诗歌乃至象形表意的汉字等,其观物取象、立象尽意的意象创构方式,需要我们从当代的视角加以总结和继承。中国古代哲学和艺术批评中的范畴,如体埌"天人合一"的思维方式和生命意识的气韵、风骨等,是中国古人对审美问题的独特理论概括。在理论形态上,中国传统美学思想有自己独特的致思特点,常常重直觉体验,以象喻义,体现了诗性的思维方式,具有具象性等特征,与西方美学的逻辑论证可以互补。

中国美学史不仅是世界美学遗产的重要组成部分,而且具有自身的独特性。中国古代对审美问题的丰富见解,有些与西方是可以相互印证的。

这是由于人类具有共同的生理机制和心理机制,"人同此心,心同此理",在审美活动中必然有着共同的特征,有着相似的反思与概括。同时,对某些共同的审美现象,中国古人会有一些不同于西方的独特的见解,或是独特的看待问题的视角。中国传统思想对审美基本规律的概括,揭示了人类审美活动的普遍规律,既可以印证西方美学的基本观点,还可以纠正一些西方理论中的谬误,补充西方美学基本理论所存在的盲点,它们与西方美学思想可以多元互补。当然另外也有一些中国古代的美学思想,是中国人在长期的审美实践中所形成的独特趣尚,这些现象及其理论上的反思和总结,是西方所不曾有的。其中有些内容具有普遍适用性,如果能够获得普遍接受,会丰富世界的美学宝库。

我们建构当代美学理论体系,必须继承中国美学史方面的优秀成果,必须具有历史意识。当代美学体系应该是整个人类审美思想发展的结果与延续,许多固有的基本范畴和理论系统都是历史地形成的。当代人的审美意识,是同整个人类审美意识发展史血肉相连、一脉相承的,是千百年来历史演变的必然结果。在任何时候,人类的审美意识和审美理论都不可能在短时间内发生一场彻底的变革,都不能割断历史,也不可能凭空发明一整套审美理论取而代之。

有些反映中国人独特的审美要求和愿望的思想,在中国范围内,或特定的时间内,具有其存在的合理性。但它们不应该只是属于中国的,更应该是属于世界的,它们应当有利于当代美学学科的完善。虽然许多中国传统美学思想是零散的、缺乏系统性的,但其内容确实是非常丰富的,对当代美学理论的建构具有相当的价值和启发性。中国传统的美学思想,是中国人独特的审美趣味与审美实践的理论概括和总结,抑或引导过、影响过中国人的审美趣味与审美实践。其理论概括既有人类审美活动的共性特征,又有民族的个性差异。它们是世界美学的重要组成部分,必将会对世界的美学思想产生重要的影响。因此,建立中国特色的美学理论,是继承中国传统美学宝贵遗产的需要,更是当代中国人对世界美学作出贡献的重要方式。

为了让中国美学史的资源在当代中国乃至世界范围内得到合理的运用,中国现代美学的先驱王国维、朱光潜和宗白华等一批美学家已经做出了不懈的努力,取得了卓越的成就,但是目前还很不够,现在需要有更多的中国学者乃至世界学者为中国传统的美学资源在当代美学理论建构中的运用做出努力。

第一章
史前至夏商西周的审美意识

中国古代审美意识悠久而灿烂的历史,在史前的舞台上已经初露端倪。旧石器时代以其原始的打制石器艺术开启了我国历史和文明的第一篇章,在原始实用性器物中孕育了中华先民们朴素的审美意识;新石器时代先民所制作的石器、陶器和玉器等工艺品,以及在这一时期孕育的原始神话传说,都是这一时期审美意识的载体;夏代在陶器和玉器的造型、装饰、工艺上较新石器时代有所发展,青铜器已被发明,主体的工艺创造意识也有所展露,许多具有独创性的器形和纹饰对商代及以后的器物产生了广泛而深远的影响。远古的审美意识在商代得以总结和保留。系统化的文字记载了商代人审美意识的轨迹,各种器皿中熔铸了商代人的审美趣尚和理想,并在后人的创造中得到了继承和发扬光大;到了西周,审美意识已经逐步形成某些理论形态,对春秋战国时期的美学思想,特别是先秦诸子的美学思想,产生了深刻的影响,是中国美学理论的源头。

第一节 史前审美意识

以打制石器为主要文化标志的旧石器时代,显露了先民们简朴的审美历程,细石器工艺所代表的审美特征是这一时期的最高成就。新石器时期,石器的装饰性逐渐成为器物造型的重要因素,原始神话显示出来的"以象表意"的审美思维方式将新石器时期的审美意识推向了一个新的高度。在审美风格的转换方面,夏代在新石器时代和商周之间起到了承前启后的衔接作用,由它开启的审美意识在商代得到了充分的继承和发展。

一　旧石器时期的审美意识

距今大约 250 万年至 1 万年以前的旧石器时代,以其原始的打制石器艺术开启了我国历史和文明的第一篇章。虽然相对于新石器时代和夏商周时代的陶器、玉器、青铜器等丰富的艺术品种类,磨制、抛光、铸造、镶嵌等精湛的制造工艺,种植业、畜牧业、手工业等多样的生产生活方式,旧石器时代的整体文化显得朴素而原始:他们的生活方式以狩猎为主,用打制的方法生产简单而原始的石器工具,并开始促成这些工具的形状与功用的统一,但正是这种旧石器时代的生产劳动和生产工具孕育了中国朴素的审美意识形态:审美性刚开始孕育于实用性并与之紧密地交织统一于原始器物的制造之中,后来才逐渐走上相对独立的发展道路,从而形成了中国审美意识的初始形态。

(一) 旧石器时代的审美历程

旧石器时代的石器造型,由原始的粗糙、随意,逐步变得相对均匀、规整,并日渐磨制光滑,钻孔和刻纹等装饰性技术也在制造工艺中不断得以凸现,这对于中国工艺美术的起源和审美意识的发展有着举足轻重的意义。那些保存至今的旧石器时代的骨蚌角器、岩画、石雕和红色的赤铁矿粉等原始遗物,乃是中国艺术和审美意识的重要源头,是先民们了不起的工艺创造,更是中国艺术的一丝曙光,其中的许多探索,对后世的艺术创造产生了深远的影响。邓福星曾提出,艺术的起源与人类的起源是同步发生的,"石器、骨器及大多数陶器等,虽然有一目了然的实用意义,但同时也体现着易被忽视的诸如对称、均衡、变化、节律等作为造型艺术千古不变的形式法则,以及质地、色泽、平整度、光洁度等方面的种种形式特征……人类的第一件工具是以后所有创造物的起点和最初形态,它包孕着人类在以后一切(精神的和物质的)创作活动中所有的最初要素,蕴涵着创作的思维和想象,也体现了并增进着创造实践的技能、技巧。在此意义上说,最初工具的制造和最早艺术品的产生是同一的创造"①。因此,中国的旧石器时代无疑已经有了原始而朦胧的审美意识,尽管它们起初与器物的使用和符号等功能糅合在一起。更何况到了后期,除生产工具以外的装饰品和工艺品也开始出现,

---

① 邓福星:《艺术前的艺术》,山东文艺出版社 1986 年版,第 7—9 页。

其审美意识逐渐摆脱了实用功能的束缚,得到了相对自由的解放。旧石器时代不同时期的器物造型和工艺技术的变迁,深刻体现了审美意识逐渐走向独立,展现了艺术风格演变的轨迹。

在旧石器时代早期,石制品的类型有石核、石片和砍砸器、刮削器、尖状器、石球等,造型的稳定性较差,出现的定型石器只有小型两面器。与此相对应,石器技术也反映了极其朴素的一面,多运用比较单纯的石片剥离技术和定型的大石器技术。此时的石器基本上是用于生产和生活的实用工具,其审美意识包孕在实用功能之中,还有待先民们在劳动实践中进一步酝酿才得以"临盆"。旧石器时代早期,先民们正是通过劳动实践,培养了早期的审美意识。

到了旧石器时代中期,石器器形出现了船底形石核、周边调整石器,以及小型爪形刮器、锯齿状石器等,石器技术也有了一定的进步,预制单面和转体石核的剥离技术、软锤技术开始出现,石叶生产也已萌芽,石器制作的分工日益明确。从新出现的石器形式和石片剥离技术来看,在总体上既体现了与早期劳动生产的连续性,又形成了新的合规律的形式要求,如节律、均匀、规整和光滑等。劳动工具和制作劳动工具的工艺技术中渗入了原始先民朴素的审美理想,实用功能和审美形式相互交织。这使得这一时期工具的造型和工艺呈现多样化的形态,成了后代审美意识的滥觞。

旧石器时代晚期,随着劳动经验的积累和生产方式的推进,原始先民在器物制造工艺、器物造型、艺术创作和意识形态等方面出现了革命性的变化。如石器制作技术走出了直接打击法的历史,而辅以间接打击法和压制法等新工艺,生产长石片和细石叶,并以此为毛坯制造石器,使得石器形式更加美观、规整,尤其是云南塘子沟出土的旧石器角锥,上面还留有简单的刻纹;广泛生产和使用复合工具,包括投矛器、弓箭、鱼镖等,使得石器工具的类型更丰富,形制更规则,形态更美观,制作更精细,分工更具体,地区分化更明显,技术与文化传统的更替演变也更为迅速。此外,其他半实用和非实用性器质种类也开始走进原始先民的生活。如北京龙骨山山顶洞遗址中保留着丰富的旧石器时代遗物:骨针针身圆而光滑,针尖圆润而尖锐,由磨制和刮挖而成;石珠用白色钙质岩石做成,表面光滑而且染上了红色的赤铁矿粉,中间打孔穿起做成头饰;还有用来佩带的穿孔兽牙、骨坠、骨管和海蚶壳,孔的边缘磨制光滑,有的孔内还残留红色的类似铁矿粉的颜料。宁夏灵武水洞沟遗址和河北阴原虎头梁遗址也出土了鸵鸟蛋皮扁珠、穿孔贝壳、管状骨扁珠和钻孔石珠等装饰品材料。"装饰"作为纯粹的审美形式在先民的生活中得以萌芽,他们"对形体的光滑规整、对色彩的鲜明突出、对事物的同一性(同样大小或同类物件串在一起)……有了最早的朦胧理解、爱好和运用"[①]。此时,原始的雕刻艺术,如刻划骨片、雕刻角柄、石雕人头像等也得以问世;岩画,尤其是西北和华北地区的岩画,如青海都兰县巴哈毛力沟岩画中的大象、内蒙古磴口县阿贵沟岩画中的大角鹿以及甘肃黑山岩画中的野牛,都以动物形象为原型,姿态各异,画面生动。这些都展示了旧石器时代晚期的审美意识,而这种原始朴素的审美意识正是借助这些生产和生活器物,尤其是装饰品的器物造型和制造工艺得以物化,从而逐渐走出实用的束缚,走上了相对独立的发展道路。

(二) 石器工艺的审美要素与审美风格

旧石器时代最主要的文化标志为打制石器,即远古人类将天然砾石打制加工成具有一定形状和功能的实用工具,诸如砍砸器、刮削器、尖状器、手斧、石锥、雕刻器等,以此来狩获与肢解猎物、采集植物果实和根茎、防身和加工制作其他材料的工具和用具,以满足生产和生活的需要。当然,这种打制石器又不仅仅是先民满足日常生活需要和生产实践的产物,其中还蕴含着先民们原始朴素的审美形式感和审美情感。在石器制作中,石料、技术以及人们对石器的预期就是形成旧石器时代石器的独特审美工艺的三个重要因素。因此,中国区域的石料素材特征,以及旧石器时代的打片、刮制和磨制方法,特别是当时人们对石料形制的预期、用途的预期、打制方法的预期和空间感的预期,对后世的形式感和审美意识的发展产生了重要影响。

首先,旧石器时代石器的素材特征蕴含着审美的因子。如石斧的原料,欧洲国家多用燧石,其硬度在 7—8 度,便于软锤技术修理,而中国燧石极少,故广西百色地区的石斧多"因地制宜","因料赋形",用当地的沙岩、硅质岩制作,其石斧也呈现为丰富多样的工艺造型。旧石器时代中期多以从转体石核和单台面石核上产生的石片作为素材,可塑性强,使得先民的审美期待得以充分物化,形成了独具特色的船底形石器和周缘调整石器,富于审美的形式感。随后,用于侧面调整的契形石核和船底形细石核也开始出现,进一步促进了细石叶技术的多样化发展,促成了石器的多样化的审美造型。

[①] 李泽厚:《美的历程》,天津社会科学院出版社 2001 年版,第 9 页。

其次,打片、刮制和磨制等工艺手法也闪现着艺术审美的光芒。软锤技术是旧石器时代石器打制工艺进步的主要标志之一,也是器物的审美形式得以定型的标志之一。所谓软锤技术就是以木、骨、鹿角或质软的岩石(如沙岩)作为打击锤来进行打片和修整石器的技术。它的应用使得较为精细的切割工具如手斧的出现成为可能,而手斧是在文化记录上最早出现的、制成正规类型的"正式"工具,对先民们审美理想的物化起到了重要的推动作用。阿舍利手斧保存着一块海菊蛤的化石,而且这个贝壳化石被精心地规划在石器的中央,在整个打制过程中被完整地保存下来。手斧的选料、设计与制作无可辩驳地展示了几十万年前的直立人已经有了自发的审美意识。百色石斧的发掘证明了80万年前生活在中国的古人类制作工具的技术与非洲的古人类一样成熟,具有西方阿舍利技术特征,在某种程度上宣布了"莫氏线"理论的死亡,是百色早期人类智慧的结晶。此外,锐棱砸击法、石刃技术、细石叶技术、磨制和穿孔技术进一步丰富了石器的审美造型,也使得旧石器时代先民的审美形式感得以物化,审美情感得以间接地表达。

最后,人们对石器造型的期待体现了旧石器时代先民朴素的审美意识与审美理想。当时的中国人对自然和劳动中节奏、韵律的领悟与创构,对石器造型潜在的对称、均衡等形式规律的自发意识,正包含在他们的心理期待之中,并且有着朴素而自发的特点。如先民们制作球状或类似球状的石球用于狩猎,制作前端尖锐后端厚实的砍砸器用于生产,还有福建平和县发掘的尚不完全成形的旧石器时代晚期的石雕也模仿人头造型。当然,这些只是先民们审美意识和审美理想的隐形层面,而石器制作的打制方法和刮、挖、磨等装饰技术,才为心理预期的实现奠定了现实的物化基础,并为后世的艺术创造积累了经验,成为历代工艺品审美制作的渊源。

在以上影响石器造型的三个审美因素的共同作用下,旧石器时代石器也形成了自身独特的审美风格。由于气候、自然条件和地理环境的不同,先民们使用的生产工具也随之各异,从而导致了旧石器时代各地区文化面貌和文化区系的差异,在这种多样化审美意识指导下制造的石器自然也形成了多样化的审美风格。贾兰坡等提出的华北旧石器的两大传统,即以大石片砍砸器和三棱大尖状器为特征的"大石片砍砸器——三棱大尖状器传统"与以不规则小石片制造的刮削器和雕刻器为标志的"船底形刮削器——雕刻器传统"①,正是两种不同审美风格的呈现:一为粗犷的大石器风格,一为精细的小石器风格,分别满足了生产劳动实践和生活装饰审美的不同需求。而张森水提出中国南北方各存在一个旧石器主工业,同时并存着若干区域性工业,这种南北差异同样也显示了当时石器艺术的风格特色②,因为旧石器的制作既是一种工业,也同时是一种艺术,一种创造工艺品的具有审美价值的艺术。

(三)细石器工艺的审美特征

旧石器向新石器的过渡是由量变逐渐转为质变的过程。由于各个地区生态环境和生产力发展水平的不同,旧石器向新石器发展的过程也是不平衡的,这体现了世界原始文化的发展规律既有普遍性又有特殊性。细石器起源于旧石器时代的晚期,以华北地区为例,细石器的出现和发展是从旧石器实用主导风格向新石器实用兼审美风格过渡的一个重要环节。

细石器的出现,得力于三个方面的因素,它们相互作用,互为条件,从而形成了其过渡性的审美特征,我们也可以从中看到先民审美意识在石器制作中的变迁。

首先,自然和生存环境的变化是细石器得以出现的自然前提。第四纪更新世晚期,我国受全球性最后一次大冰期的影响,华北地区自然环境发生了巨大的变化,地势较高的地方被冰雪覆盖,山间盆地植被减少,华北草原面积大幅度扩展,植被更替,动物演变。渤海、黄海海平面下降,海岸线退缩。为了适应这种突变的自然环境,人们被迫抛弃大型石片的砍砸器、尖状器,改进生产工具以提高生产效率,石料多为不规则的细小石片,石器的修理也由粗糙向精细转变,于是出现了相对精致的磨制细石器。华北典型细石器的出现和发展,特别是钻孔和打磨技术的出现,导致了旧石器时代生产兼生活的实用工艺向新石器时代造型兼装饰的审美工艺变迁,这使得细石器的审美特征得到了进一步的凸显。

其次,原始人类的进化也促成了细石器的审美演变。自然环境的改变

---

① 贾兰坡、盖培、尤玉柱:《山西峙峪旧石器时代遗址发掘报告》,《考古学报》1972年第1期,第39—58页。

② 张森水:《管窥新中国旧石器考古学的重大发展》,《人类学学报》(第38卷)1999年第3期,第198—207页。

只是细石器产生的外部因素,起决定作用的是人类自身的进化。旧石器时代晚期人类进化到晚期智人阶段,这一时期的人类已经成为现代人类型,例如山顶洞人和虎头梁文化先民的头脑已经高度发达,双手更加灵巧。他们可以平坦剥离石叶,进行细小石器的加工,如拇指状刮削器、尖状器,并熟练地进行二次加工,出现了局部人工磨制的痕迹,这些深浅不一的纵向和横向条状纹更是开启了器物纹饰的先河,使得实用工具的装饰性得到了独立的展现。细石器工业的出现,正是人类自身审美意识发展的结果。

最后,传统文化的继承和创新使得细石器的审美风格得以彰显。东谷坨、小长梁文化的发现,将华北小石器文化提前到100万年前,这时的打制实用工具为先民们积累了丰富的石器制造经验。之后,经历了北京人文化、许家窑文化、峙峪文化等漫长的发展时期,石器工艺得以进一步酝酿,形式感和审美情感得以萌芽。到了一万多年前,华北地区的细石器文化终于得以诞生,出现了下川文化、薛关文化、孟家泉文化、虎头梁文化等。远古文化资料显示,华北细石器文化应该是小石器文化造型的继续,但石器制作技术也有了一定的创新,如人工剥制的长石片开始向窄长方向发展,细长的石叶成为细石器文化系统的典型石片,运用各种间接打击法生产和剥离石叶,用压制法修理石器,逐步成为该文化系统石器工艺的主流。随着这一细石文化的成熟发展,其审美风格得以更完全地彰显,进一步推动着旧石器时代石器工艺向新石器文化工艺的审美过渡。这是一个漫长的渐变过程。

二 新石器时期的审美意识

新石器时代大约出现于距今一万年左右,是在旧石器文化的基础上发展起来的。新石器时代与旧石器时代最大的区别就是磨制石器取代了打制石器,石器的装饰性开始打破实用性一家独占的工艺创造原则,使得装饰与造型二者并行发展,有的甚至更注重器物的装饰性,形式因素逐步在石器的造型和纹饰中走上了独立发展的道路。这时,人类已掌握了磨制、钻孔、镶嵌等工艺制作技术,并且在石器制造的经验基础上发明了陶器、玉器等新的器物种类,开始了农作物耕种和家畜驯养的生产和生活方式,大踏步地向文明社会挺进了。新石器时代先民的审美情感、审美意识和审美理想正是在这种高级的原始文明中得以更加全面而顺畅地物化的。对于新石器时期的审美意识,我们透过新石器时代工艺品的造型和纹饰等形式特征及其所蕴含的审美文化,透过该时代原始神话的现实原型和意象创构,可窥其一斑。

(一) 工艺品的审美特征

新石器时代文明已经远远走出了中原地区的局限,形成了众多的文化区域。仅玉器文明而言,就出现了东夷玉文化板块、淮夷玉文化板块和古越玉文化板块等三大玉文化板块,以及海岱玉文化东夷亚板块、陶寺玉文化华夏亚板块、石峁玉文化鬼国亚板块、齐家玉文化氐羌亚板块和石家河玉文化荆蛮亚板块等五个文化亚板块①,它们各自体现了当地的玉器审美艺术特征,如红山玉器表现为自然奔放、虚实相生和寓多元于一体,崧泽装饰玉器体现为纯洁典雅、自然活泼和轻盈优美,良渚礼仪玉器则透现出神秘、规范和雄犷威严的风格。其他的工艺文明,如陶器、石器、骨器等也都是如此:庙底沟彩陶大多器形独特,图案母题多样,具有很高的装饰性和观赏性;半坡陶器则以其简朴多样的造型和典雅流畅的纹饰,形成了中国彩陶艺术的第一次高峰;河姆渡骨器也以其象生写实、表号构图和强烈的形式感等艺术表现构成了独具特色的审美风格。

同时,新石器时代的各类器物的制作工艺,又在该时期先民的生活和文化交流中不断碰撞,逐渐趋向融合。先民们在制造石器、玉器、陶器等器皿时,开始逐渐从实用性向装饰性过渡,并注重二者的完美结合,相对独立的审美意识也开始萌动。从仿生、象形到写意、象征,从制物尚器、制器尚象到因料制宜、因物赋形,他们开始讲求纹饰的布局与构图,关注欣赏者的审美需要,在线条的节奏中表现出和谐和生命力,展现了中国传统特有的生命意识和"天人合一"的思维特征,从而在华夏大地上形成了相对统一的审美风格。

第一,新石器时代的器物制造体现了先民"观物取象,立象尽意"的意象创造意识,其器物的造型和纹饰大多来源于现实生活。先民们在自己的生活环境中,长期观察动植物以及日常生活中的其他物质资源,形成了丰富多彩的审美意象,并通过对陶器、玉器等器物的造型以及纹样的创造,将这种意象凝固下来。例如作为鱼米之乡的河姆渡、崧泽地区,稻作和农耕时代的其他植物,以及猪、狗等家畜,水中的鱼、空中的鸟都启发了古越先民器物创造的灵感,加以摹拟和表现,形成了造型优美、栩栩如生的陶猪、陶羊、鱼鸟璜等。半坡文化的典型器物葫芦瓶,就是半坡人在采集生活中,从大自然中

---

① 杨伯达:《中国史前玉文化板块论》,《故宫博物院院刊》2005年第4期。

的葫芦造型得到启发而创造的陶器,带有浓重的仿生特点。马家窑先民的器物制作也是一方面"近取诸身",在陶器中表现人自身的形象,如器形出现了人头彩陶壶、男女人形浮雕彩陶壶,以及马厂时期的男女同体瓶,纹饰也出现了神人纹和浮雕裸体人像;另一方面"远取诸物",在器物的纹饰选择上,将雷电、水、太阳等自然物象,鸟等动物以及一些植物作为创作的母题,而形成了陶器上的雷鼓纹、螺旋纹、水纹及鸟纹等纹饰图案。因此,自然环境和生活实践对新石器时代器物的造型和纹饰产生了重大的影响,造就了先民"观物取象"和"立象尽意"的艺术意象的创造方式。

第二,器物的造型和纹饰从对大自然的象生写实性塑造逐渐转向抽象的象征表意性创造,装饰图案也向表意性方向发展。起初,原始先民的创造器物中具体的造型纹饰体现着仿生的特点。如半坡文化时期的彩陶,早期的水鸟衔鱼纹细颈彩陶瓶上的鸟之执著形态逼真,鱼的挣扎形态也历历在目。船形彩陶壶的造型也正是半坡先民渔猎生活的投影,圆雕玉鸟、三叉形器、雕刻鸟纹、卷云纹均为对鸟的模仿。河姆渡的陶猪憨态可掬,颇为传神,陶羊以夸张的后臀突显它的肥壮,而连体双鸟纹骨匕,其背翼、蹼足、利钩似的喙、炯炯有神的双眼,以及飘逸的羽冠,神态逼真。这时候大自然是陶器和玉器艺术取之不尽的题材,工艺制品基本上处于制器尚象的阶段,其艺术创作的指导原则不外乎写实性的塑造。但是,随着先民理性思维的不断发展,他们开始了纹饰抽象化的历程。那些取材于生活场景中动植物的几何纹样,特别是禾叶纹、稻穗纹和猪纹等图案,通过写实的造型传达了先民们对自然的礼赞,同时也承载着演化前的实物韵味所引发的联想,甚至朦胧多义的象征意味。以鱼纹图案为例,在新石器时代中期,其鱼身被概括为几何形状,鱼鳍也从不对称演变为对称,装饰性明显增强了。到了晚期,鱼纹图案更加趋于符号化,图案经过分解复合,形成了变化多端、形状各异的现象。在河姆渡器物中,也已经形成了相对集中的几何纹饰,说明其有了更多的自觉性,表意性也更强了。另外,器物的形状不同,各个部位装饰图案也不同,如陶器的口沿、上腹、下腹分别采用几何纹饰、写意鱼纹等,体现了更高的艺术审美追求。

第三,新石器时代器物纹饰的表意性发展暗含了尚圆和"虚实相生"的雏形。器物的造型从随意多变演化为规整浑圆,器物的纹饰也从实物形象的仿生演化为虚实线条的写意,体现了一定的表意功能。这种抽象化的浑圆造型和虚实纹饰暗示了先民们朦胧意识到的普遍意义,是后代审美意识的源泉所在。如红山文化玉器，完整的圆形立雕可以给人们一种更为圆润和厚重的欣赏效果，其丰润的圆形玉璧及孔形玉器显示了在先民的头脑中已经朦胧出现了"圆"的审美意象；而镂空玉器所体现的是一种空灵和跃动，钻刻风格的改变也可以缓解人们在雕刻工程中的审美疲劳。这种圆厚和镂空的造型就体现了虚实相生的原则，细腻真实与空灵虚镂相辅相成、完美结合，创造了厚实与空灵相交融的审美意象。而马家窑陶器对曲线的运用，一方面体现了求新求异的美感追求，另一方面又是圆融意识的物化形式。如小口双耳罐上倾斜线的运用，表现了人类早期的视觉空间感，展示了立体的自然，同心圆既是圆形思维的体现，也表现了早期人类认为万物循环的时空观念。这些器物创造的实例都充分说明，中国传统的审美特征如圆之美、注重局部留白的虚实相生、运用线条写意等，在新石器时期已经具有了雏形。

第四，新石器时代的器物造型及纹饰体现了一种天真、质朴的气质，包含着浓烈的生命意识。如马家窑类型的漩涡纹和马厂期出现的万字纹（"卍"），同太空星云的方向一致，都是顺时针内旋，后代太极生生不息、无限循环的生命意识与此一脉相承。三组五人的舞蹈纹彩陶盆以及红山玉雕文化也充分体现了人的自我意识的觉醒和人性的形成与升华，其中既反映了外物感性形态的生命特征，又反映了主体审美欣赏的内在要求，体现了审美活动中主体的生命意识。如三星他拉村出土的"C"形玉猪龙在自然奔放的动态中表现出野性的生命力，玉鸮在展翅飞翔中表现出生动的气韵和灵动的情趣。另外，崧泽玉质扁管状龙首形饰物、犬首形玉饰、蝶形玉项饰、鱼鸟形玉璜，也隐现着崧泽先民对自然生命姿式的追求。尤其是鱼形玉璜，器表光滑，上部用折线形表示头和脊背造型，下部一弯弧形勾勒了鱼头、鱼腹、鱼尾，折线与曲线相配合，简洁而形象地将小鱼跃出水面瞬间的活泼情趣表现得淋漓尽致。良渚文化玉器的神人兽面纹、鸟纹、蛇纹等，更注重纹饰勾廓与主体生命意识的结合，让人深感到鸟兽的力量与威猛，感受到向往天空、渴望飞翔的生命激情。

第五，新石器时代的器物结构均匀协调，纹饰线条鲜明流畅、布局有序，注重纹饰与器形的协调，在形式、韵律、节奏中体现了和谐的整体意识。如半坡彩陶注重装饰纹饰与器形的统一，将纹饰、器形结合起来考虑，更加注重装饰的效果，追求彩陶整体上美的和谐。而作为中国彩陶艺术巅峰的马家窑彩陶也讲究纹饰之间以及器物和纹饰之间搭配的协调，其特点是器物规整，设计精妙，线条自然流畅，多直线而外凸，具有一定的节奏感和韵律感。纹饰中的锯齿纹和重幛纹搭配在一起,刚柔相济、阴阳相和。河姆渡陶器表面的花草树木、飞禽走兽、鱼藻纹、稻穗纹、猪纹、五叶纹等形象刻画也开始讲究整体的构图,在鱼禾陶盆中,鱼在游动,禾苗在水中静立,动静搭配,构成了一个和谐的整体。以鱼鸟形玉璜为代表的崧泽玉器也展现了对称、均衡、多样统一等审美的形式特征,使得饰玉的整体造型比例适当、形式匀称。良渚玉器纹饰更是讲究构图的整体性,如疏密有致的寺墩 M4 玉琮、均匀分布的草鞋山 M199 玉琮。因此,整体和谐的艺术特征贯穿于新石器时代的各项工艺制品之中。

第六,新石器时期先民在创造过程中已经开始重视欣赏者的审美需要和审美感受,多突出器物的特征性部位,在创造形象时使用夸张和变形等手法来雕塑局部的造型和纹饰。如河姆渡陶鱼的嘴、双鳍和腹部、陶狗昂起的头脖等焦点造型设计就是局部特征凸现的典型。良渚玉器很讲究平视、侧视、仰视等多元的审美角度,讲求构图的整体性,或疏密有致,或均匀分布,集写生与表意于一体。另外,半坡的彩陶工艺考虑到人们欣赏角度的需要,图案常常装饰于陶器的肩部、腹部,肩部画主纹,下部空着,便于人们席地而坐观赏。其中的折腹细颈彩陶壶上腹常常绘着三角形的折纹线,人们在平视或俯视器物的上腹时都可以看到完整的图案,具备了立体设计的效果。这些均表明了陶器和玉器制作者们在制作器物时,充分考虑到了人们欣赏的需要,使这些工艺品器物不仅是现实的生活用具,也体现了审美等精神性的因素。

第七,新石器时代的许多陶器、玉器,在造型和纹饰上无疑受到了更早的编织物的造型和纹路的影响,后来夏商周时代的青铜器的发达,在造型与纹饰上的探索与成就,又离不开新石器时代陶器和玉器的深刻影响,与此同时,青铜器又反过来影响到商周时代的陶器、玉器。这在中国工艺美学史上形成了一条规律,即后起的工艺美术,既带有物质媒介的特点,又受此前的其他工艺美术的影响,其自身所积累的艺术成就及经验,会影响到当代其他物质媒介的工艺美术,包括先前延续至今的传统物质媒介器物的造型与纹饰。

总之,新石器时代的工艺品制作突破了旧石器时期打制石器的朴素艺术传统,涌现出了陶器、玉器乃至铜器等多种新型工艺品,具备了打磨、钻孔、镶嵌等多种先进的工艺技术,其构思独特的造型、风格多变的纹饰,以及感性与理性相交融的整体构图,造就了丰富多样的艺术风格,奠定了中国工艺品制造的基础。

(二) 原始神话的审美内涵

中国的原始神话也是新石器时期人类审美活动的重要方面。新石器时代孕育了众多诙诡谲怪的神话，如盘古开天辟地，女娲"黄土作人"与"正婚姻"，伏羲"以佃以渔"与"作八卦"，共工"头触不周之山"，还有炎帝和黄帝不可思议的神异战争等。虽然这些神话只能在后代的历史文献，如《山海经》、《尚书》、《太平御览》等，才能见到一鳞半爪，但对后代的艺术构思产生了深远的影响。

新石器时代已进入了农业文明，其原始神话显然不是无源之水。这些神话作品在现实生活的基础上，充分发挥想像力，超越时空的限制，体现了对世界永恒和生命不息的不懈追求，也体现了农业文明时代先民的审美理想。如出于对生生不息的蟾蜍、蛙、蛇等动物和永恒循环的日出日落、月亮周期性圆缺等自然现象的畏惧和崇拜，创造了创世神话中的盘古。最有力的证明是先民们对长生不死的追求。

新石器时期的原始神话在艺术创造的实践中有着自身的审美特点。它们在意象创构中体现了中国上古先民的宇宙观和他们对世界万物的独特体悟与理解。在他们的心目中，世界万物是"游魂灵怪，触象而构"（晋郭璞《山海经叙录》）的产物。他们效仿"象物以应怪"的宇宙法则来创构神话。这种巫术式的思维方式，正是独特的原始思维方式的运用，并且影响着后代诗意的审美情趣。他们将自然拟人化，将无生命的事物生命化，开启了以象表意的传统，对后世的文学艺术中诗意的情调产生了深远的影响。在意象的衍生和组合方面，中国的原始神话对后世的文学艺术也产生了一定的影响。

同时，这些原始神话有着不可磨灭的农耕时代特定自然社会环境与审美创造的烙印，使得它们与海洋文化背景下的古希腊神话有着明显的区别。中国先民们想象和创构的神话意象，依托于自己所处的自然与社会环境。他们"近取诸身，远取诸物"，从周边的环境取象，通过"以己度物"的类比方式去传达他们对世界的体验。因此，怪诞的神话意象背后，是创造者对自身和世界的体验，蕴涵着"类万物之情，通神明之德"的创造精神。中国原始神话那质朴、怪诞、狞厉的风格，也是社会生活在神话中的投射。另外，与古希腊罗马神话中的诸神故意恶作剧捉弄和离间人类不同，中国的原始神话中的诸神大部分是为人类服务的。如女娲作为中国神话的始母神和文化英雄,她炼石补天的伟大壮举,体现了先民们深深的忧患意识和对整个人类的强烈责任感、使命感;治水的大禹更是救民众于水火之中的理想人格的化身。这些神话艺术所透露的审美意识,有些已经在我们的艺术传统里得到了继承,有些则需要我们在当代的背景下给以新的概括和总结,以丰富我们当代的美学理论建构。

总之,新石器时代先民所制作的石器、陶器和玉器等工艺品,以及在这一时期孕育的原始神话传说,都是新石器时期审美意识的载体。在工艺品的创造中,先民兼用了仿生写实与象征表意的艺术审美原则,突显生命意识,既讲究器物造型和纹饰的整体性搭配,又注重欣赏者的审美需要和审美感受,而突出器物的特征性部位,审美意识已发展到比较成熟的阶段;而在神话传说中,先民的意象构建能力和审美想象力得到了进一步的发展,尤其是以象表意的审美思维方式将新石器时期的审美意识推向了一个新的高度。

三 夏代的审美意识

夏代没有文献传世,虽然后代的历史中有所记载,也有丰富的物质文化遗存被发现,比"三皇五帝"的传说时代更为实际,具有无可置疑的可信性,但它的国家形态和礼制等大都来自间接的推论,而且毕竟不像商代那样有甲骨文作为直接而有力的史证,因此,我们还是应该将其作为史前时期看待。正如我们已经给予中国的旧石器、特别是新石器时期的器物创造以高度的评价一样,将夏代视为史前时期并不影响我们对夏代器物创造的成就有充分评价。

据考古发现和后代文献印证,夏代的审美风尚明显地具有过渡性质。一方面,在社会形态和文化思想上表现为从"原始公社制"向"奴隶制"的演化,由此而衍生的自发、朦胧的人本意识初步萌芽,为人本意识在商周时代的解放奠定了基础。这主要表现为夏代豪华广阔的宫殿建筑、丰富多样的墓葬陈设、宏大壮观的乐舞演奏和英雄化色彩的神话传说。二里头发掘的夏代都邑布局规整、气势宏大,成为中心权力的象征,并从一个侧面彰显了夏代先民在浓厚神权意识笼罩下的人本意识的初步觉醒,透露了他们逐步发现自我、解放自我和发展自我的审美主体观。而后世关于大禹治水、后羿射日等英雄神话传说,也打破了以往纯神神话的格局,创造出了英雄式的人物,开始重视人的价值。夏代乐舞《大夏》、《九辩》、《九歌》的发展历程体现了从原始娱神风格的集体乐舞的模拟,向后来娱人风格的专业乐舞的表演的审美转化,正是乐舞的审美萌芽。二里头遗址出土的陶埙、铜铃、特磬和鼍鼓可与之相印证,当时关于音乐的音阶、音律等纯审美形式也开始受到注意。另一方面,在手工艺品和原始文字的创造上表现出新石器时代向青铜时代的转化,即铜石并用的时代,其中器物的造形、纹饰、工艺都在石器时代朴素形态的基础上取得了长足的发展,形成了青铜和甲骨文化的曙光。夏代陶器、玉器在龙山文化的审美风格上加以继承和创新,深刻地影响了青铜器的发展,如二里头文化遗址中陶器盖、玉柄形饰和兽面铜牌上的兽面纹,既来自龙山文化石锛上怪异的动物纹饰,又成为商周青铜器兽面纹和饕餮纹的范型。夏代的各种陶质和青铜酒器的造型乃至崇酒之风,也对商代产生了深远的影响。陶器和青铜器上的规整的文字刻符,不仅有独体的象形字,而且有复合的会意字,这与后来的甲骨和金文也有着紧密的渊源关系。除整体过渡的大背景之外,夏代还形成了独具时代特色的艺术审美风格,具体表现为以下几个方面:

第一,夏代工艺制品一般都遵从实用、审美和礼仪三位一体的艺术创造原则,其中实用性为创造基础,审美性为表现手段,礼仪性为器物构形和装饰的终极目标,并且处于核心地位。夏代陶器、玉器、青铜器等器物的用途种类大多为礼仪器,并且造型规整,纹饰庄重,蕴含着礼的精神特质。与艺术创造原则相对应,夏代器物的器型结构、装饰纹样和功用目的也是紧密联系在一起的,三者融为一体,相得益彰,从而形成了三位一体的整体和谐的审美特征。起初,器物的创造多只考虑其实用性和造型的关系,如源于新石器时期的三足陶鼎,在夏代则更进一步体现了烧煮的实用和灵动的器型的统一。后来随着经验的积累,许多实用性的器物,也逐渐开始考虑其与造型相搭配的装饰性了。如作为酒器的陶盉,在有塔的一侧,器身略微内倾,使全器显得均衡,体现了实用性与装饰性的统一。束腰爵的造型在稳定性的基础上也讲究仿生,具有动态感:其錾(腰部)既可手握,也使得整个器形自然、灵动;其流槽形似鸟尾,既显得飘逸、生动,又不妨碍倒酒的实用功能。青铜器上的乳钉等,也是防碰撞的实用功能和相对规则的装饰性的统一,后来其实用功能退化,渐渐演化为专门的装饰。乳钉纹斝颈部所饰的乳钉纹,是青铜器上简单而原始的纹饰,多为了防滑的实用,而到了晚期的铜牌饰,则有了专用于装饰性的抽象兽面图案,造型、纹饰同实用三者达到了和谐统一。尤其是在罐、盆等陶器上多以细线阴刻的方式饰以鱼、蛇等形象生动的动物纹,将水中游鱼的形象与水器融为一体,使得其造型、纹饰和功能相得益彰,更增添了一份生命的气息。诸如陶酒器壶式盉安上象鼻式管状流,青铜酒器爵铸造成立雀形,木漆乐器鼍鼓饰以猛兽纹饰,玉礼仪器柄形饰浮雕成兽面,也都是这种器型结构、装饰纹样和功用目的整体和谐审美特征的具体体现。

第二,夏代器物的造型和纹饰,在继承中更注重创新,突出强调了礼仪性功能,从而形成了象征表意性的审美特征。社会生活内容和礼仪的丰富,特别是礼器的精神性特征,强化了夏代器物创造的表意性。《左传·宣公三年》载:"昔夏之方有德也,远方图物,贡金九牧,铸鼎象物,百物而为之备,使民知神奸",夏代青铜九鼎的纹饰图案在象生的背后,仍然隐含着一定的表意性,既是天下各地自然资源和财富的体现,也是帝王享有灵物和征收贡赋的象征。因此,装饰性纹饰自此一改以往的形式模拟,更多地向着抽象性方向发展。如二里头五区M4出土的青铜兽面牌饰,有突出的圆目,装饰性和抽象性特征较明显,镶嵌十字纹方钺上的十字纹,也是一种抽象的线条。夏代玉器中有许多专用的礼器,如玉牙璋、玉圭和玉琮等,也有一些形似实用器形的仪仗器,如玉戈、玉钺和玉刀等,一般形制较实用器为小,却蕴含着天地之精华,多用来祭祀和殉葬,一方面表达对神的敬意,另一方面则是人自身权力和身份的象征。而另外一些饰玉如柄形饰、锥形饰、玉镯和玉坠等,虽少了礼仪性的表意特征,但在装饰意味的表达上也与时俱进,进一步丰富了玉器的审美表现力。

第三,夏代工艺制品中不同材质的器物之间,在造型和纹饰以及工艺等方面相互借鉴,相互影响,使得其创造技术突破了器质的限制,成为普遍的工艺方法。在相互影响的过程中,一般先出现的器质影响到后起的器质。夏代后期的青铜器,其形制、纹饰等均主要来自前期的各类陶器,如作为食器的青铜三足云纹鼎的祖型就是陶鼎;作为酒器的束腰青铜爵,其流的长短、俯仰以及爵身体趋于扁宽的形式也仿自陶爵。夏代晚期的青铜器开始出现一些简单的弦纹、网络纹和乳钉纹等,也均来自陶器的各种纹饰类型。当然,也有很多夏代陶器、玉器的纹饰,到早商才被借鉴、运用到青铜器中。如新寨二里头一期文化遗存中发现的陶器盖上的怪兽纹饰,逐渐发展成二里头玉柄形器上的饕餮图案,后来才成为早商及其以后青铜容器的主要纹饰。青铜器在工艺技术上的发展进步,也受到陶器的影响。其乳钉纹管流爵,复杂的分铸合范的器形,在原来器形的基础上加管,多少受到了复杂的合成陶器的启发。玉器的碾雕技术也继承了新石器时代的工艺。这种相互间的传承和借鉴,正是夏代各工艺门类能够百花齐放的首要原因。

第四,夏代器物创造者在打造工具和制作方法上的提高,有效地促成了审美理想的物化,使得夏代先民的审美意识得到了较充分的表现。在陶器方面,夏代将新石器时期的轮制工艺运用得炉火纯青,在作为夏代方国的海岱龙山一带,陶器有弦纹、镂空及划纹,器壁已经很薄,蛋壳陶高柄杯每件厚度不到半毫米,重量不足50克,有胆有壳,雕镂精细。作为新品种的印纹硬陶的出现,使夏代陶器表面更富光泽,敲击还能发出金属般的声音,实现了由陶向瓷的审美风格的过渡。馒头窑的出现,则提高了陶器的烧成温度,使其在实用性和美观性上均取得了明显的进步。至于玉器,其器形的总体效果也因碾雕技术的提高而表现为平滑均匀,造型也对称严谨。尤其是双勾刻纹法的运用,使得玉器纹饰在点线结合上显得更加自然、流畅,增强了艺术表现力。在铜器方面,早期的铜爵还没有摆脱陶爵的矮足、形体圆润、没有棱角变化的特点,是以陶爵为蓝本铸造的。但由于采用了有花纹的陶范和复合范,利用了分铸法,中后期铜爵的腰部就开始出现简单的纹样装饰,多长窄流、长尖尾,流、腰、腹已经有了较明显的划分,三尖锥足细高且外撇,造型俊俏而挺拔,棱角分明,这种丰富多样的审美效果无疑与制作技术的提高是分不开的。尤其值得一提的是,二里头遗址出土的镶嵌绿松石兽面铜牌饰和铜铃,结构复杂,其制造工艺代表了夏代青铜铸造和镶嵌技术的最高水平。尽管跟商周的青铜器相比,这些青铜器和玉器也许还显得简朴、粗糙,但我们依然可以从中见出由粗到精的脉络,依然相对完美地促成了夏代先民审美理想的物化。

第五,夏代器物的整体艺术风格由活泼愉快的自然风格逐渐走向沉重神秘的华丽庄严风格。在夏代,原始公社让位于奴隶制,其纹饰由早期的生意盎然、流畅自如的写实和仿生纹逐渐演变为庄严沉重的虚拟和抽象纹,揭示其权威统治力量加重。如陶器在早期多饰以绳纹和篮纹,清新自然,后来则变为云雷纹和兽面纹,浑圆厚重。尤其是兽面纹那近方圆形的兽面额、近心形的蒜头鼻和近臣字形的纵目所构成的怪兽图案,成为青铜器纹样的先导。"从总的趋向看,陶器纹饰的美学风格由活泼愉快走向沉重神秘,确是走向青铜时代的无可质疑的实证。"[①] 夏代玉器始饰以成组的阴刻细线,后变为云雷纹,且在两侧雕出复杂的齿牙,还用浅浮雕的方法刻成凶恶的兽面

---

① 李泽厚:《美的历程》,天津社会科学院出版社2001年版,第47页。

纹,进而演变成一种象征权力和威严的礼仪器,其庄重风格格外凸显。至于夏代青铜器,其造型和纹饰大多仿自陶器和玉器,其风格的演变也自然与上述二者无异。"厚重而不失其精致,形体规整而又显得大方"①,正是这样一种风格的转变,可以窥视到夏代先民在器物创造中理性思维与形象思维相互交织,从而实现了器物的庄重风格和现实社会权力等级制度威严的统一。

第六,夏代酒器和乐舞的突出,体现了王权国家大一统的审美风格,并且也使礼乐文化得以萌芽。关于夏代的酒文化,《世本》载:"仪狄始作酒醪,变五味;少康作秫酒",夏代众多酒器的出土也印证了这一尚酒风尚。陶器类如觚、鬹、盉等,铜器类如五爵(爵、斝、角、觚、觯),其造型和纹饰的搭配除了注重实用价值外,还蕴含了浓厚的礼仪性特征。如河南巩义出土的夏代白陶鬹,系高山黑土烧制,陶质坚硬,造型规整,庄重厚实,一副典型的皇家气派,承载着礼制和等级等精神特质。夏代铜酒器则要么在器物的肩上饰以实心的连珠纹,要么在器盖的边缘饰以变形的动物纹图案,并且特别突出骇人的双目,营造了一种威严的氛围,与使用者的礼仪和等级地位相呼应。"礼以酒成",尤其是青铜酒器成了夏代青铜文明的艺术至高点,是夏代礼制的标志性器皿。关于夏代的乐舞,《吕氏春秋·侈乐》载:夏桀之时"作为侈乐,大鼓、钟磬、管箫之音,以钜为美,以众为观"。夏代遗址中出土了二音孔的陶埙、薄器壁的铜铃、鳄鱼皮蒙的鼍鼓,还有石磬、特磬等。此时,原始全民性乐舞的巫术礼仪和专职巫师也演变为部分统治者所垄断的社会统治等级法规和政治宰辅,音乐和舞蹈逐渐脱离了虚妄的巫术性,向着属人的政治等级礼仪和专门审美的方向发展,成为礼乐文化的源头活水。

第七,夏代作为一个统一的多方国国家,其文化必然是统一性和多元性并存的文化,不同时期和不同地区,器物的艺术风格也呈现出多样统一的审美特征。夏代诸方国的器物受各地区影响而形成了各具特色的地方风格。如山西襄汾陶寺遗址出土的夏代玉器多为装饰类的臂环、玉管等,而少礼仪器,呈现出祥和的氏族审美风味;陕西神木石峁遗址的夏代玉器则多璧、牙璋、钺和多孔刀等,形制和风格倾向于庄重和威严,使灵物与政权统治、等级礼仪紧密相连,巫术性与人文性相交织;河南偃师二里头遗址出土的玉器,种类增加,工艺精细,风格多样,达到了更高的艺术水准。仅就二里头遗址出土的器物而言,不同的时期也呈现出不同的风格。如一、二期陶器陶质多

---

① 郑杰祥:《新石器文化与夏代文明》,江苏教育出版社2005年版,第377页。

为夹砂陶和泥质灰陶,以篮纹为主,简单朴实,到了三、四期,则灰陶增多,内壁有麻点,纹饰以绳纹为主,风格趋于繁复。夏代青铜器更是随着时间的推移呈现出由简单朴素向复杂多样演进的过程。同时,受特定时代和地区间相互交流的影响,夏代器物又形成了统一的艺术审美风格。如玉器器形一般大而薄,流行的齿扉装饰也由简而繁,且有了细劲的阴刻直线纹。陶器以罐、鼎、盆、尊和大量的酒具为主,其中圆腹罐附加一对鸡冠形錾,深腹盆的口沿则多饰以花边。另外,异物镶嵌工艺也应用于青铜器制造,如十字纹青铜方钺上镶有多块绿松石,还有一些兽面纹铜牌饰,每块均由二百多小块绿松石镶嵌而成,代表了夏代这一时代独特的审美艺术风格。

总之,作为一个铜石并用的时代,夏代在陶器和玉器的造型、装饰、工艺上较新石器时代有所发展,青铜器已经被发明,工艺创造者的主体人本意识有所展露。就审美风格的转换而言,夏代在新石器时代和商周时代之间起到了承前启后的作用。许多具有独创性的器形和纹饰对商代及以后的器物产生了广泛而深远的影响。我们应将其作为一个特定的时代,发掘其独特的审美意识,填补上新石器时代和作为信史的商周时代之间所缺的关键的一环。

第二节　商代审美意识

商代作为一个延续了六百多年的繁盛时代,在中国文明史上写下了辉煌的篇章。远古开始形成的各种思想观念,包括审美观念,在商代得以总结和保留。其审美意识,也对后世数千年的审美意识产生了深远的影响。其系统化的文字,记载了商代人审美意识的轨迹;商代人所创造的各种器皿,熔铸了当时人的审美趣尚和理想,并使这些趣尚和理想在后人的创造中得到了继承和发扬光大。从商代留下的文字和器皿中,我们看到了立象尽意的审美传统的渊源,看到了宗教和政治形态对商代审美意识的影响,也看到了商代人独特的思维方式及其构成因子。商代审美意识中从实用到审美的变迁历程,商代人因迁徙和兼并而带来的文化交融,及其对审美意识的影响,以及商代人在创造物中所体现的继承和创新的关系,都对我们有着深刻的启迪意义。

一 审美观念的历史起源

在商代,先民们已经有了审美观念的自发意识。他们从现实的生活中不断地加以总结,并且诗意地加以引申和生发。他们以少象多,以抽象的形式规律,象征着更为丰富的感性世界。他们从功能的角度去领会生命的节奏和规律,在装饰、美化的意义上理解美,并以阴阳和五行范畴加以体悟,将其推广到视觉、听觉乃至味觉和社会生活的一切领域。从认知的意义上看,其中许多比附性的体会是荒诞不稽的,但从审美的意义上看,这种领域又是诗意盎然、饶有兴味的。因此,尽管商代的阴阳五行思想在现有的材料上还很难概括,但还应对它们有足够的重视。而商代诙诡谲怪的神话虽然已经被融进了后代的众多的神话之中,但是商代的造型艺术和思想观念,无处不深深地浸染了当时的神话意蕴,以至我们根本无法将其从审美意识中加以剔除。因此,虽然我们对精致美妙的器皿中的神话意蕴不能作明晰的领悟,但是透过商代神话的吉光片羽,我们依然可以朦胧地领略到器皿中所包孕的神话的韵致。

(一)"羊人为美"与"羊大为美"

"美"在甲骨文中是上羊下人,是把羊角、羊皮用做巫术、图腾活动时头上的装饰物,人的头上戴着羊头或羊角跳羊人舞,可能是羊图腾崇拜的民族的礼仪舞蹈,是一种装饰的美。把这个民族指为羌族,也可作一说。因为羌人即是羊图腾的民族。实际上,羊是人类最早饲养的动物,是先民们的主食和祭祀的牺牲。我国大约在八千年前裴李岗文化中就出现了陶塑羊的形象,大约在七千年前的河姆渡文化中也出现了陶羊。陈梦家:《殷虚卜辞综述》认为炎帝所属姜氏和羌族都属羊图腾部落。① 据王献唐考释:"上古游牧时期,炎族之在西方者,地多产羊,以牧羊为生,食肉寝皮,最为大宗。其族初亦无名,黄族以其地为羊区,人皆牧羊,因呼所处之地为羊,地上所居之族亦为羊。"② 又说:"其以羊名族者,凡得六支:曰羌,曰羝,曰羯,曰達,曰羱,曰羍。炎族初居黄河流域,西部以游牧为业,游牧羊为大宗,羊非一名,居非一地,各牧其羊,各以其羊名称族,各以其族名称地,游牧无定,迁地亦

---

① 陈梦家《殷虚卜辞综述》,中华书局1988年版,第282页。
② 王献唐:《炎黄氏族文化考》,齐鲁书社1985年版,第223页。

仍其名,故同为一名。"① 叶舒宪认为"羌人戴羊角的习俗当出于该族对羊图腾祖先的信仰,是对其动物祖先形象的象征性模仿"②。甲骨文中,"牺"、"牲"两字也常用羊旁,商代的甲骨文中有大量的用羊祭祀的记载。《帝王世纪》:"汤问葛伯何故不礼,曰:'无以供牺牲',汤遣之以羊。"商代的先民们继承前人的做法,以羊为祭祀,把它作为沟通鬼神的灵物。

"美"字或作上羊下大,大也是人,原形是伸展的人。王献唐认为"美"字:"下部从大为人,上亦毛羽饰也。"③ 李孝定也认为:"契文羊大二字相连,疑象人饰羊首之形,与羌同意。卜辞……上不从羊,似象人首插羽为饰,故有美意,以形近羊,故伪为羊耳。"④ 萧兵则从巫术文化的角度进一步加以申说:"'美'的原来的含义是冠戴羊形或羊头或羊头装饰的'大人'('大'是正面而立的人,这里指进行图腾扮演、图腾乐舞、图腾巫术的祭司或酋长),最初是'羊人为美',后来演变为'羊大则美'。"⑤ 徐中舒在《甲骨文字典》中释"美"字时,说人首之上,或为羊头,或为羽毛,皆为装饰。商代中叶以降的甲骨文诸"美"字字形虽有几种不尽相同,但都有"羊"或类似饰物和"人"的上下排列。这是一个象形兼会意的字。这也说明装饰在商代人审美意识中的重要意义。甲骨文和金文中的"每"字,则是"美"字的异文,是一个象形的会意字,下面是一个婀娜多姿的女子,上面是美丽的头饰。王献唐认为甲骨文的几个"每"字,"皆象毛羽斜插女首,乃古代饰品"⑥。又说:"毛羽饰加于女首为每,加于男首则为美。"⑦ 说明"每"、"美"体现了同一个造字原则,含义相同,读音也同,只是装饰主体的性别不同而已。这也说明,当时的人们已经有了装饰和美化的审美意识。

许慎《说文解字》释"美"为"甘",并望文生义,附会为是羊的体型大,"羊在六畜主给膳也"。以"美"形容鲜美的味道,显然是后起之义。《史记·殷本纪》有伊尹"以滋味说汤"的记载,美味、滋味作为"美"字的后起之意,乃至道

---

① 王献唐:《炎黄氏族文化考》,齐鲁书社1985年版,第252页。
② 叶舒宪:《中国神话哲学》,中国社会科学出版社1992年版,第292页。
③ 王献唐:《释每美》,《中国文字》第35册,台湾大学文学院中国文学系1970年版,见合订本第9卷,第3935页。
④ 李孝定:《甲骨文集释》第四、五卷,台北中央研究院历史语言研究所1974年版,第1323页。
⑤ 萧兵:《楚辞审美观琐记》,《美学》第三期,上海文艺出版社1981年版,第225页。
⑥ 王献唐:《释每美》,《中国文字》第35册,台湾大学文学院中国文学系1970年版,见合订本第9卷,第3934页。
⑦ 同上书,第3935页。

德等一切美好的东西都用"美"字来形容,这种字义引申的本身,就体现了审美的思维方式,并在周代日渐盛行。这可能是许慎误解的重要原因。(马叙伦《说文解字六书疏证》卷七斥徐铉"羊大则美"为附会,而他本人的音同转注说也显得牵强。)而以美形容味道鲜美的这种用字方法本身,就体现了审美的思维方式,即通过比拟、通感来拓展和丰富感受。

总之,无论是"羊人为美"还是"羊大为美",抑或作为"美"字异体的"每"字,其本意都是装饰的意思。至于这种装饰到底是为原始宗教的目的还是为了吸引异性,则与"美"字的本意没有直接的关系。而以"美"这一视觉感受的字来形容味觉感受乃至伦理道德等,则反映了中国古代字意引申的规律。这说明富有审美情趣的中国文字在字意的引申上也体现了审美的情调。

(二) 阴阳五行观念

阴阳五行观念是先民们从现实生活的节律中,日积月累归纳总结出来的。他们从寒暑交替、日夜变更和男女对立等现象中获得启发,最终总结出了阴阳对立的观念,又从五材并用和相生相克的观念中归纳出五行。到了商代,先民们在音乐和图画中自发地体现了阴阳五行的观念。作为中国文化的重要逻辑框架,阴阳五行最初是通过抽象的符号表达系统思想的产物。

阴阳二字起源甚早,甲骨文中已见"阳"字,金文中已经有了阴阳连用。《祺伯子盨铭》载:"祺伯子㜄父,作其征盨,其阴其阳,以征以行。"最初是指自然现象,阳光照射为阳,背阳为阴。"其阴其阳",意即不管白天黑夜。阴阳的对立和谐,对于艺术生命节奏的把握无疑产生过重要的影响。中国传统的和谐观念中所体现的相反相成的生命节奏在青铜器、玉器、陶器制造中都有展现。在商代器皿的造型和纹饰中,直线和曲线、阴线和阳线交替变化,是先民阴阳观念的具象化。

五行起源于商代。褚少孙补《史记·历书》说:"盖黄帝考定星历,建立五言起消息。"把五行的起源归为黄帝,未必可靠。《尚书·甘誓》说:"有扈氏威侮五行,怠弃三正。"但此篇所出年代,及五行所指均不明确。明确提出水、火、木、金、土五行的,最初是《尚书·洪范》,该篇由商末贵族陈说五行起源于大禹时代:"天乃锡禹洪范九畴",其一即为五行。"一曰水,二曰火,三曰木,四曰金,五曰土。"并且从性能的角度加以阐释,并由此生发出五味:"水曰润下,火曰炎上,木曰曲直,金曰从革,土爰稼穑。润下作咸,炎上作苦,曲直作酸,从革作辛,稼穑作甘。"后来又逐步推及到五色、五声等。虽然这些到春秋时代的《左传》里才有记载,但是它的思想无疑来自商代,甚至更早。传《夏书·甘誓》:"威侮五行,怠弃三正。"这些说法都很含糊,但五行在商代就已经出现,是确实有事实的依据和甲骨文作为佐证的。甲骨文之中,还常有"五方"、"五臣"、"五火",表明商代有尚五的习惯。而殷人尚白也是五行观念的一种体现。《礼记·檀弓上》云:"夏后氏尚黑,大事敛用昏,戎事乘骊,牲用玄;殷人尚白,大事敛用日中,戎事乘翰,牲用白;周人尚赤,大事敛用日出,戎事乘騵,牲骍用。"《史记·殷本纪》亦云:"孔子曰:殷路车为善,而色尚白。"其他如《淮南子·齐俗训》所云:"殷人之礼……其服尚白。"以及《论衡·指瑕》所说的:"白者,殷之色也。"都在强调商代人尚白。在文字上,物之杰者、令人敬畏者,右文皆用白字旁。如"柏"树,树之杰者;伯,父之兄,长者、尊贵者(爵位第三等);怕,让人心生敬畏。文字形成系统是在商代,造字的方法中显然突显了商代所崇尚的"白"。这些都表明五行在商代人的观念里已经形成系统。庞朴在《阴阳五行探源》中说:"以方位为基础的五的体系,正是五行说的原始。"① 又说:"在殷商时代,不仅已经有了五方观念,而且五方配五时的把戏,也的确已经开始了。"② 这是一个非常恰切的说法。虽然五色和五声的思想,到了春秋时代才开始有记载,但文化的发展是一个渐进的过程,五行从商代起源的意义无疑是不可忽略的。中国音乐中的五声、五音乃至五行,对整个审美意识的影响都应该把源头追溯到商代。

(三)神话与意象创构

谭丕模说:"甲骨文记载着许多人格化的神,如浚、契、土、季、亥,都有很朴素的、简单的神话记载,为后代神话传说储藏了一些素材。因为在殷商时代的社会生产力还很低,人们对自然界和社会形态有一定的认识力和幻想力。"③ 这种说法,既有一定的道理,也有一定的偏颇。这是把甲骨文当成了当时传向后代的唯一媒介。实际上,当时传到后代的,除了仰仗集体记忆的口耳相传外,还会有一些我们今天无法见到的竹木简。甲骨文中记载了当时神话的一鳞半爪,给我们后人的研究提供了可贵的资料。

---

① 庞朴:《稂莠集——中国文化与哲学论集》,上海人民出版社1988年版,第363页。
② 同上书,第453页。
③ 谭丕模:《中国文学史纲》,人民文学出版社1958年版,第22页。

商代创造活动中的审美思维方式,在神话中也可以见出。商代人对一些自然现象的看法,有时也体现了神话的思维方式。如把雨后彩虹看成龙蛇一类的动物,说它们从河中饮水。如"又出虹,自北饮于河","亦又出虹,自北饮于河"。这一富有诗意的神话观念一直在民间流传至今。郭璞在《注〈山海经〉叙》中,认为宇宙群生,乃是"游魂灵怪,触象而构"的产物,"圣皇原化以极变,象物以应怪,鉴无滞赜,曲尽幽情"。实际上,在原始宗教的"万物有灵"的思维方式中,已经有了象与神相分离的特点,而且被拟人化了,尽管这时还是不自觉的。

在宗教的意义上,无论是神话,还是工艺品,都是用以"绝天地通"的。在《尚书·吕刑》、《国语·楚语》、《山海经·大荒西经》中都有着"绝天地通"的记载。宗教是以感性的方式打动人的情感。从形式上讲,神话的宗教意义与其所具有的审美价值是相通的。

二 商代审美意识的基本特征

从现存的文字、器皿和文献中,我们可以看到,商代人自发地在进行立象尽意的艺术创造,从中体现出强烈的主体意识。这种主体意识是在神本文化的背景中孕育起来的,又积极地推动了中国上古文化从神本向人本的过渡。他们从器皿和其他对象的功能中引发出造型的灵感,强化了线条对主体情意的表现能力和艺术的装饰功能,并在线条中寓意,使作品具有象征的意味。

(一)观物取象 立象尽意

在商代,无论是文字的创造,还是器皿的制造,都体现了商代人的尚象精神。他们开始有了观物取象、立象尽意的意识。这种意识,经历了一个逐步觉醒的过程。他们观象制器,在审美意识的影响下进行器皿的制造,把对生活的感受衍变成艺术的表象。文字和器物中的匀衡、对称,以及节奏韵律的表现,反映了古人对于自然法则的自觉领悟。同时又受着这种自然法则的启发,凭借丰富的想像力再造自然。于是,在各类工艺品中,既有对现实中物象的摹仿,又有通过想像力重组的意象。

商人的审美的创造既体现了对自然法则的体认,又反映了强烈的主体意识。这种主体意识,既包括政治、宗教和其他社会文化因素对个体的影响,也包括创造者的情感、气质、品格、趣味等个性因素。这是在象形的基础上的"表意"。文字及其书法的象形表意精神,就典型地折射出商代的艺术精神。商代文字"近取诸身,远取诸物",使对象的神采和韵味在生命主体的创造中得以具象化和定型化,宇宙精神的符号化形成了象形表意的文字。它既是自然万物在人心灵中的折射,也是人类自身情感表达的需要。1/3的象形文字通过对对象感性形态的描摹来表情达意,而会意、形声、指事等其他三种造字方式,也依托于独体的象形字符。这使得具有感性物态形象的文字符号在助忆和交流上具有普遍意义和价值,以致许多象形文字常常可以让人们"望文生义"。许多象形的文字往往捕捉自然物象最富表现力的特征,贯注入主体的哲理和深情,以形传神。从总体看,甲骨文点划结构的对称、均衡是商代人内心情感韵律的体现,是人们眼中的自然形式和宇宙奥秘。它是从人的视野出发,象其形,肖其音,在表情达意的外表下凝结了丰厚的人文内核。商代文字不仅刻写了那个时代人的生命情调,也在调动我们每一个读者进行积极的情感体验。商代甲骨文的文字是先民诗性智慧的双眼对自然物象的诗意描绘。

在商代的其他各类艺术中,也同样体现了这种象形表意的特点。无论是商代青铜器、陶器和玉器的造型,还是纹饰,都可以分为几何型和象生型。其中象生型反映了人们摹仿的本能,几何型则体现了人们抽象的本能。青铜器的许多造型模仿了动物造型和人形。牛、犀、象、羊、龙、鸮等鸟兽形象成为青铜器重要的艺术原型。自然生态的勃勃生机使厚重僵硬的青铜器也能透露出生命的活力。集中了多种动物造型的想象动物型青铜器尤为体现商代的时代精神。夸张变异的鸟兽纹觥、狰狞怪诞的虎食人卣等,都传达出了丰富的宗教意义。在祭祀的烟火中,威严狞厉的神兽具有辟邪降福的力量,引领先民与天地鬼神相沟通。青铜器上的写实动物纹、想象动物纹也是以自然界的动物为艺术摹本的。在花、鱼、鸟、蛙等母题花纹的基础上,对于同一母题的反复绘制,使先民脑海中的装饰美的概念逐步定型,并加以几何化和抽象化,最终凝定为先民们审美的心灵图式。商代的陶器造型和纹饰基本上沿袭了新石器时代和夏代陶器造型、纹饰制器尚象、立象尽意的表现手法。与前代不同的是,商代陶器的造型、纹饰在"创意立体"上走得更远。它们已经不是对于自然界的简单模仿和修饰,而是对于客观物象颇有装饰意匠的艺术表现。象生拟人的造型特征在商代的尊、觥、盉中都有体现,被认为是生殖崇拜的象征或是丰产巫术的遗留,具有丰富的象征内涵。陶器的纹饰也由早期对于蛙、鸟、鱼形态的写实模拟,上升到抽象写意的层次。

对于自然物象的夸张、变形和省略,使人感受到无穷的想象意味。他们在生动的神态中孕育着丰富的情感形态。简练的情感叙述,写其大意,主要诉诸于意的表达。而几何纹饰则完全脱离了象生形态,演变为纯粹的精神和宗教意蕴的象征。

　　实际上,不论是象生型还是几何型,它们都是先民观物取象的结果。象生型与几何型的区别不过是同一观照方式的不同表现形式。几何型虽然在外观上与自然物象的原生形态相去甚远,但详细考辨,其中所律动的生命精神依稀可见。几何型的造型或纹饰抽象化的过程,实质仍是写实的精致化。商代和商代以前的先民受到表达能力不足的制约,不能惟妙惟肖地描摹物象,才有了不自觉的变形和抽象。由不自觉到自觉,由制器尚象到立象尽意,自然法则与骨肉情感在中国商代的艺术里开始走向融合。

(二) 意识形态对艺术的影响

　　商代人把当时的社会意识倾注在工艺创造中,特别是王权和神权观念。青铜器是商代最富时代特征的宗教使命和政治意义的载体。青铜礼器"能协于上下,以承天休"(《左传·宣公三年》),商代是"青铜时代",但青铜器异常昂贵,并非普通百姓所能消费。青铜器实际上只为少数王公贵族所专有,是庄严肃穆的神权和独断跋扈的王权意识的象征。在敬天地畏鬼神的商代,美仑美奂的青铜器大量用做祭祀时的礼器,商代人以精美的青铜器贿神,对神的恭敬、虔诚之心促进了青铜器的制造技艺日臻完美。青铜器造型与装饰端庄、雄浑、华美狞厉,体现出稳固、庄严和神秘、威慑的气氛。庞大沉重的青铜器象征着浩瀚坚稳的王权。青铜器中大量狰狞的想象动物造型和纹饰也使王公贵族附丽上莫须有的神力,营造起无形的威慑力与震撼力,成为王权的守护者。商代陶器的造型纹饰也受到青铜器的显著影响。彩陶质朴文雅的审美风格,在商代独断跋扈的王权面前,已经显得异常纤弱。许多商代灰陶和白陶的造型是青铜礼器的仿制。特别是商代白陶为绝世珍品,其造型端正凝重,装饰华丽,完全可与青铜器一比高下,尽显商代王公生活的奢华。商代许多陶器造型和纹饰一改新石器时代的自然柔媚风格,走向凝重严整。审美意识和审美观念变迁的背后,整个时代的社会意识变迁也得到了具象的折射。

　　商代艺术起源于因器尚象。宗教以象沟通人神的方式,丰富了艺术的表现力。"自然崇拜是人将外部自然对象化的起始,是人与自然经过一种符号中介进行交往的最初方式。"① 而象就是一种中介。在商代青铜器、陶器和玉器中，出现了大量宗教中的摹仿动物或人与动物合一的造型和纹饰。摹拟动物形象的象生形造型，形象生动，制作精湛，体现出商代人的生命意识。动物造型和人形互为感应，意在拓展人的自我，将兽类强旺的生命力、生殖力传递到人类的身上。动物的形象具有神圣的性质，是先民的一种巫术实践。人化的器形成了人类观照自身的载体，是人类的精神化身。在商代，还有很多将人神化的器形，说明对于人类自身的崇拜已经开始出现。器形人神合一，将神拟人化，也表达了人们渴求获得神护佑的愿望。象生的器形，特别是神化的器形，为先民们打开了通向神、鬼、祖先的道路。神形的器形或纹饰赋予器物以超人的力量，集中体现了时代的意志风貌。神化的器形则传达了心声，颂扬了天意。

饕餮纹是最具有商代时代特征的纹饰，在青铜器、陶器的装饰中扮演着极其重要的角色。饕餮的形象是羊角、牛耳、蛇身、鹰爪、鸟羽等的复合体。自然物象与理想、幻觉、梦境融为了一体。在饕餮的身上，商代人突破了生物和非生物的区别，打破了时空的局限。它可以引领人们超越生活经验，使有限的自然能力得以延伸和拓展。饕餮纹的巨角令人触目惊心，巨目瞪视着观者的内心，不怒自威。极端夸张变异的外形狰狞恐怖，神秘威严，令人生畏。商代人试图通过饕餮通天地，敬鬼神，辟邪祈福，因此它有驱邪避祸的功能。它一方面是恐怖的化身，另一方面也是护佑的神祇。对外族来说是威吓的信号，对本族而言是保护的神灵。在商代的文化体系中，它已经不只是一个臆想的动物，而是时代的精神符号，体现了先民们对于超世间权威神力的顶礼膜拜。

商代艺术所体现的宗教意味的背后，显示出浓厚的理性意识和教化作用。人们借助于想像力，利用青铜、玉器的不同质地，乃至玉的自然色彩，因物赋形，匠心独具，反映出古人巧妙的构思。《易传·系辞上》："《易》有圣人之道四焉：以言者尚其辞，以动者尚其变，以制器者尚其象，以卜筮者尚其占。"把制器尚象看成是圣人之道。这实际上是对上古尚象制器实践的概括。"象"是取自然之象，创构器物之象，同时具有象征的意味，以象寓意，以传达时代、政权乃至个人的深刻的意蕴。在商代人看来，客观物象的生态规律和物理结构为他们提供了艺术创造的框架，但这一框架并没有束缚住自

---

① 汪裕雄：《意象探源》，安徽教育出版社1996年版，第65页。

由的心灵。与前代相比,商代的造型和纹饰的显著变化是时代的精神风貌、个人情感、宗教思想和王权意识已经相对凝定为内在的审美规律。商代器皿的形制严整规范,对称均衡,比例匀称,其自然和谐的原则正是商代人对于自然大化和谐原则的体悟。商代纹饰的图案性也得到了空前的强调。纹饰的绘制不再主观随意,有规律可寻。器物的线条、形象、色彩已经形成了有规律的反复、交替和变化,出现了同一母题和不同母题的纹饰对称组合,呈现出纵向重叠和横向连续、二方连续和四方连续的结构形态。纹饰与器形的搭配也有了复杂的定位法,整体纹饰更加规范统一。

《左传·宣公三年》:"铸鼎象物,百物而为之备,使民知神奸。"铸鼎象物也提高了对象审美的表现力。不同器皿之间的造型与纹饰,既有源流之别,又是相互影响的。在新石器时代的马家窑文化时期,后代的陶器造型已趋于完备。青铜器的造型起先受到陶器的影响,二里岗时期的青铜器胎壁薄纹饰少,体态较小,古朴简单。到后期,商代青铜器发展到了巅峰,上升为传达宗教观念和王权意识的礼器。其造型也走向厚重稳健、狰狞凝重。

(三) 审美的思维方式

商代的审美意识,更偏向于南方的浪漫气质。郭沫若在《两周金文辞大系·序》中说:"商人气质倾向艺术,彝器之制作精绝千古,而好饮酒,好田猎,好崇祀鬼神,均其超现实之证,周人气质则偏重现实,与古人所谓'殷尚质,周尚文'者适得其反。民族之商、周,益依地域之南北,故二系之色彩浑如泾渭之异流。"[1] 南方重玄想,北方重实际。鸟兽纹觥受南楚文化的影响,各种动物的形象纵横交错,瑰丽多姿,通过具体的形象,表达了玄远而神秘的色彩,构思缜密、深邃。

商代艺术的审美方式首先来源于对于自然物象、自然规律的体验。自然大化的生命节律在艺术中具象为对称、均衡、连续、反复、节奏等形式美的法则。观物取象是商代人基本的艺术表现手法。无论是文字还是器皿造型,都要选择富有特征和表现力的形态加以描摹,开创了中国造型艺术传神的先河。因此,商代的各种艺术形态始终不能脱离感性形象。商代人从自然物象中感受到其中的生命精神,并在情感上与自然发生诗意的共鸣。他们近取诸身,远取诸物,将躯体自然化,自然躯体化。形式法则的运用,富于

---

[1] 郭沫若:《青铜时代》附录,科学出版社1957年版,第312—313页。

节奏感和韵律感,体现了情感节律与自然法则的完美结合。商代的各种艺术形态集中表现了对自然节奏的体认。商代人通过对自然规律的体悟和再现,将自然现象生命化。由自然物象变形、夸张而创造出来的动物形象,体现了丰富的想像力,有着丰富的象征意义。如商代的水盆中饰以鱼,就是具有象征意义的因物赋象。其他如"火以圜;山以獐;水以龙……凡画缋之事,后素功"(《周礼·考工记·画缋》)等,认为水器要饰以龙之类的观念,都具有象征的意义。象生的造型和纹饰抓住对象的主要特征和部位加以刻画,重整体而忽略细节,具有象征意味的写意性。而想象动物的形象,则反映了商代人崇拜自然生灵的巫术信仰,企求以神力的作用沟通神灵、驱邪避祸。

线条在商代的艺术创造中具有特殊的价值。线条是情感韵律的具象化,商代人在艺术创造中寓意于线条之中,使物象获得象征的意味。通过象征和意象的创构实现了具象和抽象、物与我、情与景、形式法则与主观情趣的统一。工艺品中的图案纹饰,常常是对事物感受的抽象,将自然物象从生态环境中抽象出来,折射出人在空间感和平衡感等方面有先验的理想。至于何时表现及如何表现,则有发现与发明的区别。在商代的各种艺术形式中,我们明显地看出他们已经着意按照形式的规律,利用线条、形态和色彩,在各种主观的夸张变形的艺术中注入丰富的内涵。不同的艺术门类在造型和纹饰上是相互影响的,形成了图案化的装饰。动感的线条和图案总体上体现出动态的和谐,由线条体现出生命和运动的生动节奏。图案的组合对比着重于意的表达,以形写神,形神兼备,生动传神,充满韵味。这在商代青铜器、陶器和玉器中都很明显。具体的艺术造型和形象则表达出抽象的情感和情调。

(四) 抽象与具象的关系

人们由于摹仿的本能,力图逼肖对象,故有具象写实的追求,但传达的限制又使人们力求强化其象征的意味,从而有抽象写意的一路。蝉纹从写实到写意以至到象征的演化过程,就反映了人们对表达效果的这种追求。又如夔龙纹、象纹和鸟纹的演化,通常由分解简化再到夸张变形。而传达技巧的提高,客观上又强化了写实的能力。商代的图形,一是抽象的图案,二是具体写实的形态。因此,艺术造型是从半抽象向具象和抽象两个方向发展。人们因摹仿能力的提高而具象,又因逐步走向完善而抽象。例如:兽面纹在良渚文化时期,是一种半写实的形象,但到了商代的古父己卣,已经相当写实,酷似牛头,且非常传神。商代的豕尊,在礼器中造出具象写实的猪,这是继承了河姆渡文化和大汶口文化的遗存。大汶口文化中的猪形鬶已经初具雏形,但写实能力还比较弱。当然,这种写实也删繁就简,概括传神,如犀牛形犀尊等。而鱼纹、鸟纹和蛙纹,则经历了从具象到抽象的过程。在商代的工艺品中,几何型的抽象和动物型的具象互补,共同织成了器皿的纹饰。仰韶文化中的蛙纹图形在商代逐步演变并抽象化为折肢纹、勾连纹、曲折纹和万字纹。马家窑文化的蛙纹中,青蛙的眼睛特别受到强调,起到了特殊效果,点和圈等单纯的几何图形被赋予了生命和律动。实际上,在基础的层面上,抽象也是人的一种内在能力,但抽象的追求则是后天的,受着文化因素的制约,通过富于想像力的夸张手法而得以实现。

简括而传神的商代兽面纹,在其形成过程中经历了偏于抽象和偏于具象的几次变迁,从中显示了中国古代审美意识渐进突变的特征。王大有说,饕餮"最初是相向凤鸟纹,人面纹,翼式羽状高冠人面纹;而后是翼式羽状高冠牛角人面纹,人面兽角兽爪足复合纹,人身牛首纹,人耳牛首牛角兽足纹;然后开始抽象化,转为兽形的几何图案纹,但到了商代的中、晚期又具象起来,并得以定型化。定型初期的饕餮是侧视人立式牛首夔龙相向并置复合纹,侧视伏卧式牛首夔龙相向并置复合纹;而后舍去龙身,保留头部;再往后,又开始抽象化,只保留龙目"[①]。这种抽象与具象的交互偏重和相互影响,正反映了中国传统审美趣尚发展的历史轨迹。

总之,商代的文字和器皿都体现了商代人尚象制器的艺术精神。其中既包孕了宗教、政治等方面的社会内容,又不乏创造者的情感和趣味方面的个性因素,是中国传统艺术象形表意的滥觞。其观物取象的独特思维方式,寓意于线条、以抽象形式象征、以具象形态传神的表现手法,对后世的审美意识特别是造型艺术产生了深远的影响。

三 审美意识历史变迁的特征

在商代审美意识的历史变迁中,除了宗教和其他意识形态的影响外,从实用到审美的转换过程,多民族的文化交融,以及对待遗产的意识和继承的方式,均具有重要的意义。它昭示了后世中国数千年审美意识的发展方向,确立了中国人审美意识的独特特征。对于它的总结,不仅有助于我们理清

---

① 王大有:《龙凤文化源流》,北京工艺美术出版社1988年版,第126页。

审美意识发展的脉络,而且有助于我们强化审美意识发展的自觉意识,推动审美意识顺应规律地向前发展。

(一) 从实用到审美

生存需要是人类的首要需求,商代的青铜器、陶器、玉器乃至文字的发明都与人类原初的生存需求有关。商代的青铜器、陶器、玉器和文字起先都在商代人日常生活中担负着重要的实用功能。商代人从满足实用的需要到满足精神的需要,并逐渐形成自发的审美需要,体现出人们的理想和愿望。在旧石器时代,从元谋猿人使用砾石石器开始,艺术就在实用器具中开始孕育了。这样,在工具的制造和使用过程中,审美意识在游戏心态中逐步觉醒。从新石器时代到夏代、商代,这一审美意识逐渐走向成熟。器皿的装饰最初受偶然现象的效果启发,也受文身的影响,而文身又是受其他动物影响的结果。具有实用功能的感性形态,一旦脱离了实用内容,进入韵律化和节奏化的形式之中,就具有了审美的价值。

实用技术的进步提高了人们驾驭形式的能力。如石器、玉器由打制到磨制,陶器由手工到轮制,都使得工艺品更为实用,更为精美。到了商代,这类技术在前人的基础上又有了提高。由于工艺技术的积累、传承,形成了许多世代相传的手工艺氏族,还影响了后来的姓氏。当时的诸侯贵族以国为姓[①],百工以职业为姓[②],如陶氏是世代的陶工,樊氏是世代的篱笆工,施氏是旗工,索氏世代以制绳为业等等。随着分工的越来越精细,工艺制作越来越精。其节奏、其对称,都是运用了他们所感受到的自然法则。商代的各类艺术形式都体现着对称、节奏、律动、奇妙、自由、活泼的生命形态,可谓千变万化,从再造的自然中体现出自己的理想。一个文字、一件工艺品,就被当做一个完整的生命形态,一个完整的天地境界。

无论是商代的造型艺术还是文字,其最初的形态都是由其实用功能决定的。如有些尊贵的青铜器也有浑圆的腹部,丰满的袋足,和大多数圆形的陶器一样,这种造型可以容纳更多的生产生活物资。早期的玉器也和石器一样,有很多的玉斧、玉刀等实用工具的造型。器皿的实用功能启迪了商代人的审美意识,物质器皿也因此具有了精神的意义。物质材料逐渐为艺

---

① 《史记·殷本纪》:"契为子姓,其后分封,以国为姓,有殷氏、来氏、宋氏……"
② 参《左传》定公四年。

家所征服,成为传达艺术精神的语言。而艺术家灵心妙悟的传达也受制于物质材料的自身特征的。因而,艺术的构思与作为物质材料或总结物质材料特征的语言水乳交融,方能创造审美的新境界。商代文字的创造动因也首先是人们交流的需要。人类表情、手势和声音的瞬间即逝性不利于思想的表达和文化的传播,因此就有了对于超越时空的刻画符号和图象的迫切需要。纯粹实用的抽象记事符号,一旦在结构上进入感性化、节律化的状态,使抽象符号具体化、节律化,便进入了审美的状态,体现出人文的情调和生命的意识。

因此,实用、宗教、政治与审美的关系是互动的。很难说明它们与审美是一种单向、必然的因果关系。在宗教礼仪中广泛使用的商代青铜器、玉器和陶器,体现了动物纹饰和实用器形的完美结合。器皿中的大多数把手、盖纽、耳、脚等,既有实用的价值,又富于装饰功能,这样的器皿不仅易拿易提,又使造型灵动、富有生机,凝固的物质产品延伸出了巨大的精神意蕴。

(二) 迁徙与文化交融

在人与人的关系上,古代政治对文化的发展起着重要作用。商代的文化是在夏代的文化中孕育成长的。其间各地域、各部族、各方国之间相互交流、相互渗透、相互融合,形成了商代的文化、心理和习俗等。特别是在征伐、兼并过程中,在商贸交流中,实现了多民族的融合。

商人在前期屡屡迁徙。《尚书序》说:"自契至于成汤八迁,汤始居亳。"张衡《西京赋》又说:"殷人屡迁,前八后五。"说明建国前商曾大规模地迁徙八次,汤建国后到盘庚迁殷,又大规模地迁徙了五次。前期是部落迁徙,上甲微率商人在黄河北岸崛起后,部落一直在迁徙,后来从先王居,回到故里,开始了灭亡夏王朝的事业。

建国后主要是都城在迁徙。商代神圣的宗庙之都,和世俗的政权之都,有时是合一的,有时是分开的。最早的城市建筑与宗法礼仪有一定的联系,故其都主要指宗庙之都。《左传·庄公十二年》:"凡邑,有宗庙先君之主曰都。""君子将营宫室,宗庙为先……居室为后。"《说文解字》:"有先君之旧宗庙曰都。"而政权之都起初一般在宗庙之都。这是当时的生产力水平和筑城的成本决定的。故《广韵》说:"天子所宫曰都。"《释名》:"都者,国君所居,人所都会也。"其意义在商代便有了。商代祖先的宗庙之都早期在郑州商城,后期在安阳殷墟,相对比较稳定。政权之都却屡经迁徙,特别是在早期征伐频繁、环境恶劣的背景下。

　　无论是宗庙之都,还是政权之都,其迁徙的原因都主要有以下六个方面:一是河流改道,水资源变化;或连年干旱,水资源枯竭;或洪水泛滥,为避水害而迁徙。顾颉刚、刘起釪曾说:"水涝给旧地造成祸患,引起经济、社会问题,不得不迁。这是促使其离开旧都的客观原因。"① 二是宗教原因,商人信巫,天灾人祸,一定要占卜;卜卦说要迁,当然就迁。三是农业生产,土地耕种一段时间后,肥力下降,庄稼收成也随之下降,土地需要息耕。傅筑夫认为这就是盘庚所说的"殷降大虐"②。从《尚书·盘庚》中"惰农自安,不昏作劳,不服田亩,越其罔有黍稷",以及"若农服田力穑,乃亦有秋"的比方,可知农业已经成了生活的中心。首都居民特别是手工业者、军人较多,在交通不太便利的背景下,尤其需要靠近丰产地。四是军事原因。征伐需要供给,也需要指挥便利。这可能既有主动的征讨,又有被动的外患、内忧(如王室内部纷争,诸侯或大臣造反等)③的威胁因素。五是某些资源枯竭,特别是地表铜矿资源枯竭,需要找新的资源。六是环境污染问题。群居集中生活了一段时间后,环境污染、疾病滋生是不可避免的。每次迁徙的原因可能只是其中的部分原因,但客观上造成了迁都的事实。以致有时候,人们为着既有的财富,不肯迁都,而其中从事制作陶器、玉器、青铜器及纺织、酿造业等手工业者,又是都城迫切需要的人才,缺一不可,于是有了盘庚的那次重要的演说,动员大家迁徙。这是一次宗庙之都、政权之都同时迁徙的重大工程。后来,由于交通的发达、生产力的进一步提高和政局的稳定,才在安阳定居下来,不再迁徙。商代审美意识的变迁显然在一定程度上受到了迁徙的影响。

　　商人的屡屡迁徙、战争及其兼并客观上带来了民族融合,也带来了各民族文化和风俗的融合,包括造型艺术的形制和纹饰的融合。根据《诗经·商颂·殷武》的记载,当时殷王武丁曾经南伐荆楚。商代的青铜器也随之进入了南方。南方文化的丰富的想像力也影响到了商代工艺品的形制。包括当时被作为敌人的羌人的审美意识也影响了商人。当时的羌人、姜人等以羊为图腾,人戴羊角为装饰之美,是美的本义。其中对羊由热爱而崇敬,本来

---

① 顾颉刚、刘起釪:《〈盘庚〉三篇校释译论》,《历史学》1979 年第 2 期。
② 傅筑夫:《关于殷人不常厥邑的一个经济解释》,《文史杂志》1944 年第 5、6 期合刊。
③ 《史记·殷本纪》。

是在北方游猎和畜牧民族间兴起的,后来为商代的艺术所继承和发扬。《山海经·东山经》:"自尸胡之山至于无皋之山……其神状皆人身而羊角。"羊人合一,使人获得神异。妇好墓中男女阴阳合体的玉人,有着羊角似的发髻,北方多牛羊,中原多养猪,祭祀和供品多采用当地常见之物,后来便融为一体。这在随葬品及相关的艺术品中均有所反映。至今,羊还在作为吉祥的形象出现于各种社会场合之中。吉祥物的选择,是图腾意识思维方式的体现。这说明不同时期的审美意识的变迁,明显体现了地域环境的影响。商代的文化和艺术的风格,体现了当时多民族的融合的特征。在商代的艺术作品中,中原文化、淮夷文化、荆楚文化和北方文化是相互融合、相互影响的。

商代人屡屡迁徙、"不常厥邑"的生活,客观上带来了对各部族文化的吸收。而不断的征伐,疆域的扩大,又把商代的艺术和文字,带到了黄河、长江两岸的部族。可以说,商代完成了中华民族共同文化心理的系统奠基工作。

(三) 继承与创新的关系

文化传统有自己延伸继承的内在规律,常常不以人的意志为转移。《史记·殷本纪》载:"汤既胜夏,欲迁其社,不可,作《夏社》。"社神是远古共工氏之子句龙,能平水土,夏代祭祀社神。商代人取代夏代人,本想变易社神,但考虑到远古传统,便依然保留了。这说明商代人对夏代乃至远古传下来的文化传统的重视,也说明了远古文化的传承关系。《论语·为政》说:"殷因于夏礼,所损益,可知也;周因于殷礼,所损益,可知也。"正是从礼的角度总结了这种继承与创新的关系。审美意识的发展也不例外。

张光直曾说,河南龙山文化、偃师二里头文化、郑州商城文化和安阳殷墟文化,作为一个序列,具有两个特点,"一是一线的相承,二是逐步的演变"[①]。他曾引述《论语·八佾》中三代社祭的差异:"哀公问社于宰我,宰我对曰:夏侯氏以松,殷人以柏,周人以栗",和《孟子·滕文公》关于学校名称的差异:"夏曰校,殷曰序,周曰庠,学则三代共之",认为三代大同而小异。

在二里头文化时期,日常用的陶器朴实无华,青铜礼器有着浓重的仿陶痕迹,器身也没有装饰纹样,这种中原的本土风格是从夏代继承下来的。而礼仪性的玉器与陶器,乃至廊庑式的宗庙宫殿,其奢华庄严的仪式,则是从

---

① 张光直:《中国青铜时代》,三联书店1999年版,第101页。

东夷文化传来的。商代人将自己的传统融进了华夏文化,并在新的历史时期推动了文明的演变和发展。东夷文化的风格是商代文化和艺术发展的新的增长点。王国维在《殷周制度论》中说:"中国政治与文化之变革,莫剧于殷周之际。"① 这是在强调变的一面,但损益相因、一脉相承依然是主要的。

  器皿的艺术性也是如此。仰韶文化有鸱鹗捕鱼的创作题材,商人也把鸱鹗作为表现对象,如妇好墓的石鸱鹗,表明艺术的继承关系。商周文化的雕塑,继承了史前艺术中的鸟兽之形,把它运用到青铜礼器的创造中。如小臣艅犀尊,在技法上继承了仰韶的鹰鼎和大汶口文化的动物形陶器。兽面纹装饰的手法与主题,长期形成了相对固定的模式,这是商代器皿与龙山文化中的许多器皿在形式上相似的重要原因。龙山文化晚期石锛上的兽面纹图案,狰狞恐怖,影响到商代的兽面纹青铜器。当时的工艺匠师世代相传,工艺品创作的技艺及其程式也是代代相传和形成传统的。

第三节 西周审美意识

  自殷商到西周,中国审美意识的发展已经开始具有理论形态。这些尚属雏形的理论,对春秋战国时期的美学思想,特别是先秦诸子的美学思想,产生了深刻的影响,是中国美学理论的源头。审美意识作为人的心灵在审美活动中所表现出来的自觉状态,是被系统化的审美经验,受各种社会生活因素和一般文化心理的影响,是总体社会意识的有机部分。它与其他社会形态是相辅相成、互相影响,又迥然有别的。因此,我们在谈到西周审美意识发展变化的同时,就不能不首先考察西周政治思想文化的变革,因为审美意识的发展与社会意识的发展变化是密不可分的,它们之间是水乳交融、互相渗透的关系。

一 文化变革:从神本走向人本

  近代学者王国维从历史的角度考察殷周之际社会大变革时曾指出:"中国政治与文化之变革,莫剧于殷周之际。""夏殷间政治与文物之变革,不似殷周间之剧烈矣。殷周间之大变革……则旧制度废而新制度兴,旧文化废而新文化兴。"这种剧烈的变革,按照王国维的观点,是由于"自五帝以来,政

---

① 王国维:《观堂集林》第二册,中华书局1959年版,第451页。

治文物所自出之都邑,皆在东方,惟周独崛起西土",即地域和文化背景的原因。王国维认为,西周初期的这些变化,"其旨则在纳上下于道德,而合天子、诸侯、卿大夫、士、庶民以成一道德之团体"①,就是说,其最终目的是要落实为以一套道德原则组织成一道德的团体,也即形成一种"以道德代宗教"的文化,以伦理为本位的社会。这同文明社会初期阶段以崇神事鬼的宗教祭祀文化为特色的夏殷相比,显然具有了浓厚的伦理道德的人文色彩。这种剧变也表明了文明社会初期阶段以神为本位的宗教祭祀文化正向西周时期以人为本位的伦理文化转型和过渡。西周的人本文化规定了中国文化今后的发展走向,以血缘为纽带的宗法制、礼乐文化被后世儒家继承发展,成为儒家思想的核心,对中国传统文化的形成产生了深远的影响。

(一) 周人的忧患意识

商周之际之所以会出现政治制度与文化形态上的剧烈变化,是因为在周人的文化精神中产生了极为可贵的忧患意识。这种忧患意识源于周人从立国到灭商后面临的艰难处境,其中含有重要的敬德与保民思想,是周代一切制度的出发点与宗旨所在。

首先,忧患意识源于周人从立国到灭商后面临的艰难处境,也体现了小邦周战胜大邦殷之后面对混乱局面的政治焦虑。在殷商强大文明的压力下,周民族能由一个落后的民族而臻于强大并在文王的时候打开了足以克商的新局面。正是在这艰难的过程中,周人体会到了人的行为的重要性。因为新局面的形成是他们的历代祖先辛苦开创出来的,事情的吉凶成败除天意外,更是由于他们自身的艰苦努力。他们已经觉悟到若要突破困境,主观努力尤其重要,这便是忧患意识的萌芽。由这种忧患意识而产生的人的自觉,表现为一种新精神的跃动,蕴涵着一种坚强的意志和奋发的精神。

其次,吸取商朝灭亡的教训,周人的忧患意识中含有重要的敬德和保民思想。曾经不可一世的庞大的商王朝顷刻瓦解,迫使周统治者不得不去探寻商朝灭亡的深层根源以及他们必须努力的方向。他们认为,"失德"是商亡的根本原因所在,"惟天不畀不明厥德"(《尚书·多士》)、"皇天无亲,惟德是辅"(《尚书·蔡仲之命》),因此周王朝想要长治久安,最重要的便是敬德。此外,他们还认为,天命如何,只有从民情中才能显示出来,即"天棐忱辞,其

---

① 王国维:《殷周制度论》,《观堂集林》,中华书局1959年版。

考我民"(《尚书·大诰》)、"民之所欲,天必从之"、"天视自我民视,天听自我民听"(《尚书·泰誓》),这就是说,上天总是顺从民众的愿望、想法,按照民众所看到的、所听到的去办事,统治者若不爱护民众、关心民众的疾苦,便会遭到民众的反对与诅咒,自然也会引起上天的不满。故此,保民成为敬德的一个核心内容。

最后,忧患意识基础上的敬德、保民等观念是西周统治者制定一系列重要制度的出发点与动力。这些观念落实到行动上,实际上是要求各级贵族自觉地按照符合统治阶级利益的道德规范来约束自己的行为,将此类道德行为规范加以制度化,便有了一系列"礼制"的出台。它所带来的结果便是"旧制度废而新制度兴,旧文化废而新文化兴"的新局面的形成。

(二)天命观念的形成

郭沫若认为,"天"字尽管在殷商时代就已出现,但卜辞中绝没有至上神意味的"天"[①]。至上神的"天"是西周时代出现的,并代替了殷人"上帝"的观念。从一般的天神信仰看,殷商对至上神"帝"的崇拜与周人对至上神"天"的尊敬并没有什么区别,都不过是一种作为自然与人世主宰的神格观念,未曾涉及任何道德伦理原则。然而,由这种与殷商至上神无差别的"天"产生出伦理性的内涵,形成天命思想,则是殷周之际社会剧变的产物。

一方面,文化相对落后的小邦周取代了大邑商,周人自然不能完全抛弃、禁绝深有影响的、现成的殷商宗教文化体系,只能在包括上帝鬼神观念的殷商宗教祭祀文化基础上改造和利用,最终形成原始的天命观。另一方面,殷商的灭亡使遗民尤其是周人对"天"或"帝"至上神地位产生信仰危机:上天怎么改变成命而"降丧与殷"使"殷坠厥命"(《尚书·周书·酒诰》)了呢?在这种情况下,必然出现对帝神以及天神本身信仰的衰落,而代之以融入了更多人文理性的"天命"观念。为此,周初统治者一边制造所谓"皇天上帝,改元厥子"(《尚书·周书·召诰》)的神话,一边又强调天命以人是否有"德"为转移,形成了天命和道德相统一的天命观念。

周人的这种天命观念尽管从总体上说仍然是一种神意观念,仍然披着皇天上帝的神性外衣,但不可否认,与殷人对上帝鬼神恐惧崇拜的神意观念相比,周人对"天"的尊崇敬畏已有很大的道德差别,前者仍然是自然宗教

[①] 郭沫若:《郭沫若全集·历史编》第一卷,人民出版社1982年版,第321页。

（祭祀文化）的体现，后者则包含着社会进步与道德秩序的原则。也就是说，殷与周观念意识的根本区别，是殷人对"帝"或"天"的信仰中并无伦理的内容，总体上还不能达到伦理宗教的水平；而在周人的理解中，"天"与"天命"已经有了确定的道德内涵，它以敬德、保民等为主要特征。"天"的神性的渐趋淡化和"人"与"民"相对于"神"地位的上升，是西周时代思想发展的方向。这也是上古三代的宗教文化由文明社会初期阶段的自然宗教（祭祀文化）向西周时期的伦理宗教（礼乐文化）过渡所体现出来的主要特征。西周的这种"天命"观念相对于殷人的神意观念是一种思想意识的进步和发展，它所包含的"天命靡常"、"天命惟德"、"天意在民"的人文意识，对后世尤其是春秋时期人文主义思潮的兴起有着深刻的影响，是理性的觉醒与宗教观念冲突的结果，也蕴涵着中国文化天人合一的基本精神。

殷商神本文化向西周的人本文化过渡的原因，除了社会动荡所造成的理性的觉醒与宗教观念的冲突外，还有人们的知识和经验的积累。例如，本来为探测天意而进行的天文活动，从客观上推动了天文学的发展，随着天文学知识的积累，人们逐渐认识了天道与人事的差异。日食和月食，最开始被认为是凶灾的预兆，后来人们发现日食和月食与人世的灾异没有必然联系，是正常的天文现象，神学的面纱被揭开了，人本文化的面目得以展现。

（三）制礼作乐

西周人本文化的重要标志是宗法制度的建立，这一制度兼有政治权力统治和血亲道德制约双重功能，它强调伦常秩序、注重血缘关系的基本精神，渗透于民族意识之中。宗法制度包括三个方面的内容：一是嫡长子继承制；二是封邦建国制，以属地分封同姓亲属子弟，以此作为保护周王室的屏障；三是宗庙祭祀制度，以血缘之亲疏来辨别同宗子孙的尊卑等级关系，维护宗族的团结，强调尊祖敬宗。宗庙祭祀制度的发展，形成了中国传统的礼乐文化。

确立把上下尊卑等级关系固定下来的礼制和与之相配合的情感艺术系统（乐），便是制礼作乐。周代的礼制是其制度文化、行为文化和观念文化的集中体现。《礼记·曲礼》说："道德仁义，非礼不成；教训正俗，非礼不备；分争辩讼，非礼不决；君臣上下，父子兄弟，非礼威严不行；祷祀祭礼，供给鬼神，非礼不诚不庄。"礼的内容一是"亲亲"，即贯彻血缘宗族原则；二是"尊尊"，即执行政治关系的等级原则，其目的是"别贵贱，序尊卑"。范文澜说周文化是一种尊礼文化,王国维也说礼是周人为政之精髓。礼被后世儒家继承发展,而儒家思想又是传统文化的核心,所以有人说中国文化的核心是"礼让"。

从本质上来说,礼所体现的是一套关于权力与分配的制度,这一制度对于维护社会稳定,无疑起了重要作用,但同时也不可避免地会带来尖锐的矛盾而造成社会的不稳定性。因此,礼制建构的同时必然也有一套缓解由礼制所带来的矛盾的有效协调机制。乐的意义即此。

在西周以前,乐的主导地位在于实现神人相和,但随着阶级社会的出现以及所带来的社会分化,人与人之间的关系变得十分紧张,乐逐渐成为缓和人与人之间关系的重要载体。因为目睹商王朝因战争频繁而灭国,周的统治者不能不以此为鉴,重视对稳定和谐社会秩序的构建。这样,"和"就成为西周统治者一个非常重要的信念,"以和邦国,以谐万民,以安宾客,以悦远人"(《周礼·天官》)。

礼乐制度从本质上来说是一套既具别异又具亲和性的制度,礼、乐是君主治国过程中相辅相成的不可或缺的工具,"以礼乐合天地之化,百物之产,以事鬼神,以谐万民,以致百物"(《周礼·春官》),建立人与自然、人与鬼神、人与人之间的和谐关系。同时,这种礼乐文化对西周的艺术发展也产生了不可忽视的影响。

二　艺术创新:从属神走向属人

西周的手工业较之商代,特别是与早周相比,有了很大的发展,有些取得了具有划时代意义的成就,当时除商代已有的陶器、纺织、骨器、漆木器、铸铜、玉雕、造车、建筑等制造业外,在冶铸业中出现了制造原始玻璃和冶铁等技术。手工业的发展极大地推动了艺术的发展,使艺术创作在技术上有了新的突破和创新。我们不妨以西周艺术的集中代表青铜器为例,来探讨西周艺术品中所包含的审美意识。

(一) 西周青铜器的审美特征

西周时期,青铜器与礼制的结合更加紧密,冶铸技术日趋成熟,出现了长篇铭文,创造了较之商代更加灿烂辉煌的青铜文化,是中国青铜时代的鼎盛时期。西周青铜器风格的演变,大致可以分为三个阶段,西周早期、中期和晚期。早期主要是继承和发展商代晚期青铜器的艺术风格,神秘而森严,纹饰繁复、细腻,铭文开始发展;中期神秘色彩淡薄,礼制化的特色日益鲜明,同时长篇铭文增多,文饰大量更新;晚期青铜器衰落,造型和纹饰都趋于简朴,制作粗糙,缺少创造性,甚至有程式化和定型化的倾向。

1. 西周早期青铜器的主要审美特征

西周早期(武王至昭王)的青铜器主要是在晚商的基础上继承和发展而来,在造型上没有多大的变化,值得关注的是它的纹饰。纹饰遵循为礼器服务的宗旨,主题仍然以兽面纹为主,凤鸟纹开始出现,人物纹饰也较多。另外,直棱纹也在这个时期兴盛起来。这个阶段的兽面纹种类很多,总体上大致可以分为两种:身首都有的全形兽面纹和有首无身的简省兽面纹。其主要特征是以鼻梁为中轴线左右对称,配以粗壮扭曲的双角,硕大的圆睁的双眼怒视前方,眼与角间有时会有一对粗眉,巨口大张——整个形象,面带怒容,表情狰狞,身躯上有时还有奇异的耳朵或爪子,所有的一切给人一种肃穆、凶猛与神秘的气氛。

在这个时期,出现了新的兽面纹——蜗体兽纹,该纹饰特征奇异,前所未见,但是到了中期就消失了,并没有流传下来。可以看出蜗体兽纹像其他的兽面纹一样,也是由多种动物的不同特征组合在一起而形成的一种奇异怪诞的纹饰,目的很可能就是要给人一种神秘、恐怖、狰狞的感觉,明显是继承了晚商迷信神灵、尊神敬鬼的思想观念。蜗体兽纹大多出现在器物的重要位置,很可能有某种特别的象征意义。

另一个很显著的特点是凤鸟纹的兴盛。凤鸟纹的大量使用和迅速发展,直接影响了中期的纹饰。甚至有学者称从西周早期到中期的穆王时期为凤纹时代,可见凤纹的影响有多大。凤鸟纹出现于商,在西周早期有很大发展,装饰地位越来越重要,数量越来越多,造型也越来越华美,富有动感。在商末周初盛行的是多齿凤冠——冠作多齿状,宽尾下垂。而西周时期盛行的是花冠凤纹,凤头部长冠由花冠修饰,或长羽飘举,或自然下垂,或垂自足部向后翻卷,华美而飘逸,突破了以往纹饰的拘谨庄重感,更给人灵动飞舞的感觉。1976年在江苏丹阳司徒出土的凤鸟尊就是很好的例证。凤鸟尊口沿下用瓣形华纹装饰,等分为四组,每组内是两组长尾凤鸟,首尾弯曲成"S"形,而腹部则是两对相互反顾的凤鸟,长冠翻卷,与上卷的凤尾形成一种呼应的关系。这组图案,线条流畅,凤鸟的体态优雅,完全没有了殷商那种肃穆威严的感觉,取而代之的是轻松自然和生动洒脱。

纹饰中除了兽面纹和凤鸟纹之外,人物纹象也在西周早期有着重要的地位。该纹饰有单独的人物形象,也有人兽组合纹,而且以后者为多,后者又以人和虎的组合为多,甚至出现虎食人的图案。这些人虎纹饰不像以往多出现于青铜礼器上,而是出现在车器和兵器上。据说1931年河南浚县辛村西周墓出土的虎食人异形管金长刀,现在藏于华盛顿弗利尔美术馆。该长刀刀形异常怪异,刀为长体、尖峰、刃弧弯,长管金由一端直通刀锋处,金后连一环,近环金上饰虎食人纹样。人像深目多须,龇牙咧嘴,并为虎口所吞。人面下饰张口露齿作匍匐状虎,虎口近金口,通长33.5cm。这是带有浓厚的宗教色彩的文饰,象征着勇猛的"虎神"是人的保护神,人在虎口正是得到了"虎神"的庇佑。

在这个时期,直棱纹也不能被忽视。直棱纹是指装饰在青铜器上的一种几何图形——竖条、成组、有着明显的两端,是青铜器重要的装饰花纹,用于辅助主体纹饰,增强立体感。几乎在所有的青铜容器上都可以发现直棱纹,一方面它可以使整体纹饰的美感加强,另一方面它也是西周青铜纹饰走向规范化的一个表现。

2. 西周中期青铜器的审美特征

西周中期(穆王至夷王)的青铜器处于新旧交替时期,在保留了传统式样的同时,更出现了许多新的花样。该时期的纹饰几乎摆脱了源自殷商的神秘怪异色彩,变得比较写实,并且走向了规范化,礼制色彩浓厚。

传统的兽面纹不再是纹饰的主体,其内容也失去了前一阶段的狰狞与威慑,形象开始简单化,也不再出现于器物突显的位置上。另一方面,动物纹饰中鸟纹的地位大大提高,特别是凤鸟纹。鸟纹成为该时期的主要装饰母题,作为主体纹饰出现在器物的腹部和肩部,羽冠向前弯曲垂地的大鸟纹与长尾曲折的小鸟纹特别流行。相比于早期,该时期的凤鸟纹更加精致华美。1975年陕西扶凤白家出土的苓簋就是一个著名的例子:造型上注意细微的变化,口沿下微微内敛,而下腹稍微外鼓,从而形成了一个"S"形,富有变化的曲线美。两只鸟形的器耳与腹部弧线相照应,器盖与器腹都饰以凤纹,凤鸟的造型稳健,而又翻卷得恰到好处。面与线的转换处理,使得纹饰富有立体感,凤颈部还刻画着鳞状的羽毛,十分精致细腻,显得华美而又不繁缛,几乎没有了殷商纹饰的霸气和狰狞。

另外值得注意的是,几何样式的出现表明纹饰正逐步走向规范化、条理化。兴盛于早期的直棱纹,在这个时期还有发现,并且出现了用单一直棱纹装饰的青铜器,这是在西周早期所没有的,只是直棱纹装饰的范围开始缩小，数量开始衰减了。这时候还出现了由动物变体而来的抽象几何图形，波曲纹就是最典型的一种，它既可以做具体的纹饰，也可以做装饰的基本框架，使得整个图形显得气势宏大、连贯而丰富。以1976年陕西扶风白家出土的兴壶为例，腹鼓颈细，颈两侧有对称的兽耳衔环，自颈到腹饰以波曲纹三周，很有节奏感。甚至波谷内也设计了相应的几何形纹饰与之契合，整体感很强。从动物纹饰中演变出来的几何形纹饰，除了波曲纹外，还有垂鳞纹，该纹在形状上很像鱼的鳞片，图案层层相叠，呈现出"U"字形，很可能是从由鱼特征化身的龙纹上演变出来的。同时，这个阶段的人物纹像趋向于人的真实形象，几乎没有了怪角、兽耳等等怪异神秘的纹饰。但是，这些纹饰已经不再居于主要地位，它们装饰的部位从器物的肩腹部转移到了器物的下部。

3. 西周晚期青铜器的审美特征

西周晚期（厉王至幽王）的青铜器是中期的延续，更趋向于简朴、实用，甚至是粗糙简陋，造型和纹饰流于程式化、定型化。有不少器物逐渐消失，如爵、觥、觯等。实用而且造型简练的壶逐渐成为当时的主要器物。

因此，青铜器在西周晚期呈现出衰落的趋势，但是在前代经验积累的基础上，该时期还是出现了一些青铜精品。如精美的克钟，钟钮采用透雕的形式，腔外有透雕相交的龙纹构成的扉棱，玲珑剔透，与浑厚的钟体形成强烈的反差。整个克钟做工精致，外形华美。由于这种交龙式的纹饰在西周晚期非常罕见，其真正成为纹饰的母题是在春秋晚期，所以这一时期的绞缠形式龙纹被看做是一种新纹饰的开端。

西周青铜器艺术风格的演变有着很强的历史逻辑性。从继承延续、丰富发展，到衰退减少，西周青铜器走向了青铜时代的顶峰，继而极盛而衰。从审美的角度来看，纹饰的变化显示出殷商时期青铜器所特有的狰狞、恐怖、威慑、可怕的宗教神秘色彩逐渐消退、淡化直至消失。与此同时，一种追求自然的真实美感，追求舒适自由的审美情趣在崛起，取代了原来的拘谨和沉闷，艺术创造向着人性化的方向发展，由凝重走向轻灵，由粗狂走向细腻，由繁复走向简朴，由怪诞走向平易，由虚幻神魔的世界走向真实世俗的世界，这也正是殷商崇神的宗教祭祀文化向西周时期以人为本的伦理文化过渡的表现，是西周政治文化变革影响和渗透的结果。

(二) 西周金文的审美特征

西周是青铜器的极盛时期,也是金文的鼎盛时期。铭文由商末的几十字发展到数百字,内容主要有祭祀典礼、征伐纪功、赏赐锡命、书约剂、训诰群臣、称扬先祖等六大类,文辞最长可达 497 字(《毛公鼎》),西周时期文字处理水平的提高,使得金文的发展取得了长足的进步。西周青铜器铭文的风格也可以分三个时期:

1. 前期,包括武王、成王、康王、昭王(公元前 1207—公元前 948 年)。文字继承商末传统,与商末甲骨文、金文相似,处于文字演变的同一阶段。形式处理上,笔划肥厚,尾起收多出以尖形,与商末金文如出一辙,又常饰以圆形或方形的块状笔划。这一时期代表作品有:《周公簋铭》、《天亡簋铭》(武王)、《利簋铭》(武王)、《德方鼎铭》(成王)、《何尊铭》(成王)、《商尊铭》、《郿县大鼎铭》(成王)、《大盂鼎铭》(康王)等。

其中大盂鼎为西周重器,清道光年间出土于陕西岐山礼村,铭文 19 行,291 字。载康王二十三年策命其臣盂的情形。鼎的造型端庄雄浑,字迹瑰丽谲伟。其铭文严谨端庄,笔划尖圆并用,体势纵长挺拔,结字密致凝练,章法整齐有序,在书法上属方笔壮伟一路;呈现出一种高华肃穆、瑰奇典丽、端重卓伟的庙堂之气,已经具备了金文特有的精神气质。长期以来被视做金文的代表作之一。

2. 中期,包括穆王、恭王、懿王、孝王(公元前 947—公元前 888 年)。这时期铭文的篇幅更长,处理的方法也有更大的发展。这一期的精品极多,代表性的有:穆王时的《静簋铭》,恭王时的《卫盉铭》、《永盂铭》、《曶鼎铭》、《墙盘铭》,懿王时的《即簋铭》,孝王时的《大克鼎铭》等。铭文字体发生了明显变化,由早期雄奇的风格向书写便捷方向发展,早期的字体特点几乎消失,特别是肥波与波磔已不明显。恭王时出现了所谓的"玉箸体"书法,其笔画端庄无波捺,两端平齐似圆箸。铭末常用语较之早期也有明显变化,多用"子子孙孙永用宝"等短语,这可能也是当时私有观念增强的反映。《大克鼎铭》,铭文 28 行,290 字,字迹特大,结体修长峻拔而具端穆之致。由于铭排列于界格之中,书风乃由自然而趋于整饬,是金文中的皇皇巨著。

3. 晚期,包括夷王、厉王、宣王、幽王(公元前 887—公元前 771 年)。这一时期,一方面是青铜器铭文发展的高峰,书法比中期更加成熟,另一方面,似乎也已经显示出分化的迹象。如清道光末年出土于陕西岐山县的宣王时的毛公鼎铭,制作精美,器形完整。文在腹中,凡32行,计有497字,堪称宏篇巨制。其书法流溢秀美,笔划工谨厚重,结构密丽庄严,气势雄浑博大,为存世金器铭文较长而艺术水平较高的一种。

厉王时的散氏盘,也称矢人盘、散氏盘,乾隆年间出土。盘腹有铭文19行,满行19字,计350字。记述矢人将大片田地移付于散氏时所订契约,详载核定土田经界及盟誓经过,为研究西周土地制度的重要史料。其笔划一改典型金文的横平竖垂、匀稳工正,代之以欹侧斜正、粗细不一;字形取方扁之形,而且右肩似乎稍向下垂,与其他作品的长方或近方、端正稳重的体势不同,在金文中可谓别具一格。这种风格出现的原因,还有待于进一步探讨,但联系西周晚期的社会状况,不难发现,这种分化的趋势,应当是地域文化力量上升的必然反映。

总之,这些记录着社会生活的大量铭文的出现,证明人们已冲破了殷商以来对宗教礼器的神秘崇拜,青铜器开始由神圣不可侵犯的宗教礼器向艺术欣赏对象过渡,它的属神性格逐渐衰落,属人性格开始突显,这也是人们自身审美能力提高和自我意识觉醒的表现。青铜器铭文的书写、铸造,不仅仅是为表达文字的内容,同时也反映了人们书写、铸造文字时的审美意识。例如笔划的圆转、方折、粗细、刚柔、曲直的变化,结构的安排,字、行的排列,以及均衡、对称、疏密等形式规律的运用,都十分明显地体现了当时书写者的匠心,它的艺术性比甲骨文又有了进一步的提高和丰富。

思考题:
1. 试析新石器时期以磨制石器取代打制石器的审美意识的进展。
2. 夏代审美意识的独特特征。
3. 商代审美意识的基本特点。
4. 影响商代审美意识历史变迁的基本因素。
5. 西周的文化改革与艺术创新对其审美意识发展的影响。

第二章
春秋战国美学

在春秋战国时代，儒家的孔子、孟子和荀子，道家的老子和庄子等人的精湛的思想中，已经包含了深刻的美学思想的因子，并且对后代的中国文化和中国美学史产生了悠久而强劲的影响。而发端于商末周初的《易经》和经儒道等诸子阐释的《易传》，则有着独特的美学史价值。《考工记》和《乐记》分别在工艺美学和音乐美学方面卓有成就，是中国工艺美学和音乐美学的始祖。散见于《左传》、《国语》及《墨子》、《韩非子》等书中的美学思想也对后世产生了影响。《左传》桓公元年中记载的对美女"美而艳"的评价，昭公元年和昭公二十年对医和、子产的"五色"、"五声"说，将色彩和乐音纳入"五行"思想体系中。昭公二十年所载晏婴的"一气、二体、三类、四物、五声、六律、七音、八风以相成"是相辅相成的韵律观，"清浊、大小、短长、疾徐、哀乐、刚柔、迟速、高下、出入、周疏以相济"则是相反相成的节奏观，共同成就了和谐的原则，对中国美学的和谐观产生了深远的影响。二十九年载季札观周乐，盛赞《颂》乐"直而不倨，曲而不屈，迩而不逼，远而不携，迁而不淫，复而不厌，哀而不愁，乐而不荒，用而不匮，广而不宣，施而不费，取而不贪，处而不底，行而不流"，要求各种情感恰到好处的和谐观，对后来的儒家中和思想产生了一定的影响。《国语·周语下》记载单穆公所谓"乐不过以听耳，而美不过以观目"，强调审美对象以感官的快适为度；州鸠则进一步强调了"乐从和"的思想。《国语·郑语》还记载了史伯的"和实生物，同则不继"和"声一无听，味一无果，物一不讲"的"以他平他"的杂多统一的和谐观。其他如《墨子》佚文"食必常饱，然后求美；衣必常暖，然后求丽"，强调审美要以基本的生存为基础。《韩非子·外储说左上》所谓画"犬马最难"、"鬼魅最易"反映出韩非强调绘画的写实精神。

第一节 儒家美学

在中国古代美学史上,先秦儒家美学占有极为重要的地位,对中国古代的审美意识和审美文化有着深远的影响。先秦儒家美学的代表主要是孔子、孟子和荀子。孔子以"天人合一"为最高理想,在艺术标准上强调温柔敦厚的中和原则,重视比兴的思维方式,开创了自然美欣赏的比德理论。他以"尽善尽美"、"文质彬彬"为具体的艺术标准,追求后人概括为"孔颜乐处"的人生境界。孟子的美学思想是对孔子美学的继承和发挥。他从"性善论"的基本思想出发,提出"充实之谓美"的人格美论,将道德目标、人格精神、审美愉悦联系在一起,认为只有内心养"浩然之气",才能达到充实的目的。他还认为"口之于味也,有同耆焉;耳之于声也,有同听焉;目之于色也,有同美焉",第一次明确地以生理感官的共同性来揭示美感的共同性问题。另外,在艺术批评方法上,他认为首先要在鉴赏之前做到"知人论世",真正洞悉作品的内容和主要意旨,然后再"以意逆志",才能深得作品的三昧。荀子则与孟子有所不同。荀子主张人性本恶,性情相通,人的心灵由自然性发展为社会性乃是"化性起伪"的结果。他的"虚一而静"思想接近于道家,但又不同于道家。在人格美问题上,他重视全粹为美和美善相乐,重视文学艺术对人的熏陶和感动。在艺术风格上,荀子继承孔子的观点,推崇繁丽和奢华。

一 孔子的美学思想

孔子(公元前 551—前 479)名丘,字仲尼,春秋后期鲁国陬邑昌平乡(今山东曲阜城东南)人,伟大的思想家、教育家,儒家思想的奠基人,并开创了儒家学派。孔子没有专门的美学论文和论著,但他的言论中却包孕着极其丰富的美学思想。其核心在于成就人生的最高境界,即"从心所欲而不逾矩","与日月合其明,与天地合其德"的至人境界,从中体现了智与德的高度完备,并通过个体的修养推广到整个社会,具有身体力行的实践性品格。他认为审美的愉悦超过了物质上的感官快适,以至进入迷狂状态。《论语·述而》:"子在齐闻《韶》,三月不知肉味。曰:'不图为乐之于斯也。'"他还主张将社会的道德规范转化为与天性融为一体的心灵的自觉要求,追求"浴乎沂,风乎舞雩,咏而归"的境界。孔子是儒家美学的奠基人,是中国古典美学发展的源头之一,在中国美学的发展历程中有着重要作用。

(一) 天人合一的最高理想

"天人合一"是中国传统文化中的一个核心命题,此命题直到宋代才由理学大家张载第一次明确提出,但其思想却可上溯到《周易》和先秦诸子,是儒家思想的一条主线。在中国传统审美思想中,人与自然是统一的。"天人合一"体现了人们以人情看物态、以物态度人情的审美的思维方式,也揭示了作为中国古典美学最高境界的和谐理想。

儒家强调人与自然的亲善和谐。孔子曰:"巍巍乎!唯天为大,唯尧则之"(《论语·泰伯》),说的正是人们应该遵循自然法则,与天地万物和谐相处。孔子的万物和谐的思想和道家提倡的是有所区别的。道家注重的是回归自然,"以天合天"(《庄子·达生》),提倡人以自然的姿态与物为一,通过遵循自然规律的方法以求得精神的自由。而儒家则强调人的社会特征与自然的贯通,如《乐记》中所言:"乐者,天地之和也;礼者,天地之序也。和,故万物皆化;序,故群物有别。"孟子继承孔子"天人合一"的思想,提出人应该能动地从自我出发,尽心知性以知天,使"万物皆备于我"(《孟子·尽心上》);宋代张载更是提出了"民胞物与"的命题:"天地之塞吾其体。天地之帅吾其性。民,吾同胞;物,吾与也。"(《西铭》)以天地之体为身体,以天地之性为本性。视民众为同胞,以万物为朋友。这些都是站在以人为中心的立场上强调与自然的和谐。

"天人合一"体现了人与自然的贯通。它是天人和谐的审美境界,是人以诗意的情怀去体悟自然的结果。作为儒家的崇高理想,"天人合一"贯串在儒家的基本思想中。"智者乐水,仁者乐山"的比德说就强调了审美主体的主观情操与自然物象的对应统一,正是天人合一思维方式在审美中的具体运用。

"天人合一"的思维方式体现了中国传统审美活动的独特性。钱穆认为这是"中国文化对人类的最大贡献","是整个中国传统文化思想归宿处"。[①]后世文艺理论中的"心物交感"说、"情景交融"说、"意境浑一"说都与"天人合一"的美学观一脉相承。中国美学正是建立在人与自然的亲和关系的基础上的。

---

① 钱穆:《中国文化对人类未来可有的贡献》,《中国文化》1991年第4期。

(二) 温柔敦厚的中和原则

"中和"思想是中国传统美学的重要范畴之一。早在孔子之前,《尚书·尧典》中的"刚而不虐"、"简而无傲"等等,就有中和思想的萌芽。孔子虽未明确提出"中和"概念,但他继承并发展了"中和"思想,使其从中庸的哲学思想中独立出来而系统化,形成一套包含着儒家审美标准和审美情趣的基本原则。

《论语·八佾》中评曰:"《关雎》,乐而不淫,哀而不伤。"具体地反映了中和的要求。朱熹注:"淫者,乐之过而失其正者也;伤者,哀之过而害于和者也。"在肯定音乐乃至一切艺术表达人类情感功能的同时,要求人们要以理节情,把握一定的度而达到和谐的境界。而这所谓的"度"就是"礼"的限度。"过犹不及"(《论语·先进》),超过了这种限度,就必然会背离礼教,更无所谓达到美的境界。孔子斥责"郑声淫"而主张"放郑声"(《论语·卫灵公》),正是出于这样的考虑。孔子又有"五美"之论,即"君子惠而不费,劳而不怨,欲而不贪,泰而不骄,威而不猛"(《尧曰》)。其句式与"乐而不淫"相同,也是以"喜怒哀乐之未发谓之中,发而皆中节谓之和"(《礼记·中庸》)的中和观来评价所谓君子的人格的。中和作为基本美学原则,贯穿于孔子思想的始终,如孔子的"尽善尽美"、"文质彬彬"等思想中均体现了中和原则。

中和思想后来被引入文艺理论中,衍变为"温柔敦厚"的诗教观。《礼记·经解》载:"孔子曰:'入其国,其教可知也,其为人也,温柔敦厚,诗教也。'"诗歌等文艺作品应该在情感上不过分,恰到好处而至于雅正。朱自清在《诗言志辩》中指出:"温柔敦厚,是和,是亲,也是节,是敬,也是适,是中。"孔子言:"诗三百,一言以蔽之,曰'思无邪'。"(《论语·为政》)刘宝楠述曰:"诗之为体,论功颂德,止僻防邪,大抵皆归于正,于此一句可以当之也。"(《论语正义》)即体现出孔子推崇文学艺术作品应美刺讽喻适中,纯正而不偏激,能起到引导和感化人们的作用。

与"中和"原则相应的还有孔子的"怨而不怒"。"怨"的基本含义是"怨刺上政"(孔安国注)。孔子认为,诗歌等文艺作品可以抒泄怨愤的情感。"怨"在这个意义上并非是个人的私怨,而是一种群众性的共同的怨。《诗经》中就有许多"怨刺"的作品,郑玄说:"刺过讥失,所以匡救其恶。"(《诗谱序》)可见孔子提出"怨刺"说,其目的不是在于抱怨和讥讽本身,而是在于警醒统治者及时补救不良时政。因此孔子"怨刺"说同时具有另一层含义,即朱熹所注的"怨而不怒"。他主张遵循"温柔敦厚"的原则,"主文而谲谏"(《毛诗序》),对统治者的过失,不做过火的批判,而是含蓄委婉地表达,做到"发乎情,止乎礼义"(《毛诗序》)。"怨"在普遍意义上只是人们失意时牢骚的抒发和愤慨的表达。这样的"怨"是任何人都会有的,因为生活中总会存在坎坷和不如意。孔子也难免生"怨",他周游列国,终不被器重,曾满怀感慨:"贫而无怨难!"(《论语·宪问》)"怨刺"说也对中国传统的文艺创作有重要影响,屈原的《离骚》、司马迁的"发愤著书"等,都是"怨"的表现。

(三)比兴的思维方式

比兴既是具体的诗歌创作和欣赏方法,也是普遍的审美思维方式,孔子的"诗可以兴"和山水比德思想便是中国古代比兴审美思维方式的自觉源头。孔子在《论语·阳货》中将"诗可以兴"作为《诗》的第一特点。孔安国将"兴"解释为"引譬连类",朱熹则解释为"感发志意",主要指引起人们的类比联想和激发人们的感情意志。兴是感性物态直接感发主体的情意,引发丰富的联想和深切的体验。这是一种即兴的体验,包含着当下的灵感。

而孔子更善于"比"。在中国古代思想中,以自然比附社会文化的方式所形成的比德传统,把自然看成是德性的象征,乃是一种成熟的比喻文化。在现存文献中,这种比德思想最早来源于孔子。孔子认为,仁者、智者的人格与山水精神是相通的,"智者乐水,仁者乐山"(《论语·雍也》),由自然山水而生发出对人文道德的联想。山水本无"仁""智"之分,其之所以成为审美对象,在于审美主体以一种自我欣赏的态度从山水中寻找到与道德精神相契合的性质。人生境界在一定程度上也契合于自然之道,故可以山水等物比德。如"子在川上曰:逝者如斯夫,不舍昼夜"(《论语·子罕》),以滔滔不绝的流水与时光的流逝相比拟。刘向在《说苑·杂言》中记载,孔子以水为君子移情比德的对象,认为"水者君子比德焉,遍予而无私,似德;所及者生,似仁;其流插下句倨,皆循其理,似义;浅者流行,深者不测,似智;其赴百仞之谷不疑,似勇;绵弱而微达,似察;受恶不让,似包蒙;不清以入,鲜洁以出,似善化;主量必平,似正,盈不求概,似度;其万折必东,似志"。

其他如孔子在《论语·子罕》中将松柏经严寒而尤翠视为君子坚贞品德的象征,寄托了对理想人格的追求:"岁寒,然后知松柏之后凋也。"又如《孔子家语·问玉第三十六》中有言:"夫昔者君子比德于玉,温润而泽,仁也;缜密以栗,智也;廉而不刿,义也;垂之如坠,礼也;叩之,其声清越而长,其终则诎然乐矣;瑕不掩瑜,瑜不掩瑕,忠也;孚尹旁达,信也;气如白虹,天也;精神见于山川,地也;圭璋特达,德也;天下莫不贵者,道也。诗云:'言念君子,温其如玉。'故君子贵之也。"将玉石温润坚刚之自然性质与人类"仁"、"知"、"义"之社会品质相对比,得出君子如美玉的美学观点。

比德说在中国传统思想中源远流长,后来的《孟子》、《荀子》、《春秋繁露》等均对此加以阐释、发挥,形成了一个比德理论的传统,并深深地影响了后世对自然的审美领悟。如孟子继承孔子的流水之比:"观水有术,必观其澜。日月有明,容光必照焉。流水之为物也,不盈科不行;君子之志于道也,不成章不达"(《孟子·尽心上》);《荀子·法行》则继承孔子的美玉之喻。其他如战国屈原《离骚》中的"香草美人"传统,后世诗画中盛行的松竹梅兰菊等题材,均受比德思维方式的影响。

(四)"尽善尽美"与"文质彬彬"

从字源学上看,"美"与"善"两字是同源的。孔子最先在《论语·八佾》中明确区分了这两个概念:"子谓《韶》,尽美矣,又尽善也。谓《武》,尽美也,未尽善也。""美"是对艺术形式的评价和要求,而"善"则是对艺术内容的评价和要求,即是否符合社会伦理道德规范。《韶》乐和《武》乐分别是歌颂尧舜和周武王的音乐,两首乐曲都宏壮动听,堪称尽美。但《韶》乐尽善而《武》乐难以称善,孔安国对此解释说:"《韶》舜乐名,谓以圣德受禅,故尽善;《武》武王乐出,以征伐取天下,故未尽善。"(何晏《集解》引)

孔子在审美时更关注"善"的评价标准。朱熹在注解孔子对《韶》《武》的评价时云:"美者,声容之盛。善者,美之实也。"将善视为实质性的美。又如"人而不仁,如乐何"(《论语·八佾》),也是在肯定仁善的基础上谈论美的享受。以善为本的说法反映在思想言论中,即对艺术与社会之联系的重视,对艺术的伦理道德教化功能的重视。"《诗》三百,一言以蔽之:思无邪。"《论语·为政》中的话语就体现出了这种审美评判标准。无邪有真诚、情真意切的意思。宋代程颐云:"无邪者,诚也。"(朱熹《论语精义》引)

孔子区分了美和善,又充分肯定了美和善的统一,即:道德评价与审美评价的统一;善的内容与美的形式的统一。孔子批判"郑声淫"(《论语·卫灵公》),这里的"淫"既是指在内容上不符合道德要求、情感上矫情乖戾,又是指在形式上过于繁、慢、细、过,超过了和谐的要求。又如《论语·子罕》:"吾未见好德如好色者也。"这里不是只推崇好德而排斥好色,而是要求好德与好色的统一,道德规范与感官享受的统一。美和善的统一主要体现在人格美和艺术美两大方面。前者如孔子对尧的赞赏:"大哉,尧之为君也!巍巍乎";后者如孔子对《韶》乐的陶醉,以至于"在齐闻韶,三月不知肉味"(《论语·雍也》)。

孔子的礼乐观也体现了他的尽善尽美的原则。在继承前人的基础上,孔子将礼乐统一起来,并加以深化,以礼制乐。人生境界的成就,主要通过礼、乐进行。"冉求之艺,文之以礼乐,亦可以为成人矣。"(《论语·宪问》)《论语·泰伯》:"兴于诗,立于礼,成于乐。"所谓"从心所欲不逾矩",这里的"矩"就包括"礼"和伦理道德要求。因此,"尽善尽美"之中同时体现了孔子的中和思想。

与"尽善尽美"相关的是孔子的"文质彬彬"说。孔子说:"质胜文则野,文胜质则史。文质彬彬,然后君子。"(《论语·雍也》)原本是就个人道德修养而言,强调君子的质文兼备,即"内质"和外在文饰的统一。"文"最初是指不同色彩的线条交错形成可观之视觉形象,衍变成后天的文化包括礼、乐对人的造就,是一种形式美;"质"指基质和内容,是一个人内在的品质。"彬彬",朱熹注为"物相杂而适均之貌",即文与质恰当的配合。"文质彬彬"不仅仅是道德评价,也包括审美评价。

在孔子看来,文与质两个方面是不可偏废的,只有使两者相互协调,才能达到完美的境界。这正是"中和为美"的审美原则在内容与形式问题上的具体体现。他反对一味地追求外在的形式美,"文胜质则史",杨伯峻在《论语译注》中将"史"释为"浮夸",认为其意为文饰有余而仁质欠缺会使人流于轻浮。引申到艺术领域,即文采辞藻胜过实质,就显得浮夸。也不能只强调人的内质而忽略文化的修养,"质胜文则野",修养不足会让人显得粗野。《论语·颜渊》中子贡之喻就很能代表其师孔子的观点:"棘子成曰:'君子质而已矣,何以文为?'子贡曰:'惜乎!夫子之说,君子也。驷不及舌。文犹质也,质犹文也。虎豹之鞟,犹犬羊之鞟。'"若毛色不重要,那么褪去毛色的虎豹之皮就和犬羊之皮没什么区别了。就艺术而言,实质胜过文采辞藻,就会显得粗野。

"文质彬彬"的文艺标准包含了形式之美与内容之善相结合的原则,是"尽善尽美"说在另一层面上的表述。从尽善尽美到文质彬彬,都体现了孔子"仁"的精神。他从社会美的角度阐述了"君子"的典型,也将这一审美原则泛化成衡量艺术之美的普遍标准。

孔子"文质彬彬"的审美趣味,深刻地影响了后代的文学批评传统。如刘勰等人的文学思想,就对此有所反映,《文心雕龙·情采》云:"夫水性虚而沦漪结,木体实而花萼振,文附质也。虎豹无文,则鞟同犬羊;犀兕有皮,而色资丹漆,质待文也。"据《礼记·表记》记载:"子曰:情欲信,辞欲巧",也是指人的内在情性与外在文辞的统一。孔子所谓的"绘事后素",强调在自然特征的基础上以礼乐等文化加以装饰。荀子的"化性起伪"与之也有一定的联系。

(五)孔颜乐处的人生境界

孔颜乐处指的是孔子和颜回的人格理想。孔子曾说:"饭疏食饮水,曲肱而枕之,乐亦在其中矣。"(《论语·述而》)他还曾赞颂颜回:"一箪食,一瓢饮,在陋巷,人不堪其忧,回也不改其乐。"(《论语·雍也》)强调精神生活独立于物质生活,追求一种安贫乐道的人生理想和精神境界。到宋明理学,周敦颐率先提出"孔颜乐处"一说,提倡超越富贵的泰然之心。朱熹《论语集注》卷三甚至认为这种境界乃"学者深思而自得之",只可意会而难以言传。他将"孔颜乐处"阐释为三个层次:"鸢飞鱼跃"之境、"无一夫不得其所"之境和"万物各得其所"之境,并在继承孔子思想的基础上,提出了一套"无意必固我"、"内外交相养"、"推己及人"以及"致中和"的方法来实现"孔颜乐处"。在理学家看来,"孔颜乐处"是一种"理与己一"的大而化之的大乐境界,超越了狭隘的世俗功利和道德的满足。

孔子的人生观以顺情适性的自然之道为前提。孔子认为顺应自然,并将自然规律发扬光大,是成就人生最高境界的前提。伟大的人从来不违背自然之道行事。孔子在赞颂尧的优秀品格时曾说:"巍巍乎!唯天为大,唯尧则之。"(《论语·泰伯》)他所谓"从心所欲不逾矩"(《论语·为政》),这种"矩",既包括宇宙的生命法则,又包括人类的社会法则,体现了合规律与合目的的统一。这种对自然的顺应,即能动地适应对象,是人生审美价值的重要内涵。孔子曾赞同曾点沐浴在大自然的春风之中的人生情调:"暮春者,春服既成,冠者五六人,童子六七人,浴乎沂,风乎舞雩,咏而归。"(《论语·先进》)在生命畅达的大好春光里,在闲适的生活中,孔子力图让自我活泼泼的生命与宇宙生命沟通起来,在外在形态中流露出内在情怀,使人的生命在"万物一体"的物我契合中得以畅达。这是一种顺情适性、得自然之趣的人生态度。孔子的山水比德观认为仁者、智者的人格与山水精神是相通的,人生境界在一定程度上也是自然境界及其自然之道的表现。

这种主体与天地合一的追求,在孔子那里,是以"性相近也,习相远也"(《论语·阳货》)为前提的,这也是人生的起点。人的天性本来相差无几,人生境界的提高,与后天的习得和内省有关。"下学而上达"(《论语·宪问》),由对习见的感性对象的体悟及内省而体味到天地生命精神,并将万物的自然特征与人的内在心灵品性贯通起来,以拓展和升华人生境界。

在审美的思维方式中,社会道德律令在一定程度上也体现了自然之道。在孔子的思想中,人的社会性特征乃是人在自然本性的基础上,通过宇宙精神对个体的自觉要求。作为"仁"的内容的忠恕思想,正与天地生命精神的自然道德相贯通。章太炎在阐释孔子思想时说"周以察物曰忠"、"举其征符而辨其骨理者,忠之事也"、"忠能推度曰恕"、"闻一知十"、"举一隅而以三隅反者,恕之事也"、"方不障,恕也"(《检论·孔子》),这些都在以自然法则解说伦理要求。

孔子所倡导的人生境界,以独立不迁的人格及自强不息的进取精神为特征。唯有独立不迁,方能超尘脱俗,不与卑俗同流合污。"三军可夺帅也,匹夫不可夺志也"(《论语·子罕》),"孔颜乐处"也在于不甘堕落,毫不懈怠,以积善成性,因性成德,从而超迈流俗。孔子所谓"知之者不如好之者,好之者不如乐之者",将审美境界视为比认知、欲求更高的境界,注重精神上的满足。

"孔颜乐处"还在于具有自强不息的进取精神。不只是道家式的逍遥,更在于积极乐观的进取精神。"发愤忘食,乐以忘忧,不知老之将至"(《论语·述而》)的痴迷之境、"学而不厌,诲人不倦"(《论语·述而》)的教学之心、"任重而道远,死而后已"(《论语·泰伯》)的为公之情,都体现出乐观进取的人生态度。孔子认为,人们应该在顺情适性的自觉意识的基础上永不满足,日日求新,以不断地超越物质的、欲望的自我,并且以此与自然之道相贯通。他所谓"兴于诗,立于礼,成于乐",即以具备感发、认知、教育功能的诗为起点,以道德规范的约束来立身,不断追求更高的境界,最终在乐中成就完美的人生。

孔子还要求伟大的人物须做到"以天下为己任"和"大公无私"。以天下为己任,是中国传统文化中重要的价值观念和人生追求。此语从《孟子·万章下》中孟子对伊尹的评价转化而来。《论语·泰伯》载:"曾子曰:'士不可以不弘毅,任重而道远。仁以为己任,不亦重乎?死而后已,不亦远乎?'"要求儒家志士要毕生以仁为己任,以建立"天下归仁"的理想社会为人生的使命。孔子自己就很好地履行了作为士的"以天下为己任"的原则,尽毕生之力游说诸侯、收徒办学、弘扬仁政。

"大公无私"出自儒家经典《礼记·礼运》中"天下为公"一说,指处理事物时应做到公平公正、不讲私利。《论语·尧曰》言"公则说(悦)",提出庄重、宽厚、诚实、勤敏、慈惠、公平等品质,拥有这些品质有助于获得感召力,获得信任,取得一定的功绩,使人心悦而诚服。禅让时,尧要求舜"允执其中"(《论语·尧曰》)。《论语·泰伯》评价说:"巍巍乎,舜禹之有天下也,而不与焉",即舜禹无自私自利之心。孔子主张推己及人,"己欲立而立人,己欲达而达人"(《论语·雍也》),"己所不欲,勿施于人"(《论语·颜渊》)。当樊迟问什么是"仁"时,孔子答曰:"爱人。"这里的"爱人"已不再是局限于血缘亲族的亲子之爱,而是扩大到整个邦国、民族内的"博施于民而能济众"(《论语·雍也》),这正是"仁者爱人"的至高境界。

总之,孔子以"山水比德"的思维方式来观照人生,以"温柔敦厚"的中和原则来规范人生,以"尽善尽美"、"文质彬彬"的文艺标准来评价人生,进而达到"孔颜乐处"的人生境界,最终成就"天人合一"的人生最高理想。孔子以人生为基点,发散到整个艺术领域的普遍的审美理想,形成了独特而深邃的美学思想。

二 孟子的美学思想

孟子(约前372—前289)名轲,字子舆,邹(今山东邹县)人,曾受业于子思的学生,儒家的主要代表之一。孟子的美学观是在顺应自然的基础上,与天地相消长,而非揠苗助长。他提出的"养气"与尽心知性相统一。尽心知性,反身而诚,便可以知天,可以依自然规律修心、养性。故"大人者,不失其赤子之心者也"(《孟子·离娄上》)。他所谓"万物皆备于我",主要指万物与我相宜,强调物我在生命精神上的贯通。主体正是通过顺任自然,方能存神而过化,"上下与天地同流"(《孟子·尽心上》)。人生也正是以这种适宜、贯通为安身立命的基础,人生的无尽乐趣便存在于此中。他的美学思想主要体现在以下三个方面:

一是充实之谓美。《孟子·尽心下》:"可欲之谓善,有诸己之谓信。充实之谓美,充实而有光辉之谓大,大而化之之谓圣,圣而不可知之之谓神。"这是在评价乐正子个人人格时的一段话,有功利性谓之"善",有独立人格谓之

"信","美"则是人内在修养充实、真善统一、内外一致。孟子所谓的"充实",是奠定在善和信(真诚)两种品质之上的内在精神的美。充实的意思,焦循《孟子正义》解释为:"充满其所有,以茂好于外。"要内在充实,如人之形色天性,通过内在充实而显示于外。孟子凭借其高尚的审美情怀,将道德伦理直接升华为审美体验,所产生的审美愉悦与道德快感是水乳交融的。所谓"大"、"圣"、"神",则是美的三种境界。"大"是充实而有光辉,指人格达到了更高的境界。《孟子·滕文公上》转述孔子的话说:"大哉尧之为君!惟天为大,惟尧则之,荡荡乎,民无能名焉!"中国古人有以大为美的趣尚,如孔子赞颂尧之人格"巍巍乎"、"荡荡乎"等,相当于壮美的风格。大至感化、泽及他人的人格,乃为圣人。超越于圣人的不仅知其然而且知其所以然的玄妙境界,乃是孟子所谓的神境。可见,"充实之谓美"以及后面的"大"、"圣"、"神"都体现了一种磅礴的阳刚之美。这与《周易》中"天行健,君子以自强不息"是一脉相承的,都在天地自然与人所具有的旺盛生命力的基础上看到了天地之刚与人的精神品格之刚的契合。从"善—信—美—大—圣—神"层层递进的关系可以看出,当道德上升到一定境界时便具有了审美的意味。孟子在这里将道德目标、人格精神和审美愉悦联系在一起,将伦理道德带进了美的境界,将审美的境界视为高于善和信的境界。

　　孟子的最高人格理想是通过"养浩然之气"来实现的。这种"浩然之气",《孟子·公孙丑上》解释为:"其为气也,至大至刚,以直养而无害,则塞于天地之间。其为气也,配义与道……"孟子将人的精神陶养与自然欲求相提并论,认为主体在养自然之气时,要"配义与道"。因此,审美的人生境界,是就社会的人而言的,是就由社会道德律令所造就和修养的人而言的,即通过自觉的身心修养,养凛然正气,获得独特而崇高的精神品质,使个体人格得以充实和完善,使人格的力量一往无前。这就是孟子所追求的审美的人生境界,即人生的最高境界。这里的"义"与"道",即合目的与合规律的统一,道德与认知的统一,从而成就了人的阳刚之美,显示出独特的人格之美。"浩然之气"是一种精神力量,一种内在的神圣正气。它"至大至刚,以直养而无害,则塞于天地之间",只有内心修养这种"浩然之气"才能达到道德充实的目的。而"养"和"充实"的过程便产生出一种个人的健康状态和快乐感,这也就是将个体的情感精神与道德目标相结合。这就超出了伦理范畴,明显地具有了审美的特征,是人格美的表现。孟子更进一步将"至大至刚"的"浩然之气"、"配义与道",充实于人的体貌及行为,呈现出一种向上发展的生命的阳刚之美。这种对阳刚之美的推崇是中国传统的尚健精神的体现。

孟子所谓主体的心灵自由,及其对物我界限的超越,是以养气为基础的。通过养浩然之气,使内在生命神旺气足;通过养气,使主体心灵得以净化,而不为物所役;通过心灵的自觉,投身到无穷无尽的生命规律之中,在此基础上创化新的生命。"养气"是一种独特的生命活动,强调内在的修养,将人们本性中存在的"善"的萌芽培养成为仁、义、礼、智这些美德之花。"养气"这一生命过程,就是人的最初生命力在生命个体内部的创造过程,是人格之美的形成过程,是新的生命境界的创构过程。这是生命的自由表现,因此也就是美的表现。在人生境界的成就上,孟子主张尽心知性,强调养气,即通过自觉的身心修养,使个体人格得以充实和完善。

孟子提出"养吾浩然之气"的同时,也提出"富贵不能淫,贫贱不能移,威武不能屈"(《孟子·滕文公下》)的刚正不阿的大丈夫气概和独立的人格操守。与此相关,他还提出"生于忧患,死于安乐",强调逆境对人格的磨练与造就,以此培养出不畏艰难、百折不挠的大无畏精神和刚健进取的思想境界。

二是共同美感问题。孟子在孔子"性相近"的基础上,主张性善论,并以此强调审美感受的共同性。"口之于味也,有同耆焉;耳之于声也,有同听焉;目之于色也,有同美焉。"(《孟子·告子上》)他认为人类具有相同的视觉、听觉等生理感官,因而对声色会有共同的感受。人的美感正是在人类这些生理感官所共同具有的反应的基础上形成的。虽然还停留在感官的生理机制方面,但孟子能在两千年前就从人的生理上的共同性出发来论证美感的共同性,是难能可贵的。孟子还由感官的生理反应推论到内在的心理方面,"至于心,独无所同然乎?心之所同然者何也?谓理也,义也",他认为人心是相同的,人心的基础就在于人性的共同性。心理上的必然愉快,如同感官快适一样有效。《孟子·告子上》还说:"故理义之悦我心,犹刍豢之悦我口。"这就将心灵的愉悦与声色感官的愉悦贯通起来。

孟子在这里多少已经触及了美感的共同生理基础问题。从生理感官的共同性来探索美感的共同性,包含着合理的因素,但用生理快感的一致性和普遍性来证明美感的共同性也有明显的局限性。首先,感官所产生的生理快感与精神性的审美愉悦是不能混为一谈的;再者,美感的共同性与独特性、个别性是统一的。虽然人们在审美活动中的生理反应有一致性,人性因素和文化因素中也有许多共同的东西,但不同时代、不同民族毕竟有其差异性,个体后天的成长环境、文化教养和体验的深度等因素也会造成个体审美的差异。而孟子却把人的美感的标准绝对化了,这是其不足之处。

与美感的普遍性、共同性相关,孟子提出了"与民同乐"的思想。《孟子·梁惠王下》记有他对齐宣王说的一段话:"今王鼓乐于此,百姓闻王钟鼓之声,管籥之音,举疾首蹙頞而相告曰:'吾王之好鼓乐,夫何使我至于此极也?父子不相见,兄弟妻子离散。'今王田猎于此,百姓闻王车马之音,见羽旄之美,举疾首蹙頞而相告曰:'吾王之好田猎,夫何使我至于此极也?父子不相见,兄弟妻子离散。'此无他,不与民同乐也。今王鼓乐于此,百姓闻王钟鼓之声,管籥之音,举欣欣然有喜色而相告曰:'吾王庶几无疾病与?何以能鼓乐也?'今王田猎于此,百姓闻王车马之音,见羽旄之美,举欣欣然有喜色而相告曰:'吾王庶几无疾病与?何以能田猎也?'此无他,与民同乐也。今王与百姓同乐,则王矣。"在这段话中,孟子突出强调了他的"民本"与"仁政"思想,同时也涉及了审美的社会性、大众化问题,这与其共同美感的思想是一脉相承的。因为在孟子看来,人性是固有的,"耳之于声""有同听","目之于色""有同美",所以"圣人,与我同类者",常人与圣人的审美能力是相同的,民与君在审美活动中也是可以产生共鸣的。因而,"独乐乐"不如"与人乐乐","与少乐乐"不如"与众乐乐",审美活动应具有广泛的社会性,只有"与人乐乐"和"与众乐乐",才能得到更多的审美愉悦。

这种建立在性善论和仁政、民本思想基础上的美学思想也体现了孟子的美善统一观。美是善与信的充实,它必须以善为基础,无害于民,这样才会"美在其中而无待于外"(朱熹《孟子集注》)。如果美违背了善,离开了政治的、道德的要求,那么也就难成其为美了。

三是"知人论世"和"以意逆志"的文艺观。《孟子·万章下》记有:"颂其诗,读其书,不知其人,可乎?是以论其世也,是尚友也。"这虽然是他在谈到人格修养和人际关系时说的话,但实际上也提出了一种颂诗读书的方法,即"知人论世"。所谓"知人"就是了解作者的身世、生平及思想感情等诸种主观因素;所谓"论世",就是考察作品产生的时代背景和社会历史基础。我们诵诗读书,不仅要知其人,还要了解他所处的时代,把作品与作者、时代、环境联系起来。孟子由此而创立了一种文艺批评方法,即在理解文艺作品时,仅有对作品文本的初步感知,死抠具体词语的内在含义,是难以把握其深层的审美意蕴的,只有在"知人论世"的基础上再"颂其诗"、"读其书",才能真正洞悉作品的内容和主要意旨。

在"知人论世"的基础上,孟子提出了"以意逆志"的鉴赏批评原则,即读诗、颂诗的人通过自己的情怀去体悟作品的情趣,以获得共鸣。《孟子·万章上》云:"咸丘蒙曰:'舜之不臣尧,则吾既得闻命矣。诗云:普天之下,莫非王土;率土之滨,莫非王臣。而舜既为天子矣,敢问瞽瞍之非臣,如何?'曰:'是诗也,非是之谓也;劳於王事而不得养父母也。曰:'此莫非王事,我独贤劳也。故说诗者,不以文害辞,不以辞害志。以意逆志,是为得之。如以辞而已矣,云汉之诗曰:周馀黎民,靡有孑遗。信斯言也,是周无遗民也。'"引文中的咸丘蒙因拘泥于诗的表面含义而未能正确领会诗的真实思想和全篇意旨。于是,孟子便针对这种错误观点提出了"不以文害辞,不以辞害志"的看法。

朱熹《孟子集注》云:"文,字也","辞,语也",二者都是艺术传达的符号,并不是意蕴本身,因此,对文学作品,我们不能只着眼于外在的形式文采而忽略了它所要传达的真情实意,也不能拘泥于字面或个别字句,断章取义,妨碍对作者及作品意味的正确理解,而应该透过外在的文采去体会艺术作品内在的思想感情。这就要求我们做到"以意逆志","逆"是迎、求的意思,即领悟、体验。"以意逆志"是以解说者和读者的"意"即真情实感,去领悟作品中的"志"即真切情意。这样理解、意会作品的思想意境,才可称做"是为得之",把握了作品中的美。孟子还以"周馀黎民,靡有孑遗"为例来进一步阐发了这一观点。这句话从字面上看是说周代没有遗留下老百姓,而实际上是运用了夸张的艺术手法,说明当时旱灾的严重和余下的百姓之少,渲染了诗作者对当时旱灾威胁人民生存的焦虑心情。由此可看出,读诗和说诗的人都要能与诗的作者心灵相通,设身处地地体验其中的情趣,才能深得诗歌的三昧。

"知人论世"和"以意逆志"二者之间是存在着有机联系的。作为审美者,首先要在鉴赏之前对作品进行社会的和历史的考察,做到"知人论世",了解作者所处的历史时代和他胸中所怀之"志",这样得到的审美体验才能更加客观真实。以这样的感受去领悟作品之"志",就能避免对作品作出随意的主观臆测,做到真正的"知言"。孟子的"知人论世"和"以意逆志"的文学批评原则对后世产生了很大的影响。

三 荀子的美学思想

荀子(约前325—前238)名况,字卿,赵国(今山西省南部)人,战国末期哲学家、教育家、儒家学派的重要代表。与孟子多有不同,荀子汲取了其他学派的观点。他既强调顺天,"上察于天,下错于地,塞备天地之间,加施万物之上",又要求"明于天人之分","制天命而用之",重视后天的能动努力。他针对当时的社会现实,主张人性本恶,可以通过后天造就。他的美学思想多集中在《乐论》、《礼论》、《天论》、《劝学》、《不苟》、《王制》等篇中,主要表现在以下几个方面:

一是性情相通论。荀子曾反复讲到:"性者,天之就也;情者,性之质也;欲者,情之应也。以所欲为可得而求之,情之所必不免也。"(《正名》)他认为审美需要乃是人的一种固有的欲求,而且人生来就有感受美的感官与天性。"性之和所生,精合感应。不事而自然,谓之性。性之好、恶、喜、怒、哀、乐,谓之情。"(《荀子·正名》)从个体的角度看,人的情感乃是本性受外物感发的结果。以情感为中心的审美心理功能,乃以性为本体,寓情于形神统一的身之中。而人的先天感觉能力与人的心情是相通的,并且有着普遍有效性。《荣辱》:"目辨白黑美恶,耳辨音声清浊……是又人之所常生而有也,是无待而然者也,是禹桀之所同也。"这就是说,人不论善恶,其性情都是生而喜爱美色、美声、美味的,是人情的必然,而且人人都有审美感知能力,这些都是"无待而然"的。这表现出他肯定人的审美情感、审美欲求存在的必然性与合理性,涉及到了美的创造与欣赏活动的主体的心理根据和动因问题。《正名》:"凡同类同情者,其天官之意物也同。"强调了心灵对感官的能动作用:"心不使焉,则白黑在前而目不见,雷鼓在侧,而耳不闻";"心枝则无知,倾则不精,贰则疑惑"。《正名》:"心忧恐,……耳听鼓声而不知其声,目视黼黻而不知其状。"荀子所谓"耳目之辨生而有"(《荣辱》)、"声色之好人同欲"(《王霸》),以及"心有征知缘天官"(《正名》)等,强调了心理的生理基础,并且强调心起着统摄全身之气的作用。"夫人之情,目欲綦色,耳欲綦声,口欲綦味,鼻欲綦臭,心欲綦佚。此五綦者,人情之所必不免也。"(《王霸》)荀子认为人的感情乃是本性受外物感发的结果,以性为本体,寓于形神统一的身之中。《天论》:"形具而神生,好恶喜怒哀乐藏焉,夫是之谓天情。"人之七情寓于形神统一的感性生命之中,体现了生命之道,这就是通常所说的"天情"。荀子重视人的情感,肯定审美欲求的合理性,与高度重视伦理精神、讳言情感欲望的孔孟美学形成了鲜明的差异,与强调超功利的个体人格自由的老庄美学,也很不相同。

二是"化性起伪"。在中国传统的以人为中心的思维方式中,人是"万物之灵"。这种"万物之灵"的理由乃在于人具有社会和文化,即为文明所造就。"水火有气而无生,草木有生而无知;禽兽有知而无义,人有气、有生、有知,亦且有义,故最为天下贵也"(《王制》),以社会文明规范和道德律令为前提来界定人。所谓主体的人生境界,不是就自然的人而言,而是就社会的人而言的。荀子把自然的人转化为社会的人的过程具体描述为"化性起伪":"故圣人化性而起伪,伪起而生礼义,礼义生而制法度。"(《性恶》)认为人的本性是自然的,可通过后天习得获得文明修养。人要维持其质的规定性,就必须注重文化修养,以文明来规范行为和要求,要"以道制欲"(《乐论》)。其中,"性"指人的自然本性,"伪"则指后天文明对人的造就。个体的审美能力正是文化对自然的人"化性起伪",在后天造就起来的。他强调圣人积思虑、习伪故,以生礼义法度,激励人们向圣人学习,化性起伪而成圣成贤。在《性恶》中,荀子说:"凡人之性者,尧舜之与桀跖,其性一也;君子之与小人,其性一也。今将以礼义积伪为人之性邪?然则有曷贵尧禹,贵君子矣哉?凡所贵尧舜、君子者,能化性,能起伪,伪起而生礼义;然则圣人之于礼义积伪也,亦犹陶埏而生之也。用此观之,然则礼义积伪者,岂人之性也哉?"说明人生来是一样的,不分贤愚。圣人与君子能化性起伪以礼义教化人民,如同陶人埏埴用泥土制作陶器一般,是出于圣人之伪,并非出于圣人之性。圣人之于礼义积伪亦是后天学习而得,这是圣人君子可贵之处。但是,人生来性虽相同,而礼义积伪为后起,人受环境教育以及对待环境教育的态度,是很重要的。在《荣辱》中,荀子说:"可以为尧禹,可以为桀跖,可以为工匠,可以为农贾,在势注错习俗之所积耳,是又人之所生而有也,是无待而然者也,是禹桀之所同也。"这里的"势"即后天环境,注错习俗包括生活教育习俗等等。荀子认为,人之生活环境不能由人任意选择。但是,圣人能从环境中汲取有益的东西,以增进自身的修养,从而改变自身的素质以成圣成贤。这其实就提到了美育中的环境的重要性问题,包括荀子在《性恶》中褒齐鲁之民而贬秦之民,也是从环境教育上来说的。

三是"虚一而静"。他的"虚一而静"以不受先人成见影响为虚,以诸感官不相悖、不相妨为一。"不以所已臧害所将受谓之虚";"不以夫一害此一谓之一"(《解蔽》),并且要求"无以物乱官,毋以官乱心"(《心术下》),反映了由外物到感官到心灵的贯通。荀子认为,在审美感知的过程中,要想获得审美快感,必须心气平和,即思想或"心"必须高度专注,做到"虚一而静","心生而有知,知而有异,异也者,同时兼知之;同时兼知之,两也,然而有所谓一,不以大一害此一,谓之一……虚一而静,谓之大清明。万物莫形而不见,莫见而不论,莫论而失位。坐于室而观四海,处于今而论久远……"(《解蔽》)荀子在虚静方面的观点,更接近于道家学派,但又不同于道家。此论似乎与老庄的"虚静"说相同,但实际上二者有着本质的区别:荀子是在承认"有臧"、"有两"、"有动"的基础上,主张"虚一而静",老庄却只承认"虚极"之"一","天得一,以清;地得一,以宁;神得一,以灵;谷得一,以盈;侯王得一,以为天下正"(《老子》第三十九章)。在这里,荀子显然比老庄更进一步了,即在认识和审美的感知过程中,在"有臧"、"有两"、"有动"的状态下,要排除各项干扰,使审美心理处于虚静清明的情境时,思想感情才能跨古今、越时空,"坐于室而观四海,处于今而论久远,疏观万物而知其情,参稽治乱而通其度",明察秋毫,而莫有所失。另外,荀子还注意到,审美主体的心理状态不同,对美的事物会做出不同的判断。能否从艺术活动中获得审美愉悦,既取决于主观的审美心境,也取决于客观的社会环境。荀子第一次明确地提出"形具而神生"的命题,认为人一出生便"天地既立,大功既成,形具而神生。好恶、喜怒、哀乐臧焉。夫是之谓天情,耳、目、鼻、口形各有接而不相能也。夫是之谓天官;心居中虚,以治五官,夫是之谓天君"(《天论》),这是认为"形"分为"天官"与"天君"两种专司心理的器官。就"天情"(指人的好恶、喜怒、哀乐等情感)的形成讲,必须依靠这两类心理器官,从感性与理性上才能予以把握。"天情"的获得,首先要以人的自然官能耳、目、口的感知力为基础,且受天君的主宰,亦即人的心理活动(情感、意志、记忆等)都要受到心的支配,因此荀子又说"缘天官……形体、色、理,以目异;声音清浊、调竽奇声,以耳异;甘、苦、咸、淡、辛、酸、奇味,以口异……说、故、喜、怒、哀、乐、爱、恶、欲,以心异。心有征知。征知,则缘耳而知声可也,缘目而知形可也,然而征知必将待天官之薄其类然后可也"(《正名》),可见,荀子认为人的审美活动不仅依赖于感官,有生理的作用,而且更依赖于理性和心理的参与,前者是基础,后者是主导,二者缺一不可,从而大大丰富了儒家的美学思想。无疑,荀子这一关于心物关系的认识是深刻而正确的。这不仅成为荀子美感论的哲学基础,而且具有重大的审美心理学的意义。如"声音清浊、调竽奇声,以耳异;喜、怒、哀、乐、爱、恶、欲,以心异",这里已经涉及审美心理中的感知认识与理性认识两个不同层次的区分,即声音的清浊高低与乐器是否合律,是由心理感知把握的,而喜、怒、哀、乐等情感体验,则是由心来统摄的。在视觉与听觉的感知上,心起着主要的作用。即人对声、形的感知必须有心的参加,通过心的"征知",人才能"缘耳知声"、"缘目知形",如果没有心的"征知"能力,心不参加到"天官之薄其类"的心理体验过程中去,便会缘耳目而不知声形,甚至白黑在前而目不见,"雷鼓在侧而耳不闻,况于蔽者乎"?所以,"心者,形之君也而神明之主也,出令而无所受令"(《解蔽》)。

四是全粹为美。荀子全粹思想集中表现在对人的审美上,他提出了"全"、"粹"为美的观点,即"君子知夫不全不粹之不足以为美也"。认为一个人只有具备纯粹而完备的道德素质,使其心理欲望与社会道德理性的要求相一致,方可成就君子人格的全粹之"美"。至于如何达到这种完全、纯粹之美的境界,荀子认为必须在礼的规矩规范之下,在实践中修养磨炼,在"重行"、"重积"中去恶去杂,以完成"德操"上的造就。他说:"生乎由是,死乎由是,夫是之谓德操。德操然后能定,能定然后能应。能定能应,夫是之谓成人。天见其明,地见其光,君子贵其全也。"(《劝学》)这种全粹之美,又来自主体按照理想进行的积累与改造,所谓"积土成山","积水成渊","积善成德","不积跬步,无以至千里;不积小流,无以成江海"(《劝学》),皆植根于这一基本认识。荀子标榜的全粹之美,实际上不外乎是一种人格美的最高境界。他对理想的人格美的推崇,与孔子、孟子的美学是一脉相承的,但在如何造就这种美的途径问题上,却与孔孟迥然相异。孔孟主张通过"内省"、"养气"等孤立的内向修养来达到精神上、道德上的完善,以至应以"独善其身"的"贫而乐"为标志;而荀子强调的后天磨炼、学习却包含外向的积极实践意义,并主张通过立业制人,成圣人之名,就天下之功来予以确证。荀子把美的本质与人遵循一定的理想所作的后天努力及实践创造积累联系起来,意义是重大的。

五是提倡繁丽和奢华。荀子说:"雕琢刻镂,黼黻文章,使足以辨贵贱而已,不求其观……《诗》曰:'雕琢其章,金玉其相,亹亹我王,纲纪四方。'此之谓也。"荀子甚至认为,对"为人主上者"的奢华的欲望应当尽量给以满足:"为人主上者不美不饰不足以一民也","必将雕琢刻镂,黼黻文章,以塞其目"(《富国》),为此他还批评"墨子蔽于用而不知文"(《解蔽》)。荀子还有"贵文"的思想:"孔子曰:'太庙之堂亦尝有说,官致良工,因丽节文,非无良材也,盖曰贵文也。'"(《宥坐》)他借孔子之口肯定了"贵文"观念。在荀子看来,不美不饰不足以充分表现作品的思想内容,也难以深入人心,"故赠人以言,重于金石珠玉;劝人以言,美于黼黻文章;听人以言,乐于钟鼓琴瑟。故君子之于言无厌。鄙夫反是,好其实,不恤其文,是以终身不免卑污、佣俗"(《非相》),既要"好其实",又要"恤其文",文艺作品的最高标准是思想性和艺术性的完美统一:"文貌情用,相为内外表里,礼之中焉。"(《大略》)这也就与老庄学派那种美在自然无为、素朴无伪的观点形成了鲜明的对照。荀子从全粹为美的基本思想出发,注重有"文饰"的外在形式表现。当然,他对人的美学评价,虽未摆脱其"性恶"论的影响,但他主张"性伪合",重视全粹之美,着眼于先天本性与后天修养,外在美饰与内在品格的统一,富有理论价值。

六是美善相乐。审美判断与道德判断相结合,是儒家的一贯传统。孔子就曾以美善作为衡量音乐的共同标准,认为"《韶》尽美矣,又尽善也。谓《武》尽美矣,未尽善也"(《论语·八佾》);荀子继承了这个传统,提出了"美善相乐"的音乐美学思想。

荀子美善相乐思想可以从两个方面来理解。一方面,艺术具有引导志向、陶冶性情的作用,换言之,艺术之美是人格完善的手段和工具,"故为之雕琢刻镂黼黻文章以藩饰之,以养其德也"(《富国》),"君子以钟鼓道志,以琴瑟乐心"(《乐论》),"故听其雅、颂之声,而志意得广焉;执其干戚,习其俯仰屈伸,而容貌得庄焉;行其缀兆,要其节奏,而行列得正焉,进退得齐焉"(《乐论》)。音乐舞蹈不仅能抒发感情,还能陶冶情操、修养品德、规范举止,一句话,艺术可以促进道德发展。同时,理想人格既是一种道德境界,也是一种审美境界,"君子之学也,以美其身"(《劝学》)。不全不粹不足以为美,不美不足以称善,不美不善不足以为圣人,"圣人备道全美者也"(《正论》),圣人应该是达到了美与善极至的理想人格。

美善关系在一定意义上可以引申为礼乐关系。荀子说:"且乐也者,和之不可变者也;礼也者,理之不可易者也。乐合同,礼别异。礼乐之统,管乎人心矣。穷本极变,乐之情也;著诚去伪,礼之经也"(《乐论》),音乐的原则和功能是"合同",即维护社会群体的和谐一致;礼的原则和功能是别异,维护社会群体的等级差别。礼注重的是外在的理性规范,乐注重的是内在的情感熏陶。简言之,乐是情感层面,礼是道德层面;乐关乎美,礼关乎善。礼乐皆为人心之统,"先王之道,礼乐正其盛者也。"(《乐论》)"故乐行而志清,礼修而行成,耳目聪明,血气和平,移风易俗,天下皆宁,美善相乐"(《乐论》),音乐纯洁志向,礼仪培养德行,只有心灵纯净、品行端正才能体验到真正的快乐,就是说,只有表现善的艺术才是美的艺术。

七是审美功用论。荀子承袭了先秦以来以儒家为代表的重视文艺的政治、伦理、道德作用这一传统,在批驳墨子"非乐"理论的同时,围绕文学和音乐问题提出了具有一定独到见解的艺术审美功用论;在理论的深度和广度上较其前人有明显进步。

荀子肯定了以诗、乐为代表的文艺具有规范审美主体的情感欲望,改塑陶冶人之性情与品格的作用。"人不能无乐,乐则不能无形,形而不为道,则不能无乱。先王恶其乱也,故制雅、颂之声以道之,使其声足以乐而不流,使其文足以辨而不諰,使其曲直繁省廉肉节奏足以感动人之善心,使夫邪污之气无由得接焉。"(《乐论》)在荀子看来,文艺作为"道"的体现,借其"明道"、教化,便可以制约和规范人的性情,使审美主体从情感到言行都符合礼义,化奸为善,改恶为美。"乐在宗庙之中,君臣上下同听之,则莫不和敬;闺门之内,父子兄弟同听之,则莫不和亲;乡里族长之中,长少同听之,则莫不和顺"(《乐论》);音乐既能表达人的情感,也能激发和影响人的情感,不同内容的音乐会引起听众的不同反应。人受奸邪之声感动,悖逆之气相感而升,内心的悖逆之气形之于外就会造成混乱;人受纯正之声感动,和顺之气相感而升,和顺之气形之于外就会产生和谐秩序,"唱和有应,善恶相象"。"人之于文学也,犹玉之于琢磨也……子赣、季路,故鄙人也,被文学,服礼义,为天下列士。"(《大略》)其结论是:"故夫声乐之入人也深,其化人也速。"荀子以人的情性分析为根据,注重文艺的情感作用,在视之为宣泄情感的途径的同时,又把文艺作为协调情欲与礼义的杠杆,借以求得审美主体的感性与理性、自然性与社会性的和谐一致,最终使人达到情理兼备、群而有分、分而无争的理想境界。这种认识,既与儒家注重诗乐应有利于完善人格修养的一贯主张有一致性,又注重文艺的感染力,强调以情感作用为途径去造就合乎理性的性情,从而使他所谓"入人"、"化人"的审美功用论,比前人更全面、更符合规律。

荀子绝非孤立地看待文艺的审美作用,而是把它与治人、治世、治天下相联系,主张诗乐具有"美人"、"美俗"、"美政"的社会效用,可用以治人,而治人又须先治心。荀子说:"乐者,圣人之所乐也,而可以善民心,其感人深,其移风易俗易,故先王导之以礼乐而民和睦。"(《乐论》)"夫声乐之入人也深,其化人也速,故先王谨为之文。"(《乐论》)通过聪明其耳目,陶冶其情性,提高其道德修养,移风易俗,使个人与社会相和谐,在"乐"、"德"、"礼"的相辅相济、统一之中,使"美善相乐"、"天下皆宁"。

第二节　道家美学

道家美学以道家哲学为基础,其主要代表人物为老子和庄子。道家美学以其最高的哲学范畴"道"为核心,反对人性异化,否定感官享乐,强调自然、素朴、无为,赞赏天地之大美。道家美学创始于老子,大成于庄子。老子提出"道法自然"的观点,主张不施妄为、顺其自然,追求纯真素朴、淡然超越的境界;老子认为"大音希声,大象无形",强调美的对象的和谐统一、不容割裂;主张"致虚极,守静笃",即通过虚静之心而臻于物我两忘、天人合一的境界;揭示"有无相生"、万物相反相成的规律,体现了富有生命意识的审美辩证法思想。《庄子》继承和发展了老子"道法自然"的观点,并将老子创生万物的自然之道引向人生,通往自由的审美境界。他将天地万物自然彰显之大美推及于人,提倡真诚无伪的人性美及顺道而行的艺术美;他以"游"的姿态对待人生,无论是游戏的自适其适,还是游世的超然态度,最终都以游心的自由境界为其旨归;他以心斋、坐忘为途径,进入体道的虚静心态,体现出审美体验的超形质、超功利色彩;他还论述了言意关系的矛盾与复杂性,揭示了"得意忘言"、"言不尽意"、"道不可言"的妙处。总之,道家美学站在道的立场,反对以人为中心的狭隘的实用主义,提倡以物观物,尽物之性,注重人与自然的和谐,强调个体的感性存在,追求人的精神自由。道家美学是中国美学史上影响最为深远的主导思想之一。

一　老子的美学思想

老子,春秋时思想家,道家的创始人。一说老子即太史儋,或老莱子。一说即老聃,姓李名耳,字伯阳,楚国苦县(今河南鹿邑县)人,做过周朝"守藏室之史"(管理藏书的史官)。孔子曾向他问礼,后隐退,著《老子》。《老子》一书直接论述美学的言论并不多,但其中的很多论述符合文学艺术自身的内部规律,对中国古代的艺术创作和美学理论的发展产生了巨大的影响。

老子的美学思想深深地植根于他的哲学思想之中。他继承了《易经》的生命意识传统,从宇宙论的角度看待人生和社会诸问题,要求顺任自然,在美学上体现为崇尚自然,以自然为美,追求朴拙的审美境界。他的"大音希声,大象无形"主张以广大无边、周流不息的宇宙精神为最高和谐,在美学上体现为强调审美对象的整体浑一、不可分割及其内部的和谐统一、不容割裂;老子的"虚"、"静"是指通过虚静之心而臻于同天地合其道的境地。在美学上,虚静既是一种审美心态,也是一种创作心态,总体上追求一种理想的审美境界;其"有无相生"主张万物相反相成,这种相反相成反映了事物的生存规律,也反映了生命的节奏规律,体现为对充盈的生命意识的追求,要求作品具有强烈的生命意识,创作出真正有生命气息的作品。具体说来,老子的美学思想主要体现在以下几个方面:

(一)自然观

"自然"是中国传统的最高审美理想。老子的自然观是一种以自然为美的思想,追求一种自然和谐、纯真素朴的境界。"自然"一词最先出现在《老子》中,是《老子》首创的概念。老子的"自然"就是按其本性天然自成,自然而然。

"道法自然"充分说明了自然与道的关系。《老子》二十五章说"人法地,地法天,天法道,道法自然",认为道以自然为法,这样,自然就成为道的根本法则、根本性质,这就奠定了自然的崇高地位:万物崇尚自然,以顺应本性为法。

《老子》所谓"道生一,一生二,二生三,三生万物。万物负阴而抱阳,冲气以为和",强调阴阳化生的宇宙和谐之道。阴阳对立而统一,"冲气以为和",从中体现了宇宙和谐的生命精神,这是老子自然观的具体表现。老子从道法自然出发,认为只有在遵循自然这一普遍法则的前提下,万物才能够和谐共存。这对后世的艺术观和审美观产生了重要而深远的影响。

老子对自然的崇尚还体现为对"朴"的推崇,他反对人们追求表面、外观的繁缛华丽和感官享受,要求返朴归真,追求一种朴拙之美。朴,即本色不加雕饰,拙是朴的外在表现形态,朴拙即是要求事物自然而然地呈现自身。在他看来,所谓自然,首先是与人为相对的,自然在本质上是非人为的。在老子自然为美的内涵中,人为是与造作结合在一起的,就是说,追求朴拙之美,反对人为造作的倾向。对于顺应物性、发挥物性的人为,老子并不反对。在此基础上,他要求的是"大巧若拙",明明是修饰过了却不经意地呈现出来,好像未经雕琢一样,"巧"和"拙"有机统一,浑然一体,高境界的"巧"正如"拙"一样自然。所以,对于有违自然的人为,老子往往持激烈的否定态度。

自然的内涵,还体现为反对过分修饰。"信言不美,美言不信"(《老子》八十一章),信实的言辞是质朴的,华丽的词藻往往是不可信的。"五色令人目盲,五音令人耳聋,五味令人口爽"(《老子》十二章),也反证了老子对朴拙的追求。

老子主张自然、无为,反对人为、有为,主张不施妄为,由顺其自然达到纯真素朴、淡然超越的境界,就是要把自然真朴作为艺术的最高生命、审美的最高标准。这对后世艺术追求自然风格有深远影响,同时,也成为评价艺术作品高下优劣的一个重要标准。

(二)"大音希声"说

"大音希声,大象无形"(《老子》四十一章)是老子提出的含有深刻辩证思想的命题,意为最美妙的音乐只有整体的旋律,没有具体个别的声音,气象浑成的大象不拘于具体物态,它们体现着宇宙之道。"大音希声"中的"声"指某一具体的音,即五声中或宫、或商、或角、或徵、或羽。五声形成旋律乐段才叫"音",它是分不出某个具体的声的,是五声的合音。而"象"是诸"形"的空灵迹化,它不显示某一具体的"形"。所谓"大象",就是看不出某一具体的"形"而含有很多"形"的全象。"大音希声"、"大象无形"都是探讨、追求一种有机整体的美,这是一切艺术和审美的最高境界。

对于"道"来说,它是不可直接诉诸视听感官的,它"淡乎其无味,视之不足见,听之不足闻"(《老子》三十五章),只能以"希声"显声,以"无形"显象。"大音希声,大象无形"主要体现为一种浑沌,强调对象的整体浑一。所谓"听之不闻名曰希",是说只闻"音"而不闻"声",从整体上体悟对象,必须做到只闻"音"而不闻"声"。其关键是要用心体会其整体的美妙,而不是体会个别的"声"。在这里,有声有形虽然能表现具体的美,但无声无形的境界才能达到浑成而永恒。所以,"希声"之大音、"无形"之大象,它超越了具体感官,是人们具体的视听能力所不能企及的"浑成"境界。

"声"、"形"与"音"、"象"的关系,揭示了艺术中部分与整体、物质形式与审美物态的关系,也暗含了一种和谐的原则:显出某个具体的"形",就不能称为"大象";听出某个具体的"声",就不能称为"大音"。但是,没有具体的"形",也就形不成"大象",没有具体的"声",也就没有"大音"。如果过分地注重局部效果,往往会使作品失去整体的和谐。"大音"、"大象"是一个不能分裂的和谐的整体。

（三）虚静说

"虚静"作为中国美学的重要概念，首先由刘勰提出，但源于老庄。"虚静"一词，初见于于周厉王时代的大克鼎铭文"冲让厥心，虚静于猷"，本指宗教仪式中一种谦冲、和穆、虔敬、静寂的心态。老子曰："致虚极，守静笃。万物并作，吾以观其复。夫物芸芸，各复归其根，归根曰静，静曰复命，复命曰常，知常曰明"（《老子》十六章），认为虚静是观察生命本原、体悟永恒规律的先决条件。老子主张"致虚极，守静笃"，通过虚静之心而臻于同天地合其道的境地。即以虚静无为之心去体悟外界的一切，使自己忘掉周围的一切，也忘掉自身的存在，排除一切有限物的拘扰，不含任何成见或偏见，也不受任何音声物象的限制去观照一切外物，这样就能与所观照之物化为一体，体察到其最本质的东西，达到对事物的深刻认识。

"涤除玄鉴"（《老子》十章）是进入"虚静"状态的必要前提。"涤除"就是洗去心内外一切主观欲念和偏见，从而消除一切物象、心智之挂碍；"玄鉴"比喻心灵之透明如镜。所谓"涤除玄鉴"，乃是以澄明之心体悟观照万物，并于超乎物象的永恒时空中与自然合一。老子用"涤除玄鉴"来说明，主体只有在内心极度宁静、纯粹时才可体悟道的玄机。这种观道的过程是一种超功利、超越感觉器官束缚的审美体悟。人们之所以不能随时直观道的奥妙，是因为他们蔽于自身各种主观欲念、偏见，只有"弃圣绝知"，挣脱这一切束缚，才能于去物忘我的双重否定中获取审美观照之永恒，实现与自然万物的真正沟通和对话，进入理想的审美境界。

"天得一以清，地得一以宁，神得一以灵，谷得一以盈，万物得一以生，侯王得一以为天下正"（《老子》三十九章）。主体心灵只有通过虚静，方能与物为一，与物为春，进入一种凝神的境界，超越整个周围世界的现实时空，进入物我一体、出神入化的境界。这一点，后来为庄子所发挥。如庄子以水喻心："水静则明烛须眉"，"水静犹明，而况精神！圣人之心静乎？天地之鉴也，万物之镜也"（《庄子·天道》）。

（四）"有无相生"

在老子看来，道是天地万物的起始和根源，一个重要的特征就是"有"和"无"的统一。老子说："天下万物生于有，有生于无。"这种无中生有、有中生无的思想，就是所谓的有无相生。有和无的统一是宇宙万物化生运行、发挥作用的根本,这种统一使天地万物生生不息,生机盎然。

有无相生体现了审美的辩证法。老子说:"天下皆知美之为美,斯恶已;皆知善之为善,斯不善已。故有无相生,难易相成,长短相形,高下相盈,音声相和,前后相随,恒也。"(《老子》二章)老子认为天下的人都知道美之为美,丑的意识就产生了;都知道善之所以为善,不善的观念也就产生了。"有无相生"等六对命题,将有、无等对立双方的演变、变易的形态生动地呈现出来,集中体现了对立转化的"相生"的含义。体现在艺术创作中,有与无既相互对立又相互依存,二者相得益彰。有中含无,可以使艺术作品更加凝练,使艺术形象更为鲜明;有中之无,为欣赏者留下了想象的余地,耐人寻味,引人深思。

老子尤其突出了"无":"三十辐共一毂,当其无,有车之用。埏埴以为器,当其无,有器之用。凿户牖以为室,当其无,有室之用。故有之以为利,无之以为用。"(《老子》十一章)房屋、器皿、车轮等,其有形部分人们以之为据,空虚部分人们以之为用。它们是"有"和"无"的统一:房屋是其实体(有)和其虚空(无)的统一,器皿、车轮等等都莫不如此。这是通过事例对有无相生的具体阐释。任何事物都不能只有"有"而没有"无",不能只有"实"而没有"虚"。"有"离不开"无",如果离开"无",就不成其为"有",也就发挥不了作用。就房屋来说,有形的部分固不可少,否则不成其为房屋,但是不能因此忽视包含于房屋中的"无"的作用。如果没有"无",房屋是实体,不能住人,同样一无用处。

《老子》五章也表达了同样的思想:"天地之间,其犹橐籥乎?虚而不屈,动而愈出。"这里,老子强调了"虚"和"动"。他认为,像风箱一样,天地之间充满了虚空,这种虚空并不是绝对的"无",它也是一种"有",正因为有了这种虚空,才有万物流动的生命,才有不息之生机。但是,老子强调"无"之用绝非否认"有"的存在,而是以"无"生"有",以"实"体"虚",有无相生之间,生命流动不止。体现在艺术创作上,尤能生空灵之妙境。这对后世追求含蓄蕴藉的创作风格影响深远。老子的"有无相生",是中国文艺思想虚实相生的重要源头。所谓动与静、实与虚,都是从有与无中派生衍化出来的,它对后世虚实相生、动静相成等思想产生了直接的影响。

二 庄子的美学思想

庄子(约公元前369—前286)名周,战国时期宋国蒙(今河南商丘东北)

人,著名思想家、文学家,著书十余万言,《汉书·艺文志》录有 52 篇,今本《庄子》33 篇,为晋代郭象编著。《庄子》分为内篇、外篇、杂篇三个部分,一般认为内篇为庄周原著,外、杂篇出于其后学之手。《庄子》继承和发展了老子"道法自然"的观点,认为"道"的自然无为的本性彰显为天地万物最高形态的大美,人应超越物质的我、欲望的我,回归自然,才能逍遥地游心于道境。庄子的美学思想基于"自然",指向自由。在此基础上,他提出了"游"、"真"、"心斋"、"坐忘"、"物化"等系列范畴,阐述了对有用与无用、道与技、言与意等关系的重要看法。庄子的哲学具有浓郁的美学色彩,徐复观先生认为庄子的思想"本无心于艺术,却不期然而然地会归于今日之所谓艺术精神之上"[①],在中国艺术史上产生了广泛而深远的影响。

(一) 顺任自然

"自然"一词,在《庄子》中的主要涵义为自然而然、"本来如此"。庄子继承了老子的自然观,并将老子创生万物的自然之道引向人生,通往自由的审美境界。因此,庄子的美学思想以自然为宗,其自然观普遍地表现在对天地万物、人性、艺术的看法之中。他认为,对于天地万物而言,"自然"是在无为中体现无不为,彰显为至高形态的"大美";对于人性而言,"自然"体现为真诚无伪的本性,它需要战胜欲望、摆脱礼俗而返朴归真;对于艺术而言,"自然"则体现为"技进乎道",是经过依乎天理的艰苦修炼而达到的自由境界。

首先,对于天地万物而言,自然之道在无为中体现无不为。"天地有大美而不言,四时有明法而不议,万物有成理而不说。"(《庄子·知北游》)庄子连用"大美"、"明法"、"成理",赞叹"道"在无为中所自然彰显的最高境界。他借许由所说的"吾师乎!吾师乎!赍万物而不为义,泽及万世而不为仁,长于上古而不为老,覆载天地刻雕众形而不为巧"(《庄子·大宗师》),所谓"不为义"、"不为仁"、"不为老""不为巧"显然是站在与人为的仁义、巧故相对立的立场上,赞叹"道"以"不为"成就一切的自然本性。庄子欣赏万物自然的生命状态,"夫水之于沟也,无为而才自然矣"(《庄子·田子方》),反对人为的扭曲:"夫马,居则食草饮水,喜则交颈相靡,怒则分背相踶"(《庄子·马蹄》),而"加之以衡扼,齐之以月题"(《庄子·马蹄》),使马失其真性,庄子认为是伯乐的罪过。鲁侯御养鸟"奏九韶以为乐,具太牢以为膳",受到庄子

---

① 徐复观:《中国艺术精神》,华东师范大学出版社 2001 年版,第 30 页。

猛烈的抨击："此以己养养鸟也,非以鸟养养鸟也。夫以鸟养养鸟者,宜栖之深林,游之坛陆,浮之江湖,食之鳅鲦,随行列而止,逶迤而处"(《庄子·至乐》),在这里,庄子破除了以人为中心的狭隘实用的立场,取而代之的是"道"的立场,是万物各适其性的原生态的眼光。

其次,对于人性而言,自然之道体现为去伪存真,回归天然本性。庄子认为,人本与宇宙精神契合无间,与万事万物浑然无分,可是世俗的障蔽使人异化。同老子一样,庄子认识到人们在欲望的支配下失去自然的本性,"且夫失性有五:一曰五色乱目,使目不明;二曰五声乱耳,使耳不聪;三曰五臭薰鼻,困惾中颡;四曰五味浊口,使口厉爽;五曰趣舍滑心,使性飞扬,皆生之害也"(《庄子·天地》),五色、五声、五臭、五味等诉诸于人的感官,满足人的视听口腹之欲,为世俗所追求之声色货利,非庄子所谓大美。在《庄子·庚桑楚》中,庄子罗列了24种使人失性之弊害:"贵富显严名利六者,勃志也;容动色理气意六者,谬心也;恶欲喜怒哀乐六者,累德也;去就取与知能六者,塞道也。此四六者不荡胸中则正,正则静,静则明,明则虚,虚则无为而无不为也",因此,庄子主张"无情":"吾所谓无情者,言人之不以好恶内伤其身,常因自然而不益生也。"(《庄子·德充符》)在这里,"自然"是作为"以好恶内伤其身"的对立面提出的。"益生",谓过度;过度易导致纵欲,因而违背人的自然本性。《庄子·应帝王》中的混沌之死正表明庄子对于人欲为患之深刻认识。

庄子所谓的"天"与"真",正是在与人为之巧、虚伪之礼相抗衡的意义上提出的,强调的仍为顺乎自然本性之意。"牛马四足,是谓天;落(络)马首,穿牛鼻,是谓人,故曰:无以人灭天,无以故灭命,无以得殉名,谨守而勿失,是谓反其真。"(《庄子·秋水》)这里的"天",指天然;"真",指自然的本性,它们的对立面,就是善为巧故,贪得无厌的"人"。庄子反对虚假矫情,赞赏自然无伪之真性情:"真者,精诚之至也。不精不诚,不能动人。故强哭者虽悲不哀,强怒者虽严不威,强亲者虽笑不和。真悲无声而哀,真怒未发而威,真亲未笑而和。真在内者,神动于外,是所以贵真也……故圣人法天贵真,不拘于俗。"(《庄子·渔父》)这里"真"与"天"再次并举,与"俗"相对,赋予自然以真诚的含义,在这种意义上,"真"即自然,"自然"即真。

这种人性的自然在《庄子·田子方》中"宋元君将图画"的故事里受到极力的推崇。当众史"受揖而立"、"舐笔和墨,在外者半"时,有一史不但后至,还"儃儃然不趋,受揖不立",回到住所后不但心无愧惧,还解衣盘礴;庄子借宋元君之口赞叹道："可矣,是真画者也。"在庄子看来,"真画者"敢于在君王面前泰然自若,完全不受人为的、外在的礼仪的束缚,将利害得失置之度外,这就是真诚、自然的人;在这种自然状态下,才能实现人性的自由。

庄子所谓的圣人、至人、神人、真人,正是这种人性自由境界的象征。"圣人之生也天行,其死也物化。静而与阴同德;动而与阳同波"(《庄子·刻意》),"至人之用心若镜,不将不迎,应而不藏,故能胜物而不伤"(《庄子·应帝王》),"古之真人不知悦生,不知恶死。其出不欣,其入不距,翛然而往,翛然而来而已矣……是之谓不以心损道,不以心助天"(《庄子·大宗师》),他们是有着不同于世俗价值取向的理想之人,不受现实、世俗的羁绊,从而独与天地精神往来。

第三,自然之道在艺术实践中表现为"技进乎道"的过程。"技"为手段,"道"为目的。庖丁解牛"依乎天理"、"因其固然",正是顺任自然的表现,在此基础上经过长期刻苦的技术训练,才能超越"官知"的局限,达到"合于桑林之舞,乃中经首之会"的自由境界。"梓庆削木为鐻"、"津人操舟若神"、"佝偻者承蜩"、"吕梁丈夫蹈水"等寓言故事,都揭示了艺术实践顺道而行从而超越技术的物质性、功利性而进入自由境界的过程。《庄子·天运》所载关于咸池之乐的对话,将音乐之技进于道和天人合一的境界渲染到极至:"吾奏之以人,徵之以天,行之以礼义,建之以太清。夫至乐者,先应之以人事,顺之以天理,行之以五德,应之以自然……吾又奏之以阴阳之和,烛之以日月之明。其声能短能长,能柔能刚,变化齐一,不主故常,在谷满谷,在阬满阬,涂却守神,以物为量,其声挥绰,其名高明……吾又奏之以无怠之声,调之以自然之命,故若混逐、丛生,林乐而无形,布挥而不曳,幽昏而无声……乐也者,始于惧,惧故祟;吾又次之以怠,怠故遁;卒之于惑,惑故愚,愚故道,道可载而与之俱也。"《咸池》之乐,乃人所奏,而竟出之以天籁之音,在人,为"礼义"、"人事"、"五德",在天,则应之以"太清"、"天理"、"自然",所奏之乐,已由技艺的炉火纯青而完全使人忽略其技艺,直接进入乐象的体验。这是一种天人同归于道的境界。

庄子的自然观对中国古代崇尚自然的审美价值观发生了深远的影响。后世诗人、文学家莫不推崇陶渊明的"平淡自然"、李白的"清水出芙蓉,天然去雕饰"而贬抑过分雕饰。唐代张彦远《历代名画记》云:"夫画特忌形貌彩章历历具足,慎谨慎细,而外露巧密……自然者为上品之上。"唐李嗣真《书品后》论褚遂良书云:"褚氏临写右军,亦为高足,丰肥雕刻,盛为当今所尚,但恨乏自然,功勤精悉耳。"都是崇尚自然的表现。

(二)逍遥游

《庄子》以《逍遥游》为其开篇,且全书以"游"贯其始终,"游"是《庄子》的核心范畴之一。"游"在《庄子》中出现频率很高,用法不一,有游玩、游戏之意,如"庄子与惠子游于濠梁之上"(《庄子·秋水》);有隐逸、自适之意,如"以此退居而闲游,江海山林之士服"(《庄子·天道》);有胸次洒然、精神畅游之意,如"乘物以游心"等。一般认为,庄子"游"的主流思想是指心灵的漫游,无论是游戏,还是游世,最终都指向游心。其审美价值,在于基于个体生命的精神自由。

首先,庄子之游是游戏之游。这一方面体现为"自适其适"的畅游。"庄子与惠子游于濠梁之上。庄子曰:'鲦鱼出游从容,是鱼之乐也。'惠子曰:'子非鱼,安知鱼之乐?'庄子曰:'子非我,安知我不知鱼之乐?'惠子曰:'我非子,固不知子矣;子固非鱼也,子之不知鱼之乐,全矣。'庄子曰:'请循其本。子曰汝安知鱼乐云者,既已知吾知之而问我。我知之濠上也。'"(《庄子·秋水》)。此段出现两处"游",一处是庄子与惠子之同游,一处是鲦鱼之游,实际上是三种游,惠子之游、庄子之游、鱼之游。惠子之游是未离形去知的认知的游,鱼之游是纯粹生命状态的自然之游,庄子之游则是移情于物、从而进入物我两忘状态的境界之游。因此,庄子的游是一种物我同一、情景交融的游。与孔子的"冠者五六人,童子六七人,浴乎沂,风乎舞雩,咏而归"(《论语·先进》)的那种基于群体的游不同,庄子的游戏心态注重个体的体验。他与惠子貌合神离,完全沉浸在自适其适的惬意之中。另一方面,庄子的游戏心态并非纯粹的游乐,而指向超越于形知的精神自由。如"鸿蒙曰:'浮游,不知所求;猖狂,不知所往。游者鞅掌,以观无妄。朕又何知!'"(《庄子·在宥》),表面上看来,这种游玩"不知所求"、"不知所往",似乎是完全没有目的的嬉戏,联系下文,即可明白其深刻用意;当云将进一步追问时,"鸿蒙曰:'噫!心养,汝徒处无为而物自化。堕尔形体,黜尔聪明,伦与物忘,大同乎涬溟。解心释神,莫然无魂。万物云云,各复其根,各复其根而不知,浑浑沌沌,终身不离。'"可见,其"不知所求"、"不知所往"乃有意的离形去知、心神释放,复归自然,庄子借此喻其养心之道。

其次,庄子之游是游世之游。庄子所表现出来的游世、甚至玩世不恭的态度,如宁做乌龟"曳尾于涂中"、妻死鼓盆而歌、支离疏以病残谋求好处苟且活命等,表面上看,似在调侃人间,消极混世,实际上是对人的价值观的否定,取而代之以"齐万物、一死生"的道的立场。因此,庄子的游世心态并非悲观消极全身保命的混世主义,而是因对现实人生的不满、对"无何有之乡"的执著而表现出来的超然态度。"圣人不从事于务,不就利,不违害,不喜求,不缘道,无谓有谓,有谓无谓,而游乎尘垢之外"(《庄子·齐物论》),"务",乃俗务,名、利乃世间的羁绊,圣人洗尽尘累,处在道的云端,不刻意求道而道随之。这种超然态度,建立在对人间世的清醒认识之上,建立在对道的执著坚守的态度之上。在这里,虚无的表象与真诚的赤子之心以极端的不和谐形成《庄子》特有的荒诞色彩。

再次,庄子之游的最终目的是在游心。无论是游戏,还是游世,最终都指向游心。庄子浓墨重彩地倡言游心,如"乘物以游心"(《庄子·人间世》)、"游心乎德之和"(《庄子·德充符》)、"游心于淡"(《庄子·应帝王》)、"游心于坚白同异之间"《庄子·骈拇》、"游心于物之初"《庄子·田子方》,这说明庄子所重视的"游"不是形体之游,而是心灵之游,精神无待之游。逍遥游就是游心之游,心的指向,是超越了自然的空间与世俗的空间的无限宇宙:"乘天地之正,而御六气之辩,以游无穷"(《庄子·逍遥游》)、"以游无极之野"(《庄子·在宥》)、"游乎六合之外"(《庄子·徐无鬼》)、"游乎万物之所始终"(《庄子·达生》),极言顺道而游、心无挂碍的自由境界。整部《庄子》,因"游心"而披上雄奇瑰丽之浪漫色彩,没有实用目的,没有利害关系,是精神的释放,是意志的自由,是人与自然的和谐。因此,"游"具有审美的性质,集中体现了庄子的艺术精神。

庄子以"游"的姿态对待人生,其自适其适的情怀、洒脱不羁的个性、汪洋恣肆的想像力对后世的文学艺术产生了深远的影响。《淮南子·俶真训》的"返性于初,游心于虚",陆机《文赋》的"其始也,皆收视返听,耽思傍讯,精骛八极,心游万仞",嵇康《赠兄秀才入军》的"俯仰自得,游心太玄",皆深得庄子游心之奥妙。刘勰《文心雕龙》之"故思理为妙,神与物游",更将庄子游心的理论发展成为创作中的神思。"游"从"心游"而"神游"、"内游",成为中国古代美学思想中的一个重要范畴。

(三) 虚静心态

庄子进一步发展了老子的"虚静"说,并将"虚静"提升到核心范畴的地位。庄子认为,虚静心态是实现逍遥游的心理前提,"心斋"与"坐忘"是进入虚静的审美感悟的途径。心灵只有虚静,才能无所牵挂地遨游于"无何有之乡",才能体验道境。《庄子》曰:"圣人之静也,非曰静也善,故静也。万物无足以铙心者,故静也。水静则明烛须眉,平中准,大匠取法焉。水静犹明,而况精神!圣人之心静乎!天地之鉴也,万物之镜也。夫虚静恬淡寂漠无为者,天地之平而道德之至,故帝王圣人休焉。"(《庄子·天道》)庄子以水作喻,水静能照见须眉,心静则能照见天地万物,与物相冥,与道合一,进入"天乐"境界:"以虚静推于天地,通于万物,此之谓天乐。"(《庄子·天道》)而道正在那虚极之处,"唯道集虚"(《庄子·人间世》),当一切外在的纷扰皆归于沉寂,心与道才能在那虚极之处汇合与交融。

"虚"本为视觉印象,"静"本为听觉印象,虚静的过程,是无视无听、离形去知、由外至内的过程,表现为外动—内静—内动。"至道之精,窈窈冥冥;至道之极,昏昏默默。无视无听,抱神以静,形将自正。必静必清,无劳汝形,无摇汝精,乃可以长生。目无所见,耳无所闻,心无所知,汝神将守形,形乃长生。慎汝内,闭汝外,多知为败。我为汝遂于大明之上矣,至彼至阳之原也;为汝入于窈冥之门矣,至彼至阴之原也。"(《庄子·在宥》)虚静心态中,"视乎冥冥,听乎无声,冥冥之中,独见晓焉;无声之中,独闻和焉"(《庄子·天地》),这是摒除外在纷扰之后的心灵感应,转向"见晓"、"闻和"的内部视听。"吾所谓聪者,非谓其闻彼也,自闻而已矣。吾所谓明者,非谓其见彼也,自见而已矣"(《庄子·骈拇》),其"自闻"、"自见"正是内部的动作。庄子在《天道》篇中说:"休则虚,虚则实,实则备矣。虚则静,静则动,动则得矣。"因此,虚静是虚中有实,寓动于静。

虚静是进入虚静心态的基础。《庄子·人间世》中:"仲尼曰:'若一志,无听之以耳而听之以心,无听之以心而听之以气。听止于耳,心止于符。气也者,虚而待物者也。唯道集虚。虚者,心斋也。'"心斋,是心志专一的过程,是"用志不纷,乃凝于神"的过程,从听之以耳到听之以心,是由外向内,从听之以心到听之以气,是由实返虚,因为"心"毕竟还有挂虑,还有杂念,还有利害得失的计较,而"气也者,虚而待物者也",只有心无挂碍,高度专一,才能超越耳目心智的有限性,进入空明澄澈的境界。"虚室生白,吉祥止止。夫且不止,是之谓坐驰"(《庄子·人间世》),虚室,即空明之心,心而能虚,才能生出光明。心不静,则形虽坐而神却驰。南伯子葵学道"参日而后能外天下;已外天下矣,吾之守之,七日而后能外物。已外物矣,吾又守之,九日而后能外生。已外生矣,而后能朝彻。朝彻而后能见独"(《庄子·大宗师》),从

"外天下",到"外物",到"外生"的过程中,内外纷扰层层剥落,就是"心斋"。而"心斋"的结果,是"朝彻"与"见独",林希逸说:"朝彻者,胸中朗然,如在天平旦澄澈之气也。"① "见独",即洞见"独立而不改"的道。因此,"心斋"的目的,就在于体道;体道的境界,是心无挂碍的自由境界。这种境界,伴随着逍遥和适意,始终不脱离直觉与感悟,因而是审美的境界。

与"心斋"相关的是"坐忘"。《庄子·大宗师》中有这样一段关于"坐忘"的论述:"颜回曰:'回益矣。'仲尼曰:'何谓也?'曰:'回忘仁义矣。'曰:'可矣,犹未也。'他日,复见,曰:'回益矣。'曰:'何谓也?'曰:'回忘礼乐矣。'曰:'可矣,犹未也。'他日,复见,曰:'回益矣。'曰:何谓也?'曰:'回坐忘矣。'仲尼蹴然曰:'何谓坐忘?'颜回曰:'堕肢体,黜聪明,离形去知,同于大通,此谓坐忘。'仲尼曰:'同则无好也。化则无常也。而果其贤乎!丘也请从而后也。'"这里的"离形去知"概括了"坐忘"需忘掉"形"与"知"两个方面。离形,忘掉身体的物质性存在,抛却感官之累。这里的形,既包括肉身,也包括由肉身带来的各种欲望。去知,去除有违天性的虚伪仁义及各种机心,这种知,是小知,由小知产生出来的,是无谓的是非得失之心。离形去知,关键在"忘",忘,是"吾丧我"(《庄子·齐物论》),是"无己",是"忘乎物,忘乎天,其名为忘己。忘己之人,是之谓入于天"(《庄子·天地》);"堕肢体,黜聪明"强调的是观道者应从种种生理欲望、是非得失的利害计较中超越出来,以达到无功、无名、无己的境界。这种无功利的境界,是审美的境界。

后代文学创作论中的"意静神王"(皎然《诗式》),"陶钧文思,贵在虚静"(刘勰《文心雕龙》),"静故了群动,空故纳万境"(苏轼《送参寥师》),"澄怀味象"(宗炳《画山水序》),"凝神遐想,妙悟自然,物我两忘,离形去智"(张彦远《历代名画记》)等,均强调了虚静在文艺创作心理中的重要作用。

(四) 言意关系

言意之辨是庄子美学的重要命题,它指出了语言作为工具的局限性,揭示了言外之意的妙处,并最终超越言意之表,指向大美不言的胜境。庄子言意之辨的思想源于老子。老子曰:"道可道,非常道;名可名,非常名。"(《老子》一章),认为"道"具有不可言说的性质。庄子将老子的不可言说发展成富有审美意味的言意之辨,主要表现在他的"得意忘言"、"言不尽意"、"道不

---

① 林希逸:《南华真经口义》,云南人民出版社2002年版,第106页。

可言"等论述中。

首先,言具有表意作用,言的目的指向意。《庄子·外物》把言和意的关系比做捕鱼的筌与鱼的关系、捕兔的蹄与兔的关系:"筌者所以在鱼,得鱼而忘筌,蹄者所以在兔,得兔而忘蹄。言者所以在意,得意而忘言。吾安得夫忘言之人而与之言哉!"筌与鱼、蹄与兔、言与意,是手段与目的的关系。庄子不否定言的作用,他认为"安危相易,祸福相生,缓急相摩,聚散以成。此名实之可纪,精微之可志也"(《庄子·则阳》)。言可以表意,意也有待于言来表达。庄子著书十余万言,处处在言,又处处忘言。其"寓言"、"重言"、"卮言"正是庄子特殊的言说方式,其"谬悠之说,荒唐之言,无端崖之辞"(《庄子·天下》)正是对他自己言说方式的评价。言的目的在于"意",言之作为物质性的工具是必须"忘"的。庄子所提倡之"忘",多跟有形质的物质性存在有关:"行事之情而忘其身"(《庄子·人间世》)、"德有所长而形有所忘"(《德充符》)、"忘其肝胆,遗其耳目"(《庄子·大宗师》)、"辄然忘吾有四枝形体矣"(《庄子·达生》)。所谓"坐忘",即忘形忘知。"言"与"形"、"知"一样,为形而下之器,忘言,才能得意;忘形,才能出神入化。"得意忘言"对于文艺创作来说,强调对艺术形象的整体把握,涵蕴了形象大于文辞的思想,体现了以形写神的审美价值取向。

其次,言虽可表意,但言不尽意。《庄子·天道》中轮扁斫轮的寓言故事,形象地表达了这种思想:"臣以臣之事观之。斫轮,徐则甘而不固,疾则苦而不入。不徐不疾,得之于手而应于心,口不能言,有数存焉于其间。"轮扁斫轮得心应手,技进于道,却口不能言,知其然而不知其所以然。此种绝妙境界,只可意会,不可言传。这不是知性的认识,而是经验的积累、情感的体验、直觉的把握,因而为言语所不逮。故云:"世之所贵者,书也。书不过语,语有贵也。语之所贵者,意也,意有所随。意之所随者,不可以言传也,而世因贵言传书。世虽贵之,我犹不足贵也,为其贵非其贵也。"(《庄子·天道》)书以语为贵,语以意为贵,而意又以"意之所随者"为贵。所谓"意之所随者",即言外之意,为言所不及,却可以心领神会。

第三,言意关系提升到"道"的层面,就进入不可言说的胜境。《庄子·则阳》说:"言而足,则终日言而尽道;言而不足,则终日言而尽物。道,物之极,言默不足以载。非言非默,议有所极。"庄子发现了言有足与不足两种情况,言如果足以尽道,那么尽管言说就是,问题是言有所不足,只能停留在物的层面,一旦进入道的层次,言说与沉默都不足以表达,而只能处在"非言非默"的两难境地。《庄子·秋水》说得更具体:"可以言论者,物之粗也;可以意致者,物之精也;言之所不能论,意之所不能致者,不期精粗焉。"这里将言意关系分为三个递进的层次,可以言论的在第一层,可以意致的在第二层,这两层都在有形质的物的层面,只是粗精有别而已,而那最高层的是超越于耳目视听所及的物的层面,则非言意所能达:"六合之外,圣人存而不论;六合之内,圣人论而不议……夫大道不称,大辩不言,大仁不仁,大廉不谦,大勇不忮。道昭而不道,言辩而不及,仁常而不成,廉清而不信,勇忮而不成。"(《庄子·齐物论》)在这里,庄子表明了对世人言论的怀疑态度,认为超越于人的经验世界的六合之外是人的言论所无法企及、人的小知所无法度量的,而世人终日"大言炎炎,小言詹詹",纠缠于有无、是非、善恶之言辨中,"孰知不言之辩,不道之道?"(《庄子·齐物论》)道超乎声色形名之上,耳目视听所及的就不是道:"道不可闻,闻而非也;道不可见,见而非也;道不可言,言而非也。知形形之不形乎?道不当名。"(《庄子·知北游》)此种不可言说的境界的极至,呈现为"天地有大美而不言,四时有明法而不议,万物有成理而不说"的景象,道存在并周而复始地运行于天地万物之中,自然彰显而无需言说,也无法言说。在此,庄子不厌其烦地连用"不言"、"不议"、"不说"赞叹那无法言说又无所不为的道。

庄子所描述的得意忘言、言不尽意、大美不言的思想,被后人大加发挥。王弼从"得意而忘言"引申而为"得象以忘言"、"得意而忘象"(《周易例略·明象》),钟嵘《诗品序》有"文已尽而意有余",与"言外之意"如出一辙,皎然《诗式》提出"文外之旨",司空图《与极浦书》提出"象外之象,景外之景",《与李生论诗书》提出"味外之旨"、"韵外之致",欧阳修《六一诗话》引梅尧臣的"含不尽之意,见于言外",严羽《沧浪诗话》的"不落言筌"、"言有尽而意无穷"等等,显然都是庄子思想的发展。总之,言意关系在后世不断地被强调、引申,形成源远流长的传统。

总之,庄子的美学思想基于自然,指向自由。他将天地万物自然彰显之大美推及于人,提倡真诚无伪的人性美及顺道而行的艺术美;他以"游"的姿态对待人生,无论是游戏的自适其适,还是游世的超然态度,最终都以游心的自由境界为其旨归;他以"心斋"、"坐忘"为途径进入体道的虚静心态,体现出审美体验的超形质、超功利的色彩;他还论述了言意关系的矛盾性与复杂性,揭示了"得意忘言"、"言不尽意"、"道不可言"的妙处。庄子的思想所折射出的审美价值,对后人崇尚自然、追求自由的审美趣尚产生了极大的影响。

第三节 其他美学

除了儒道两家思想外,《易经》作为百家之宗,《易传》作为诸家对《易经》的阐释与发挥,包含着当时宇宙论和人生论的根本思想,也包含着丰富的美学思想,特别是在天人合一、生命意识、意象思想和诗性思维诸方面,对后代产生了深远的影响。而《考工记》作为中国第一部工艺美学的代表性著作,包含了古人在工艺创造的道与艺方面的成就与反思,诸如"天人合一"、"五行相生"和"虚实相生"等,均能结合工艺创造,从审美的角度给予阐释,并对仿生性纹饰等具体艺术形式及其规律予以总结。《乐记》作为第一部系统的音乐美学专著,从音乐的产生、功能、性质、方式和效果诸方面论述了音乐缘情、和谐原则和"以道制欲"等方面的特征。

一 《易传》的美学思想

《易经》原为中国上古时代百科全书式的文化符号及阐释,是古人通过仰观俯察,近取诸身,远取诸物,探求自然生成变化规律的结晶。后来,他们又将社会生活中具有典型意义的事例按照自然规律进行推衍、比附,以爻为基元,创构出一套作为易象符号体系的画卦,并以此预测未来,《易经》遂为卜筮之书。其中对事物发展规律及其人的主观能动性的看法,对儒、道、兵、法诸家均有深刻的影响。《易传》则是先秦理性主义时期儒道诸家对《易经》的理解与发挥,以《易经》精华为基础,在相当程度上摆脱了宗教巫术的束缚,又反映了各家的一些基本思想,如儒家更多地阐发了其人生论的思想,道家更多地阐发了其宇宙论的思想。在特定意义上,《易传》可以看做先秦诸子思想的集大成。其后两千多年的美学思想,都深刻地体现着《易传》的基本思想。

《易传》的美学思想主要包括以下几个方面:

(一) 天人合一的思想

《易经》基于人与自然相通共感的生命体验,阐述了天人合一的宇宙观和人生观。这是先秦诸子天人合一思想的源头和基础。《易传》在《易经》的基础上加以发挥,体现了先秦诸子对天人合一的看法,强调天道、人道和地道的贯通合一。

但是在天人关系上,它既不是"蔽于天而不知人",也非"蔽于人而不知天",而是即天即人,天与人有着内在的一致性和统一性。《系辞传》说:"有天道焉,有人道焉,有地道焉,兼三才而两之,故六。"天与人在道的基础上得以贯通。

一方面,人道即天道,人是天地化生的结果,"天地感而万物化生",是天的一部分,人与天有着内在的统一性。《周易·系辞下》认为易卦即是"仰则观象于天,俯则观法于地",作易的目的在于通神明之德,类万物之情。如《周易》常常以天道来喻人事,通过比附的思维方式,将社会与自然、人伦秩序和宇宙法则贯通起来,人只有"顺天而动",才能"不失其时"。

另一方面,天道即人道。《周易》又认为天人合一并非意味着人被动地顺应自然。在《周易》中,我们可以看到天既象征着自然规律,又具有人格和道德意义。《周易》特别推崇刚健精神,《周易·大畜》云:"刚健笃实,辉光乃新",强调光辉与刚健的关系,认为壮美的对象峻健、笃实,并在此基础上放出新新不住的光彩来,以此强烈地感染读者。《周易·系辞上》说:"天行健,君子以自强不息",将自强不息的进取精神看成是天道的体现,而人的锲而不舍的顽强精神也正是滴水穿石的自然规律在人生中的体现。这是对天人合一自觉意识的寻求,也是人的主体生命和自由意志的体现,人正由于积极进取才能趋吉避凶。在这一点上,《周易》继承了儒家的入世精神,高扬主体的人格之美,对中国传统思想包括美学思想都产生了重要的影响。

因此,《易·乾卦·文言》说:"夫大人者,与天地合其德,与日月合其明,与四时合其序。"一方面倡导主体体悟、效法自然之道,"崇效天,卑法地",另一方面,又倡导发挥主观能动的刚健精神,在本质上,这也是天人合一精神的体现。尽管《周易·系辞上》也说"与鬼神合其吉凶",但我们可以看出其巫术的神秘主义色彩已不像原始社会那么浓厚,吉凶祸福在于人的主观努力与否。正是在此基础上,主体的心灵与宇宙精神才浑然合一,从而使自我突破了有限的感性生命的局限,进入到顺任自然、与天地合其德的无限之中。

天人合一的关系影响到中国人生活的方方面面,包括文学艺术。中国传统艺术以表现自然居多,山水画是中国画的主体,犹如西方的人物画。传统诗歌中山水田园诗占据了很大分量,这其中当然有老庄及后来佛家的参与,但《周易》在此无疑已奠定了根深蒂固的天人合一观念。

(二) 诗性思维方式

《周易》反应了中国古人体验世界的方式,在体验中充满了诗意,体现了独特的诗性思维,这主要表现在以下几个方面:

首先,《周易》的思维方式具有类比性特征。《周易》中的类比思维在科学的层面上常常是牵强的,但却是具有诗意的。《系辞下》所谓"以类万物之情",就是一种取象比类的诗性思维方式。"类万物之情"乃是个体生命设身处地去体验万物的情怀,以己度物,感同身受,与自然万物融合为一。这种类比的思维方式在于人与自然万物的相感相通,从根本上说,这种"感通"也是一种情感的通畅自然,是情感的自由。在《周易》卦爻辞中,我们可以看到很多内容都是采取类比性的思维,本身就具有诗意。如《明夷》初九:"明夷于飞,垂其翼。君子于行,三日不食",与《诗经》中的《邶风·燕燕》:"燕燕于飞,差池其羽",以及《中孚》九二:"鸣鹤在阴,其子和之。我有好爵,吾与尔靡之",与《诗经》中的《关雎》等,其中的比较几乎难见分别。这些都使《周易》洋溢着诗情画意,有着强烈的文学性。尽管易之比兴与诗之比兴还有所区别,但《易经》无疑已具有诗性思维的特质。

其次,《周易》的思维方式还具有情感性的特征。《周易》的本经和传文都包含着强烈的人生价值和情感取向,在对自然万物、人生百态的感性观照中,表达了作者的生活态度和对世界的认识。在《周易》的六十四卦及其解释中,充满了作者不同的情感体验,有对自然现象和社会现象中美好事物的赞叹,引导人们追求更完美的人生境界,也有人们对周围世界的忧虑、迷茫及愤怒。这些都使《周易》蒙上了一层主体的感情色彩。情感因素使《周易》更关注个体的生命及其存在意义,从而避开了理性的说教,使人们在对社会和自然的体验中获得审美的愉悦。

再次,《周易》的思维方式具有形象性特征。"是故易者,象也。象也者,像也。"(《易传·系辞下》)象,首先指卦象。"八卦以象告",《周易》六十四卦多用具体可感的形象描述来表达对世界的看法,对生活的态度,"立象"是为了"尽意"。如以"枯杨生稊",喻"老夫得其女妻",以"枯杨生华",喻"老妇得其士夫",认为"老夫得其女妻""无不利",而"老妇得其士夫"是"无咎无誉"。又如乾卦以潜龙到亢龙的发展变化来表明作者对事物运行规律的洞察把握。可见《周易》的思维方式是以象释象,而非逻辑的推理和理性的分析。

可见,《周易》的思维方式是一种诗性思维,它体现了作者对周围事物的感性观照,是心灵对客观世界的独特感悟。它将人置身于宇宙大化之中,以独特的个体生命去体验世界,反映了人与周围世界的相亲相近,是以生命体悟生命。从根本上说,它是天道与人道的贯通,是天人合一思想的反映,通过具象与抽象的结合,以有限喻无限。这种思维特质使《周易》的思维方式具有了独特的审美意义,对后世的艺术乃至礼仪产生了深刻的影响。

(三)阴阳化生的生命意识

《周易》阴阳化生的宇宙观把宇宙看成一个不断生成、不断发展和完善的过程,也揭示了生命创化的本源和动力,使万物在阴阳相交相感中得到和谐发展,宇宙万物也在生成中获得统一。《系辞上》曰:"生生之谓易","生"是"天地之大德","易"本身就是对生生不已的生命精神的高度概括,体现了宇宙大化的运行规律,对中国古典美学也产生了深远影响。

首先,它指宇宙万物包括人类的生成和化生。"一阴一阳之谓道",依周予同、郭沫若等人的说法,《易经》中的阴阳两爻,作为八卦和六十四卦的基本符号,本是生殖器官的模拟,阴阳交感而生万物,以此象征阴阳化生的普遍生命规律。它既是近取诸身的生命感悟,又是远取诸物,在牝牡、生死、昼夜、寒暑等自然现象中得到印证,将其看成万物资始和资生的基础,由此推衍出生命生成和变化的规律:"天地絪缊,万物化醇。男女媾精,万物化生。"

其次,《周易》中的阴阳观,不仅是生命的生成观,还是发展变化观。《周易》六十四卦即是在阴阳消长的不断变化中形成的。《周易》对卦爻象的解释体现了《周易》的变易观:"爻者言乎变者也"、"道有变动,故曰爻",而这种变动,在于阴阳二爻的相互推移消长:"刚柔相推而生变化"、"阖户谓之坤,辟户谓之乾,一阖一辟谓之变,往来不穷谓之通"。"变"是生命的另一种表现方式,"变则通,通则久",只有变才能保持长久的生命力,整个《易经》都在指导人们如何趋利避害、逢凶化吉。对生的执著使人们对生活始终保持着一种乐观向上积极有为的态度。

《周易》中阴阳化生的生命意识对中国传统文学艺术产生了重要影响。特别是人们对艺术本体和艺术风格的认识,日月星辰、山川草木,都充满着生意,它们是一个个独立的生命体,都是阴阳交感相生的产物,是造化的艺术杰作,也是艺术创作的本体。同时,《周易》的变易观也体现了阴阳化生的生命节奏。这种节奏意识使艺术更注重其空间的流动性、韵律性和节奏感,这正是生命意识的一种具体体现。这种美学观表现在艺术批评和创作上就是将"气韵生动"作为最高标准。阴阳刚柔的对立互补不仅是生命生成变化的基础，其本身也成为中国古典美学两个基本的审美风格和审美类型，体现了生命的两种基本形态。

（四）意象论

中国人对意象问题的看法，最初是从《周易》卦象开始的。易象是意象的最早起源，体现了古人对世界的感受方式。它主要包括"观物取象"、"立象尽意"和"言不尽意"三个方面的内容，表达了人们对天地自然和社会的感悟与情怀，反映了意象的创构规律，以及人们对言、象、意之间关系的认识，对后世的工艺和艺术创造及其自觉意识具有深刻的启示。

《周易》由"观物取象"而设卦重画，是最早而又典型的事例。易卦之源，乃在庖牺氏王天下之时，仰观俯察，"近取诸身，远取诸物"，再"拟诸其形象，象其物宜"，"于是始作八卦，以通神明之德，以类万物之情"（《周易·系辞》），人们由体悟自然、取法自然而悟出天地之道，象是对自然界观察体悟的结果。"观物取象"讲的是卦的起源，但所阐述的观照方式和取象方式对后世的文学艺术创作和批评也产生了深远的影响。宗白华先生对这种观照法有深刻的认识，并给予很高评价。他认为"俯仰往还，远近取与，是中国哲人的观照法，也是诗人的观照法"[①]，这种观照法是以心灵之眼来俯仰宇宙，游心太玄，具有浓厚的审美性质，因此宗白华先生认为它构成了中国诗画艺术空间意识的特质。

在这种观物取象方式的基础上，易象还具有形象而又无迹的特点。《周易·系辞下》说："易者，象也。象也者，象此者也。"强调卦象具有直观形象性。梁启超、刘师培两人曾经把坎、离两卦看成"水"和"火"的象形字，即说明卦象本身就具有形象性。另外，与器相比，象又无迹可求。《周易·系辞上》认为："见乃谓之象，形乃谓之器。"象是对象的感性显现，而具有特定形式的乃是具体的器物。在主体的审美体悟中，对象由神遇而迹化，故其物质形体空灵剔透而无迹。因此，象主要是指对象感性物态的无迹的一面，既在目前，又居于物外。

其次，象不但是主体对自然物象的俯仰观察和审美体悟的产物，还是主体对对象的能动创造，即所谓拟象。观物取象，取象本身就是通过感官，经

[①] 《宗白华全集》第二卷，安徽教育出版社1994年版，第436页。

由心灵对物象作情感体验。《周易·系辞上》曰:"圣人有以见天下之赜,而拟诸其形容,象其物宜,是故谓之象。"对此,孔颖达在《周易正义》中作了疏解:"'拟诸其形容'者,以此涂赜之理,拟度诸物形容也";"'象其物宜'者,圣人又法象其物之所宜";又说:"义,宜也。"由此可见,象又是通过比拟和象征的"表意之象",这种"意象",人们当然也应通过联想、想象等心理才能认识得到。

因此,《周易》在对言、象、意关系的精辟论述中给予象以核心地位。《周易·系辞上》说:"子曰:'书不尽言,言不尽意。'然则圣人之意,其不可见乎?子曰:'圣人立象以尽意,设卦以尽情伪,系辞焉以尽言。'"在此,《周易》提出"立象以尽意",把象看成表意的工具和桥梁,以弥补"言不尽意"的遗憾。象能承担此功能,是因为不仅以物象、拟象和想象的统一来尽意,来传达主体的情怀和理想,而且《周易》还看到象具有"其称名也小,其取类也大"的特点,语言是有局限性的,而象本身则具有整体性、形象性、多义性,其中包孕着无限丰富的情趣和意蕴,能够补充语言文字的概念性和局限性,能够以小喻大、以少总多、以有限喻无限,从中体现了象征的意义,使其既具体又概括,既感性又抽象,使形而下之象能够表达形而上之道。

这种通过感性形象表达主体对对象的体悟及其理想,对艺术作品的意象有直接影响,对审美意象问题有相当启发。其他如日往月来,寒暑相推的生命节奏,阳刚阴柔的审美对象的风格,风行水上自然成文的自然美等,乃是上述三个方面的进一步展开。

二 《考工记》的美学思想

《考工记》是成书于春秋末期的一部重要的工艺美术著作,内容涉及到先秦的制车、兵器、礼器、钟磬、练染和建筑等手工业技术,本是齐国的官书,西汉时,《周官》缺"冬官",河间献王刘德便取《考工记》补入。刘歆校书编排时改称《周官》为《周礼》,故《考工记》又称《周礼·考工记》。《考工记》是先秦器物制造技术和艺术设计规律的总结,它对器物的尺寸和材料成分的配方都有明确的规定,体现了器物造型和质地自身的客观规律,又反映了器物功能和社会礼制的要求,是客观规律和主观目的的统一。这些器物不仅是物质载体,也是精神的载体,体现了当时创造者的审美趣味和鉴赏者的心理期待。它的美学思想主要表现在以下几个方面:

一是天人合一的原则。《考工记》开篇提出:"天有时,地有气,材有美,工有巧。合此四者,然后可以为良。"将自然和人的创造性工巧结合起来,"天时"和"地气"是"材美"和"工巧"的前提条件。《考工记》多处涉及"天时"和"地气"在工匠制作器物过程中的巨大影响:"天有时以生,有时以杀;草木有时以生,有时以死;石有时以泐;水有时以凝,有时以泽;此天时也。"而工匠在制作器物时,必须根据不同的气候特点,否则不能获得"材美",也就达不到"工巧":"凡冒鼓,必以惊蛰之日。"因为在惊蛰时阳气上升,大地回春,阴气下降,这个时节蒙出的鼓特别响。再如:"凡为弓,冬析干而春液角,夏治筋,秋合三材,寒奠天,冰析灂。冬析干则易,春液角则合,夏治筋则不烦,秋合三材则合,寒奠体则不张流,冰析角则身环,春被弦,则一年之事。"做弓的工匠,选取加工材料时必须按照季节的特点来进行,自前一年的冬季析干,到第二年的春季液角,夏季治筋,秋合三材,冬季奠体、析灂,再到下一年春被弦,整整经过一年才能制出质量优良的弓,所谓"弓人为弓,取六材必以其时"。除"天时"外,"地气"同样重要:"橘逾淮而北为枳,鸲不逾济,貉逾汶则死,此地气然也;郑之刀,宋之斤,鲁之削,吴粤之剑,迁乎其地而弗能为良,地气然也。"地理环境的不同,会影响自然界生物的生长变化,从而影响人们制造器物时的选材。《考工记》中的"天有时,地有气,材有美,工有巧"是关于工艺美的一个较完整的思想。"天时"、"地气"、"材美"、"工巧"四者缺一不可,才能完成一个精巧的工艺。"应天之时,载地之气,加以材美与工巧,藉以实现人与自然的融合沟通、协和相亲,这种思想正是中国古代'天人合一'的文化观念在工艺制作和建筑方面的表现。"① 又如《考工记》制车篇中,以器物创造象征宇宙万物:"轸之方也,以象地也。盖之圜也,以象天也。轮辐三十,以象日月也。盖弓二十有八,以象星也。龙旗九斿,以象大火也。鸟旟七斿,以象鹑火也。熊旗六斿,以象伐也。龟蛇四斿,以象营室也。弧旌枉矢,以象弧也。"这些器物所带来的不同象征意义,也同样是天人合一的原则和观物取象、类万物之情的审美思维方式的体现。

二是"五行相生"的引申。"画缋之事,杂五色。东方谓之青,南方谓之赤,西方谓之白,北方谓之黑,天谓之玄,地谓之黄。"《考工记》对"五色"的论述,是从"五行"观点引申而来的。孔颖达在《左传》注疏中说:"五色,五行之色也。木色青,火色赤,土色黄,金色白,水色黑也。""五行"产生"五味","五味"又对应于"五色"、"五声"、"五音"等。在"五色""五行"的关系中,东方为

---

① 张涵、史鸿文:《中华美学史》,西苑出版社1995年版,第163页。

木性,太阳始生于此,万物随之茂衍,在时为春,其色为青;南方为火性,在时为夏,其色为赤;西方为金性,太阳降退于此,在时为秋,其色为白;北方为水性,在时为冬,其色为黑。土居中宫,能调节金、木、水、火之不足,其色为黄。《考工记》将色彩与"五行"联系起来,从四时和东、西、南、北与天地等方位加以阐释,丰富了"五色"的内涵,增加了其对方位的象征意义。地谓之黄,天谓之玄,天地玄黄,乾坤交合。东方青和西方白相对应,南方赤和北方黑相对应,天地与玄黄相对应。整个画缋的色彩,不仅仅是古人对色彩美的追求,更是一个完整的宇宙观的缩影。这种把"天道"和具体工艺相联系的象征手法,体现了古人朴素的自然观和审美观。《考工记》又云:"青与赤谓之文,赤与白谓之章,白与黑谓之黼,黑与青谓之黻,五彩备谓之绣。"所谓的"文"就是不同色彩之间相互搭配、组合所形成的视觉形象。"五色成文"正是根源于"五行相生"而来的审美观。《考工记》崇尚将色彩相杂,突出色彩的组合规律,使画面显现出相杂、相和之美。所谓"杂四时五色之位以章之,谓之巧"。"画缋之事,杂五色"是从阴阳五行出发,提出事物相杂、相和与交错统一的主张,同时它也反映了中国最早的绘画色彩美观念。

三是纹饰的仿生性。《考工记》的"梓人"篇,对新石器时期以来器物的实用功能和审美功能的统一,以及纹饰的仿生性等给予了较为明晰的总结。"天下之大兽五:脂者,膏者,臝者,羽者,鳞者。宗庙之事,脂者、膏者以为牲,臝者、羽者、鳞者以为筍虡(筍者为悬挂钟磬的横木;虡者为悬挂钟磬的立柱)。"这是说编钟架的装饰以臝者、羽者、鳞者为描摹对象。"厚唇弇口,出目短耳,大胸耀后,大体短脰,若是者谓之臝属,恒有力而不能走,其声大而宏。有力而不能走,则于任重宜。大声而宏,则于钟宜。"认为钟虡的主纹饰应该是有力而不能走、声大而宏的"臝属",用这类动物的形象作钟虡上的刻饰,敲击悬挂的钟时,好像声音是由钟虡发出来的。"锐喙,决吻,数目,顾脰,小体,骞腹,若是者谓之羽属,恒无力而轻,其声清阳而远闻。无力而轻,则于任轻宜;其声清阳而远闻,于磬宜。"磬虡上的刻饰应该是无力而轻捷、声音清阳却能远播的"羽属",用这类动物的形象作磬虡上的刻饰,敲击的磬时,好像声音时由磬虡发出来的。"小首而长,抟身而鸿,若是者谓之鳞属,以为笋。"小头而长身,抟起来身体肥大,这种动物宜作笋上的刻饰。这就像是商代以前的炊器饰以火纹,以引发人们丰富的联想,增添器物的趣味,《考工记》将这种意识加以理论化和自觉化了。对此,宗白华曾在《中国美学史中重要问题的初步探索》一文中给予精彩描述:"《考工记·梓人为筍虡》章已经启发了虚和实的问题。钟和磬的声音本来已经可以引起美感,但是这位古代的工匠在制作筍虡时却不是简单地做一个架子就算了,他要把整个器具作为一个统一的形象来进行艺术设计。在鼓下面安放着虎豹等猛兽,使人听到鼓声,同时看见虎豹的形状,两方面在脑中虚构结合,就好像是虎豹在吼叫一样。这样一方面木雕的虎豹显得更有生气,而鼓声也形象化了,格外有情味,整个艺术品的感动力量就增加了一倍。"①

四是"虚实相生"的审美联想。正如宗白华所认为的,《梓人为筍虡》章已经启发了虚和实的问题。《考工记》中记录古代工匠制作筍虡时,装饰艺术触发了人们的审美联想,使得整个器物、器物上的装饰物以及器物的声音,成为了一个统一的艺术形象。人们听到的是钟声同时又是猛兽的吼叫声;听到的是磬声同时又是鸟类清脆的叫声。"在这里,钟磬所发的声音,属'实';人们听到钟磬声音之后,仿佛听到柱上雕刻的鸟、兽的鸣叫,属'虚',是人们在审美过程中的一种联想,它在丰富、强化着人们由钟磬之音所得到的审美感受。而这种虚与实的结合正是运用老子辩证法思想于工艺之中的一个典型例子。"② 老子的"有无相生"的朴素辩证法,被工匠具体运用到工艺品的制作中,形成了最初的工艺美学思想。在《梓人为筍虡》章中还有这样一段话:"凡攫杀援噬之类必深其爪,出其目,作其鳞之而;则于视必拨尔而怒,苟拨尔而怒,则于任重宜,且其匪色,必似鸣矣。爪不深,目不出,鳞之而不作,则必颓尔如委矣,苟颓尔如委,则加任焉,则必如将废措,其匪色,必似不鸣矣。"凡在筍虡上刻饰的善于捕杀抓咬的兽类一定要深藏它的爪,突出它的眼,张起它的鳞与颊毛,并且从它所涂饰的色彩来看,它也一定能够发出宏大的声音;反之,如果颓废不振,就一定像是不能发出宏大的声音。这里雕刻的动物形象是"实",而其勃然大怒的神情和由此联想到的宏大的声音则是"虚"。"虚实相生"也就是人们从筍虡上雕刻的动物的实象,产生了审美的联想,犹如看到猛兽在狂怒时发出的声音。一定的审美联想必然是由特定的实象所激起的,"虚"和"实"是相生、相依的关系。同样,如果所雕刻的动物看上去萎靡不振,我们一定联想到它要把重物废弃,发不出任何宏大的声音来。因此《考工记》中有:"宗庙之事,脂类、膏类以为牲,臝者、羽者、鳞者以为筍虡。"这些都是要求"虚"、"实"相符,能带给人们恰如其分的

---

① 宗白华:《美学散步》,上海人民出版社1981年版,第32页。
② 范琪:《〈考工记〉的工艺思想》,《史学月刊》2005年第10期。

审美感受。"而这种以虚带实,以实带虚,虚中有实,实中有虚,虚实相生的原则,已经在当时的装饰工艺中成为一种理论进行运用,这不能不说是《考工记》对中国工艺美学思想的一大贡献。"①

另外,《考工记》中还有很多以"合礼"为美的思想。其中对当时的礼器有许多细致的描述和规定,如对礼玉尺寸的规定,以玉比德,赋予它人格化的色彩,具有拟人化的特点。在建筑方位上,提出"匠人营国"的居中原则,既是礼的规范,又体现了审美的中和原则。"匠人营国,方九里,旁三门。国中九经九纬,经涂九轨,左祖右社,面朝后市",清晰地勾勒了"辩方正位"、"择中而立"、"五方为体"的"以礼为本"的规划准则。由于《考工记》特殊的成书年代,我们不能忽略礼文化内涵对该时代审美风尚的影响。

三 《乐记》的美学思想

《乐记》是先秦儒家艺术理论的总结,《易经》之"作乐崇德"、《尚书》之"神人以和",均为其所吸收。作为儒家的经典,它始终反映着儒家的思想,并且尤其强调音乐的感化功能不同于德育的强制性和智育的直接性,对后世审美理论产生了重大影响。其因整理时代较晚,整理者学识所限,篇章较多杂纂,前后时不相贯。后起文献如《荀子》、《易传》、《吕氏春秋》、《汉书》等多有引录《乐记》之处。其对审美理论的影响主要有天人合一的思维方式和感物动情的主体特征。《乐记》将天地之和视为宇宙间最大的乐,表现为"地气上齐,天气下降,阴阳相摩,天地相荡,鼓之以雷霆,奋之以风雨,动之以四时,暖之以日月"。这种天地之和,是万物生命力的根源。万物茁壮成长,便是乐的根本大道。"天地䜣合,阴阳相得,煦妪覆育万物,然后草木茂,区萌达,羽翼奋,角觡生,蛰虫昭苏……"总之,天地自然相合,阴阳有机统一。阳光、水分和养料哺育万物,使之生机勃勃、健康成长。这种生命力便是万物之为美的源泉。《乐记》还把人类社会看成天地和谐的整体的一部分。当纯正的音乐感动着人们的时候,和顺的气氛就随之形成,并影响整个社会。万物的根本规律,都是同类相应的。它继承前人看法,认为艺术起于主体心灵感于物而动。"人生而静,天之性也,感于物而动,性之欲也。"感人之物,既包括自然,也包括人类社会。治世、乱世、亡国之音是各不相同的。《乐记》还反复强调人的七情是感于物而动的结果。

---

① 范琪:《〈考工记〉的工艺思想》,《史学月刊》2005年第10期。

在音乐的社会功能上，《乐记》认为："乐行而伦清，耳目聪明，血气和平，移风易俗，天下皆宁。"(《乐象篇》)音乐流行了，人伦关系就清楚了，人们耳目也为之一新，性情便可得到净化，并可改变风俗习惯，使得社会安宁。所谓"伦清"，就是"乐在宗庙之中，君臣上下同听之，则莫不和敬；在族长乡里之中，长幼同听之，则莫不和顺；在闺门之内，父子兄弟同听之，则莫不和亲"(《乐化篇》)。即音乐通过其感人作用，可以使人敬国君，顺长辈，爱父兄。与"礼"相辅相成，它使君臣父子，既井然有序，又融和相处。从"耳目聪明"上说，音乐是人们思想感情受外界客观事物影响的结果。《乐本篇》："凡音之起，由人心生也，人心之动，物使之然也。"它实际上是社会生活的曲折反映，人们可以从中看到社会生活的影响，可以从治世之音、乱世之音、亡国之音的各各不同，看清社会政治面貌。"治世之音安，以乐其政和；乱世之音怨，以怒其政乖；亡国之音哀，以思其民困。声音之道，与政通矣。"(《乐本篇》)这一点，与《左传》所记吴公子季札观乐论政，可谓异曲同工。从"血气和平"上说，"致乐以治心，则易直子谅之心，油然生矣"(《乐化篇》)，就是说，通过音乐来提高人们的思想境界，人们的心情就会变得平易、正直、慈爱和善于体谅。从"移风易俗"上说，"暴民不作，诸侯宾服，兵革不试，五刑不用，百姓无患，天子不怒，如此则乐达矣"(《乐论篇》)。音乐的目的，就是要让社会风气变得清明，要让人们遵纪守法，人民无后顾之忧，国家不发生战争，国王不变得专横。显然，这是音乐感于人心，即通过审美的方式感化人们的结果，最终使人"欣喜欢爱"。总之，《乐记》认为，人们借助音乐所表现的情感，经过冷静的思考、领悟，从而"穷本知变"、"耳目聪明"，并且陶冶了心灵，以便自觉地节制、规范自己的行为。

《乐记》认为，礼乐两者，是教育方式，与刑政这两种治理、规范方式互为补充、共同使用，"四达而不悖，则王道备矣"；"先王之制礼乐也，非以极口腹耳目之欲也，将以教民平好恶，而反人道之正也"(《乐本篇》)。当"先王"们看到大乱之道，即人受外界事物无穷而又纷繁杂乱的影响，"好恶无节"，从而"为天理而穷人欲"，"有悖逆诈伪之心，有淫泆作乱之事"(《乐本篇》)时，便制礼乐，让人们有所节制，最终达到社会稳定的目的，即所谓"乐至则无怨，礼至则不争，揖让而治天下者，礼乐之谓也"(《乐论篇》)。然乐教与礼教，因其方式不一，教育的途径、达到的目的也就不一，这是礼与乐的本身特征决定的。

从它们的性质来说，"乐者，天地之和也；礼者，天地之序也。和，故百物皆化;序,故群物皆别"。乐表现的是天地间的协调,礼表现的是天地间的秩序。只有"和",各种事物才能形成一个有机的整体;只有"序",事物之间才能有所区别。这是宇宙间的乐与礼。而人间,作为宇宙的一个部分,其崇高的音乐,与宇宙精神是一致的。所以说,"大乐与天地同和,大礼与天地同节"(《乐论篇》)。两者同样是一种"统同"与"辨异"。"天高地下,万物散殊,而礼制行矣;流而不息,合同而化,而乐兴焉。"(《乐礼篇》)具体到人间,便是"礼义立,则贵贱等矣;乐文同,则上下和矣"(《乐论篇》)。

从作用的方式来说,礼乐两者,一则制止,一则感化。"乐者,所以象德也;礼者,所以缀淫也。"(《乐施篇》)礼是用来制止过分无节的行为的。打个比方说,乐的作用近乎仁,就像自然界万物春天播种、夏天成长一样。礼的作用近乎义,就像秋天收割、冬天储藏一样。《乐礼篇》:"春作夏长,仁也,秋敛冬藏,义也。仁近于乐,义近于礼"。两者一则扶植不足,一则节制太过。即所谓"乐也者,施也;礼也者,报也。乐,乐其所自生;礼,反其所自始。乐章德,礼报情反始也"(《乐象篇》),所以说:"乐至则无怨,礼至则不争。揖让而治天下者,礼乐之谓也。"(《乐论篇》)

从作用的途径来说,乐是动于内者,从内心、人的情感角度打动人的;而礼,则是从外在形态上,对人们进行道德规范的。两者共同作用,便内和外顺。这样,人们的修养就会达到理想境界了。故云:"致礼乐之道,举而措之天下,无难矣。"(《乐化篇》)具体说来,乐教作为一种审美教育方式,礼教作为一种伦理教育方式,两者是情与理的关系。"乐也者,情之不可变者也;礼也者,理之不可易者也。"(《乐情篇》)

从产生的效果来说,乐的目的,就是要让天下太平,君臣各得其所,即所谓"异文合爱";礼的目的,就是要使长幼井然,父子和睦,海内之民,相互敬重,即所谓"殊事合敬"(《乐论篇》)。

同时,礼乐两者,其作用虽不相同,却是互补的。两者相互为用,不可偏废。从自然界的规律来看,礼与乐要和谐:"乐由天作,礼以地制。过制则乱,过作则暴;明于天地,然后能兴礼乐也。"(《乐论篇》)从人际关系来看,"乐者为同,礼者为异。同则相亲,异则相敬。乐胜则流,礼胜则离。合情饰貌者,礼乐之事也"(《乐论篇》)。中国传统的处世原则,就是要使人既可亲,又可敬,可亲可敬,是为"圣人"。过分强调乐,人与人之间,就会散漫,就会丢掉原则,相互间不够敬重,也就不能维持社会秩序。过分强调礼,就会使人与人之间等级过于森严,不利于团结一心。所以,两者使用得当,才能"合情饰貌"。《乐记》把其看成一种最高理想,认为"敦乐而无忧,礼备而不偏",只有大圣才能做到(《乐礼篇》)。

《乐记》除了着重论述音乐的社会作用外,还论述了与乐教密切联系着的、反映音乐本质特征的"和"与"情"这两个方面。

所谓"和",是《乐记》对此前美学理论的继承。中国古典美学中的"和"有两个方面的内容:一谓协调、相融和恰到好处,即在天人系统、人际关系中,个人与环境协调,处于自己应有而又适宜于自己的位置。例如《中庸》:"发而皆中节谓之和。"所谓的"唱和",也属此类。二谓相辅相成和相反相成。如"水火醯醢盐梅以烹鱼肉",宫商角徵羽之于乐等。《乐记》认为宇宙间最大的乐为"天地之和"。它首先是相反相成的结果,表现为"地气上齐,天气下降,阴阳相摩,天地相荡,鼓之以雷霆,奋之以风雨,动之以四时,暖之以日月",而百化为之兴。这种天地之和,是万物生命力的根源,万物的茁壮成长,便是"乐之道归焉"的体现,如"天地䜣合,阴阳相得,煦妪覆育万物,然后草木茂,区萌达,羽翼奋,角觡生,蛰虫昭苏,羽者妪伏,毛者孕鬻,胎生者不殰,而卵生者不殈"(《乐情篇》)。天地自然相合,阴阳有机统一,阳光、水分和养料养育着万物,使之生机勃勃,健康成长。这种生命力,便是万物之为美的源泉。

在人与人之间的关系上,音乐可以"合生气之和,道五常之行,使之阳而不散,阴而不密,刚气不怒,柔气不慑,四畅交于中而发作于外"(《乐言篇》)。不同气质的人能够相互调剂,异文合爱,形成一种相反相成的和睦状态。从人伦关系上看,它又能使君臣"和敬"、长幼"和顺"、父子兄弟"和亲"(《乐化篇》),所以说"乐者,通伦理者也"(《乐本篇》)。

同时,《乐记》又把人类社会看成天地和谐的整体的一部分,人类的音乐是根据自然规律做成的。那么,人间的音乐,也要体现整个宇宙的和谐,使之协调。人类社会中"流而不息"的状况,要由乐来使之间和,以便与宇宙的整体和谐、协调。从正常的心理过程来看,当纯正的音乐感动着人们的时候,和顺的气氛就跟着形成,和顺的气氛影响着整个社会的时候,"和乐"就兴起了。唱的与和的音乐互相响应,回旋的与曲折的各自能恰到好处。因此,万物的根本规律,都是同类相应的。《乐象篇》:"正声感人,而顺气应之,顺气成象,而和乐兴焉。倡和有应,回邪曲直,各归其分,而万物之理,各以类相动也。"人们根据这种同类相应的规律,来制定音乐,体现宇宙精神,并教民平于好恶之理,"而反人道之正也"(《乐本篇》)。总之,乐是通过动于内的音乐来治心,使"易直子谅之心,油然生矣"(《乐化篇》)。这便是人间最大的快乐。

从上可以看出,《乐记》的和谐理论,一言以蔽之,就是:"乐者,天地之命,中和之纪,人情所不能免也。"(《乐化篇》)这种天人合一的和谐观,后人多有继承、发挥。如刘勰在《文心雕龙》中认为"文"不只人才有,天象地形为天地之文,"傍及万品,动植皆文"(《原道篇》),而人类是茫茫宇宙的一个有机部分,又为万物之灵,自然也就有自己的文。

古希腊的毕达哥拉斯学派也有类似看法。他们提出"诸天音乐"和"宇宙和谐",认为宇宙间各种星体的有规律的运动,就是一种和谐的音乐。而人作为一个"小宇宙",则类似大宇宙。宇宙间有着使其和谐的音乐,人世间也就必然要有音乐促使其和谐,每个人自身,也要通过音乐,来达到整体和谐。不过,中国古代更侧重从机能的角度来论述,西方则更注重于对象的结构进行分析。

同时,音乐的一个显著标志,就在于它由情感于物而生,又反过来从情感上打动别人,使人快乐并从中得到教益。《乐记》很深刻地阐明了这种观点。

从其产生来说,音乐是由于人心受外物的感动,"情动于中"而产生的,这是人的本性在后天影响下的发展。"人生而静,天之性也。感于物而动,性之欲也。"(《乐本篇》)与礼"动于外者"相比,它是"动于内者",是内在特定感情的体现。故云:"乐也者,情之不可变者也。"(《乐情篇》)所谓音乐所体现的喜怒哀乐,就是指主体受社会生活的影响而产生的特定感情。《毛诗序》的"情动于中而形于言",《诗大序》的"物之感人",都是这个意思。就其效果来说,音乐是要起到娱乐作用的,是通过声音的变化,来表现思想感情变化的,也是人们满足感情需要所不能没有的。既然通过动作可以感化人,那么,也就可通过音乐教育人,即所谓"章德"。与礼教的"礼者为异"相比,"乐者为同",目的是为了让人们"异文合爱",借助不同的乐调,表达不同的思想感情,让人们互相友爱。借用孟子的话说,就是"老吾老,以及人之老;幼吾幼,以及人之幼"。正因音乐有这些特点,"其感人深,其移风易俗,故先王著其教焉"(《乐施篇》)。孔子谈诗的所谓"群"及所谓"爱人",则也与此同理。音乐既然有缘情的特点,乐教便可以通过感人的途径进行。

但是,我们也不能不看到,音乐既可给人以积极的影响,也会给人以消极的影响。《乐记》从音乐的兴起谈起,认为和乐的兴起,是正声感人的结果,淫乐的兴起,是奸声感人的结果。按《乐记》的感人说,不同的是音乐是感于物而动的结果,又反过来去打动别人;感人之时,再"借和有应,回邪曲直,各归其分"(《乐施篇》)。"是故:志微噍杀之音作,而民思忧;啴谐慢易繁文简节之音作,而民康乐;粗厉猛起奋末广贲之音作,而民刚毅;廉直劲正庄诚之音作,而民肃敬;宽裕肉好顺成和动之音作,而民慈爱;流辟邪散狄成涤滥之音作,而民淫乱。"(《乐言篇》)因此,"先王"、君子们尤其注重利用乐教的积极影响,消除其消极影响。那些"哀而不庄,乐而不安,慢易以犯节,流湎以忘本,广则容奸,狭则思欲,感条畅之气,而灭平和之德"(《乐言篇》)的音乐,以及那些乱世的"郑卫之音"、亡国的"桑间濮上之音"(《乐本篇》),都是君子们所唾弃和禁止的。自孔子而后的"放郑声"、"兴雅乐",反映出他们不仅看到了音乐的社会作用,同时也看到了音乐的动情性特征。

正因音乐既可给人以消极影响,又可给人以积极影响,《乐记》提出了"以道制欲"说:"君子乐得其道,小人乐得其欲。以道制欲,则乐而不乱,以欲忘道,则惑而不乐,是故君子反情以和其志,广乐以成其教,乐行而民乡方,可以观德矣。"(《乐象篇》)其"君子乐得其道",非谓"君子"只是提高修养获得其知,而是以"得其道"为主要目的。欲也不是要绝对禁止的,而是要"乐而不乱",情感的愉悦要在理智的控制之下。这样,通过动情的途径,就可完成文化的任务,并可以此来考察社会道德了。《毛诗序》中的"发乎情,止乎礼义",也是这个意思。它们的最高境界,便是所谓的"从心所欲不逾矩"。那些"好滥淫志"、"燕女溺志"、"趋数烦志"、"敖辟乔志"的郑卫之音,都是淫于色而害于德的,所以"君子"不用它们。

总之,《乐记》既指出了音乐的社会作用是音乐的本质特征,又通过礼乐的比较,说明乐自身的特点,并强调了其和谐、缘情和"以道制欲"等内在规律。

思考题:
1. 论述孔子的山水比德思想对中国美学的影响。
2. 试析孟子的养气、心性观与其美学思想的关系。
3. 简述荀子性情相通论的美学价值。
4. 比较老子和庄子美学思想的异同。
5. 简评《周易》的意象观及其对后世的影响。
6. 简述《乐记》中所体现的儒家的美学思想。
7. 分析《考工记》中所体现的先秦时代器物造型的审美趣味。

第三章
秦汉美学

秦汉相继统一①,为中国民族美学的形成奠定了基础。秦汉时期的美学思想,结束了先秦"轴心期"②"百家争鸣"的局面而走向了"大一统"的综合,在总结历史经验的前提下,在对新的时代要求面前形成了一些新的美学思潮与文化思潮。

从中国美学史发展的角度看,这一时期的美学是对先秦以及诸子百家美学观点的综合和整一,同时又是在新形势下对中国古典美学思想的拓展。

秦汉美学可以从三个方面加以深入的研究。

首先是秦汉时期的文化遗存。这是当时在审美观念指导下所形成的文化产品或艺术产品,如秦始皇兵马俑等文物的发现,汉代的帛画、壁画、汉画像石、画像砖、陶俑乃至墓室、玉器、铜器,向我们展示了秦汉时人们的美学追求。③秦汉时期的日常生活中也存在美的追求。其次是秦汉时期的各种著作,如文学、哲学、历史著作等,明确说明、论证了当时人们对美的看法。近年考古学发现的新的文献,为我们提供了一幅过去从未见过的美学思想的图景。如睡虎地的《秦律》、《日书》,马王堆汉墓帛书和放马滩、银雀山、张家山、八角廊、双古堆等地出土的种种已经亡佚的著作,都向我们显示了那个时代的思想包括美学,并不像有些教科书上讲的那么贫乏。④再次,美学史最主要的还应该研究审美观念的发生发展,研究不同审美范畴的形成过

---

① 秦朝传二代,二帝,15年,约前221—前207年。汉有西汉、东汉。西汉传10代,12帝,其中有执政的皇后一人,208年,约前202—公元6年。东汉,传8代,14帝,195年,约公元25—220年。秦汉之际,还有四年楚汉相争。西、东汉之际,有18年时间,先后出现王莽和更始的政权。

② 〔德〕雅斯贝尔斯:《历史的起源与目标》,华夏出版社1989年版,第7页。

③ 李泽厚:《美的历程》,文物出版社1981年版,第73页。

④ 葛兆光:《中国思想史》第一卷,复旦大学出版社2001年版,第211页。

程,确定一些典型美学范畴的内涵及外延,为新的美学建设服务。中国古典美学,往往并不以"美"为中心范畴,而是有一套本民族传统的语言词汇,从这个意义上讲,中国美学史,主要就是中国古代美学范畴、美学命题的产生、发展、转化的历史。①

秦汉美学有自己的一些特点。第一,秦汉的美学思想与神话图腾时代的原始观念还有天然的密切联系,巫术思想在一些条件下还影响到审美观念的形成与发展。但此时毕竟是逐渐走出神话时代而步入理性觉醒、张扬人性的时期。第二,秦汉美学把审美置放在宇宙、自然、社会的统一性的大结构中来思考问题,宇宙的统一性成了政治、社会、生命美的根源。第三,秦汉大一统后形成的美学思想是一个庞大而又有系统的知识体系,这一知识体系是在历史的过程中逐渐形成的,它不是先秦某一家、某一派的观点,而是融会了先秦诸子百家以及巫术仪式、礼乐教化、兵法六技等形成的一个综合体,突破了历史"轴心期"时所形成的模式,并重新进行整合与解释,具有一种折衷主义的特色。

第一节 秦代美学

公元前221年,在"战国七雄"的兼并战争中,秦国取得了最后的胜利,统一了中国。由于秦朝统治的时间短暂,没有留下有影响的美学著作,所以在已经出版的中国古典美学的著作中几乎没有秦朝美学的地位。但是,如果我们不仅仅从政治和理论上看问题,而是从新的秦代考古资料出发来看,秦代美学仍是值得深入探讨的。秦代美学表现在三个方面。

一 秦代艺术所体现的美学观念

秦代在短短的十多年中,采取了一系列的统一政策,如秦始皇命令车同辙,书同文,统一度量衡。在文化上对春秋战国以来的各种文化艺术加以融合吸收,使之为新的统一帝国服务,促进了艺术的发展,呈现了一种新的审美观念。

秦代艺术是很发达的,这可以从历史记载和考古发掘文物中看到。我们从建筑、雕塑和绘画方面来看一下。

---

① 叶朗:《中国美学史大纲》,上海人民出版社1985年版,第4页。

(一) 秦代建筑

《史记·秦始皇本纪》记载：

> 秦每破诸侯，写放其宫室，作之咸阳北阪上，南临渭，自雍门以东至泾、渭，殿屋复道周阁相属。所得诸侯美人钟鼓，以充入之。

《世说新语·无为篇》曰："秦始皇骄奢靡丽，好作高台榭，广宫室，则天下豪富制屋宇者，莫不仿之，房阁备，廊庑缋，雕琢刻画之好，博玄黄琦玮之色，以乱制度。"秦始皇二十七年，作信宫渭西，更名为极庙，又作甘泉及梁山离宫。秦始皇三十五年又嫌宫廷小，调动"隐宫徒刑七十余万人，乃分作阿房宫，或作丽山"（《史记·秦始皇本纪》）。近年考古工作者发掘了秦宫遗址，复原了其宫殿的样式①，使我们可以目睹当时雄伟的建筑，感受秦朝建筑的审美精神。

秦始皇为了加强全国的经济联系，巩固国防，在二十七年下令修治"驰道"，"东穷燕齐，南极吴楚，江湖之上，濒海之观毕至，道广五十步，三丈而树，厚筑其外，隐以金椎，树从青松，为驰道之丽至于此"（《汉书·贾山传》）。雄伟壮丽的"万里长城"大部分亦为秦始皇时代所修筑。始皇二十六年"使蒙恬将三十万众北逐戎狄，收河南。筑长城，因地形，用制险塞，起临洮，至辽东，延袤万余里。于是渡河，据阳山，逶蛇而北"《史记·蒙恬传》。

(二) 秦代雕塑

秦始皇初定天下，收天下兵，聚之咸阳，销之铸金人（铜像）十二，重各千石，置廷宫中。据郦道元称，铜人之胸尚有铭文。后来董卓乱天下，竟椎破铜人十个去铸小钱。传说秦代有十二铜铸乐人，制作极其精巧，放在咸阳宫中，坐高三尺，琴筑笙竽，各有所执，组绶华采，俨然生人。秦代石刻亦很盛行，如在建造渭水桥时曾命令将力士孟贲等人的像置于桥下。蜀郡太守李冰修建都江堰时，曾于岷江上雕石犀牛以镇水，在长池旁刻石鲸鱼以装饰之。

最令今人震惊的是1974年陕西临潼秦始皇陵东侧，秦陵随葬大型陶兵马俑坑的发掘，使全世界对秦代的雕塑艺术不得不刮目相看。出土的俑人身高约1.85米，陶马高1.6米，且全部彩绘。数量之多，甚为惊人。武士俑

---

① 《秦都咸阳第一号宫殿复原图》，《人民画报》1982年第6期。

手持兵器,身着盔甲,披坚执锐,挟弓挎器,精神抖擞。其身躯动态、衣履装束各有特点。眉眼、表情、发式、胡须、冠戴式样繁多,很少雷同。这一批兵马俑的出土,为我们研究秦代审美观念提供了罕见的实物,其艺术价值和美学价值是极高的,它是中国第一个统一的大帝国强大的军队和攻无不克的战斗精神的象征。其写实主义的艺术手法,反映了我国古代雕塑工匠的惊人才能和美学智慧。

(三)秦代绘画

秦代绘画很发达,尤其在皇室,画工既多,作品也很丰富。规模宏大的阿房宫,雕梁画栋,山节藻棁,都以绘画为装饰。近年来,在秦代的建筑宫殿遗址上,发现有壁画残块四百多块。其中有图案,色彩瑰丽,风格豪迈。1979年在咸阳发现的3号秦宫殿建筑遗址上,残存有人物、车马、台榭、楼阁以及树木等,壁画为《车马图》、《仪仗图》、《麦穗图》。其内容与汉代壁画有许多相似之处。

另外在湖北云梦县城关西部睡虎地,出土了三件漆器画。有一漆盂上绘一马二鱼,虽是装饰画,风格却是写实性的。另一件圆奁上画着梅花与云纹,色彩优美,构图严谨。湖北江陵凤凰山秦墓出土的木梳和梳篦上画有饮宴歌舞图。1990年在湖北江陵杨家山又发现一秦墓中有漆木器八十余件,其漆盂、漆盒制作及纹饰都很精美。另外,秦代的动物瓦当及画像砖,装饰纹饰造型古朴,气象雄浑,构图生动,开创了汉画像石与汉画像砖的先河。

秦代立国十五年,它在建筑、雕塑、绘画、工艺美术方面的成就是巨大的。这些艺术品反映了秦代美学思想的特征。随着秦统一帝国的形成,在统一人力、财力、物力的基础上,组织了大型的艺术建造工程,气魄宏伟,影响深广。秦代的雕塑虽然是为丧葬服务的,但其雕塑技法则是现实主义的,通过模仿真人的大小和形态,达到一种象征的审美价值。

二 秦代出土文献中日常生活的审美问题

除了正史记载的秦代的一些艺术事件反映了秦代美学观外,近年考古学也发现了一些秦代的文献。1975年在湖北云梦县城关镇西侧睡虎地出土秦代竹简1155枚,其中有《语书》、《效律》、《封珍式》、《日书》等。[①] 1989

[①] 曹道衡、刘跃进:《先秦两汉文学史科学》,中华书局2003年版,第516页。

年云梦龙岗六号秦墓也出土了150枚竹简,内容也是秦的法律文书。1986年在甘肃省天水市北道辽觉川放马滩秦墓出土有《日书》甲、乙两种。这些著作从一个侧面反映了秦代的政事、法律及日常生活,向我们展示了另一种"话语"的历史。其中如《日书》等,反映了当时人们日常生活中的审美观念,是研究秦代美学的新资料。

《日书》是古代一种以时、日推断吉凶祸福的占验书,反映了当时人们对祸福、美丑、真假、善恶的看法。《史记》中有《日者列传》,"日者"即掌握占验之术的人。《日书》的内容涉及当时人的衣、食、住、行以及思想观念等诸多方面,隐含着大量社会生活审美观念的信息,可补史籍记载之不足。从《日书》中我们可以看到秦代社会普遍存在的审美观念。这种美丑观,往往表现为一种"吉凶"观。人们认为,避凶趋吉就是美的,无祸有福就是最好的,选择无祸的时日就是最难的。所有日常活动,都有良日、忌日。

从《日书》的主要内容来看,它是建立在天象与人事关系上的一种"天人感应"论,历法、天象与人事密切相关,土木建筑、出门归家、嫁娶生育、六畜饲养、疾痛灾异都有具体行事的吉凶,因此要遵守一些禁忌,才能避免灾祸加身。如《日书》甲种《秦除篇》:"建日,良日也。可以为啬夫,可以祠。利枣(早)不利莫(暮)。可以入人、始寇(冠)、乘车。有为也,吉。"①《稷辰篇》:"秀,是胃(谓)重光,利野战,必得侯王。以生子,既美且长,有贤等。利见人及畜畜生。可娶妇、家(嫁)女、制衣常(裳)。利祠、饮食、歌乐,临宫立正(政)相益也。利徙宫。"② 前一段的大意是:建日在寅的时候,是好日子。可以当啬夫,可以祭祠神灵。早晨有利,晚上不利。可以购进奴隶、举行冠礼、乘车出行。做事情,吉利。③ 后一段的大意是:秀日,这一天叫做"重光",有利于四野征战,必定将俘获诸侯国王。在这一天生孩子,孩子将长得仪表俊美,身材高大,并有贤良的后代。有利于见奴婢以及蓄养牲畜。可以娶媳妇、嫁女儿、缝制衣裳。有利于去祠堂祭祀、饮宴……唱歌奏乐,任命官吏、处理政事是很合事宜的。从生孩子的审美理想是"既长且美"看,当时对人体审美的标准依然是《诗经》时代的"硕人其颀"。

关于衣食住行方面,《日书》中的有些简文,反映了当时的审美观。关于

---

① 睡虎地秦墓竹简整理小组编:《睡虎地秦墓竹简》,文物出版社1990年版,第183页。
② 同上,第184页。
③ 吴小强:《秦简日书集释》,岳麓书社2000年版,第30—31页。

衣,简文有:"袭衣,丁丑媚人,丁亥灵。丁巳安于身,癸酉多衣。毋以楚九月己未台(始)被新衣,衣手□必死。"意思是说,在丁丑日制衣惹人喜爱,在丁亥日制衣有福气,在丁巳日制衣穿得很合身,在癸酉日制衣一定有很多衣服。不要在楚历的九月己未日第一次穿新衣裳,在这一天开始穿新衣服的人注定死去。《梦篇》:"内居西南,妇不媚于君。"这里应指年老色衰爱退而被夫君冷落。当时"君"的地位比"人"高一些,说明当时地位高的人容易见异思迁,正如桓谭所言,"士以才智要君,女以媚道求主"《后汉书·桓谭传》。李斯在《谏逐客令》中指出秦王政将郑、卫之女充后宫,佳冶窈窕赵女立于侧《史记·李斯列传》。反映了上层统治阶级对美色玉貌的看重。《日书》中还有许多表达生子美好可爱的愿望。甲种《除篇》:"央光日……以生子,男女必美。"《星篇》:"心……生子,人爱之。"乙种首篇:"成决光之日……生子,美。"① 可见当时对人体美的追求。

三 《吕氏春秋》的美学观

《吕氏春秋》又名《吕览》,是战国末年秦襄王的丞相吕不韦的门客集体编著的一部书。根据《序意》篇记载,书成于秦始皇八年(公元前239年)。这部"备天地万物之事"的书,是对先秦诸子学说思想的一个总结。有人称此书为"杂家",实际上是以道家为主,兼采儒、墨、名、法、农、兵各家,并有所取舍的一部综合性的著作。书中对于美和美感问题发表了不少重要见解,特别对音乐问题作了详细的探讨,成为在秦代学史上不可忽视的著作,直接影响到汉代《淮南子》等书的美学思想,其主要内容包括以下几点:

(一) 美在宇宙万物运动变化中

《吕氏春秋》受当时道家宇宙观的影响,认为宇宙的稳定性与结构性是美的根源。

首先,它从整个宇宙的广远和深久来论述美,把美的产生和存在归结于宇宙万物的运动变化。《大乐》是《吕氏春秋》论乐的总纲,也可看做是《吕氏春秋》美学思想的根本。《大乐》提出了乐"生于度量,本于太一"的观点,认为美体现于万物,万物是宇宙变化的产物,故美自然处于万物的运动变化中:

---

① 吴小强:《秦简日书集释》,岳麓书社2000年版,第328页。

> 音乐之所由来者远矣。生于度量,本于太一。太一出两仪,两仪出阴阳。阴阳变化,一上一下,合而成章。浑浑沌沌,离则复合,合则复离,是谓天常。天地车轮,终则复始,极则复反,莫不咸当。日月星辰,或疾或徐,日月不同,以尽其行。四时代兴,或暑或寒,或短或长,或柔或刚。万物所出,造于太一,化于阴阳。萌芽始震,凝寒以形。形体有处,莫不有声。声出于和,和出于适。和适先王定乐,由此而生。

在它看来,体现美的宇宙万物是运动变化的。宇宙万物起源的模式是有序的运动变化过程,即太一生天地,天地生阴阳,阴阳变化,一上一下,合为形体。它试图借助于道家以及阴阳家的学说,从自然中去寻找美的起源,这在以前是不曾有过的。

其次,《吕氏春秋》确认了先秦哲学中的精气论,认为阴阳二气是否运动郁结是宇宙万物美丑的根本。美丑之所本的精气就是运动变化的。阴阳二气是宇宙间两极相互作用的一种流动变化、决定万物生息、呈现精微活力的精灵之气。精气流动变化而集注万物就使之具有美好特性,呈现一派美好气象。《吕氏春秋》认为:"精气之来也,因轻而扬之,因走而行之,因美而良之,因长而养之,因智而明之。"精气集注于飞禽使之飞翔,于走兽使之行走,于珠玉使之精美,于树木使之繁盛,于圣人使之睿智。人体用精气将养就具有活力,舒适愉快。精气不流动变化而郁滞闭结就产生弊病丑恶。《尽数》篇又说人体美丑与地域水土有关系,水土美好也是流动变化的精气造成的。水质、水味和地土影响容貌、肌肤、体形。水味甜美的地方多美丽健康的人。水味辛辣苦涩之区,则多秃头、生颈瘤、脚肿、瘸腿、长疽疮痈疮、鸡胸、驼背的人。《吕氏春秋》看到了美同自然生命的合规律的运动变化之间的联系,认为美是人类适应自然规律的结果,美存在于人与自然的统一之中。

(二)"美出于适"

《吕氏春秋》认为美也在审美客体与审美主体的相契相造之中,主张"和出于适"。"适"的概念贯穿于《吕氏春秋》的整个美学思想之中,并占有重要地位。其所谓"适"既包括审美客体物之"适"——"音适",也包括审美主体人之"适"——"心适",还包括主客体关系的相契相合——"以适听适"之适。"适"的意思是适当、应当,即事理之当然,事物之恰到好处和人与这种道理规律的相适应,是物我相合的最理想的选择和掌握。《吕氏春秋》认为:"适"是自然生命和人的生命存在的一个普遍原则。例如,秋不早寒,即寒有节制,所以冬才不会暖;春不多雨,即雨有节制,所以夏才不会旱。这样,四季的寒暖风雨才能协调。没有"适",人的生命就不能得到协调的发展。"适"对人的生命价值来说,就是使人的欲望的满足符合于养生的要求,而没有害于生命的过分、过度的地方。《吕氏春秋》认为"适"高于"和","和出于适",没有"适"就不会有"和",所以,乐的"和"不能离开"适";而要达到"适",就人来说,就要效法自然,懂得欲望的节制。从客体言,《适音》讲物之"适"——"音适"是音乐要大小、轻重、清浊适中。《侈乐》反对侈乐"务以相过,不用度量"。《重己》指出君主的苑囿园池、宫室台榭、舆马衣裘、饮食滋味、声色音乐如果过分就不足以"养性"。所以凡事物都要恰到好处,合于事理之当然。从主体言,《适音》讲人之"适"——"心适"是"夫乐有适,心亦有适","故乐之务在于和心,和心在于行适"。"故适心之务在于胜理。"快乐要适当,即恰如其分,恰到好处。快乐的关键在于心情平和和谐,心情平和和谐的关键在于行为合宜适当。而使心情适宜的关键在于依循事理。"胜理以治身,则生全以;生全则寿长矣。"依循事理的目的是为人生的修养,人生的修养是为人生的完全,采取看待人生的完全之态度则可使生命长久,就可享受完全的人生。

(三) 美与人生理想

美的追求表现在生活上,往往以生活理想的面目出现。《吕氏春秋》赞许了人的意志、力量、精神和自我意识,歌颂了人在与自然斗争中努力追求自主、自由的精神,肯定先民这种人生追求的理想的人格美。《音初》论述东、南、西、北诗乐之始即如此[①]。如其所记夏君孔甲作《破斧》歌,讲他与自然奋力拼搏,排除灾害。当斗争失败后,他抚养成人的孩子因天灾致残,被砍断双脚,但仍不甘屈服。文章记述大禹治水更是上古人类力图征服自然

---

① 夏后氏孔甲田于东阳萯山。天大风,晦盲,孔甲迷惑,入于民室。主人方乳,或曰:"后来,是良日也,之子是必大吉。"或曰:"不胜也,之子是必有殃。"后乃取其子以归,曰:"以为余子,谁敢殃之?"子长成人,幕动坼橑,斧斫斩其足,遂为守门者。孔甲曰:"呜呼! 有疾,命矣夫!"乃作为"破斧"之歌,实始为东音。禹行功,见涂山氏之女。禹未之遇而巡省南土。涂山氏之女乃令其妾候禹于涂山之阳。女乃作歌,歌曰:"候人兮猗",实始作为南音。周公及召公取风焉,以为"周南"、"召南"。周昭王亲将征荆。辛馀靡长且多力,为王右。还反涉汉,梁败,王及蔡公抎於汉中。辛馀靡振王北济,又反振蔡公。周公乃侯之于西翟,实为长公。殷整甲徙宅西河,犹思故处,实始作为西音。长公继是音以处西山,秦缪公取风焉,实始作为秦音。有娀氏有二佚女,为之九成之台,饮食必以鼓。帝令燕往视之,鸣若谥隘。二女爱而争搏之,覆以玉筐。少选,发而视之,燕遗二卵,北飞,遂不反。二女作歌,一终曰:"燕燕往飞",实始作为北音。(《吕氏春秋·音初》)

的精神的体现,是对人们理想精神的礼赞。所记涂氏女的登山而唱盼望大禹治水归来,是在歌唱坚贞的爱情和追求的安定生活。文章铺叙有娥氏两美女的事,则是象征性的喻示,意在表明向往有美皆备、无丽不臻的理想生活在人生是理所当然的。上述人物的人生追求在性质、情景、层次上各有所不同,但昭示的是美在人生的理想之中,追求之中。

《吕氏春秋》认为美在人生追求的理想中,还体现在对社会生活和自然之物的看法上。人生之道是要掌握事物法则,懂得生命价值、人生意义,这是人生最可宝贵的。文章以为君主多把珍珠玉石看做宝,这些宝越多就越招百姓怨恨,致于国危君忧,这就丧失宝的本来意义,实质是舍宝。同样,"夏桀殷纣作为侈乐","以巨为美","自有道者观之,则失乐之情",也无真正的快乐可言,结果"其民必怨,其生必伤"。又说:"富贵而不知道,适足以为患。"出门坐车、进门从辇,"务以自佚(美)",这车辇就该叫"招致脚病的器械"。肥美的肉、醇美的酒,这酒肉就该叫"腐烂肠子的食物"。迷恋女色、陶醉于淫靡之音,这美色、音乐就该叫"砍伐生命的利斧"。富贵的人希望获取这些东西,日夜追求,幸运得到又放纵不自禁,生命怎不受伤害呢?文章意在说明,并非不承认珠宝、玉石、美辇、音乐、女色为美,这些美的事物作为人生的正常合理之需自有美的价值,但若沉湎于物质享受,放纵欲望,就丧失了物质之美对人生的价值和意义,这种逞欲的人生就不是理想的人生、真正的人生。理想的人生并非庸俗地追求物质享受,而应有崇高的目标和充实的意义。

这种观点有道家思想的烙印而又有所改变。道家看重"天地之美",希望与天地合一,讲究与宇宙和谐的精神相通,《吕氏春秋》不取道家超然物化、自然无为的态度,而提倡发挥人的主观能动性和有所作为的精神。《吕氏春秋》与儒家思想也有不同。孔子主张达情又要止于礼义,孟子强调人格美,荀子注重后天"修为"、"善民心",这些论说,在《吕氏春秋》中都可找到痕迹,但《吕氏春秋》突出个体人生的情感、欲望、意志的自由和修生养性的重要性,这与儒家有别。《吕氏春秋》印合杨朱的"重己""贵生"的主张,但扬弃了利己主义。所以该书认为美在人生追求的理想的观点,实际是融诸家之长而有所取舍的结果。

总之,《吕氏春秋》论美很是超脱,高出儒道之论美,更有发展和提升,是对先秦诸子论美的一种综合融汇和阶段性的归结。尽管这些分析是素朴的,但它能够构建起系统的美学理论体系,并在某些问题上提出了具有重要意义的看法。

第二节　汉代美学

中国的主体民族是汉族,汉文化的奠基在于汉朝。不了解汉代的思想文化,就不能真正了解中国古典美学。它是先秦诸子百家美学思想的汇集与综合,又是魏晋美学思想的温床和源头。正是经过汉代人的努力,中国的统一民族精神才固定下来。

汉代是我国历史上的英雄时代。汉代的精神表现为一种雄浑、粗狂的气势和蓬勃向上的豪性,汉代的哲学、文学、美学、绘画,无不反映出天人合一、天人相分、人神不分、人兽竞力的场景。汉代的美学思想是在宇宙论的基础上生成的,在不同的发展阶段上,有不同的气象与面貌,形成不同的美学思潮。我们不应该把汉代美学仅仅看成是一个过渡环节。

两汉美学有三大思潮:一是汉初的黄老之学影响下的美学,二是经学影响下的美学,三是谶纬神学影响下的美学。与此相关的是针对这种思潮出现的反对的声音。下面分别简述之。

一　汉初黄老之学影响下的美学

在秦汉之际,被称为"黄老之学"的新道家兴起,道家美学得到弘扬。

汉初,从惠帝到汉武帝之前,黄老思想一直盛行了约70年的时间。惠帝时曹参为齐相,接受黄老学者盖公的意见,"治道贵清静而民自定"。《史记·儒林列传》说:"孝文帝末好刑名之言。及至孝景,不任儒者,而窦太后又好黄老之术,故诸博士具官侍问,未有进者。"

所谓黄老,"老"谓老子,其著作为《老子》,"黄"指黄帝,汉代托名黄帝的著作很多,思想成分复杂。1973年12月,长沙马王堆汉墓出土帛书《老子》甲卷和乙卷本,乙卷本前有《经法》、《十六经》、《称》、《原道》四篇古佚书。学术界认为这些古佚书是研究汉初黄老思想的资料,学术界称这四篇帛书为《黄帝四经》。

老子的宇宙观认为,道是宇宙万物的本源。道和万物的关系是母子关系。在帛书中"道"指原始的混沌状态。美就是合乎大"道"。《十六经·果童》说:

> 有晦有明,有阴有阳。夫地有山有泽,有黑有白,有美有亚(恶)。

> 地俗德以静,而天正名以作。静作相养,德虐相成。两若有名,相与则成。阴阳备物,化变乃生。

这是继承了老子的辩证法的思想,指出事物存在对立两极,事物的构成由矛盾的双方所组成。《十六经·观》说:"牝牡相求,会刚与柔。柔刚相成,牝牡若刑(形)。"由此可见,在黄老哲学中,晦明、阴阳、山泽、黑白、动静、德虐、美恶、牝牡、左右等等,都处在对立统一之中,对立的双方相反相成,是万物变化的根源。

汉初黄老思想,主张清静无为,促进了社会的修养生息,在美学观上提倡顺应自然,按事物自然的状态行事,不要予以过多的干预;"无为"并不是"不为",而是要在尊重自然的基础上达到"无不为"。

汉初的思想家陆贾、贾谊等人虽然要求以儒家的仁义道德代替片面尚法的思想实践,但黄老思想也对他们产生了深刻的影响。比如,陆贾的《新语》,基调是以儒家的仁义德教代替法家的思想,但也渗入了不少黄老之学的影响。《无为篇》说:"夫道莫大于无为,行莫大于谨敬。"他倡导一种至德之世的理想美:

> 君子之为至也,块然若无事,寂然若无声,官府若无吏,亭落若无民,闾里不讼于巷,老幼不愁于庭……老者息于堂,丁壮者耕耘于田。(《至德》第八)

庄子提出"至德之世",本意是要返回原始状态,陆贾对其进行了改造,要求在现行的社会制度下清静无为,与民安息,各务其本,安居乐业。

贾谊也受黄老思想的影响,主要体现在《道德说》、《道术》、《六术》等著作中。《道德说》从道德引出社会道德的行为美问题。他说:"德有六美。何谓六美?有道、有仁、有义、有忠、有信、有密,此六者德之美也。"《道德说》最后论述说:

> 六理,六美。德之所以生阴阳、天地、人与万物也,因为所生者法也。故曰:道此之谓道,德此之谓德,行此之谓行。所谓行此者,德也。是故著此书帛谓之《书》,《书》者,此之著者也;《诗》者,此之志者也;《易》者,此之占者也;《春秋》者,此之纪者也;《礼》者,此之体者也;《乐》者,此之乐者也;祭祀鬼神,为此福者也;博学辨议,为此辞者也。

贾谊认为"六理"、"六美"是道德产生阴阳、天地、万物与人的过程和特性,儒家的经典著作都是说明这个过程的。"博学明辨"是为了弄清这个过程及其特性的,"祭祀鬼神"是为了在这个过程中得到福祉。这里,他把儒家礼仪、宗教、人伦活动都看做道德之美的表现。

淮南王刘安组织其门客编写的著作《淮南鸿烈》,是西汉前期黄老美学的典型代表,以道家美学为主体,又吸收了儒家美学的一些观念,对汉代美学有所开拓。它对"道"、"气"、"形神"、"美丑"、"文质"等方面的论述,促进了中国美学的发展。

黄老之学在汉初的影响颇大,甚至像韩婴和董仲舒这样的大儒也受黄老思想的影响较深。韩婴在《韩诗外传》中认为孔子的思想是由"道德"和"逍遥"引起的,他认为孔、老不仅不是对立的,而且从"道德"、"逍遥"可以引出孔子的救世思想。董仲舒以儒家为主,同时吸收法家、阴阳家和黄老思想,如阴阳刑德思想,人君"贵神"的术数思想,老子的权谋策略思想、爱气养生的思想等。①

对黄老之学的评价,在司马谈所写的《论六家要旨》中达到了顶峰。他在评论儒、墨、法、阴阳诸家时,都指出其不足,唯有对道家的评论是:

> 使人精神专一,动合无形,赡足万物。其为述也,因阴阳之大顺,采儒墨之善,撮名法之要,与时迁移,应万物变化。立俗施事,无所不宜。指约而易操,事少而功多。
>
> 道家无为,又曰无不为。其实易行,其辞难知。其术以虚无为本,以因循为用;无成势,无常形;故能穷万物之情。

二 经学与美学

随着汉代统一政权的加强,儒家美学在汉武帝时被定于一尊,相当一段时间内美学在经学的束缚规范下发展。

虽然汉代初期黄老之学盛行,给世俗社会带来了休养生息,但到了汉武帝时期,又面临新的形势,一些豪强"役财骄溢",结党营私,武断于乡曲,以至有趋于"物盛而衰"之势,加上边患的存在,汉王朝需要在政治上加强中央集权,于是出现了汉武帝"罢黜百家,独尊儒术"的政策,形成汉代新儒学的复兴。后来,汉代新儒学又经历了一个"儒学经学化,经学谶纬化"的历史

---

① 金春峰:《汉代思想史》,中国社会科学出版社1997年版,第66—67页。

过程。

"经学"一词,见于《汉书·儿宽传》:"(宽)见上,语经学,上从之。"《释名·释典艺》曰:"经,径也,常典也,如径路无所不通,可常用也。"《文心雕龙·宗经篇》曰:"经也者,恒久之至道,不刊之鸿教也。""经"是统治者对因大一统的意识形态的需要而法定的儒家书籍的通称;由于封建统治的需要,"经"的范围在不断扩大,故有五经、六经、七经、十三经之称。① 经学可以看做是经典的阐释学,它是伴随着儒家经典的问世而产生的,或偏于文字训诂,或倾心于义理疏解。汉武帝之后,儒家经典成为新儒家建构和展开理论体系的重要依据,成为正统美学的基础,以此影响中华民族文化素质、心理结构、民俗精神的形成和风貌。公羊学大师董仲舒的著作《春秋繁露》对经学的发展,产生了重大的影响。他的"君权神授"、"天人感应"、"天人合一"思想影响较大。此时的经学并非美学,但美学却在经学的范围内展开。这样,儒学被经学化之后,便确立了经学美学的权威正统地位。

汉代经学包括今文经学和古文经学两大流派,其区别在于使用的文字不同,对经文意义的阐释也有异。古文经学力求还原经文的历史本来面目,今文经学则往往阐发经文的微言大义。汉代今文经学受到统治阶级的推崇,成为官学,古文经学则逐渐成为私学。但两者都未偏离儒家,经学美学是对儒家美学的继承与发扬,其特征就是在对六经即《易》、《诗》、《书》、《乐》、《礼》、《春秋》等的阐释中表达美学观。这种美学观受到当时统治者的提倡,其他的思想则受到排斥。经学美学可以概括为下面几个方面:

(一) 重视艺术与审美的社会功能,"成人伦,助教化"是其主要的审美观念

经学家认为,美的必须是善的,违背善就不美。"成人伦"是从儒家个体的道德修养上说的;"助教化"是从群体伦理规范上说的。个体要有忠、孝、仁、慈;群体要有尊、卑、贵、贱。不忠、不孝就不能成为美。经学美学重视的是社会理性,压抑的是个体的感性,以至于经学家把被汉高祖刘邦赏识的楚骚文学也打入冷宫,认为其有失温柔敦厚之旨;汉初盛行的汉赋也被当成"雕虫篆刻"受到批评。作为主流意识形态,经学美学还影响到非官方的学说,如《毛诗序》说:"故正得失、动天地,感鬼神,莫近于诗。先王以是经夫妇、成孝敬、厚人伦、美教化,移风俗。"

---

① 周予同:《中国经学史讲义》,上海文艺出版社1999年版,第17页。

（二）把自然美社会化，倡导天人合一的审美观

汉代人对自然的认识较先秦有了很大的发展，汉代经学家对天的奥秘很感兴趣，这种对天的兴趣落实到天人的关系上，于是"究天人之际，通古今之变"就成了他们行动的指南。汉代离上古不远，广大的民俗中仍然存在神话时代的观念。经学家也往往把天与人相比拟，把自然美与社会美相融合。如《易传》将人生的最高理想看做是天人合一的：

> 夫大人者，与天地合其德，与日月合其明，与四时合其序，与鬼神合其吉凶，先天而天不违，后天而奉天时。天且弗违，而况人乎？况乎鬼神乎？

在汉代经学美学中，天人合一是其主旋律。天人合一有三个方面的意思：①天有什么，人就有什么；这是形体上的合一。②天有阴晴风雨，人有喜怒哀乐；这是感情上的合一。③天有春生、夏长、秋衰、冬休之性，人有春种、夏锄、秋收、冬藏之举；这是规律上的合一。《黄帝内经》广泛谈到自然与人的形体、道德、情感的合一。董仲舒也认为天是有美的，这种美是与人的美息息相关的，天的美是一种"仁"，"仁"就是一种无穷极的美。天人既然是一类，就必然会有同类相动的效应。后来从经学发展到谶纬之学就是沿这种思路发展的结果。本来是自然的变化可以影响人的生理、心理、行为，后来变成人的行为的正确与错误可以反过来影响自然，自然便以祥瑞与灾异来显示其意义与价值。但什么自然物被视为是祥瑞与灾异的又是人为规定的，因此就走向了一种主观意志主义。

（三）与经学相呼应，汉代文学艺术创造了一种伟大人工意象的美

繁丽的审美风格是其时代的精神特征，古拙是其艺术风格，充实是其构图形式。汉是中华民族形成统一民族性的时期，文学艺术中充满蓬勃向上的时代精神，汉代艺术充满鲜明的时代特征。

汉赋以其空前绝后的文体特征在文学史上占有一席地位。"赋家之心，包括宇宙"（司马相如语），正如贾谊《过秦论》中所言："席卷天下，包举宇内，囊括四海，并吞八荒。"这种"宇宙象征主义"[①]的审美观，通过宫殿建筑、陵

---

① 朱存明：《汉画像宇宙象征主义图式及其美学意义》，《文艺研究》2005年9期。

墓构造、汉画像石、大赋铺陈而表现在汉代艺术的方方面面。在这个艺术世界中,既有帝王将相的豪情壮志,又有儒生士人的孜孜追求,既有汉帝国的赫赫声威,又有庶民百姓的哀乐情怀。"天上地下,世态人情。在美感领域中得到了活生生的显现。这种美感和艺术总的特点是壮怀激烈,气势阔大。不论是欢乐尽兴,还是饮泣哀伤,都带有两汉人醇厚拙实、朴茂雄奇的风采,这是与汉魏六朝清新俊秀的艺术格调绝不相同的。"①

汉高祖刘邦平定天下返还故乡沛地,与故里父老酒酣之际,有《大风歌》气贯天地:

　　大风起兮云飞扬,威加海内兮归故乡,安得猛士兮守四方。

这是一种典型的蓬勃而大度的汉人胸襟。项羽在四面楚歌之际,自刎乌江,也有"力拔山兮气盖世"的悲壮啸吟。班固《两都赋》描写汉代的建筑:"其宫室也,体象乎天地,经纬乎阴阳,据坤灵之正位,仿太紫之圆方。"一些宫殿中有壁画,一些陵墓中有描绘汉代社会画面的雕刻,栩栩如生地展现了两汉生活的独特风貌。汉王延寿《鲁灵光殿赋》描写了鲁灵光殿的绘画,天上人间、历史现实、神兽怪物,杂糅一体。其赋云:

　　图画天地,品类群生,杂物奇怪,山海神灵,写载其状,托之丹青。千变万化,事各缪形,随色象类,曲得其情。

汉代的石雕艺术较为发达,宫殿、陵墓都广立石雕作品。其中最有代表性的是霍去病墓前的16件石雕。比如著名的"马踏匈奴",把当年汉军千军万马横扫匈奴的威风用极简单的结构形式表现了出来,其造型拙稚但意蕴生动,表现了一种雄壮之美,是汉代威武、自信的时代具体精神的象征。

(四)对"经"阐释中的美学观

"经"既然是圣人所作书的一种官方的解释,因此,经学美学的深入研究主要是对"经"的阐释中所体现出来的一种观念的探讨,具体体现为一些审美范畴的确立。

"经"本指六经。《庄子·天运篇》引孔子对老子所言:"丘治诗、书、礼、乐、易、春秋六经以为文。"以六书为六经,古籍中初见于此。《礼记·经解篇》

---

① 袁济喜:《两汉精神世界》,中国人民大学出版社1994年版,第290页。

以"温柔敦厚"为《诗》教,"疏通知远"为《书》教,"恭俭庄敬"为《礼》教,"广博易良"为《乐》教,"洁静精微"为《易》教,"属辞比事"为《春秋》教①,可见通过六经的教化,要达到一种审美的理想,不同的经书,对培养不同的礼乐教化作用是不一样的。经学又继承了《周礼》所记六艺之学。《周礼》记载的六艺为"礼、乐、射、御、书、数"。六艺教育需在"万民"和"国人"中普遍实行。孔子教学生时,除了教六经之外,也有六艺。贾谊《新书·六术篇》说:"《诗》、《书》、《易》、《春秋》、《礼》、《乐》六者之术,谓之六艺。"可见六经的教育是要落实到六艺上的。

然而六经终究何用?《庄子·天下篇》说:"《诗》以道志,《书》以道事,《礼》以道行,《乐》以道和,《易》以道阴阳,《春秋》以道义。"《史记·太史公自序》亦曰:"《易》著天地阴阳五行,故长于变;《礼》经纪人伦,故长于行;《书》记先王之事,故长于政;《诗》记山川溪谷禽兽草木牝牡雄雌,故长于风;《乐》所以立,故长于和;《春秋》辨是非,故长于活人。是故《礼》以节人,《乐》以发和,《书》以道事,《诗》以达意,《易》以道化,《春秋》以道义。"因此,六经的内容是有许多审美意义的。如《诗》借物比兴,以达情感,以作讽喻,故曰"道志";曰"达意",曰"长于风"。诗是一种语言艺术,表达的是人的情志,影响人的审美感受,是进行教化的有力形式。汉儒从《诗》作文,发挥出一套诗歌美学来,影响大的如《毛诗序》的"诗言志"说。再如《乐》则"所以陶冶吾人之感情",使能和谐,故曰"道和",曰"发和",曰"长于和"。《汉书·艺文志》曰:"《乐》以和神,仁以表也;《诗》以正言,文之用也。"《诗》本来是全部可以合乐的,《乐》与《诗》本来相附而行,《诗》为歌辞,乐则曲谱,所以诗与乐是不能截然分开的。礼与乐在审美的意义上是相通的,所以《礼记》中的《乐记》是一篇美学文献。秦汉时的美学思想,往往体现为经学对音乐美的阐释。

《论语》记载:"子谓《韶》尽美矣,又尽善也",谓《武》"尽美矣,未尽善也"(《八佾》)。孔子关于尽善尽美理想的确立是从音乐中得出的,经学要求音乐要受礼制约,成为"礼乐"。《史记》继承了孔子、荀子的礼乐教化论,要求作乐必须合乎"礼义",使其声、气"皆安其位不相夺",使亲属、贵贱、长幼、男女之理皆形见于乐,必须"审一以定和",能"合和父子君臣,附亲万民",能"修身及家,平均天下",为礼制服务。经学家的阐释,礼乐的审美要求,便成了封建社会音乐美学的主流。这种美学以中和、淡和为准则,以平和恬淡为美,反

---

① 《礼记》,上海古籍出版社1987年影印本,第273页。

对以悲为美,宣扬"淫乐亡国"论,要求"以道制欲"。在理论上表现为追求天人合一的音乐观,认为音乐可以通天、通神,音乐平和才能使阴阳调和。

经学美学是依附在政治及社会学上的,它没有独立的地位。经学家也没有美学或艺术学科的意识,没有自觉地去探讨美学问题。但是,经学家们提出了许多有价值的思想和观点,是中国古典美学的组成部分之一。

三 谶纬与美学

儒学在经学化后,逐渐确立了经学美学的权威与正统地位。经学对儒学和孔子不断权威化,神秘化,到西汉末期形成谶纬神学。谶纬神学是经学发展的末流,是一种靠图像或隐语伪托神灵来预测吉凶的预言。《说文》云:"谶,验也。有征验之书,河洛所出书,曰谶。"谶常常附有图,亦称为图谶。汉画像中的许多祥瑞图,当是在此审美观念影响下的产物。纬,与经相应,是对经文作神秘而迷信的解读。纬书较谶为晚。谶纬神学在两汉之际有愈演愈烈之势,成为改朝换代的舆论工具。王莽改制和汉光武帝刘秀登上皇帝宝座,都利用了谶。公元 56 年(汉中元元年)汉光武帝宣布"图谶于天下",使其风靡一时。谶纬的内容是虚幻的,其形式则是审美的。它借用形象、图式、隐喻和象征来运作政治观念,起到引导社会意识和个体情感的作用。从其思维形式看,是原始巫术天命观、征兆观在新时期的复活,当新的理性精神逐渐兴起,世界的"祛魅"过程逐渐加大时,这种虚妄的审美动向就受到了质疑和批判。

(一) 应加强对谶纬美学的研究

任继愈《中国哲学史》有"谶纬迷信的流行"一节,认为谶是"诡为隐语,预决吉凶"的宗教预言。《史记·赵世家》:"秦谶于是出矣。"所谓秦谶,指的是上帝于梦中告诉秦穆公的一条预言。秦始皇时"亡秦者胡也"的预言,"祖龙死而地分"的刻石,陈胜起义时"陈胜王"的鱼腹丹书,也都是谶。这些谶与儒家的经文没有关系。纬对经而言,是用神学来解释经义并且把这种解释托之于孔子。纬只有在把儒家经典奉为神圣以后才出现,比谶要晚得多。谶和纬广泛流传,在西汉哀平之际,经过王莽刘秀用政治权力宣扬、推广,成了两汉之际的主导思想。①

---

① 任继愈主编:《中国哲学史》,人民文学出版社 1979 版,第 95 页。

东汉以后,由于历代帝王的禁毁和经学自身的淘汰,谶纬文献几乎丧失殆尽,难以窥其全貌,对其评价也一落千丈。近代虽经一些学者考订研究,但对其评价仍然众说纷纭。日本学者安居香山一生专注研究谶纬问题。他提出"汉代思想是纬书"①这个论断。研究汉代美学,不得不研究谶纬的产生与发展,以及其所体现出的美学思想,因为汉代经学国教化的倡导者董仲舒,他的思想是以天人合一、天人相感的神秘主义为基调的,这也正是纬书的思想。

现在看来,谶纬中有儒家的思想,也有超出儒家的思想;有儒家的观点,也有比儒、道更古老的巫术思想。孔子曾感叹:"河不出图,洛不出书,吾已矣夫。"(《孔子世家》)《易》曰:"天垂象,见吉凶,圣人象之。河出图,洛出书,圣人则之",这即是纬学之滥觞。孔子作《春秋》,认为大凡地震、山崩、星陨、火灾、大雨、李梅冬实、八月杀菽等都与人事相涉,即纬学之本旨。只是后来人把孔子观念中的巫术礼乐观渐渐隐去,只重视其理性精神,突出其伦理内涵。但在汉代,经学与纬学是相辅相成的。

道家在汉代发展为道教,道教与纬书也是不可分离的。道教是以中国人的民俗信仰为基础的,而这种民俗信仰与谶纬思想是同一民族根源的。近代刘师培在《谶纬论》中认为谶纬有补史、考地、测天、考文、征礼、格物六方面的学术价值,因此研究汉代的美学,不应该忽视谶纬的存在。

(二)对谶纬美学的分析

今天看谶纬有许多迷信之处,但当时影响甚大,其中的原因,不是简单的政治判断所能讲明白的。从思想上看,谶纬是对"经"的解释,适应的是当时的社会思潮;从形式上看,谶纬的流行有其美学的原因,表现为"谶"是借图像象征来达到一个神秘的未知世界,靠图像和"隐语"来得到对未知命运的控制,借积极的预言来理晓神谕;从思维形式上讲,这都具有审美的特征。

谶纬的审美特征体现在它的形象性、思想性、祥瑞性上。

谶的一大特征是靠图像来把握事物,使事物与人的设想得到验证。《说文》:"谶,验也。从言,韱声。"谶,亦称"图谶";《后汉书》:"帝以尹敏博通经记,令校图谶。"《广雅·释诂》:"图,画也。"《说文》:"图,画计难也,从口,从

---

① 安居香山:《纬书与中国神秘思想》,河北人民出版社1981年版,第8页。(安居香山辑有《重修纬书集成》,著有《纬书的基础研究》、《谶纬思想的综合研究》、《纬书与中国神秘思想》等)

嵒。嵒,难意也。"《后汉书·班彪传》注云:"图书,《河图》、《洛书》也。"又《桓谭传》注:"图书即谶纬、符命之类也。"

从中国古代审美发展史来看,审美的发生与原始巫术观念有必然的联系,在没有文字记载以前,人们更多地依靠图画来表达观念,如彩陶纹饰和原始岩画。后来发明汉字,仍然是象形、指事性的,文字与图画是密不可分的。汉字的前身就是刻画,所以谶在某种意义上是古代刻画符箓,或靠图像来表达观念、以达神意的表现。

图不仅指图画,也指天文、地理、地图等的图像符号,通过符号也表达一定的数术观念。《古微书·易河图数》:"《易》大衍之数原起《河》、《图》,故《河》、《图》难自有纬而未尝言数,此传《易》者穷其数之原也。"

谶纬中的图书、图录等,也可以说是中国传统美学的"象"。古典美学以"象"为中心概念展开,形象、意象、象征均是此展开。谶纬中的图像的隐喻与象征功能的突现,正是中国美学的基础。谶用图录,犹如《易》用象数,《诗》用比兴一样,是相通的。

已发现的与谶纬有关的图像资料有很多。1942 年,湖南长沙子弹库盗掘出土的楚《帛书图像》绘有十二个怪异的神灵,旁边有文字说明,当是此类观念的早期表现,开楚汉谶纬的先河。考古学家发现的其他汉代帛画,如在长沙、江陵、临沂、武威等地出土的中国帛画《天文气象杂占图》、《社神图》、《毛人图》、《卦象图》[①],甚至举世闻名的长沙马王堆一号汉墓中的"非衣"帛画,都与这种谶纬观念密切有关。

就谶纬的形式讲,它靠图像来表达观念,因而具有审美性,是一种合目的性的乌托邦的冲动。谶纬的这种靠图文表达观念的形式可以为汉代不同的政治服务。谶纬之所以在中国哲学史上声名狼藉,主要是因为它成了一些政治家改朝换代、制造舆论的工具。如王莽、刘秀等人,都曾利用谶语来为自己的改制或登基制造舆论。汉光武帝刘秀迷恋谶纬,宣布"图谶于天下"。他们把一己的理想打扮成"应天承命"的天命,宣扬的是"君权神授"的权威观。但这并不能否定用图像隐语来表现理想观念这种形式本身。为什么汉画像艺术在东汉时期繁荣昌盛?与这种谶纬流行的话语密切相关。汉画像中普通存在的祥瑞图、瑞应图、吉祥图就表现了这种审美观。从理论上讲,谶纬美学表现为一种祥瑞和灾异的观念。祥瑞就是美的,灾异就是丑

---

① 刘晓路:《中国帛画》,中国书店 1994 年版,第 143 页。

的。吉祥就是美好的愿望,以物象的形式表现出来,这种观念对中国古代民俗文化影响深远,已经成了民俗的集体无意识的原型。

《说文》:"祥,福也。"一云善也。段玉裁注:"凡统言则灾亦谓之祥,析言则善谓之祥。征兆有时也可谓之祥。""瑞,符信也。"《说文》:"瑞,以玉为信。"段玉裁注:"典瑞,掌王瑞、玉器之藏。""瑞为圭、璋、琮、璧之总称。引申为祥瑞者,亦谓感召若符节也。"在汉代,祥瑞有各种各样的种类,如罕见的天文奇观,如美丽的云彩、瑞星,以及珍稀的山川草木鸟兽等。董仲舒《春秋繁露·王道篇》曰:"王正则元气和顺,风雨时,景星见,黄龙下。王不正则上变天,贼气并见。"三王五帝之治时,"天为之下甘露,朱草生,醴泉出,风雨时,嘉禾兴,凤皇麒麟游于郊。"这种祥瑞思想起源于原始先民的征兆信仰。儒家的观念中也存在这种看法。《论语·子罕篇》第九:"子曰,凤鸟不至,河不出图,吾已矣夫。"孔子在叹息没有圣明天子出现的征兆。这种观念到秦汉时越发流行了,它逐渐被皇权所利用,作为一种预言思想流行起来。祥瑞思想并不是谶纬书所特有的,它是中国古人很早就认识到的一般性思想。汉代以后,祥瑞思想一直与中国思想史的发展密切相关,是中国审美观念的一部分。

西汉昭帝始元三年(公元前78年)有一则记载:"冬十月,凤凰集于东海,遣使祠其处。"这是说这一年有许多凤凰在东海集聚,这是祥瑞,是统治者治国有方、国泰民安的表现,所以派人到那里去祭祀。

在汉代的画像石上,可以看到众多的祥瑞画,常见的有凤凰、龙、神鼎、比翼鸟、木连理等36种。① 《白虎通》为东汉时群儒考证诸经异同的书,所言祥瑞代表那时经学家们的观点,其所列的祥瑞有:明斗、光日月、甘露、嘉禾、萱荚、凤凰、鸾鸟、麒麟、九尾狐、白首雉、白鹿、景云、茂芝、黑丹、器车、泽马、黄龙、醴泉、龙图、龟书、江大贝、名珠、祥风、钟律调、化夷、来越裳、蓂莆、宾连、平露、景星、朱草等31种。

祥瑞表现为一种美,灾异就表现为一种丑。这都是从人事上来判断自然与人的关系。人生活在自然中,自然的变迁当然与人有关,自然常常会发生不利于人类的事,古人不理解自然运行和变化的规律,对突然降临的灾害和异变感到惊异、恐惧,就形成了怪异、丑类、恶物等观念。中国古代有对天神、天帝的信仰,认为灾异就是天帝意志的表现,如董仲舒在《贤良对策》中

---

① 李发林:《汉画考释和研究》,中国文联出版社2000年版,第225页。

说:"国家将有失道之败,而天乃先出灾害之谴告之,不知自省,可出怪异以警惧之,尚不知变,而伤败乃至。"董仲舒想借天帝的威望来规训皇帝,使天子经常反省自身,以抑制君权的无限膨胀。

谶纬美学观是极复杂的,其中有审美的部分,借图式、符号来表达审美的理想,借自然物和虚拟的动植物来表达吉祥瑞应,把自然现象社会化、人事化,这表现了汉代人蓬勃向上的精神力量、意志品质,所以汉代的艺术才显得那样刚健、雄浑、粗犷稚拙,这其中的美学价值是显而易见的。另一方面,这种审美又容易走向偏至,把主观目的无限夸大就使其失去了与真实性的联系,盲目地崇拜天地、预兆、神谕就使主体失去了自我。审美本来是人自由精神的表现,是生命力的张扬,谶纬的滥用却使其走向了虚妄,当时也受到了一些思想家的批评。

西汉之际,古文经学家桓谭(前23—公元56)对王莽符命说持不合作的怀疑态度。当汉光武帝刘秀宣布图谶并征求桓谭的意见时,他表示"谶之非经",故不应予以重视,光武帝以其"非圣无法",差一点把他处以死刑。张衡是一个有科学思想的人,他提供了一个经验中的宇宙观。基于此,他批判神秘的谶纬思想,并上奏折反对这种思想。

对这种谶纬思想进行了系统批判的是王充。在《论衡》一书中,他激烈批判了谶纬思想的神秘性,认为谶纬是"虚妄之言"、"神怪之书"。但王充的思想中也存在一些迷信的东西。①

王充,字仲任,会稽上虞人。他年轻时做过几任小官,但几次被贬,因而形成愤世嫉俗、孤高自任的性格。"后归乡里,屏居教授。在郡为功曹,以数谏争不合去。充好论说,始若诡异,终有理实。以为俗儒守文,多失其真。乃闭门潜思,绝庆吊之礼。户牖墙壁,各著刀笔。著《论衡》八十五篇,二十余万言。"

现代学者对王充的美学及文艺思想探讨颇多,评价颇高。王充的思想概括起来主要有三点:首先,对谶纬学弥漫的汉代学风给予严厉的批判;其次,以主体意识甄别是非,带有强烈的个性色彩;第三,广泛吸收百家思想,折中于儒家又有所取舍。他是一个时代的叛逆者,同时又是新思想的构建者,但是深而究之,我们会发现其思想带有某些偏执性。王充的思想特征是:尽管视界宏阔,却偏于短见;尽管破除虚妄,却相信命运;尽管以鸿儒自

---

① 龚鹏程:《汉代思潮·世俗化的儒家:王充》,商务印书馆2005年版,第201页。

居,却醉心于功利;虽囿于见识,却是当时的觉悟者;虽信天命,却也不乏唯物的成分;虽求知五经,却看中诸子。所以,他对伦理道德理解的深度,逊色于前贤大儒甚至诸子。

1. "疾虚妄"的审美观

王充把《论衡》的旨归概括为三个字:"疾虚妄。"《佚文篇》说:"《诗》三百,一言以弊之,曰:思无邪。《论衡》篇以十数,亦一言也,曰:疾虚妄。"《对作》篇又说:

> 是故《论衡》之造也,起众书并失实,虚妄之言胜真美也。故虚妄之语不黜,则华文不见息;华文放流,则实事不见用。故《论衡》者,所以铨轻重之言,立真伪之平,非苟调文饰辞,为奇伟之观也。其本皆起人闻有非,故尽思极心,以讥世俗。世俗之性,好奇怪之语,说虚妄之文。何则?实事不能快意,而华虚惊耳动心也。

显然,"疾虚妄"是针对当时谶纬迷信和神学思想的泛滥而发的,这也是王充作为一名叛逆者的价值的体现。这三个字对文学思想的发展有正负两方面的影响。王充所疾的虚妄的内容有:(1)谶纬迷信和神学思想;(2)华伪之文;(3)无用之文。《对作篇》说:"虚实之分定,而华伪之文灭;华伪之文灭,则纯诚之化日以滋矣。"具体说来,无用之文有神话、短书(汉代小说)、夸张之文、奇怪之语等。在他看来,凡是对实际功利无用的文章都属此类,如汉赋、绘画等。《别通篇》:"人好观图画者,图上所画,古之列人也。见列人之画,孰与观其言行?置之空壁,形容具存,人不激劝者,不见言行也。古贤之遗文,竹帛之所载粲然,岂徒墙壁之画哉?"如此说来,现代意义上的许多文艺类别俱是虚妄之内容。王充标榜的是"真实"的概念。他的真实是指:(1)历史事实;(2)感官经验下的事实;(3)主观上真诚的存在。他认为凡是生活中感觉不到的东西,就是不真实的,他一概排斥。虚妄和真实两相比较可以得出这样的结论:王充提倡的真美之作是合乎事实、不虚构、符合历史验证的文章。他的这种认识是十分狭隘的文学观念,对艺术的特征缺乏理解。

2. 反对模拟、主张创造的观点

王充提出反对模拟、主张创造的学风和独抒己见的写作方法。这些理念造就了王充作为思想家的历史地位。反对模拟、主张创造的原旨主要是针对经学风气而发的,并非针对文学创造而言。他对当时模拟成风的文坛并不敏感,对模拟高手扬雄反而钦佩之至。所以王充主张独创的原始目的与文艺思想之间并没有直接的联系。刘勰在《文心雕龙·论说》中曾评论《论衡》,没有把《论衡》纳入《诸子》的行列。至于现当代对王充文艺思想的评价,则是我们的重新发现和重新解读。他是思想史上的叛逆者和觉醒者,是一位无缘进入主流社会的呐喊者,是一位谶纬迷信的颠覆者。

第三节 《淮南子》的美学

《淮南子》又称《淮南鸿烈》,是汉代淮南王刘安组织他的门客集体编写的著作。《史记·淮南衡山列传》称刘安"为人好读书鼓琴,不喜弋猎犬马驰骋","辩博善为文辞",主持编撰之书类多域广,内容丰富,约几十万言。《淮南子》是继《吕氏春秋》以后又一部保存古代美学思想较多的重要文献。高诱在《〈淮南子〉叙》中说:"其旨近老子,淡泊无为,蹈虚受静,出入经道。"《汉书·艺文志》将《淮南子》归为"杂家"。《淮南子》所表现的杂家思想,是汉代新形势下对先秦思想的综合与概括。

《淮南子》的美学思想内容丰富,包括以"一"为至美的道论美学本体论,"美人不同面"的多样化美学标准;论述了美的相对性原则,提出"不待脂粉芳泽"及"西施粉黛"的观点,突出了"形、气、神"为中心的审美论。

一 自然之道的美论

《淮南子》的基本美学思想是以老子的"道论"为出发点的。这个"道",又可称为"一"。"一"是产生万物的基础,是大道的体现。《淮南子》根据《老子》"道生一,一生二,二生三,三生万物"、"天下万物生于有,有生于无"的观点,认为:

> 所谓无形者,一之谓也。所谓一者,无匹合于天下者也。卓然独立,块然独处,上通九天,下贯九野。员不中规,方不中矩。大浑而为一,叶累而无根。怀囊而不殚,为道关门。穆态隐闵,纯德独存。布施而不既,用之而不勤。是故视之不见其形,听之不闻其声,循之不得其身。无形而有形生焉,无声而五音鸣焉,无味而五味形焉,无色而五色成焉。

《淮南子》认为"道"是万物化生的本原,由"道"而"一"所生的阴阳是万物化生的根据;阴阳的变化,促进大自然的无限生机,这就是天生的美。《泰族训》曰:"天地所包,阴阳所呕,雨露所濡,化生万物,瑶碧玉珠,翡翠玳瑁,文彩明朗,润泽若濡,摩而不玩,外而不渝,奚仲不能旅,鲁般不能造,此谓之大巧。"《淮南子》肯定了自然伟大的创造性,这种自然创造的美是人无法达到的,因此是一种"大美"。自然美在于自然之道的化生,并不因为所处的环境不好而改变其美的本质。

> 琬琰之玉,在洿泥之中,虽廉者弗释;弊箪甑瓺,在袏茵之上,虽贪者不搏。美之所在,虽污辱,世不能贱;恶之所在,虽高隆,世不能贵。

大自然中存在的美给人的欣赏提供了骋目游怀的对象。人要加强修养,刻苦学习,才能欣赏大自然中博大、雄浑的美。《淮南子》认为,人生活在大自然中,热爱大自然是人的一种本性,人不仅需要物质的满足,也需要精神的自由,当肉体与精神都处在自由的状态中时,才能欣赏大自然的美。自然的美是一种雄浑的壮美,《淮南子》对这种美进行了歌颂,表现了汉代那种蓬勃向上、宏伟壮丽的美学精神。

二 美的多样性与相对性

《淮南子》主张在自然世界寻找美。世界是广大的,自然是丰富多彩的,外部世界是变化无穷的,因而美也不是抽象单一、永恒不变的,而是具体多样的。

> 佳人不同体,美人不同面,而皆说于目;梨橘枣栗不同味,而皆调于口。(《说林训》)
> 西施、毛嫱,状貌不可同,世称其好,美钧也。尧、舜、禹、汤,法籍殊类,得民心一也。(《说林训》)

《淮南子》认为给人以美感的事物,形象可以是不一样的,同是美人,状貌可以不同。同样,艺术的表现也是如此,艺术的形式是各种各样的,都可以给人以美的享受。"故秦、楚、燕、魏之謳也,异转而皆乐;九夷八狄之哭也,殊声而皆悲。"同是表现感情的音乐,声调不同,给人的悲、乐感觉是不同的。

《淮南子》还论述了美存在的条件,指出美是有条件的,美与其所处的环境密切相关,同一事物,会因为处在不同的地方而表现出美丑的差别。美与不美不是绝对的,要以"适宜"与否为准。《说林训》曰:"靥酺在颊则好,在颡则丑。"美不仅与条件有关,而且美的看法必须与规律性相和谐才是美的。

《淮南子》认为美是多样的、有条件的,因此世界上没有绝对完善的美。

但"小变不足以妨大节"(《说林训》),"小恶不足以妨大美"(《氾论训》)。美与丑是对立的,但又不是绝对的,它们是可以相互转化的。"嫫母有所美,西施有所丑。"(《说山训》)嫫母是古代的丑女,但是她也有美的地方;西施是绝代佳人,但也会有丑的时候。美丑是相对的,一个美的东西可以有些瑕疵,但是这并不影响东西的总体的美;美又是有其规定性的,是可以认识的。

三 艺术的创造与欣赏

在文艺思想上,《淮南子》既接受了道家文艺思想中的形而上观念,认为文艺是道的表现,又认为文艺有自在的规律性与规定性;既接受了儒家文艺思想中的目的性与功用性因素,又不单纯以"言志说"去揭示文艺的本质;它的文艺观偏重"道论"下的"物感说"。

《淮南子》认为文艺创作是人接触外物所引发的真实情感的自然表现:

> 且人之情,耳目应感动,心志知忧乐……所以与物接也。
> 今万物之来,擢拔吾性,攓取吾情,有若泉源,虽欲勿禀,其可得邪!

(《俶真训》)

人生活在自然之中感于物而动,情感像泉源一样不得不外涌,这就形成了艺术创造的基础。艺术创造是一个发于内而行于外的过程,就像艺术表现人的情感一样,"必有其质,乃为之文"(《本经训》)。《淮南子》认为文艺具有抒发情志的作用。《淮南子》既以道家的贵情、贵真为标准,也以圣贤的因乐喻志为尺度。为了保存自然天真的本性,《淮南子》批评了世俗之乐的"言华"、"行伪";认为乐可通道,感人至深,具有巨大的社会功能,肯定了《诗》、《书》、《礼》、《乐》的社会作用。《淮南子》看到了文艺具有"知俗"、"知化"的作用,从而批判否定文艺和轻视文艺的言论;同时又看到文艺动情之至会影响人之情思,因而与儒家一样,倡导雅颂之音,反对怨思之声。

在艺术创造方面,《淮南子》肯定了庄子所提倡的那种庖丁解牛、大匠运斤的高度的自由精神,并认为高超的艺术境界是通过艺术技巧的熟练而达到的,但是最高的艺术境界又不是仅仅靠练习技巧而完成的,规矩与准绳只是达到"巧"的工具,还不是"巧"本身。艺术创造需要天赋,是不能父子相传的:"父不能以教子","兄不能以喻弟",艺术是一种"不传之道"。《齐俗训》说:

> 故剞劂销锯陈,非良工不能以制木;炉橐埵坊设,非巧冶不能以治

金。屠牛吐一朝解九牛,而刀可以剃毛;庖丁用刀十九年,而刀如新剖硎。何则?游乎众虚之间。若夫规矩钩绳者,此巧之具也,而非所以巧也。故瑟无弦,虽师文不能以成曲;徒弦,则不能悲。故弦,悲之具也;而非所以为悲也。若夫工匠之为连𨰿、运开、阴闭、眩错,入于冥冥之眇,神调之极,游乎心手众虚之间,而莫与物为际者,父不能以教子。瞽师之放意相物,写神愈舞,而形乎弦者,兄不能以喻弟。今夫为平者准也,为直者绳也。若夫不在于绳准之中,可以平直者,此不共之术也。故叩宫而宫应,弹角而角动,此同音之相应也。其于五音无所比,而二十五弦皆应,此不传之道也。

《淮南子》所阐发的艺术创造论,与康德的观点在一些方面有相通之处,如认为艺术是独创性的,艺术的创造性是不可父子相传的,艺术达到自由的境界时看不到艺术的技巧,同时又是通过技巧实现的。①

与儒家倡导的复古主义文艺观不同,《淮南子》认为文艺的发展应与世推移,文艺的形成也应因时变化。《泛论训》曰:

> 尧《大章》,舜《九韶》,禹《大夏》,汤《大镬》,周《武象》,此乐之不同者也……此皆因时变而制礼乐者……故圣人制礼乐,而不制于礼乐。

《淮南子》认为文艺的发展取决于社会的发展,它批评了儒家礼乐要"法先王"、把六艺神化而奉为万古不变的规范的旧说,并在此基础上提出"礼乐无常"的理论:不必法古,不必循旧,礼乐应因时而作。《要略》曰:

> 统天下,理万物,应变化,通殊类,非循一迹之路,守一隅之指,拘系牵连之物,而不与世推移也。

但是,《淮南子》认为文艺发展的最终指向不是现实人生,而是道家所倡导的"至道"的境界。这种境界是随自然之性的变化而变化的,"洞然无为而天下自和,澹然无欲而民众自朴",也就是达到"至言不文"、"至音不叫"的状态,期望回到原始的艺术氛围中去,体味"其歌乐而无转,其哭哀而无声"的自然情怀。

在艺术的鉴赏方面,《淮南子》提出"知音"的理论。《泰族训》说:

> 三代之法不亡,而世不治者,无三代之智也;六律具存,而莫能听

---

① 〔德〕康德:《判断力批判》上卷,宗白华译,商务印书馆1985年版,第148页。

者,无师旷之耳也。故法虽在,必待圣而后治;律虽具,必待耳而后听。

要欣赏音乐,必须有欣赏音乐的耳朵,再好的音乐对不辨音律的人来说也是没有意义的,它根本不起作用。在艺术鉴赏方面,《淮南子》还认为不同的人,在不同的心理条件下,在审美时会有不同的反应。"夫载哀者闻歌声而泣,载乐者见哭者而笑。哀可乐者,笑可哀者,载使然也。"(《齐俗训》)心情悲哀的人,听到欢乐的音乐也会悲哀,心情欢快的人,看到令人悲哀的事也会快乐,有时审美心态决定了审美。

四 论形与神

《淮南子》对形与神的关系进行了探讨,对后世的美学思想产生了深远的影响:

> 夫形者,生之舍也;气者,生之充也;神者,生之制也。一失位,则三者伤矣……今人之所以眭然能视,萤然能听,形体能抗,而百节可屈伸,察能分白黑、视丑美,而知能别同异、明是非者,何也?气为之充而神为之使也。

作品中的意味、精神、生命力,必须通过作品的形显现出来,就像弥漫于空气中的"气"使事物变化运动一样。《淮南子》认为,人之所以能"视美丑",是"气为之充而神为之使"的缘故。这里的"神"指人的精神,如果没有人的主观审美心理,人就不能审美。在形与神的关系上,《淮南子》进行了很好的论述。《淮南子·原道训》说:"以神为主者,形从而利;以形为制者,神从而害。"就人的生命来看,"神"是"形"的主,无神之形是不会有美的。《说山训》曰:"画西施之面,美而不可悦;观孟贲之目,大而不可畏,君形者亡焉"。这里讲了绘画中传神的重要性。《览冥训》曰:"精神形于内而外谕哀于人心,此不传之道,使俗人不得其君形者而效其容,必为人笑。"如果不得其神而专事模仿,那就只能引起人们的讥笑。《淮南子》对"神"、"气"、"形"的论述,是汉代艺术创作中的重要理论,它结合具体的艺术创作,阐述了艺术的形式与内容、形式与内在精神、艺术的技巧与内在气韵的美学关系,对中国民族美学的发展起到促进作用。

第四节 儒家美学的拓展
——董仲舒及《毛诗序》的美学思想

在汉代经学美学中,以董仲舒为代表的天人合一观念是其主旋律。董仲舒认为天是有美的,这种美是与人的美息息相关的,天的美是一种"仁","仁"就是一种无穷极的美。作为主流意识形态,经学美学还影响到非官方的学说。《毛诗序》的美学观点,也是儒家美学思想的一部分。如《毛诗序》中的"诗言志"说。下面我们就分别论述之。

一 董仲舒的美学思想

董仲舒有《举贤良对策》、《春秋繁露》等著作。在汉代新的历史条件下,董仲舒发展了天人合一的观念,继承了儒家中和为美的思想,而中和的现实体现为"仁"的实现,这种"仁"只能靠封建的君主来实现。为了借助"天意"来推行"仁政",他建立了天人相通的学说,赋予天以道德和人格意志的属性。这是一种政治观点,其思想基础却是审美的。

(一)天人合一的美学观

董仲舒认为,天是有情感的,有"仁"的属性,地上的人君要顺应天的权威,企图借此对无限膨胀的王权进行限制。他一再强调"王者法天",而天"务德而不务刑"。在理论上他提出天人一体的"人副天数"论:

> 人有三百六十节,偶天之数也;形体骨肉,偶地之厚也;上有耳目聪明,日月之象也;体有空窍理脉,川谷之象也……天以终岁之数成人之身,故小节三百六十六,副日数也;大节十二分,副月数也;内有五藏,副五行数也;外有四肢,副四时数也;乍视乍瞑,副昼夜也;乍刚乍柔,副阴阳也……行有伦理,副天地也。(《人副天数》)

他还说:"以类和之,天人一也。"(《阴阳义》)"事各顺于名,名各顺于天,天人之际,合而为一。"(《深查名号》)他甚至认为春夏秋冬的变化,都是天的情感喜怒哀乐的表现。董仲舒认为人的情感变化与天的自然变化之间有一种对应的关系,他把这种对应关系称做"同类相动",所以"气同则会,声比则应","美事召美类,恶事遭恶类,类之相应而起也。如马鸣则马应之,牛鸣则牛应之"(《同类相动》)。

这种人的情感与外界事物之间的同形同构的关系论,对中国古代审美与艺术创作产生过重要影响。如《文心雕龙·物色》篇说:"岁有其物,物有其容,情以物牵,辞以情发。"郭熙在《山水训》中也有类似的看法。

(二) 天地之美

董仲舒多次论到天地的美。他把天看做有极高地位的类似于神灵的东西,对天表示了极大的尊崇。他说:"天地之行,美也","四时不同气,气各有所宜,宜之所在,其物代美……则当得天地之美,四时和矣"(《天地之行》)。也就是说,四时不同,各有其宜,各有其美,因此人应该顺应自然以奉己,"取天地之美以养其身"(《循天之道》)。

天地之美在于其阴阳二气达到了中和,"中者,天地之美达理也……和者,天地功也,举天地之道而美于和"(《循天之道》)。天地阴阳之气处于和谐的状态,才适合万物的生长。

董仲舒还认为,天的美表现为"仁之美"。《王道通》篇说:

> 仁之美者在于天。天,仁也。天覆育万物,既化而生之,有养而成之,事功无已,终而复始,凡举归之以奉人。察于天之意,无穷极之仁也。

天的这种"仁之美",在于孕育万物,终而复始,"不阿党偏私,而美泛爱兼利",用它提供的一切来奉养人。这是一种大美。天在这里是一种人格化了的天,继承了儒家以人为本的思想。得天地之美,就是要按照四季的变化、万物的规律来行事,这样人就能享用自然给人提供的各种物品,达到养生的目的。

(三) 其他文艺美学观点

董仲舒作为汉代的大儒,其基本观点与儒家的美学观是一致的。在他天人合一的美学观中,突出的是天的"仁",继承了儒家的"仁"学传统,并要求统治者实行"德政",使人民能过安定的生活。董仲舒认为:"天地之精所以生物者,莫贵于人"(《四时之副》),"人之超然万物之上,而最为天下贵也"(《天地阴阳》),这是继承了儒家的"民为贵"的思想传统,是很可贵的。后来刘勰在《文心雕龙·原道》中说:"人为五行之秀,实天地之心",就继承了这个观点。

在"文"与"质"的关系问题上,董仲舒继承了《论语》中的"文质彬彬"的传统观念,在重视"质"的前提下,提出"质"与"文"的统一。《玉杯》曰:"志为质,物为文。文著与质,质不居文,文安施质?质文两备,然后其礼成;质文偏行,不得有我尔之名,俱不能备而偏行之,宁有质而无文。"《春秋繁露》卷三《精英》还提出了"《诗》无达诂,《易》无达占","《春秋》无达辞"的观点,他看到了审美中主体意识的重要性。因欣赏者的主体能力不同,对同一个作品会有不同的理解,而这种理解是没有办法统一的。

董仲舒的经学美学是在发展了儒家学说的基础上,依附在政治及社会学上的,它没有独立的地位。他没有美学或艺术学科的意识,没有自觉地去探讨美学问题,所以没有形成理论体系。但是,他提出了许多有价值的思想和观点,形成了一些影响深远的审美观念。他的美学是对先秦儒家美学的继承与发挥,是中国古典美学的组成部分之一。

二 《毛诗序》的文艺观

汉人传诗有鲁、齐、韩三家诗说,都立于学官。赵人毛苌传诗[①],被称为毛诗,由于其属于古文学派,未被立于学官,属于私学。四家诗说,都有诗序,后来《毛诗序》流传下来,其他三家皆亡佚。《毛诗序》是《诗毛氏传》中在《国风》首篇《关雎》题下的序,后人又称为《诗大序》。《诗大序》所表现的美学思想,基本上应溯源于荀子学派的《乐记》,也属于儒家诗学的体系,是在总结儒家音乐、诗学的基础上,使儒家诗学思想更加经典化。《诗大序》阐释了诗的特征、内容、分类、表现手法和社会作用等。

(一)"志"与"情"统一的诗论

《毛诗序》继承了先秦《乐记》阐释的诗学思想,提出诗与"志"与"情"的关系。

> 诗者,志之所之也,在心为志,发言为诗。情动于中而形于言,言之不足故嗟叹之,嗟叹之不足故咏歌之,咏歌之不足,不知手之舞之,足之蹈之也。

---

① 《汉书·儒林传》说:"毛公,赵人也。治《诗》,为河间献王博士,授同国贯长卿。长卿授解延年。延年为阿武令,授徐敖。敖授九江陈侠,为王莽讲学大夫。由是言《毛诗》者,本之徐敖。"

《毛诗序》继承了《尚书》里古老的"诗言志"说,又把这种志与心联系起来,认为构成人心的、与诗密切相联的是情。在这里,《诗大序》把音乐与情感的关系,转化为诗歌与情感的关系,发展了先秦以来的诗论。《毛诗序》认为"诗"是"情动于中而形于言",而"情动"又是感物的缘故,社会政治作用于人心,人受其激发,非诗不足于言志展情。诗是诗人之志的载体,诗人作诗是有志在心,受到情感的激发,不得不言。这里从审美心理学方面,探讨了诗歌产生的心理基础。当用日常的普通语言不能完全表达自己的情感时,就进入"嗟叹之"的状态,这种不同寻常的精神与言语状态就是诗的状态。正是在"情动于中"的热情激发下,形成优美的诗歌。

《乐记》中已经提到诗、歌、舞的三位一体性,《诗大序》把它纳入审美发生创作主体的心理活动上,把"本于心"的那种不同寻常的精神状态表述地非常准确,这是一大进步。《诗大序》把言志之诗与音乐、舞蹈相联系,正式承认诗是一种文学样式,是一种美文学。如果结合西汉早期不重视《诗》的历史现状,《毛诗序》在艺术形式上对诗的提升意义就更加具有价值。在这一点上,《诗大序》的贡献是积极的,建设性的。

(二) 功利主义的诗教观

在强调诗与志与情统一的前提下,《诗大序》又致力于为儒家的诗教建立种种规则和规范,形成了功利主义的诗教观,为后代的诗教传统奠定了基础。《诗大序》曰:

> 故正得失,动天地,感鬼神,莫近于诗。先王以是经夫妇、成孝敬,厚人伦,美教化,移风俗。

《诗大序》发扬了《乐记》中音乐可以"移风易俗"、"声音之道,与政通矣"的观点,强调了诗应该起感化作用,为儒家的正统观念服务。诗本来是情感的表达,是人激情的流露,但是,这种情感要受到儒家伦理道德的规训。因此,最为个体性的诗的表达,要落实到集体意识的社会规范上,这样《诗大序》又强化了诗歌为政治服务的理念,在长期的封建社会发生了重大的影响。

《毛诗序》论声、音及《诗》互为对应的关系,与《乐记》的美学思想是一脉相承的。《毛诗序》曰:"乱世之音怨,以怒其政乖;亡国之音哀,以思其民困。"也是把"音"与"民"之"怨"、"哀"结合起来。《毛诗序》谈到诗的感动鬼神天地云云,其意旨与董仲舒相通,最后还是归结到摆正君臣关系上来。《毛诗序》说:"《关雎》,后妃之德也,所以风天下而正夫妇也。"儒家将夫妇、父子、君臣等视为同类相对关系,举一而反三,故而《毛诗序》最后点出:"是以《关雎》乐得淑女,以配君子,忧在进贤,不淫其色;哀窈窕,思贤才,而无伤善之心焉。是《关雎》之义也。"所谓后妃之德,就过渡到了君臣大义。而要进贤,达成一种多士济济的贤明政治,其关键是建立阻遏君权泛滥的政治机制。《毛诗序》构想的情形是:臣下与君王要有双向沟通的渠道,臣下百姓怨怒哀思,可以抒发出来,批评上政,人主为之而有所顾忌,不敢胡作非为,不敢骄奢淫欲,以顺应民心,使天下安宁,人民乐业。

关于《毛诗序》"故变风发乎情,止乎礼义",历来有不同看法,应在孔子学说背景下来解读,"故变风发乎情",是指自然之外的政治意识作用于人心,使人产生种种不同的情感反应,但是情感抒发,还须以儒家的"礼义"为规范,假如"情"如洪水泛滥,超越"礼义"之度,就会使人退回到动物状态,从而失去其审美的内涵。《诗》之为美,并非诗人情感激越以至失控时才最具动人的力量,《诗》之为体,其真美往往在于其含蓄委婉,言已尽而意无穷,《诗》才所以成为中国文学的伟大源头。

(三) 诗的"六义"说

《诗大序》对诗的文体有了自觉的意识,它论述了诗的不同体式与作用,这主要表现在对诗之"六义"的论述中。

> 故诗有六义焉:一曰风、二曰赋、三曰比、四曰兴、五曰雅、六曰颂。上以风化下,下以风刺上,主文而谲谏,言之者无罪,闻之者足戒,故曰风。

> 是以一国之事,系一人之本,谓之风;言天下之事,形四方之风,谓之雅。雅者,正也,言王政之所由废兴也。政有大小,故有小雅焉,有大雅焉。颂者,美盛德之形容,以其成功告于神明者也。

这"六义",本是对《诗》体式与作用的剖析,但是涉及到诗歌创造的原则问题。"六义"说见于《周礼·春官》:

> 大师掌六律六同,以合阴阳之声……教六诗:曰风、曰赋、曰比、曰兴、曰雅、曰颂。以六德为之本,以六律为之音。

可见大师主要掌握音律,教授国子及在各种礼仪活动中率众乐工奏唱,是乐工之长。"六诗"由大师来教,并且"以六德为之本,以六律为之音","六诗"与《诗》有关,就是《诗》在不同场合不同情景下的使用方法。

"六诗"反映了周代国学声义并重的诗歌教授内容,以及由低级到高级、由简单到复杂的诗歌教授过程。"六诗"的教授带有很强的目的性和实用性,其目的就是使国子能"赋诗言志"。由于典礼仪式的不同,《诗》有了风、雅、颂的区分;同时由于具体使用方法的不同,又有了赋、比、兴之别。

我们认为"六诗"是指《诗》之用,即《诗》的用途或用法,而赋、比、兴则是具体使用方法。春秋时,《诗》的用途之一就是被用来"赋诗言志"。赋诗之赋是朗诵,"在赋诗的人,诗所以'言志',在听诗的人,诗所以'观志''知志'"。"赋诗者所取的是诗的'喻义'或'比义',赋诗者之意与诗意是在比喻意义上联系起来的。"所以,比即是将《诗》义变成一种喻义,以此来比附、比喻用诗者之意,借以言情达意。孔子在《论语》中的几句话可大致看出兴的用法。"兴于《诗》,立于礼,成于乐。"(《泰伯》)"《诗》可以兴,可以观,可以群,可以怨,迩之事父,远之事君,多识于鸟兽草木之名。"(《阳货》)

郑玄是第一个对赋、比、兴作出系统解释的汉儒。他注《周礼·春官·大师》"六诗"云:"赋之言铺,直铺陈今之政教善恶。比,见今之失,不敢斥言,取比类以言之。兴,见今之美,嫌于媚谀,取善事以喻劝之。"可以看出,郑玄的比兴仍是比喻之意,这在很大程度上是受了毛亨的影响。介于毛亨与郑玄之间的先郑(郑众)对比兴的解释也表明比兴已从《诗》之用转为《诗》之法:"比者,比方于物也。兴者,托事于物也。"说明比和兴的含义是不相同的,比属明喻,较明显;兴属隐喻,较隐微。比、兴都离不开具体的物,是两种以形象化、具体化为手段的表现手法。此外,约与郑玄同时的王逸在《楚辞章句》中对兴的阐述也表明兴已为《诗》之表现手法,其《离骚经序》曰:

《离骚》之文,依《诗》取兴,引类譬喻,故善鸟香草,以配忠贞,恶禽臭物,以比谗佞,灵修美人,以媲于君,宓妃佚女,以譬贤臣,虬龙鸾凤,以托君子,飘风云霓,以为小人。

王逸认为《离骚》用兴。他所说的兴也是比喻之意。朱熹《四书章句集注》解释兴为:"起也;感发志意。"相比而言,朱熹对兴的阐释更为允当,即:感发志意,感人兴起。感发志意,就是兴的用法。

综上所述,"六诗"之赋、比、兴是《诗》的三种使用方法,在使用方式上是逐层加深的。赋,侧重于音节的铿锵顿挫;比,侧重于意义的巧妙比喻;兴,侧重于情绪的激发感染。诗学"六义"是毛诗派对《周礼》"六诗"重新整合出来的诗学新范畴。比兴在先秦两汉经历了从《诗》之用到《诗》之法表现手法的巨大变化。比兴的这种变化也带来了诗学思想的重大飞跃,但它们作为诗歌创作表现方法却留存了下来。比兴是中国诗学最基本的范畴,随着文学的发展不断地显示出它巨大的包容力、生命力,它甚至成为了中国文学发展的一面镜子。

第五节 屈骚美学思想的拓展
——司马迁及关于屈原作品争论中的美学思想

两汉时期,对于屈原作品和汉赋的评价产生了广泛的争论。司马迁以对屈原人格精神的强烈认同感而作《屈原列传》,对屈原美好的政治理想、伟大的人格精神、坚贞的意志品格作了极高的评价,并继承屈原"发愤抒情"的美学传统。刘安、扬雄、班固、王逸等人都参与了这场争论。他们表现出不同的美学思想,对后世的美学发展起到一定的推动作用。

一 司马迁的美学思想

司马迁深受其父司马谈的影响,10岁就能诵读《左传》、《国语》等史籍,后又向今文学大师董仲舒学习《公羊传》,向古文学大师孔安国学习《尚书》。他不仅学习书本知识,而且注重社会调查。《太史公自序》云:

> 二十而南游江、淮,上会稽,探禹穴,窥九疑,浮沅、湘,北涉汶、泗,讲业齐、鲁之都,观孔子之遗风,乡射邹、峄,厄困鄱、薛、彭城,过梁、楚以归。

书本知识与实际的游历使他具有了深刻的思想与学识,这都为后来写作《史记》奠定了基础。司马氏父子以自觉的文化承担精神,完成了《史记》这部不朽著作的写作。

司马迁对后代产生重要影响的是他的"发愤著书"说。清代学者章学诚曾在其《文史通义·知难》中指出:"人知《离骚》为词赋之祖矣,司马迁读之而悲其志,是贤人之知贤人也。夫不具司马迁之志而欲知屈原之志……则几乎罔矣。"从中国美学发展史上可以看出,当贤者不得其志时,往往借助于艺术或著书立说来表达内心深处的抑郁与怨愤。观屈骚之创作与司马迁发愤而作《史记》,可以看出司马迁"发愤著书"与屈原的渊源关系。

司马迁"发愤著书"源于自我的人生悲剧,与屈原的"发愤抒情"一脉相承。屈原《九章·惜诵》云:"惜诵以致愍兮,发愤以抒情。"艺术家把遭遇人生坎坷所带来的生命痛苦,借助于文字将其抒发出来,这就是"发愤抒情"。朱熹《楚辞集注》云:"惜者,爱而有忍之意。诵,言也","言始者爱惜其言,忍而不发,以致极其忧愍之心。"司马迁在48岁时,遭受李陵之祸,蒙受奇耻大辱。他曾一度想到死,但他不愿自我的生命在毫无价值的情况下无声无息地结束,于是发愤著书,以求完成人生不朽之业。他在《报任安书》中说:

> 古者富贵而名磨灭,不可胜记,唯倜傥非常之人称焉。盖文王拘而演《周易》;仲尼厄而作《春秋》;屈原放逐,乃赋《离骚》;左丘失明,厥有《国语》;孙子膑脚,《兵法》修列;不韦迁蜀,世传《吕览》;韩非囚秦,《说难》、《孤愤》;《诗》三百篇,大抵圣贤发愤之所为作也。——此人皆意有所郁结,不得通其道,故述往事,思来者。乃如左丘无目,孙子断足,终不可用,退而论书策,以舒其愤,思垂空文以自见。

司马迁历数周文王、孔子、屈原、左丘明、孙子、吕不韦、韩非等"倜傥非常之人"的遭遇与成就,来说明"圣贤发愤之所为作"的道理。这里的"舒其愤"正是司马迁美学思想的实质所在。司马迁认为历史上伟大的文学作品,是"圣贤发愤之所为作也",这里不单单指像《诗经》、《楚辞》这样的文学作品,而且包括诸子百家以及一些政治、哲学、历史等著作。在司马迁看来,发愤抒情与著论立言的关系是密不可分的。我们可以从《史记》许多人物的传记中,看到司马迁的满腹怨愤。他写李广传,记叙李广战功赫赫,却不得封侯,并在晚年被迫自杀,"及死之日,天下知与不知,皆为尽哀"。司马迁悲其不幸,实际上是为自己的悲剧命运代言。写伯夷传,不详叙其事迹,却以议论为主,提出的一系列质疑,完全是对整个社会不平、天道不公现象的强烈控诉。据韩兆琦《史记通论》统计,《史记》全书所写到的悲剧人物约一百二十多个,使一部《史记》充满了浓郁的悲剧色彩。而伍子胥、郦生、魏豹、彭越、陆贾、贾谊等人,在他们身上都有司马迁个人的身世遭际的悲剧身影。尤其对屈原的人生遭际,他是感同身受,竭尽全力收集有关资料,把自己的抑郁悲伤倾泻在屈原传中。《史记·屈原贾生列传》云:

> 屈原疾王听之不聪也,谗谄之蔽明也,邪曲之害公也,方正之不容也,故忧愁幽思而作《离骚》。离骚者,犹离忧也。夫天者,人之始也;父

母者,人之本也。人穷则反本,故劳苦倦极,未尝不呼天地也;疾痛惨怛,未尝不呼父母也。屈原正道直行,竭忠尽智以事其君,谗人间之,可谓穷矣。信而见疑,忠而被谤,能无怨乎?屈原之作《离骚》,盖自怨生也。

又说:"余读《离骚》、《天问》、《招魂》、《哀郢》,悲其志。适长沙,观屈原所自沉渊,未尝不垂涕,想见其为人。"司马迁认为"人穷则反本",屈原把生命的全部价值和意义系于对政治理想的执著追求之中,"信而见疑,忠而被谤",发愤抒情的现象就自然产生了。司马迁的美学思想,揭示了艺术家的崇高精神世界与悲惨命运之间的悲剧性冲突在艺术创作中的作用。司马迁《悲士不遇赋》云:

> 悲夫,士生之不辰……虽有形而不彰,徒有能而不陈。何穷达之易感,信美恶之难分,时悠悠而荡荡,将遂屈而不伸。

生逢"盛世",却受到极大的压抑和冤屈;美恶不分,贤愚莫辨,自己却无可奈何,只有在他的《史记》中多次以生动的历史事实来表志抒怀。

司马迁"发愤著书"与屈原"发愤以抒情"同有一个价值前提,即追求生命价值之不朽。屈原在《离骚》中说:"老冉冉其将至兮,恐修名之不立。"他的"修名"与其"美政"理想紧密联系在一起。屈原特立独行,始终不愿变心从俗,也是在追求这种生命不朽的价值。司马迁在《报任安书》中说:

> 假令仆伏法受诛,若九牛亡一毛,与蝼蚁何以异?而世又不能与死节者比,特以为智穷罪极,不能自免。卒就死耳,何也?素所自树立使然也。人固有一死,或重于泰山,或轻于鸿毛,用之所趋异也。

砥砺名节,追求不朽,是司马迁生命中不可动摇的强大精神支柱。人生之"三不朽"是儒家思想为士人确立的价值标杆,也是司马迁铭记于心的生命追求。他在《与挚峻书》中说:"迁闻君子所贵乎道者三,太上立德,其次立言,其次立功。"司马迁在这里提出了一个人生价值观的问题,表明了一种积极进取的人生态度。他强调"立言"重于"立功",因为他认为立功人人可为,只有功的大小之分而已。而"立言"却并非人人可为,需要很高的文化素养、明辨是非的能力。司马迁认为屈原是达到了"三不朽"的伟大人物。屈原的人格精神始终感召着司马迁,他在写作《史记》时,本着"不虚美"、"不隐恶"的史家之笔,完成了"究天人之际,通古今之变,成一家之言"的不朽业绩。

鲁迅先生在《汉文学史纲要》中说司马迁的《史记》，"固不失为史家之绝唱，无韵之《离骚》"，正道出了作为史书的《史记》和作为诗歌的《离骚》在文化精神上的一脉相承之处。司马迁打破了正统儒家"中庸之道"的美学观，以个体与现实的对立，个人的悲剧对文学创作的影响，突破了儒家"和"的美学思想。他继承了儒家诗论中的"怨"、"刺"说，又有所发展，其目的不是归于社会的伦理道德，起到移风易俗的作用，而是歌颂那些志士仁人为了"弘道"而执著于对理想的追求。

二 关于屈骚与汉赋评价中的美学思想

屈原的作品是中国古代文学史上的伟大创造，它以丰富的想象和浓艳的文采立于文学史的巅峰。

首先给予《离骚》以高度评价的是刘安。据班固《〈离骚〉序引》，刘安认为："《国风》好色而不淫，《小雅》怨悱而不乱，若《离骚》者可谓兼之。蝉蜕浊秽之中。浮游尘埃之外，皭然泥而不滓。推此志，虽与日月争光可也。"对屈原的人格及其作品，作了高度的评价。继刘安之后，司马迁在《史记》中为屈原专门立传，开了文学家立传的先河。

但是，到了西汉末年，扬雄对屈原的评价就有所保留了；到了东汉的班固，则对屈原的为人及《离骚》的思想内容明确提出否定性评价。他们的这些观点，是在汉代推崇经学的背景下形成的，是用儒家的伦理道德来反对其他观念的时代产物。东汉的另一个文学家王逸，总结了汉初以来《楚辞》研究的成果，肯定了屈骚的历史地位。

扬雄是汉代著名的文学家，他首先对屈原的高尚的人品给予肯定，说他的品质如玉一般的晶莹，可以永垂千古："或问屈原智乎？曰：如玉如莹，爰变丹青，如其智，如其智！"(《法言·吾子》)但是在《汉书·扬雄传》中，他又表示出对屈原以身殉国的精神的不理解：

> 又怪屈原文过相如，至不容，作《离骚》，自投江而死，悲其文，读之未尝不流涕也。以为君子得时则大行，不得时则龙蛇，遇不遇命也，何必湛身哉！乃作书，往往摭《离骚》文而反之，自岷山投诸江流以吊屈原，名曰《反离骚》；又旁《离骚》作重一篇，名曰《广骚》；又旁《惜颂》以下至《怀沙》一卷，名曰《畔牢愁》。

儒家虽然讲"杀身以成仁"，但并不准备实行之，现实生活中往往采取明哲保身的态度,孔子就说过:"道不行,乘桴浮于海。"(《论语·公冶长》)扬雄主张:"君子得时则大行,不得时则龙蛇","治则见,乱则隐"(《法言·问明》)。从此人生哲学出发,当然就不能理解或赞成屈原的"湛命"了。这是个世界观的问题,不同的处世态度,对屈骚自会有不同的评价。

班固对屈原作品的评价,主要有两篇文章,一是《〈离骚〉序》,另一篇是《〈离骚〉赞序》(《全后汉文》卷二十五)。在《〈离骚〉赞序》中,班固对屈原的作品及人品都作了肯定。在给东平王苍所写的《奏记》中,他说:

> 昔卞和献宝,以离断趾;灵均纳忠,终于沉身。而和氏之璧,千载垂光;屈子之篇,万世归善。(《后汉书·班彪列传》)

可见他对屈原作品评价是极高的。但是,从儒家的正统忠君观来看屈原,他又认为屈原"责数怀王"是一种不正当的行为,所以在《〈离骚〉序》中,对屈原的作品和人品进行了全面的指责。他指出:

> 今屈原,露才扬己,竞乎危国群小之间,以离谗贼。然责数怀王,怨恶椒、兰,愁神苦思,(强)非其人,忿怼不容,沉江而死,亦贬洁狂狷景行之士,多称昆仑冥婚,宓妃虚无之语,皆非法度之政。经义所载。

认为屈原不知明哲保身,且"露才扬己",是有危害性的。班固的这一看法,与扬雄类似。他的结论是"虽非明智之器,可谓妙才者也"。他不赞成屈原的人格,却推崇他的才华,认为屈原的作品"弘博雅丽,为辞赋崇"。今天看来,班固的观点虽然并非一无可取,但总体倾向上是平庸保守的,在温和折中,显示了一种媚骨。

王逸对班固进行了反驳,并对以屈原为代表的《楚辞》进行了较为全面的研究与注释。他在为《楚辞章句》写的序言中,对屈原的人品和作品都作了充满激情的歌颂。针对班固以儒家经文责难屈原的人品,王逸也以儒家经文为据为屈原辩护。他在总序中说:

> 今若屈原,膺忠贞之质,体清洁之性,直若砥矢,言若丹青,进不隐其谋,退不顾其命,此诚绝世之行,俊彦之英也。

他以儒家伦理为依据,对班固的偏见进行了反驳。王逸指出了楚人受屈原的影响,"高其行义,玮其文采,以相教传"的事实,并认为屈原的作品将永垂不朽。他说:

> 自终没以来,名儒博达之士,著作辞赋,莫不拟其仪表,祖式其模

范,取其要妙,穷其华藻。所谓金相玉质,百世无匹,名垂罔极,永不刊灭者矣。

文学史的发展已经证明,王逸的看法的确是真知卓见。

王逸认为《离骚》之文,依托《五经》以立义焉",把文学作品与"五经"相比拟,是对文学作品内容的提升。他又说:"《离骚》之文,依《诗》取兴,引类譬喻",指出屈赋与《诗》在艺术手法上的相通,是对文学的艺术思维与表现手法的概括。至于他在《〈离骚经〉序》中所说的"故善鸟香草以配忠贞,恶禽臭物以比谗佞,灵修美人以媲于君,宓妃佚女以譬贤臣……",则是对屈原赋象征美学的揭示。

自淮南王刘安开始,中经司马迁、扬雄、班固和王逸,围绕着对屈骚的评价,展现了汉代美学思想的变迁。在汉初蓬勃向上的精神气候中,屈骚得到了高度的评价,司马迁作为一代有史识的学人对楚骚美学中的可贵精神进行了深层次的阐发;当经学盛行以后,统治者的气量越来越小,一些帮闲文人便出来指责屈骚的锋芒;当社会需要改革的时候,便又有人起来为屈原那直言进谏的精神辩护了。超越历史,我们看到,屈原在汉以后,终于在中国文学史上站住了脚,赢得了崇高的文学地位。一个民族总会把那代表了民族精神的伟大作品推向巅峰,使之永远流传。

第六节 汉代书法理论中的美学

中国的书法是通过书写文字的点、画、线的组合而构成的一种具体的造型艺术,其图像可表现人们对事物抽象的审美感觉,体现事物平衡、倚侧、协调、变化、疏散、急缓的意象,来展现作者的情感心绪与品格修养。中国文字的书写发展为一种高级的艺术,经历了一个漫长的历史过程。书法真正被当做一门独立的艺术来看待,是从秦汉代开始的。这期间出现了中国书法美学史上的一些著作,产生了深远的影响。中国的文字虽然来源于图画,却又不同于绘画的直接摹仿现实的物象,而是运用抽象的符号来营造意象。中国的书写工具是毛笔,毛笔具有弹性,可伸可屈、可疾可徐、可粗可细、可干可润,交错运用,变化无穷,故生意蕴,即形成书法艺术。

一 秦汉书法艺术

秦汉已有"秦书八体"之说,汉人许慎在《说文·叙》中说:

秦始皇帝初兼天下，丞相李斯乃奏同之，罢其不与秦文合者。斯作《仓颉》篇，中车府令赵高作《爰历》篇，太史令胡母敬作《博学》篇，皆取史籀大篆，或颇省改，所谓小篆者也。是时，秦烧灭经书，涤除旧典，大发隶卒兴役，戍官狱职务繁，初有隶书，以趣约易。而古文由此绝矣。自尔秦书有八体：一曰篆，二曰小篆，三曰刻符，四曰虫书，五曰摹印，六曰署书，七曰殳书，八曰隶书。

"八体"即八种书法的特点和风格。汉代小篆比较流行，并出现隶书，还有由隶书变化而来的"分书"①，以后又演化为章草、今草、行书、楷书（亦称隶楷）。这种演化与社会生活的实际需要相关，也与统治者的提倡分不开。汉高祖刘邦就曾与卢绾一同学书。(《汉书·卢绾传》)汉代的开国勋臣萧何、张良等也皆攻书，并有论书的著述。羊欣《笔阵图》说："何深善笔理，尝与张子房、陈隐等论用笔之道，何为前殿、覃思三月，以题其额，观者如流水。"至东汉光武帝后，章帝、安帝、灵帝都雅好书法，尤其是灵帝设立鸿都门学，善书之人云集，争工笔札，极一时之胜。康有为评论此时的书法说："书至汉末，盖盛极矣。其朴质高韵，新意异态，诡形殊制，融为一炉而铸之，故自绝于后世。"② 东汉后期形成比较系统的书法理论，在音乐文学之外，开拓了书法美学的领域。

二 "心画"说与"象形"说

"心画"说由扬雄提出。扬雄是当时著名的古文字学家，曾著有《方言》等著作，史传他多识奇字。平帝元始中，召集天下通小学者数百人征字于未央宫中，扬雄取其有用者，编成《仓颉训纂篇》34章。他对文字和书法都有很深的造诣。

在书法理论上，他在《法言·问神》中提出著名的"心画"说：

言不能达其心，书不能达其言，难矣哉！惟圣人得言之解，得书之体，白日以照之，江河以涤之，灏灏乎其莫之御也。面相之，辞相适，捈中心之所欲，通诸人之嗑嗑者，莫如言。弥纶天下之事，记久明远，著古昔之㗇㗇，传千里之忞忞者，莫如书。故言，心声也；书，心画也。声画

---

① "分书"，亦称八分书，"八"为相背之意，其笔法左右分布相背。
② 康有为：《广艺舟双楫》卷二《本汉》，四川美术出版社2003年版。

形,君子小人见矣。声画者,君子小人之所以动情乎?

这里扬雄所说的"书",是相对于"言"来说的,指书写的文字言词,本不专门指文字本身的造型艺术,但他提出"书"是"心画",则被后世许多人视为书法理论,因为文字的书写,必然包括书法在内。他还认为,这种声画是可以使人"动情"的,因此被后人看成广义的书法美学。清代刘熙载说:"扬子以书为心画,故书也者,心学也。"(《艺概·书概》)扬雄"心画"说影响书论深远,中国书论重视书法家个性、品格与书风的关系就滥觞于此。扬雄强调言和书都是人们心灵的表现,故书品与人品是相通的。"心画"说与汉代"情动于中而形于言"的诗论也是相通的,它启示了书论中关于形神的关系问题。扬雄认为"心"与"神"是统一的,万物的神理是通过人的心去体会的,这种体会可以通过人的"书"表现出来,感染别人。扬雄的"心画"说,开辟了书法与情感与人格关系的探讨,指出了书法的抒情表意的性质,强调了书法表现的特殊性。

"象形"说是由许慎提出的。许慎论书的核心是指出了中国书法的"象形"意义。他认为中国的文字是"象形"、"取物"形成的。这种观点受到易经的影响。《易传》的作者认为,八卦的符号起源于人对自然万物的摹拟,圣人正是以"观物取象"来达到对"意"的表达。许慎强调了中国文字的本源在"象形"。他说:

> 黄帝之史仓颉,见鸟兽蹄之迹,知分理之可相别异也,初造书契。百工以乂,万品以察,盖取诸夬。夫夬扬于王庭,言文者宣教明化於王者朝廷,君子所以施禄及下,居德则忌也。

许慎认为中国文学是从摹仿自然物象开始的,所以一开始就具有造型艺术的特点,具有艺术的特征和审美的价值。

许慎说:"仓颉之初作书,盖依类象形,故谓之文。""文者物象之本。"所谓"文"即指错杂成纹,与"画"的意义相近。《说文解字》说:"文,错画也,象交也。""文"带有"纹饰"、"装饰"的形式美特征,这个主张开启了中国后来的书画同源论。

"象形"论还表现在许慎对文字构成的"六书"理论中。"六书"为六种造字的规律,分别为指事、象形、形声、会意、转注、假借。在"六书"中,"象形"是最基本的构字特点。所谓"画成其物,随体诘诎",说明文字取法物象,与画相通的特征。再如"指事",许慎的解释是"视而可识,察而可见",也说明形象的重要。这成了后代书论中"尚象"理论的先河。

三　崔瑗的《草书势》

崔瑗,字子玉,涿郡安平(今河北深县)人。汉代著名书法家,尤善草书,师承杜度,书史上并称"崔杜"。他对后代草书影响很大,张芝即取法于崔、杜而成为汉代草书的集大成者。他的《草书势》是第一篇专论书法艺术的文章。它的出现,表明书法进入了一个自觉的时期,书法脱离了作为学术和文字的附庸的地位,而成为一门独立的艺术,这种自觉是随着草书的成熟而出现的。《草书势》原作已佚,目前见到的是《晋书·卫恒传》中保留的文字,可能已经后人修改。文章开始讲到文字的产生,接着讲草书:

> 草书之法,盖先简略;应时谕旨,周于卒迫。兼功并用,爱日省力。纯俭之变,岂必古式?观其法象,俯仰有仪;方不中矩,圆不副规;抑左扬右,望之若敧;疏企鸟跱,志在飞移;狡兽暴骇,将奔未驰。或黜点染,状似连珠,绝而不离,畜怒怫郁,放逸生奇。或凌遽而惴栗,若据槁而临危。旁点邪附,似螳螂而抱枝;绝笔收势,余綖虬结,若山蜂施毒,看隙缘蠮,腾蛇赴穴,头没尾垂。是故远而望之,漼焉若注岸崩涯;就而察之,即一画不可移。纤微要妙,临事从宜。略举大较,仿佛若斯。(《后汉书文》卷四十五)

崔瑗认为,草书的产生是社会发展的需要,在满足文字的实用之后,就追求其审美价值了。首先草书之美在其意象表现了动态美,表现了书写者高度的自由精神。这是"古代"的篆、隶等书无法比拟的。其次,提出"观其法象"的观点,指出了草书抽象符号中与各种现实中事物的意象联系,在"同形同构"中产生美感。再次,指出了草书能够表达创作者的情绪与意志,草书可以起到宣泄作者某种情绪的作用,观者通过欣赏可以感受到某种情绪。这样崔瑗的草书理论就把书法从单纯的摹拟再现物象说,提高到能表现作者的个性特征,是一种意象结合的抒情艺术的高度。这一理论对后代的书画理论产生了广泛的影响。

四　蔡邕的书法理论

蔡邕是汉末著名的文学家、书法家、音乐家,是一个兼通多种艺术的人物。熹平四年(175),灵帝诏诸儒正经文字,蔡邕用古文、篆、隶三种字体书丹于石,镌刻后立于太学门外,世称"熹平石经"。据说,他曾于鸿都门见工匠用帚写字而获得灵感,创造出别具一格的"飞白"书体。

蔡邕不仅擅书能文,而且谙于书道,留下了不少论述书法的著作。据《后汉书》,他写有《篆势》,原作已佚,但卫恒《四体书势》中的《篆势》,卫恒指明为蔡邕所作(《晋书·卫桓传》)。蔡邕另著有《笔赋》,被收入《艺文类聚》等书中。

首先,在书法理论上,蔡邕提出"势"的审美范畴。他的《九势》曰:"夫书肇于自然,自然既立,阴阳既生,形势出矣。藏头护尾,力在字中,下笔用力,肌肤之丽。故曰势来不可止,势去不可遏,惟笔软则奇怪生焉。"从中可见,他的"势"包含了字的形体与用笔两个方面的因素。中国书法,肇始于自然,自然物象,分阴分阳,刚柔交错,故书法要讲究形体之势和运笔之势。在点画和笔势上要讲究运动感和力度,使书法的"势"具有生命力。蔡邕继承了崔瑗《草书势》的理论,确立了书论中"势"的美学范畴。

其次,蔡邕指出了书法创作与作者情感之间的关系。他在《笔论》中说:"书者,散也。欲书先散怀抱,任情恣性,然后书也;若迫于事,虽山中兔豪不能佳也。"他认为书法的创作关键在于书者的心志要"散",也就是要保持感情的散淡,神意舒缓,然后才能使书写出来的字不粘不脱,聚散自如。他认为,书法创作,不能急功近利,迫于书写,急于求成;而是要摆脱功利进入无功利的纯艺术阶段才能达到探妙自然。这种艺术精神,与庄子的"游"的境界,"心斋"、"坐忘"与"解衣盤薄"的艺术精神是一致的。

再次,继承了"法象"理论,强调书法的象征意义。他说:"为书之体,须入其形,若坐若行,若飞若动,若往若来,若卧若起,若愁若喜,若虫食木叶,若利剑长戈,若强弓硬矢,若水火,若云雾,若日月,纵横有可象者,方得谓之书矣。"中国的文字起源于象形,因此,书法虽然以文字为书写对象,但文字所象征的自然万物,如日月星辰、山川河流、动植飞走,动态的静态的都可以是文字取法的对象,所以书法与自然之间有必然的联系。人们在欣赏书法作品时,往往会联想到自然物在人心中所引起的美感。蔡邕在《篆势》中描述到:

> 字画之始,因于鸟迹,仓颉循圣作则,制斯文体有六篆,妙巧入神。或龟文针裂,栉比龙鳞,纾体放尾,长翅短身。颓若黍稷之垂颖,蕴若虫蛇之芬缊。扬波振撇,鹰跱鸟震,延颈胁翼,势欲凌云。或轻笔内投,微本浓末,若绝若连,似水露缘丝,凝垂下端。纵者如悬,衡者如编,杳

杪邪趋,不方不圆,若行若飞,蚑蚑翩翩。

以自然界的物象来比喻书法的体势,在自然界的物象和人的心象以及文字的体势上,当构成一个"力场"的时候,书法的内在生命力才能被表现出来。蔡邕的结论是"纵横有万象者,方得谓之书矣"。这里面蕴涵着书法的书写符号与外在自然之间的内在联系。许慎以"象形"论构字法,崔瑗以"观其法象"论书写,蔡邕从"法象"论走向一种"象征"论;他们从物理、事理和心理的统一"力场"中找到书法的内在一致性。

蔡邕的书法美学,涉及到了书法的体势、运笔、情感、自然等多方面的内容,并在一个统一的框架内作了各种关系的论述,对书法美学的发展做出了自己的贡献。

思考题:
1. 简述秦代美学的特点。
2. 《吕氏春秋》美学思想的历史地位如何?
3. 汉代美学的发展分几个阶段?各有那些主要理论观点?
4. 怎样认识汉代经学影响下的美学?
5. 什么是谶纬美学?

第四章
魏晋南北朝美学

魏晋南北朝时期,中国古代美学进入完善和成熟阶段。美学思想脱离了对伦理学和经学的依附,获得了独立发展的天地,自然美学、人的生命之美和文艺美学全面繁荣。受玄学、佛学思辨智慧的浸润,魏晋南北朝美学思想具有突出的形而上的哲学美学的特点;同时,它又是从人物品藻中孕育产生的,其理论范畴和美学观念表现出鲜明的生命美学的特征。魏晋南北朝时期,社会动荡,思想自由,审美和艺术创造硕果累累,奠基和开创性质的文艺美学论著群星闪耀;这些扎根在审美与艺术活动土壤中的美学思想,具有穿越历史时空的生命力。

第一节 魏晋玄学与美学

魏晋玄学是魏晋南北朝时期思想文化的主导,玄学影响了这一时代美学思想的风貌。它直接开启了以万物自然和谐的生命为美、艺术的本体——情感和性灵、道之文与审美形式的创造、审美意象、审美想象、直觉体验、审美对个体生命的价值等一系列美学理论研究的方向和基本问题。魏晋南北朝美学沿着上述方向不断深化、丰富、壮大,取得了辉煌的成绩。

一 魏晋玄学对魏晋南北朝美学的影响

玄学是产生在魏晋时代的哲学思潮,它以《老子》、《庄子》、《周易》等"三玄"为阐释对象,解决当时的政治问题和知识分子的精神归宿问题。玄学阐发的《老子》、《庄子》和《周易》,是古代典籍中最具形而上哲学特色、包含了丰富的人生观内容的经典。魏晋人以新的精神阐释它们,著书立说,创造了自己新的哲学——玄学。玄学广为文士所谈论、体会、争辩、赏悟,成为广大文士重要的精神食粮,影响了他们的人生态度、审美意识、艺术创作、对自然的观赏和对人生的体验,并进而影响了他们的理论思维和美学思想。玄学对魏晋南北朝美学思想的影响是广泛和深远的,简而论之,主要有以下几点:

(一) 玄学抨击名教、崇尚自然,改变了魏晋美学思考的方向

玄学崇尚自然,抨击名教,认为天地万物以无为本,主张崇本举末。以无为本就是崇尚自然。玄学解决社会政治和人生问题的法宝就是"自然"。自然是天道,"天地任自然,无为无造,万物自相治理,故不仁也"(王弼《老子注·第五章》)。人道效法天道,"圣人达自然之性,畅万物之情,故因而不为,顺而不施……而物性自得也"(王弼《老子注·二十九章》)。什么不自然?汉末以来违背情感的虚伪的礼法名教最不自然,统治者苛刻的刑罚制度最不自然。王弼指出:"望誉冀利以勤其行,名弥美而诚愈外,利弥重而心愈竞。""崇仁义愈致斯伪。"(《老子指略》)"若乃多其法网,烦其刑罚,……则万物失其自然,百姓丧其手足。"(《老子注·四十九章》)所以,王弼主张:"圣人不以言为主,则不违其常,不以名为教,则不离其真,不以为为事,则不败其性,不以执为制,则不失其原矣。"(《老子指略》)无言、无名、无为、无执,万物自相治理,物性自得,万物之情畅,和谐自然,这就是"本",而仁义孝慈忠等人为的名教礼法都是末。这实际上是把封建社会几乎所有的制度、文化及其价值标准都划入"末"的范围。这种高扬自然、批判名教的思想,引起了文士对以儒家为主的形名礼法制度和文化形态的怀疑与否定,他们的理论视野跳出外在的政治、道德及礼法的范围,而更关注万物和人的自然本性,把目光更多地投向个体真实的情感和生命自身。

阮籍和嵇康提出"越名教而任自然",这不仅是要摆脱传统礼法制度及其文化的束缚,而且是抛弃了功名利禄和经世致用的人生价值,使人生活动的主要目标回到生命自身,人生价值的坐标也就漂移到个人精神、情感、心灵和肉体之上,审美等艺术活动也就由为外在的社会道德、政教人伦服务转而成为个人抒发愤懑、慰藉心灵、超越有限、遣情娱性、悦耳悦目,甚至玩味感性生命的纯个人的活动。这一切都给魏晋南北朝的美学思想带来了直接的影响。其一,美学几乎不再关注审美与艺术的社会功用问题和美与善的关系,其重心转移到审美与主体的关系、审美活动的特征和审美形式的创造上。它促使美学关注审美与个体生命体验之间的关系,从而开辟了中国美

学以审美感兴和体验为核心的思想发展的道路。其二,审美与艺术对个人精神心灵情感的价值成为主导的价值,审美从依附于政治、道德中解放出来,获得了自己独立存在的意义。

(二) 玄学情性自然观催生了以情为本的审美观的确立

玄学的自然本体论思想落实到人性上,就是王弼的"圣人有情论"。王弼说:

> 圣人茂于人者神明也,同于人者五情也。神明茂,故能体冲和以通无;五情同,故不能无哀乐以应物。然则,圣人之情,应物而无累于物者也。
>
> 夫明以寻极幽微,而不能去自然之性……而今乃知自然之不可革。(《三国志·魏书·钟会传》注)

王弼认为圣人比一般人智慧高,他能体悟到宇宙的本体——无和道的境界,同时,他也和常人一样,有喜怒哀乐的自然之性情。只是他应物而无累于物,其情感是一种不为欲所迁的自由的情感罢了。

玄学的情性自然观认为,人性的特点是自然和谐,人的情感和欲望只要近于自然和谐,就是"正情"和合理的欲望;人感物而动,产生各种丰富的情感,这是人性的自然反应;人把这种情感表达出来也是自然而然的,自然合理的事物也就分享了道的光辉。所以,刘勰说:"人禀七情,应物斯感,感物吟志,莫非自然。"(《文心雕龙·情采》)由此,情感的价值、抒发情感的审美与艺术的价值、情感作为艺术之本,在理论上就不容辩驳和怀疑了。所以,刘勰说:"文之为德也,大矣。"(《文心雕龙·原道》)

情性自然观使人的情感在一定程度上摆脱了封建道德的制约,获得解放,人性和人的情感可以展露出自己的本来面目。在魏晋南北朝文论中,人们反复强调文学表现情感、意趣、兴致、情韵、性灵、性情,几乎不提礼义的限制。对人的和谐自然的性、情、欲的肯定,也促进了人们对审美情感和审美快乐的理论思索。魏晋南北朝美学既追求审美的精神超越性,又始终在呼唤艺术的感性美,以增加美感中快乐和享受(精神享受和感性快乐的统一)的成分,所以,魏晋南北朝美学从"文以气为主"开始,到文学"惟须绮縠纷披,宫徵靡曼,唇吻遒会,情灵摇荡"(萧绎《金楼子·立言篇》)结束。它表明,审美以表现人的生命体验、情性自然为内容,以满足人的精神情感的快乐和享受为目的,这是贯穿整个魏晋南北朝美学思想的主线。

(三) 言、象、意之辩与意象和意境理论

玄学清谈中的言、象、意之辩对美学的影响很大,它促生了意象理论,并为中国古代美学的核心范畴——意境理论的出现奠定了基础。王弼《周易略例·明象》曰:

> 夫象者,出意者也;言者,明象者也。尽意莫若象,尽象莫若言。言生于象,故可寻言以观象;象生于意,故可寻象以观意。意以象尽,象以言著。故言所以明象,得象而忘言;象者所以存意,得意而忘象。

王弼是针对汉儒解《易》拘滞于象数、丢失了义理而陈说的,它却启发了魏晋文士对形象在审美活动中的重要作用的认识。陆机在《文赋》中首先提出文学创作中"意不称物,文不逮意"的问题,他所说的意是情与物的融合。刘勰把立文之道概括为形文、声文和情文;形文就是意象之美。刘勰"窥意象而运斤"(《文心雕龙·神思》)理论的出现,标志着意象理论在创作实践和美学思想中的自觉。

玄学追求本体的方法是得象忘言,得意忘象。在审美中,要把握审美对象的象外之意、文外之旨,也必须超越言象的局限;并通过超越言象的方式,把审美的象外之意与宇宙本体连接起来,体悟到天地自然的最高境界。这正是中国古代美学意境理论的重要特征。这一思想的萌生,得力于玄学言意之辩的理论成果。

(四) 道、玄、无对审美直觉体验理论的启迪

玄学用许多语言来描述宇宙的本体,其中道、玄、无是最常用的概念。玄学的本无是体现在万有之中,名言不能别析的无限;是自然而然。它在方而法方,在圆而法圆;没有方圆,也就没有玄学的本体——道。所以,这种本体就在万物之中,通过万物而展示出来。"天地虽大,富有万物,雷动风行,运化万变,寂然至无,是其本矣。"(王弼《周易·复卦》注)

道不是一个理智可以把握的知识对象,而是要用渗透着感性经验的直觉去体验。所以,玄学的思维方式强调玄照、玄悟或神悟。"玄"是说不用名言别析,"神"是强调神明的独特功能,"照"是在物我不分的观照中把握无限。玄照或神悟作为思维方式,就是物我相融、主客不分的直觉体验,这种

感物方式很容易通向审美的直觉体验。"神明"的另一个功能是感通万物。张湛说,当"神心独运,不假形器,圆通玄照,寂然凝虑"(《列子·汤问》注)之时,人的想象就像梦中的情景一样,或百年之事,或绝域之物,俯仰之间会纷至沓来。刘勰《神思》篇曰:"文之思也,其神远矣。故寂然凝虑,思接千载,悄焉动容,视通万里。"审美中的"神思"与玄学家的"神心"如出一辙。

玄学的无智、无虑、无心,因物之性,与物相冥的"玄照",本是讲怎样以无为无造的态度应物处世,体悟道,但这些哲学术语的内涵与审美中的直觉体验,审美态度的无概念、无目的性,审美中的物我交融状态,审美中神与物游的想象活动都有相通之处;加之玄学的道是贯通在天地万物的感性生命之中的,理论家把这些道理和概念用于解释审美活动,感物悟道的玄理也就逐渐被改造化生为美学中审美直觉体验和想象的理论成果了。

老庄和玄学原本就是一种偏于美学的哲学,它们的哲学概念使用和美相关的术语,它们的哲学本体是自然而然,无名无形;它们的人生观是反本,即回到自然和谐的素朴本真状态;这些只有在审美体验中才能具体真切地把握到。玄学能在根柢处,同时又在各个方面广泛、深入地影响魏晋南北朝美学,实与它的哲学本性有密切关系。

(五)玄学对宇宙本体的追求与美学的形而上特色

魏晋南北朝美学从不把艺术活动局限于形器层面,就像他们认为做琴的木材都禀天地之灵气一样,音乐、绘画、书法、文学都和天地自然之道是相通的。在看似繁多散乱的美学言论中,大都或隐或显的贯穿着这样一个纲。这一特点与魏晋玄学对宇宙本体的探讨有直接的关系。

魏晋南北朝时代,审美与艺术活动的最高目标是达到与宇宙自然和谐的生命本体相通的境界,王弼称之为"至美":"至美无偏,名将何生?故则天成化,道同自然。"(《论语释疑》)阮籍也是从宇宙和谐本体的层面来理解音乐的本质的。他说:"夫乐者,天地之体,万物之性也。合其体,得其性,则和,离其体,失其性,则乖。昔者圣人之作乐也,将以顺天地之体,成万物之性也……"(《乐论》)阮籍对音乐本体的论述其实质也是对审美活动的本体的理解。天地之体、万物之性就是生命本体、自然之道的体现,审美与之合拍了,就是和谐的,远离它们了,就是乖谬的。所以,自然和谐是审美的最高境界。儒家的和谐是节制带来的平衡,道家和玄学的和谐是天地任自然,是体天地之性,畅万物之情,是主体生命的自由和人的本性真情,是在天人合一中,宇宙万物生命自然自由自足的呈现。它是魏晋南北朝时期艺术所向往的最高境界。

宇宙之本源就在生命、大自然和造化之中,绘画美学中的"传神写照"、"气韵生动",文学美学中曹丕的"文气"论,陆机的"笼天地于形内,挫万物于笔端",刘勰的文原于道说,都是要以艺术畅万物生命之情,通天地之德,表现与道相通的自然和谐的生命境界。

(六)变化日新的发展观对南朝美学的影响

玄学主张与物迁化,心顺物动,也就是要顺应万物的变化,由此向积极方面推进就是变化日新的发展观。

郭象说:"夫天地万物,变化日新,与时俱往,何物萌之哉?自然而然耳。"(《庄子注·天运》)"游于变化之途,放于日新之流,万物万化,亦与之化……"(《庄子注·大宗师》)"夫礼义,当其时而用之则西施也,时过而不弃,则丑人也。"(《庄子注·天运》)

事物当其时则美,过其时则丑,文亦如此。所以魏晋南北朝人持文因时变的观点。在美学及文艺学研究中,人们以历史的发展变化的眼光考察文学艺术体裁、风格的源流变化。刘勰《文心雕龙·时序篇》曰:"时运交移,质文代变,古今情理,如可言乎!……歌谣文理,与世推移……文变染乎世情,兴废系乎时序。"在美学思想上,人们推崇新变。萧子显《南齐书·文学传论》云:"习玩为理,事久则渎。在乎文章,弥患凡旧;若无新变,不能代雄。"求新求变的美学思想成为魏晋南北朝审美与艺术变化、发展、繁荣的重要推动力。

二 魏晋南北朝美学概况

魏晋南北朝时代是中国古代美学思想最为繁荣的时期。美学思想繁荣的标志是:

其一,原创性美学思想硕果累累。在美学基本理论方面,奠定了中国古代以审美体验、审美感兴、审美形式创造等为核心的美学的基本风貌;揭示了审美活动贯通宇宙、万物和主体生命,与宇宙韵律和谐运动的最高境界;确立了审美与艺术活动对于实现个体生命完善、不朽、超越、自由和享受的独立价值。在美学形态方面,魏晋玄学清谈中的人物品藻,达到中国古代人物审美思想的最高水平;对于自然的审美,开创了中国古代自然美理论的基本形态;在艺术美学方面,建立了音乐、绘画、书法、文学等各个门类美学理论的基础。音乐美学中,嵇康的《声无哀乐论》在中国音乐美学史上可谓空谷足音,其所揭示的音乐艺术形式与人情感之间异质同构的思想,今天仍具有价值。绘画美学中,传神写照和气韵生动的思想,抓住了绘画艺术生命力的核心和精髓,使中国绘画从此走上了一条贯通宇宙本体、生命本源,包蕴形而上智慧的成熟的艺术之路。文学美学确立了文学的本体——审美情感;揭示了文学风格与主体生命之气的关系;探讨和总结了文学审美形式发展和创造的基本规律;在文学创作心理、文学想象活动、文学批评与鉴赏、文学追求言外之意和象外之旨等诸多方面,都取得了丰富的理论成果。

其二,建立了中国古代美学史上具有奠基性质的理论基点和审美范畴。魏晋南北朝时代,美学脱离了哲学、道德和政治的襁褓,形成了以文艺美学为主的相对独立的思想形态。支撑这一思想形态的重要范畴如:虚己应物,触物兴感,神与物游,即物悟道,文气说,缘情绮靡说,言外之意,性灵说,情景关系,情文关系,言、象、意关系,道与文,声律理论,形神关系,传神写照,气韵生动,自然,文质,神思,意象,风骨,神韵,滋味,通变,才,气,识,学等等,无不成为后代新的文艺美学思想的生发点,从而构建起中国古代美学理论的大厦。

魏晋南北朝美学思想的发展经历了从建安到南北朝几百年的时间,随着社会思潮的变化和审美与艺术活动的发展,审美风尚和美学思想也经历了一个演变、发展、丰富和成熟的过程。

(一) 建安美学概述

建安是一个充满建功立业氛围和蓬勃生机的时代。三曹父子及其周围的文人(邺下文人集团)冲破了汉儒虚伪僵化的名教束缚,重才、多情。他们关注黑暗动荡的现实,渴望实现建功立业、扬名后世的人生理想,又充满对个体生命短促的忧思感伤。这一切凝聚成史称"悲凉慷慨,梗概多气"的审美风尚,结晶为曹丕"文以气为主"的美学思想。

曹丕在《典论·论文》中说:"文以气为主。气之清浊有体,不可力强而致。""气"在魏晋南北朝时期的哲学和美学范畴中,指人和万物的生命及生命的本源。人的生命之气表现于作品中,作品就有了文气,有了生气贯注的特点和感通读者的审美感发力。曹丕所说的"气",其含义之一是指作家的气质个性,它融摄了一个人生命中所有的精神、情感、出身、教养、道德、习惯、才能、知识、自然气质等因素;它表现于作品中就是人独特的生命体验。"气"的含义之二,是指作家独特的生命体验外化为作品中情感运动的节奏。曹丕"文气说"还包含了这样的思想:审美及艺术活动是人的生命体验的外化,它具有非自觉、无意识和非理智的特点;人的道德、知识、学养、经历、见闻只有融入生命一气运行之中,成为有节奏律动和审美感发力的生命体验(情感),它才能成为审美与艺术活动的本体。

曹丕在《典论·论文》中第一次把文学创作的地位提到"立德"之上,看做与"立功"相同的人生重要的价值,并提出了"诗赋欲丽"的美学观点。三国时的秦宓曰:"夫虎生而文炳,凤生而五色,岂以五采自饰画哉?天性自然也。盖河洛由文兴,六经由文起,君子懿文德,采藻何其伤?"(《三国志·蜀书·秦宓传》)它们为晋宋齐梁时代人们追求审美形式奠定了理论基础。

(二) 晋代美学概述

两晋时代,玄学从哲学、政治领域向人的价值观念、人生态度、生活理想全面渗透,政治的黑暗和统治阶级内部的残杀,使西晋文士建功立业的理想破灭。个体与社会的分裂加剧,文士的情感寄托一方面投向自然山水,一方面投向个体生命自身;前者推动了自然审美的发展,后者以玄学清谈中的人物品藻为依托,形成了对人的精神、人格、个性、风姿美的全面深入的品评和鉴赏。东晋文士崇尚虚无,逍遥山水,回归田园,以玄学清谈、诗、酒、书、画、琴瑟为伴,追求适情任性和精神自由。文士们生活的审美与艺术化,也促进了山水田园诗、音乐、绘画、书法等艺术及其美学思想的发达,促进了人们对自然美的丰富感受和深入思考。晋代在文学艺术方面群星璀璨,顾恺之的绘画,阮籍、嵇康的诗文音乐,陆机、葛洪的文学,王羲之、孙绰等人关于自然美的理论,都是这一时期的代表。

晋代文士在对汉赋的反思中确立了自己的语言形式观,他们既追求绮丽的语言形式,又以主体的情感和审美体验作为语言的准的和依归;他们在对山水自然的审美中,确立了情物交融的审美感兴和审美体验的思想,并在音乐、书法、文学等艺术活动中,自觉追求审美与艺术的弦外之音、文外之意和象外之旨。

(三) 南朝美学概述

南朝历经宋、齐、梁、陈四个王朝。这一时期,审美及美学理论在一个宽松自由的环境中蓬勃发展。南朝人的精神世界宽容、平静、务实、开放,他们爱山水,爱美景,爱美人,爱美文,爱光色灿烂、圆转流利、悦耳娱目的一切。南朝文士在儒、释、道(玄)之间左右逢源,却并不执著于其中任何一家的思想。他们在思想、文化、审美方面具有综合和兼容并包的心胸和自觉意识。刘勰、钟嵘在吸收前人思想成果的基础上,完成了自己独立的文学美学著作《文心雕龙》和《诗品》。宗炳的《画山水序》、王微的《叙画》、谢赫的绘画六法,既是中国古代绘画美学的奠基之作,也达到绘画美学思想的高峰。

南朝时期,人们对审美活动的特质有了进一步的理解,他们在论述审美与艺术活动的特征时,在性情之外增加了性灵、生灵等概念。萧子显《南齐书·文学传论》曰:"文章者,盖情性之风标,神明之律吕也。蕴思含毫,游心内运,放言落纸,气韵天成。莫不禀以生灵,迁乎爱嗜,机见殊门,赏悟纷杂。"这是齐梁时期美学思想的新变化。这种变化的意义是进一步淡化了理智思维和道德礼教对审美情感的影响,突出了审美情感的直觉体验的特征。把审美判断、审美创造和人所禀受的灵气、灵明联系起来,看成人完整的生命的表现,这是对审美活动认识的深化。

南朝诗人、美学家自觉研究和总结审美形式创造的规律,他们发现了用典、用事、对偶、排比、比喻等各种方法,以增加文学形式的对称美、节奏美和悦目的感性美。沈约等人从音乐形式的数学性和可操作性受到启发,努力把文学的声音美变成可操作的规律和形式。他们最终为文学寻找到了"宫羽相变,低昂舛节,若前有浮声,则后须切响。一简之内,音韵尽殊,两句之中,轻重悉异"(沈约《宋书·谢灵运传论》)的音韵组合规律,为中国古代诗歌的声律理论做出了贡献。萧绎《金楼子·立言篇》曰:"吟咏风谣,流连哀思者,谓之文……至如文者,惟须绮縠纷披,宫徵靡曼,唇吻遒会,情灵摇荡。"他对文学特征的界定,代表了魏晋南北朝时期人们对于文学审美情感和形式的把握和理解。

(四)北朝的审美风尚和南北审美趣味的交融

北朝历经北魏和北齐、北周,其审美风尚是关注社会现实,重视审美的社会功用,崇尚质朴、刚健的风格。

北魏孝文帝设立乐府,搜集整理民歌民谣五百余首。这些来自民间的北魏乐府民歌,对北朝文人质朴和直抒胸臆的创作风貌有直接影响。北方天高土厚、山峻川深,自然环境的奇壮艰险,生活、劳作的艰辛,使人生命力奋发,情感易于勤勉、淳厚、勇猛,发而为音,亦质朴、苍凉、粗犷、劲健。

卫元嵩《三易异同论》曰:"夫尚质则人淳,人淳则俗朴;朴之失,其弊也蠢。尚文则人和,人和则俗顺,顺之失,其弊也诡。诡则变之以质,蠢则变之以文……斯文质相化之理也。"这表现了南北朝审美趣味要求交流融合的思想。从北魏孝文帝之后,北朝审美趣味逐渐受到南朝的影响。唐代正是在融合南北审美趣味的基础上,创造了自己文质彬彬、尽善尽美的艺术作品。

第二节 魏晋南北朝的自然美学

魏晋南北朝的自然美学思想是对中国古代传统文化的开拓。它塑造了中国人丰富深情、与大自然相依相存、相感相通、栖身大自然、心灵得安居的文化心理,孕育了此后中国文学、艺术的重要流派——山水诗和山水画;同时,它也为今天人们重新审视自然,把自然作为人的存在之本,作为人情感、精神意义的重要来源,提供了哲理性的思考。

一 自然美兴起的历史文化背景

魏晋南北朝时代,大自然全方位地进入文士的审美视野。自然审美意识在魏晋南北朝时代突然高涨,有着具体的历史原因和文化背景。魏晋南北朝时代,文士觉醒了的自我意识必然要外化到客观事物上,社会现实中的政治、功名、仕途不堪寄托,这些情感精神便移向自然界。人们丰富的深情更多地移入大自然中,从而推动了自然美的兴起。

"桓公北征经金城,见前为琅邪时种柳,皆已十围,慨然曰:'木犹如此,人何以堪!'"(《世说新语·言语55》)一棵柳树为什么让人慨然兴叹?是因为人有太多的物是人非、生命短促的人生体验,这体验投射于眼前的景物,这景物就成为审美对象。

"卫洗马初欲渡江,形神惨悴,语左右云:'见此茫茫,不觉百端交集。'"(《世说新语·言语32》)卫玠在国破家亡之际将逃亡江南,茫茫江水成为他情感的载体。他说:"苟未免情,亦复谁能遣此!"(同上)社会的动乱,精神的漂泊无依,个体生命意识的觉醒,使魏晋南北朝人情感空前丰富、强烈、深沉、敏感,像琴弦,偶有微风轻触,也会泠泠有响。人以情观物,无物不具情味,无物不能审美。这是自然美觉醒的最简单、最直接,也是最重要的原因。

在精神文化方面,魏晋南北朝时期,《庄子》及玄学倡导回归自然,它们把天地之自然作为至真、至善、至美的境界。大自然最完美地体现了这种美的最高境界,所以,自然界在当时人们的心目中就具有了更多的审美价值。

自然一词在王弼玄学中是指自然而然。阮籍在《达庄论》中首次将自然和天地万物并称。阮籍说:"自然者无外,故天地名焉。天地者有内,故万物生焉。"阮籍接着描绘了一幅宇宙中万物生命和谐运动的画卷:

> 月东出,日西入,随以相从,解而后合。升谓之阳,降谓之阴。在地谓之理,在天谓之文。蒸谓之雨,散谓之风。炎谓之火,凝谓之冰。形谓之石,象谓之星。朔谓之朝,晦谓之冥。通谓之川,回谓之渊。平谓之土,积谓之山。男女同位,山泽通气。雷风不相射,水火不相薄。天地合其德,日月顺其光。自然一体,则万物经其常。入谓之幽,出谓之章,一气盛衰,变化而不伤。是以重阴雷电,非异出也;天地日月,非殊物也;自其异者视之,则肝胆楚越也;自其同者视之,则万物一体也。(《达庄论》)

这就是天地万物和谐运行的无声之大乐,是玄学所说的宇宙本体,造化自然。这些无穷无尽的事物,一气贯通而和谐地运动变化。它们同是一气所生,同具生命运动的特点,所以万物一体。人也是这和谐的自然中的一员。"万致不相非,天人不相胜,故旷然无不一。"(《达庄论》)它是魏晋南北朝时代人们所理解的自然美的最高境界,也是这一时代人们理解自然美的哲学基础。

在中国古代,农业社会的生活使人与大自然朝夕相处,从而更容易对天地万物产生情感。古人常在日升月落、斗转星移、四时变化、春花秋实、生长壮老中感受到天体的运动和时序的运行,感受到万物在天地与四时(即宇宙)的运动中和谐、自然、有序地生存、发展、变化。他们觉得这就是宇宙奏出的无声之乐——天籁,走向自然、与大自然融为一体就是加入这天籁的和奏之中。

魏晋南北朝时代,社会政治动乱多于安定,被卷进政治漩涡的名士多遭到迫害,加之玄学流行,大多数文士摒弃了儒家积极用世的人生理想,选择以保性全真、个体精神自由逍遥为目标的人生理想,所以,有众多的玄学名士、佛教高僧、诗人、艺术家、官吏,因种种现实原因,选择了走向山水自然,把大自然作为精神的安息地。从此,沉寂的自然山水中有了人的眼睛、呼吸、感觉和灵魂。山不在高,有"人"则灵,美不自美,因人而彰。大自然无穷出清新的形貌、丰富的情感意义和精神价值被充分地体验和发现,极大地促进了这一时代自然审美意识的发展。

二 魏晋南北朝时代自然美的形态

自然美在魏晋南北朝主要表现在三个领域，一是动物、植物、日月星辰、风雨雷电等自然物和自然现象，二是田园生活，三是山水自然。具有儒道合一色彩的玄学对魏晋南北朝人的体物方式和艺术趣味的影响，使这一时代人们对自然美的发现和欣赏，奠定了此后中国古人对自然情感体验的方式和基调。

在自然审美意识广泛兴起的初期，《周易》卦象中天、地、山、泽、水、火、风、雷启发了魏晋人对这些自然对象的精神和情感价值的体验。《全晋文》中有许多赋是直接咏这八种事物及其相关景象的。傅玄的《风赋》曰："嘉太极之开元，美天地之定位。乐雷风之相薄，悦山泽之通气。"表现了对宇宙、天地、风雷、山泽等自然物的嘉、美、乐、悦的审美情感。"玄像混耀，万物含灵。"(庾阐《虞舜像赞》)魏晋人对于任何一个自然物的欣赏，都从它在天地间被孕育、秉受生命之气开始，将其与宇宙本体沟通，使其体现出形而上的宇宙意识和生命情调。

东晋时期的"顾长康从会稽还，人问山川之美，顾云：'千岩竞秀，万壑争流，草木蒙笼其上，若云兴霞蔚。'"(《世说新语·言语88》)此时的审美体验中没有玄风佛理，也没有道德的比喻或言志，而是人自由而充满生气的心灵对万物蓬勃生机的审美感受。魏晋南北朝自然审美意识比前代的发展就体现在这里。

田园之美是魏晋南北朝时期自然美的形态之一。它的美较多地折射出农业文化和儒家审美风格的气息。山水之美则较多地体现了玄道和佛理的影响。

田园之美是融四时风景和人的劳作、生活于一体的，因而具有朴实、亲切、温暖、生活化的特点。其审美取向受农业文化敬天重时、务实勤朴的影响，又与儒家强调的化育万物，四时行，百物生的天地之心有一定联系。它主要表现天地间的仁爱温暖和万物之欣欣向荣，即乐生的情怀。傅玄的《阳春赋》曰："乾坤氤氲，冲气穆清。幽哲蠢动，万物乐生。依依杨柳，翩翩浮萍，桃之夭夭，灼灼其荣。繁花晔而耀野兮，炜芬葩而扬英；鹊营巢于高树兮，燕衔泥于广庭；睹戴胜之止桑兮，聆布谷之晨鸣。"其景物多取自田园风光，表现春天生命的繁荣。陶渊明诗中关于田园景物的描写也大都表现了这样的情调:"平畴交远风,良苗亦怀新"(《癸卯岁始春怀古田舍二首》),"日暮天无云,春风扇微和"(《拟古九首》),"孟夏草木长,绕屋树扶疏,众鸟欣有托,吾亦爱吾庐"(陶渊明《读山海经十三首》)。感受田园生活的自然、自由和真朴,感受万物生命的欣欣向荣和天地间温暖的生意,是中国古代人们欣赏自然美的重要形态。

魏晋南北朝时代,人们对山水自然的欣赏和理论描述最为丰富,文士们藉山水悟道,在自然山水中,感受哲理性的宇宙情怀和深沉高远的人生体验。

在魏晋南北朝文士心目中,"太虚辽阔而无阂,运自然之妙有,融而为川渎,结而为山阜。嗟台岳之所奇挺,实神明之所扶持"(孙绰《游天台山赋》)。神奇灵妙的山水是宇宙生命和造化自然的杰作。宗炳说:"山水以形媚道",其"质有而趣灵"(《画山水序》)。所以,魏晋南北朝文士在自然山水中观道,"悟幽人之玄览,达恒物之大情,其为神趣,岂山水而已"(《庐山诸道人游石门山诗序》)。本来,"道"在魏晋南北朝文士心目中就是一幅一气贯通、生命和谐运动的画卷,而在山水中徜徉的又是王羲之、孙绰这样的玄学名士、佛教徒和诗人、文学家。他们既有玄心,有很高的哲学、审美与艺术修养,又有对人生深刻的体会,所以,他们对自然山水的体验往往更显出哲理与审美的水乳交融。

王羲之的《三月三日兰亭诗序》记录了他们在兰亭观赏自然风景、流觞曲水的审美体验:

> 是日也,天朗气清,惠风和畅。仰观宇宙之大,俯察品类之盛,所以游目骋怀,足以极视听之娱,信可乐也。
>
> 向之所欣,俯仰之间,已为陈迹,犹不能不以之兴怀,况修短随化,终期于尽!

这种丰富深沉的宇宙情怀和生命体验是对自然山水审美的极致。

三 魏晋南北朝时代自然美的审美价值

魏晋南北朝文士认为,自然美是造化之功,它的天然无饰,具有人工所不可企及的魅力。"云霞雕色,有逾画工之妙,草木贲花,无待锦匠之奇。"(《文心雕龙·原道》)所以,自然美的价值高于艺术和人的美。

大自然以其众多的娱目欢心之物,满足了文士们高雅而又惬意的人生享受。孙绰说在大自然中"永一日之足,当百年之溢"(《三月三日兰亭诗序》),可见自然美给魏晋南北朝人带来的巨大的快乐。

自然美是人的精神、心灵的对象化,它极大地丰富了魏晋南北朝文士的生活情趣和精神世界。支道林养马,是为了观其神骏。王子猷暂时借住别人空宅子,便令种竹,说自己不可一日无此君。他们既是在观赏骏马修竹,又是对自己人格、精神和意趣的体味。

自然美可以抚慰和净化人的情感。孙绰《三月三日兰亭诗序》云:"故振辔于朝市,则充屈之心生,闲步于林野,则辽落之志兴……屡借山水,化其郁结。"人们"席芳草,镜清流,览卉木,观鱼鸟。具物同荣,资生咸畅",情感完全融化于大自然蓬勃的生命之中,变得宁静、宽广、纯粹而舒畅。"群籁虽参差,适我无非新。"(王羲之《兰亭诗》)自然美以其生动直观的形象,丰富和强化了人的自我意识,回馈给魏晋南北朝一个情趣盎然的世界。

王羲之《游名山志序》云:"夫衣食,生之所资;山水,性之所适。今滞所资之累,拥其所适之性耳。"魏晋南北朝文士摒弃社会现实,却并未出世,他们在人世间的山水田园中找到了精神自由和心灵安居之地。

第三节 魏晋南北朝的生命意识

魏晋南北朝美学思想产生于玄学清谈中的人物品藻。人物品藻就是名士之间对人格、精神、气质、风度、个性、容貌、语言之美的鉴赏和品评。它是这一时代人对个体生命之美的觉醒、欣赏、流连和彰显。魏晋时代玄学清谈及人物品藻活动的事迹,大多记载在南朝刘义庆编撰的《世说新语》一书中。在中国古代美学中,对人的美如此集中地加以探讨、评论和品味的,唯有魏晋时代。他们对人的美的思考超出了纲常名教中忠、孝、仁、义、慈、礼等单一的社会角色定位,突出强调作为独立个体的人所具有的生命之美;这独立的生命也没有被减缩为道德楷模,或为朝廷、国家效力的工具,而是感性丰盈的人的精神、情感、风度、个性、言谈举止、欲望嗜好、容貌、姿态等生命本身。

一 人自由玄远的精神之美

魏晋时期认为,人的美首先在于人的精神世界的丰富、深邃、高远、广阔、超越、自由。《世说新语》中有许多这样的记述:"太尉神姿高彻,如瑶林琼树,自然是风尘外物。"(《世说新语·赏誉16》,以下引文只注篇名)"武王姿貌短小,而神明英发。"(《魏氏春秋》)"林公器朗神俊。"(《赏誉88》)

魏晋人创造了许多鉴赏人精神美的概念,如风神、神姿、神俊、神明、神怀、神清、神颖、神情、天韵、神气等等。人的内在精神是看不见的,它必须通过人的行为、言谈、举止和整体的生命姿态呈现出来。内在精神表现在人的生命姿态上,就是风神、风姿、风韵。"风"是一种飘荡在具体的形质、事件、行为之上的审美感发力,它像轻风掠过一样使人获得身心的感发和享受。魏晋南北朝人创造了风神、神姿、风姿、风度等一系列人物欣赏的名词术语,使微渺不可见的精神世界有了感性生命的特征,也使人质实的行为、举止、形貌有了虚灵的精神性魅力。

魏晋南北朝时代,人们最推崇的精神美是超越于社会政治、道德名教等世情之上的高情远致和精神自由。孙绰《庾亮碑文》曰:"公雅好所托,常在尘垢之外……而方寸湛然,固以玄对山水。"王羲之评价庾亮"唯丘壑独存"(《容止24》)。方寸湛然和丘壑独存就是对人精神超越、自由、玄远的高情远致的描述。竺法深的"君自见其朱门,贫道如游蓬户"(《德行48》),陶渊明的"结庐在人境,而无车马喧",郭象的"身在庙堂之上,心无异于山林之中",都是这种人格理想和精神境界的表现。

玄远的高情远致其目光所极处,就是与幽渺深远的道相接。郭泰称赞黄叔度曰:"叔度汪汪如万顷之陂。澄之不清,扰之不浊,其器深广,难测量也。"(《德行3》)桓公评(高坐)曰:"精神渊著。"(《赏誉48》)都是推崇人的精神世界的玄远、深广和微妙无穷。

二 人的自然真情之美

建安时代思想氛围相对自由。曹氏父子及文士们行为通脱,自由随意,不受名教束缚。魏晋玄学崇尚自然,也推动了人的自然情性的解放。尤其是竹林七贤中的阮籍和嵇康,他们越名教而任自然,不仅在理论上倡导以真情自然为美的人格理想,而且以蔑视礼法、放达不羁、人格独立的行为,为魏晋南北朝义士树立了自然真情之美的典范,形成了整个魏晋时代文士以摆脱名教礼法、任心而动、情感自然真挚、行为放达为美的潮流。所谓魏晋风度,首先就是指能超越封建礼法名教和世俗的价值观,任心而动和人格独立不羁。

《名士传》记载:裴楷"行已取兴,任心而动,毁誉虽至,处之晏然"。一个人能按照自己的意愿去生活,不屈就于世俗的价值标准,不被外界是非荣辱所左右和羁绊,内心的自信和独立达到这种程度了,他也就"毁誉虽至,处之晏然",能任自己真性情而行动了。嵇康把这样的人称之为"高行之美异者"(《释私论》)。

人是有情的自由生命,人能真实无伪地按照自己的真性情去生活、做人,这正是人生命的意义、价值和快乐之所在。陶渊明在"真风告逝,大伪斯兴"(《感士不遇赋》)的世风中,毅然辞官归田,以真旷的胸怀,过着适情任性、真朴自然的生活,达到了很高的人生境界。

自然性情是人的生命力的表现,情感的自由解放会使人的生命状态变得无比自由、丰富、开阔、深挚。"桓子野每闻清歌,辄唤'奈何!'谢公闻之曰:'子野可谓一往有深情。'"(《任诞42》)王子敬曰:"从山阴道上行,山川自相映发,使人应接不暇。若秋冬之际,尤难为怀。"(《言语91》)

王戎说:"圣人忘情,最下不及情,情之所衷,正在我辈。"(《伤逝4》)这是魏晋人以自然真情为美的自画像。"行己取兴,任心而动。"这是人生命的自由状态。以真情自然为美,就是以生命自由为美,审美对人的解放、对文化教条的颠覆,其意义尽在此中。

三　人独立的自我意识与个性美

魏晋南北朝时代,人是以千姿百态的个性美进入当时人们的视野之中的。个性是一个人不同于别人的特点,对个性的自觉,以独立的自我意识为基础。魏晋南北朝人很欣赏人独立的自我意识和独特的个性美。

> 桓公少与殷侯齐名,常有竞心。桓问殷,"卿何如我?"殷云:"我与我周旋久,宁作我。"(《品藻35》)

魏晋南北朝人认为,任何一个个体,都有他不可取代的价值,所以,做自己最好。这既是他们人格独立的表现,也是他们对自我生命存在的自信、自豪、自尊、流连与欣赏;由此而推己及人,对于不同于自我的别人的个性,也能够包容和欣赏。桓玄曾问刘瑾自己和王子敬相比如何?刘瑾回答:"栌、梨、橘、柚,各有其美。"(《品藻87》)

魏晋南北朝时代,人们对人格与个性美的欣赏不仅丰富多样,不拘一格,而且喜欢那些瑕瑜互见、真实生动、可爱未必可敬的人的个性和魅力。苟粲是三国时期有名的玄学家。他个性鲜明,真率深情,时常语出惊人,常说"妇人德不足称,当以色为主"。(《惑溺2》)行为更是骇俗:"荀奉倩与妇至笃,冬月妇病热,乃出中庭自取冷,还以身熨之。"夫人死了,他悲哀伤神,"痛悼不能已已。岁余亦亡。亡时年二十九"(同上)。这种惊世骇俗的行为和语言曾被世人所讥讽。人们虽然批评他"褊隘"、"惑溺",但仍然生动地记录下这一切,实际上很欣赏他深情、率真、语出惊人的个性。《世说新语》共36章,有12章记录关于"忿狷"、"假谲"、"纰漏"、"汰侈"、"惑溺"、"仇隙"等故事,虽然是一些不完美、有瑕疵的人物和行为,但人物个性极鲜明,虎虎有生气,展示了人生命真实无伪的原生态。魏晋南北朝人欣赏这样的鲜明生动的个性,他们不喜欢那些正襟危坐、心灵枯燥,虽没有缺点,但也没有个性和生命之气的人。

庾道季云:"廉颇、蔺相如虽千载上死人,懔懔恒如有生气。曹蜍、李志虽见在,厌厌如九泉下人。人皆如此,便可结绳而治,但恐狐狸猯狢啖尽。"(《品藻68》)

如果满社会的人都像曹蜍和李志这样,愚钝老实,心灵滞塞,死气沉沉,没有个性,虽然他们不会乱礼法,犯错误,国家可以结绳而治,安享太平,但人恐怕就被狐狸等野兽吃光了。关注人的个性美,关注人生气勃勃的真实的生命之美,是中国古代人物审美思想的进步。

四 人的智慧、才辩和语言之美

魏晋南北朝时代,其社会风气是重智慧才气,轻道德、事功。人的智慧主要是指玄学思辨和领悟的智慧;人的才气更多表现为辩才和文才。

诚如宗白华所说,魏晋南北朝人富有柏拉图所说的爱智的热情。他们探讨起哲学问题可以通宵达旦,废寝忘食。"许掾(询)尝诣简文,尔夜风恬月朗,乃共作曲室中语。襟怀之咏,偏是许之所长。辞寄清婉,有逾平日。简文虽契素,此遇尤相咨嗟,不觉造膝,共叉手语。达于将旦。"(《赏誉141》)他们对哲学智慧由衷地热爱和欣赏。魏晋时期有许多玄学沙龙,文士们以主、客(即正、反方)的形式对某一哲学问题相互发难,揭示对方理论中的矛盾,激发智慧,展示辩才和机智敏捷的思维能力。有时候人们沉浸于论辩双方辩才的机敏,应对的锋颖流利和语言之美,对其所辩论的道理也无暇去深究了。"支道林、许掾诸人共在会稽王斋头,支为法师,许为都讲,支通一义,四座莫不厌心。许送一难,众人莫不抃舞。但共嗟咏二家之美,不辨

其理之所在。"(《文学40》)

语言能力就是人聪明、才气和智慧的表征,崇尚人丰富的内心世界之美,必然崇尚语言。支遁论《庄子·逍遥游》:"作数千言,才藻新奇,花烂映发",使听者"披襟解带,留连不能已"(《文学36》)。语言还是外化人风度情感的重要媒介,它能传达出丰富的生命意蕴。《宋书·张敷传》云:张敷"善持音仪,尽详缓之致。与人别,执手曰:'念相闻',余响久之不绝。"何况,语言的形式美是那样动人的心弦:裴颜"以辩论为业,善叙名理,辞气清畅,泠然若琴瑟。闻其言者,知与不知,无不叹服"(《文学19》)。在魏晋南北朝时代,语言美是人生命之美的重要方面。

五 人的形貌风姿之美

古希腊文化中感性和理性的和谐,表现在它陶醉于对美好人体由衷的欣赏。中国的魏晋南北朝时期,人们在崇尚人的精神、智慧的同时,对人的感性生命形式——形体相貌之美也赞叹留连不已。

崇尚自然,必然重视人的感性生命。形体相貌是造化自然的作品,魏晋南北朝人崇尚人生命自然的本色美。

> 裴令公有俊容仪,脱冠冕,粗服乱头,皆好。(《容止12》)
> 嵇康"长七尺八寸,伟容色,土木形骸,不加饰厉,而龙章风姿,天质自然"。(《容止5》)

"土木形骸"就是对形体外貌不在意,不加修饰。他们欣赏人的姿容美,是在观赏这些姿态中流动着的生命之气:裴楷"双目闪闪,若岩下电,精神挺动,……"(《容止10》)"林公双眼黯黯明黑,……棱棱露其爽。"(《容止37》)"庾子嵩长不满七尺,腰带十围,颓然自放。"(《容止18》)"刘伶身长六尺,貌甚丑顇,而悠悠忽忽,土木形骸。"(《容止13》)连人的醉态都有美的神韵:山公曰:"嵇叔夜之为人也,岩岩若孤松之独立;其醉也,傀俄若玉山之将崩。"(《容止5》)这是人物美欣赏中很高超的审美经验,它和中国绘画艺术的精神是一致的。

魏晋南北朝对人形貌的欣赏总是和人的神明、情感及智慧融为一体的。这样,人的风姿之美就焕发出无穷的光辉,对人产生极大的审美感发力。慧远"神韵严肃,容止方棱,凡予瞻者,莫不心形战栗"(《高僧传》)。这是带有敬、惧色彩的崇高的美感。"时人目'夏侯太初如日月之入怀'。"(《容止4》)

其风姿之美使人胸怀变得光明澄彻:"王平子与人书,称其儿'风气日上,足散人怀。'"(《赏誉 52》)美的风姿气度可以使人胸怀开阔,情感高畅。周子居常云:"吾时月不见黄叔度,则鄙吝之心已复生矣。"(《德行 2》)这是在对人精神气度的审美欣赏中,获得人格提升、心灵净化的美感。

魏晋南北朝文士审美目光中的人,是那样精神高远、情韵连绵、聪明智慧、才气秀逸、语言动人、生气勃勃。人是美的内在尺度,对人生命之美的理解,常常是一个时代审美理想的体现;审美又是一种生命体验活动,魏晋南北朝文士对人生命之美的欣赏领悟,也启发了这一时代美学的生命特点和人们对艺术生命特征的把握。

第四节 魏晋南北朝绘画美学

魏晋南北朝时代,绘画艺术较之汉代有了很大进步。人物画由汉代重视外在动作的生动变化发展为对人物灵妙的风神、精神的表现;山水审美意识进入绘画领域,出现了山水画这一新的体裁。绘画艺术的发展促进了绘画理论和绘画美学思想的繁荣,出现了顾恺之的画论,宗炳的《画山水序》、王微的《叙画》、谢赫的《画品》等绘画美学的论文和专著,为中国古代绘画美学理论奠定了基础。

一 顾恺之画论中的美学思想

顾恺之是东晋时期的大画家,他的《论画》、《魏晋胜流画赞》等文章也是中国古代美学史上完整论述绘画美学特征的开山之作。

(一)"自然、生气"与"骨法、骨趣"

顾恺之《论画》曰:"小列女,面如□,恨刻削为容仪,不尽生气。又插置丈夫支体,不似自然。"为了表现出人物生命姿态的自然和生气,顾恺之特别重视绘画的"骨法"、"骨趣"。他论伏羲神农:"有奇骨而兼美好";论"周本纪"曰:"重迭弥纶,有骨法";论孙武:"骨趣甚奇。"顾恺之画论中的骨法、骨趣,既是指人物生命运动在形体上的表现,即人物的动态、动势,又指这种运动的形体所传达出的人物内在的精神、气概、生命风姿,还指包含在这种形体中的笔墨运动的力量和形式美。顾恺之关于"骨法"的美学思想是南朝谢赫"骨法用笔"的理论源头之一。

在人物自然有生气的基础上，顾恺之还要通过动态、动势和骨法等造型语言，表达出人物更为丰富精妙的情感、心灵和精神的内涵，这就是"以形写神"的理论。

（二）"以形写神"与"传神写照"

顾恺之所说的"神"，首先是指人物独特动人的个性、神态、情感、内心世界和精神风貌。他评"汉本纪"曰："至于龙颜一像，超豁高雄，览之若面也。"他批评嵇康像"容悴不似中散"；称赞戴逵画出了竹林七贤中人物"临深履薄，兢战之形，异佳，有裁。"（《论画》）

以形写神更高的要求是要表现出人物对宇宙人生更深远玄妙的体验和领悟。顾恺之称赞伏羲神农像"神属冥芒，居然有一得之想"（《论画》）。人物的眼神中传达出幽冥微茫、深妙玄远的意蕴，表现出对"道"、"一"之本体的妙悟。顾恺之以形写神的最高境界即在于此。对于以线纹刻画形象的中国古代人物画来说，这是非常有难度的。顾恺之解决这一难题的办法是画好人物的眼睛。他说："四体妍蚩本无关于妙处，传神写照正在阿堵之中。"（《世说新语·巧艺13》）

"传神"是指绘画要传达出人物生命之精神气韵；写"照"就是要求艺术家要能够表现出人物眼睛中仿佛灵光一闪、有所领悟的神态，顾恺之称之为"悟对通神"。他说："一像之明昧，不若悟对之通神也。"（《魏晋胜流画赞》）"恺之每重嵇康四言诗，因为之图，桓云：'手挥五弦易，目送归鸿难。'"（《晋书·顾恺之传》）认为绘画要表现出嵇康"目送归鸿"时眼睛所包含的深邃幽渺的生命情调和精神世界是非常困难的，可见他在创作中对表现人物神韵的重视和追求。

（三）"迁想妙得"与绘画艺术的审美创造

顾恺之在《论画》中说："凡画，人最难，次山水，次狗马；台榭一定器耳，难成而易好，不待迁想妙得也。""迁想"是画家充分发挥审美的主观能动性，去感受、发现对象的性格特征和神韵；"妙得"是捕捉到人物生命姿态中最灵妙动人之处。"迁想"既是把对象从原型中迁移出来，化实相为艺术形式，又要把画家的体验"迁移"进去，融情思于形象。绘画能成为一门审美的艺术，就在于它有迁想妙得的创造性。顾恺之在自己的创作中很好地实践了这一美学思想。他画裴楷，给人物脸颊上增添了几根毛，说"裴楷俊朗有识具，正此是其识具。看画者寻之,定觉益三毛如有神明,殊胜未安时"(《世说新语·巧艺9》)。

"迁想妙得"与"以形写神"是完全统一的。"以形写神"只是说明对人物精神的表现必须诉诸于笔墨形式的创造,即绘画的造型因素,而不是指以对象的形似表现其精神之神妙。顾恺之对于对象形体描绘的标准不是"似",而是生动自然,有生气。如果一毫不差地摹拟对象,那就是"刻削为容仪",反而"不尽生气"。

二 宗炳《画山水序》的美学思想

宗炳是南朝刘宋时期的佛学家、隐士和画家,是魏晋南北朝山水画的开创者,他的《画山水序》也是中国美术史上第一篇山水画论。

(一) 山水画形而上的审美价值

宗炳《画山水序》开篇即说:"圣人含道应物,贤者澄怀味象。至于山水,质有而趣灵……夫圣人以神法道而贤者通,山水以形媚道而仁者乐,不亦几乎?"宗炳把媚道之山水和含道之圣人放在同一个位置,是要说明人物画通过以形写神表现对道的体验,山水画则通过"以形写形"(《画山水序》,以下引文均引自《画山水序》),也能使"玄牝之灵(道)皆可得之于一图矣"。而且,"道"在山水中还具有"形"、"趣灵"、"媚"的感性和审美特征,她呈现出动态的、取悦身心、趣味盎然、灵妙动人的诗意和魅力。在山水中体悟这样的"道",会使人"万趣融其神思",获得巨大的审美快乐。山水画最高的审美价值就在于它可以展现宇宙创化的生机和自然造化之妙理。体验这种妙理是魏晋南北朝文士所向往的最高的精神境界。

(二) 山水画审美形式的创造

从自然山水到画中山水,这是一个全新的艺术造型语言和图式的创造过程。宗炳以人们在现实中观赏山水"去之稍阔,则其见弥小"的经验为基础,提出了"张绡素以远映,则昆、阆之形可围于方寸之内"、"徒患类之不巧,不以制小而累其似"的艺术形式虚拟性原理。他肯定山水画具有虚拟的真实性,这种真实性是以人们远眺或鸟瞰事物的心理感受为基础的。这就为中国山水画散点透视的空间意识的形成确立了基础。要把广阔的山水纳入方寸之内,还必须创造出有效的审美图式和艺术语言,由此,宗炳提出了山水画形式创造中的艺术抽象和象征原理:"竖划三寸,当千仞之高;横墨数尺,体百里之远……如是,则嵩、华之秀,玄牝之灵,皆可得之于一图矣",为中国古代山水画审美形式和艺术语言的创造开辟了广阔的天地。

(三)山水画创作与欣赏中的审美体验活动

对于山水画创作和欣赏中的审美体验活动,宗炳说:"夫以应目会心为理者,类之成巧,则目亦同应,心亦俱会,应会感神,神超理得……"即景物应之于目,而心灵与之契合会通,进而感发神明,引发更为丰富活跃的精神活动,使欣赏者精神超越而妙悟象外之理,获得审美的愉悦和享受。

宗炳还提出了绘画欣赏中"澄怀味象"、"澄怀观道,卧以游之"的重要思想。"澄怀"是审美心胸的澄明和无功利、无思虑状态。宗炳第一次用"澄怀味味"来描述对绘画艺术的审美体验。"卧游"就是神游山水,是面对山水意象展开具体生动的想象和体验活动。宗炳说:"于是闲居理气,拂觞鸣琴,披图幽对,坐究四荒……万趣融其神思。余复何为哉?畅神而已。"

宗炳虽然用道、理、神、玄牝之灵等佛学、玄学用语来概括山水画的审美意蕴,但是,他所说的"以形媚道"、"澄怀味象"和"万趣融其神思",都表明了这种意蕴是趣与思的相融,是妙理在感性中的呈现;人们欣赏山水画就是为了精神的超迈和悦畅。

三 王微《叙画》的美学思想

王微是南朝刘宋时期的文学家、书画家。王微在《叙画》中说:"夫言绘画者,竞求容势而已。""容"是对象静态的形象外貌,"势"是事物运动的力量和气势。绘画要以静态的造型表现出万物的动象,"横变纵化,故动生焉"(《叙画》,以下引文均引自《叙画》),强调动势,就是要求绘画表现出审美对象的生命特征。

王微认为,山水画的生命特征来自主体心灵与物象的融合,是画家之心赋予山水形象以灵气和动变。他说:"且古人之作画也,非以按城域,辨方州,标镇阜,划浸流,本乎形者融灵,而动变者心也。止灵无见,则所托不动……"山水画中没有艺术家主体精神、心灵气息的贯注,它就没有灵动的生命。

绘画以具有书法抽象意味的点线形式来造型:"曲以为嵩高,趣以为方丈。以叐之画,齐乎太华。枉之点,表夫隆准。""横变纵化,故动生焉;前矩后规,方圆出焉。"王微《叙画》一开始就引用颜延之的话:"图画非止艺,行成当与《易》象同体",并将绘画与书法相比较,其目的就是要说明绘画具有书法的情感性、心灵性和运动气势,从而可以表现出山水自然灵动变化的生命特征,表现深远微妙的宇宙本体。所以,绘画不是技艺,它"以一管之笔,拟太虚之体,以判躯之状,画寸眸之明"。王微还论述了山水画所具有的扬神荡思的审美感发力。他说:"望秋云,神飞扬;临春风,思浩荡。虽有金石之乐,珪璋之琛,岂能仿佛之哉;岂独运诸指掌,亦以神明降之。"要创造出这样感荡情思的画面,不仅是画家指掌间运笔的力量气势和技巧的表现,更是画家神明、灵感、精神和情感体验贯注融入的结果。

四 谢赫绘画"六法"的美学思想

南朝齐梁时期著名画家谢赫在他的画学专著《画品》(又称《古画品录》)中,创造性地提出了绘画六法的理论纲领:

> 六法者何？一、气韵生动是也；二、骨法用笔是也；三、应物象形是也；四、随类赋彩是也；五、经营位置是也；六、传移模写是也。(《画品》)

(一) 气韵生动——绘画艺术的本体和最高境界

"气韵"曾是魏晋玄学人物品藻的概念,它指一个人内在的生命力量、精神气度呈现于外在的风姿品貌。魏晋玄学认为,天地间人物、山水、木石、鸟兽,无不是宇宙大生命的呈现,绘画艺术就是要表现出万物与宇宙本体相通的生生不息的运动节奏和生命韵律。气韵生动将绘画艺术的审美境界和画家的生命体验以及宇宙大生命的运动——道联系起来,揭示了中国古代绘画艺术的审美本体和最高境界。

气韵生动强调精神气韵周流充溢于感性生命所产生的蓬勃的生命力及其节奏运动的特点,所以,谢赫也将"气韵"称之为"神韵气力"(《画品》)。神韵通过眼睛可以传达出来,"气力"则需要通过形象整体生命律动之力量来表现。谢赫称赞陆绥画"体韵遒举",正是看重其人物形体中传达出来的气势和韵味。

气韵生动的作品具有超越形似、自由创造和自然天成的特点。谢赫说卫协"虽不该备形似,颇得壮气";张墨、荀勖"若拘以体物,则未见精粹;若取之象外,方厌膏腴,可谓微妙也"。凡是刻削精细、形体一毫不失的画家,其作品常常缺乏生气。谢赫评顾骏之:"神韵气力,不逮前贤,精微谨细,有过往哲。"评丁光:"非不精谨,乏于生气。"气韵生动的作品一定要有超出常态的主体自由创造的因素,它是艺术家心、目、腕、指自由运动的产物。所以,其"出入穷奇,纵横逸笔,力遒韵雅,超迈绝伦"。

强调绘画与宇宙本体相通的审美境界,强调对象的生命韵律,强调主体的自由创造,是谢赫气韵生动概念的主要精神。

(二) 骨法用笔与中国画的生命形式

气韵生动落实到笔墨线条的形式创造中,就是骨法用笔。骨法用笔讲究绘画造型中线条具有一气贯通的有机整体性。谢赫评陆杲画"体制不凡,跨迈流俗……点画之间,动流恢服",称赞他的画若断若续、飘忽飞动的笔墨点线之间连绵相属,具有内在的生命整体性。

中国画以线条的运动传达万物的体态和生命,只有充满力量感的线条才能表现出对象内在的生命力。谢赫很欣赏毛惠远"力遒韵雅"、江僧宝"用笔骨梗"、刘绍祖"笔迹历落,往往出群"的造型力量,而"笔迹困弱,形制单省"、"笔迹轻羸",都是绘画的无骨之征。

骨法用笔还要以线条运动的回环曲折、开阖收放、疾徐浓淡的节奏变化,来表现艺术对象的生命气象。所以,谢赫称赞具有"纵横逸笔"、"风采飘然"、"情韵连绵"的作品,认为那些用笔艰涩呆板的绘画是"泥滞于体,颇有拙也"。

骨法用笔注重绘画造型中线条的抽象形式美和情感表现性。谢赫赞赏卫协用笔"颇得壮气",赞赏张则画"意思横逸,动笔新奇",其笔墨形式和主体情意相得益彰;认为顾恺之等画家"迹不逮意",其用笔及形式不能完美地表现出主体要表达的情感和意蕴。

(三) 应物象形的美学意义

绘画艺术的立足点是描绘出栩栩如生的视觉形象。应物象形的美学意义首先在于它把"应物"作为获得新的审美体验和形式提炼创新的重要途径,姚最称之为"心师造化"、"立万象于胸怀";(《续画品》)同时,形象描绘的"巧"与"工"也是构成绘画美的重要方面。谢赫评张则:"变巧不竭,若环之无端,景多触目";评章继伯等人"人马分数,毫厘不失,别体之妙,亦为入神"。中国画注重绘画艺术的抽象形式美和情感表现性,但这种抽象的形式美又没有走向脱离具象的极端;是应物象形与骨法用笔的相互制约,使中国绘画在抽象与具象之间获得了广阔的审美张力与空间。

(四) 随类赋彩、经营位置与传移模写

随类赋彩是增加绘画的感性美和形象逼真性的。形与色本是绘画的基本语言。谢赫评论顾骏之:"赋彩制形,皆创新意。"姚最评论稽宝钧等"赋形鲜丽,观者悦情"(《续画品》)。魏晋南北朝时代,人们追求更精神化、贵族化的水墨笔趣的淡雅之美,凡是因敷色而被称道的画家大都被放在中下品的位置。

经营位置是指绘画的构图美。谢赫称赞吴暕的画"体法雅媚,制置才巧"。姚最评价毛稜"善于布置,略不烦草"(《续画品》)。在《画品》中,谢赫对绘画的构图美论述比较简略,但实际上,画面的有机整体性,画面上人物之间、人物与环境之间的交流对话关系,山水的动变之势,都要通过构图来体现。绘画气韵生动的韵律美,既来自线条运动的节奏,也来自构图中疏密、大小、纵横、曲直等物象组合带来的律动变化。

"传移模写"是指模拓和临摹等学习绘画艺术的途径和方法。绘画是形式感极强的艺术,需要通过对前人艺术的摹拟训练,以获得从事绘画创作的艺术眼光、审美图式和艺术技巧。所以,谢赫赞赏江僧宝"斟酌袁陆,亲渐朱蓝,用笔骨梗,甚有师法"。但临摹传写的目的是创造。谢赫极力推崇"师心独见"、"出入穷奇"的创新,他认为"述而不作,非画之先"。

谢赫的绘画六法是魏晋南北朝时期绘画理论和绘画美学思想的集大成,其美学理论对中国古代绘画美学及艺术的发展产生了深远的影响。

第五节 魏晋南北朝音乐美学

魏晋南北朝时代,音乐艺术极为发达,谈玄、寄情山水和欣赏音乐是义士高雅行为的标志。正是在这样的审美和艺术氛围中,产生了丰富的音乐美学思想,其中最具代表性的是阮籍的《乐论》和嵇康的《声无哀乐论》。

一 阮籍《乐论》的美学思想

阮籍《乐论》的中心是回答刘子关于音乐"有之何益于政,无之何损于化,而曰'移风易俗,莫善于乐'乎?"的发问的。阮籍对儒家音乐美学的传统

命题和音乐和谐的审美境界,做出了具有时代精神的新的阐释。阮籍说:

> 夫乐者,天地之体,万物之性也。合其体,得其性,则和;离其体,失其性,则乖……天地合其德,则万物合其性,刑赏不用,而民自安矣。乾坤易简,故雅乐不烦;道德平淡,故无声无味。不烦则阴阳自通,无味则百物自乐。日迁善成化,而不自知,风俗移易,而同于是乐;此自然之道,乐之所始也。(《乐论》)

在阮籍的哲学思想中,天地之体是阴阳自通,自然而化生万物;万物之性是生命自然、和谐、自由的本真状态。音乐以其和谐有序的形式象征了天地万物自然和谐的运动状态,体现了天地万物自然、自由的本性,象征了最高的社会政治理想。审美活动正是要使人和社会回归到这种百物自乐的状态。在此境界中,群生万物自由生长,社会和谐,人人情感快乐,刑赏不用而民自安,人们日迁善成化而不自知。阮籍认为,这就是移风易俗莫善于乐的涵义。这里的"乐",是无声之至乐,是人类社会所追求的真、善、美高度统一的理想境界。阮籍不是像汉儒那样用具体的人伦道德规范去解释音乐艺术移风易俗的功用,而是以体现天地之德,回归万物生命自然、自由、和谐快乐的本性,去解释音乐艺术的本体和审美功能。把音乐的本体看做自然之道的表现,强调了音乐艺术与宇宙本体相通的形而上的意蕴和价值,表现了魏晋以来新的美学思想。

阮籍《乐论》的局限在于他把音乐所追求的"和乐"、"大和"的最高境界,等同于音乐艺术所表达的情感的中正平和,从而把"和"的境界与丰富多样的音乐风格对立起来,否定了"圣人不作,道德荒坏"之后所有的音乐作品。音乐的大和境界是无声之乐,它是有声之音乐艺术形而上的体验和追求。任何风格的音乐艺术作品,只要它有和谐动人的形式,能使人超越现实功利,获得心灵的自由、和谐、愉悦,使人体悟到宇宙人生的和谐美好,它就达到了"大和"的审美境界。

魏晋时代,人们的音乐实践早已超出"乐者,乐也"的情感范围。以悲为美成为当时普遍的审美潮流;音乐艺术也已经成为广大文士娱乐情感、自由地抒发喜怒哀乐之情的重要途径。从《乐论》中看,阮籍所否定的那些新乐、淫乐、奇声和悲调,不仅有极强的审美感染力,而且它们在一定程度上消解了封建礼制对人情感的桎梏,具有一定的思想自由的意义。阮籍否定了一切不同于雅乐风格的音乐艺术,表现出儒家音乐美学思想中保守、倒退和消极的一面。

二 嵇康《声无哀乐论》的美学思想

嵇康是三国时期魏国有名的哲学家、文学家、音乐家,他是魏晋玄学的代表人物。

(一) 嵇康对儒家政教音乐观的清理和批判

嵇康在《声无哀乐论》中,首先区分了无声之乐与具体的音乐作品。他所说的无声之乐是指上古圣王治理的理想境界。在这样的社会中,天人交泰,群生安逸,人人和乐相爱,社会风俗自然纯朴和美,所以说"移风易俗,莫善于乐"(本节未注引文均引自《声无哀乐论》)。"至八音会谐,人之所悦,亦总谓之乐,然风俗移易,不在此也。"嵇康指出,具体的音乐作品可以愉悦情性,却难以直接表现和影响社会的治乱与道德,不能完成移风易俗的政教功用,因为它所使用的媒介是声音。"音声之作,其犹臭味在于天地之间,其善与不善,虽遭遇浊乱,其体自若而不变也。岂以爱憎易操,哀乐改度哉?"声音之美遵循客观、自然、抽象的形式组合规律,它不以治乱改度,也无哀乐之象,所以,它不能直接反映和表现政治及道德风俗。嵇康说,儒家乐论中"治乱在政,而音声应之"、"盛衰吉凶,莫不存乎声音"等种种神秘说法,"此皆俗儒妄记,欲神其事而追为耳,欲令天下惑声音之道……斯所以大罔后生也"。不是音乐使风俗淫奔、国家衰亡,而是国丧其纪、政治黑暗造成人哀以思的情感和轻荡的风俗。产生于这种风俗中的音乐艺术,只要它符合"太和"的形式规律,就依然是美妙动人的。嵇康推翻了春秋以来近千年间人们对音乐艺术的种种名实不符的定论,驱除了儒家笼罩在音乐艺术上的神秘面纱和莫须有的罪名,把音乐艺术从政治教化、道德风俗的圣坛上解放出来,使其获得独立的审美及其形式的价值。

(二) 嵇康论音乐艺术的形式本体

在嵇康的美学理论中,声音只是金石丝竹的振动,有自然之和,而无哀乐之情。嵇康说:"声音有自然之和,而无系于人情。克谐之音,成于金石;至和之声,得于管弦也。"那么,音乐艺术中丰富的情感体验是怎样产生的?嵇康说:"至夫哀乐,自以事会,先遘于心,但因和声以自显发。"声音的"自然之和"是指构成音乐艺术的各种形式因素之间和谐有序的组合规律,它来自天地自然,与自然和谐的宇宙本体是相通的。嵇康说:"夫天地合德,万物贵生,寒暑代往,五行以成。故章为五色,发为五音……""五色有好丑,五声有善恶,此物之自然也。"不管人们赋予音乐艺术多少情感与精神的内涵,落实到声音媒介中,它依然遵循客观自然的"平"与"和"的组合规律。这是具有现代色彩的音乐美学思想。

音乐艺术中这种和谐的声音组合形式,又可以唤起人内心丰富的情感。嵇康说:"然声音和比,感人之最深者也。""夫哀心藏于内,遇和声而后发,和声无象而哀心有主。"声音的形式规律和人的情感发生在两个领域,但它们之间有一种同构对应关系:声音"以单复、高埤、善恶为体,而人情以躁静、专散为应……此为声音之体,尽于舒疾,情之应声,亦止于躁静耳"。

人类用七个音符,用有限的艺术语言和手段可以组合出无穷的乐曲,表达无限的情感,就是因为这些音符和艺术语言(即音乐的抽象形式)并不局限和固定于某一种哀乐之情。"若资偏固之音,含一致之声,其所发明各当其分,则焉能兼御群理,总发众情邪?……焉得染太和于欢戚,缀虚名于哀乐哉。"天地之大德就在于它阴阳和合而自然化生出万物。声音也是这样,它以和为体,无确定的哀乐,才能生成和涵纳无穷的哀乐体验。所谓"总中和以统物,咸日用而不失,其感人动物,盖亦弘矣!"(嵇康《琴赋》)

嵇康说:"声音以平和为体",这里的"平和"不是指音乐情感和风格的平和中正,而是指声音形式和谐的组合规律。在音乐艺术中,这种和谐的形式组合规律是不可穷尽的。嵇康指出,"声音以平和为体而感物无常",和之为体,可以"兼御群理,总发众情"。这就为音乐艺术表现情感领域的扩大和解放奠定了理论基础;为音乐风格的丰富多彩和音乐艺术的发展开辟了广阔的天地。在嵇康那里,"铃铎警耳,钟鼓骇心"是美的音乐;"姣弄之音……欢放而欲惬"也是美的音乐;郑声则是音声之至妙。"五味万殊,而大同于美;曲变虽众,亦大同于和。""若言平和,哀乐正等。"困扰中国古代音乐美学的悲哀之乐能否称之为乐的问题,警耳骇心的音乐是否平和的问题,桑间濮上之郑声是否有审美价值的问题,在嵇康这里统统都不再成为问题,因为它们的声音形式组合都是"平和"的,因而都具有和谐动听的美的价值。

(三)嵇康论音乐艺术审美的意向性

嵇康深谙音乐艺术的审美特性,他说:"和声无象。""和之所感,莫不自发","是故怀戚者闻之,莫不僭懔惨凄……其康乐者闻之,则欣愉欢释……",

若和平者听之,则怡养悦愉,淑穆玄真……"(《琴赋》)。一首乐曲所唤起的是各人特有的生命体验,这种体验是因时因地而变动不居的。正因为声音无固定的哀乐之情,遵循和谐的形式组合规律,所以,它才能生成不同的乐曲,表达人类深广而永恒的审美体验。音乐的本体是抽象的声音形式的"太和",所以,音乐艺术审美接受和体验中主体的意向性最为突出:"伯夷以之廉,颜回以之仁,比干以之忠,尾生以之信,惠施以之辩给,万石以之纳慎,其余触类而长,所致非一"(《琴赋》),音乐艺术才有无比广阔和永久的生命力。如果哀乐之象形于管弦,盛衰吉凶存乎声音,音乐艺术就会滞于一隅,定于一情,而不能不断创造、变化和发展了。

第六节 魏晋南北朝文学美学

魏晋南北朝时代,文学美学思想摆脱了秦汉功用论的影响,取得了辉煌的成果,出现了陆机的《文赋》、刘勰的《文心雕龙》、钟嵘的《诗品》等诗文理论及美学的鸿篇巨制。

一 陆机《文赋》的美学思想

(一)"缘情绮靡"与审美体验的感性特征

陆机是西晋重要的诗人和文论家。陆机在《文赋》中说,审美活动之所以能发生,首先在于主体"遵四时以叹逝,瞻万物而思纷"(以下引文均引自《文赋》)。四时景物引发了主体已有的人生短促易逝的生命情怀,情与物在交融中生成了作家的审美体验。所以,文学创作是:"其为物也多姿,其为体也屡迁,其会意也尚巧,其遣言也贵妍。""会意"正是主体之情与对象融会而产生的意象。作家在创作中"恒患意不称物,文不逮意",这里的"意"是"情瞳瞳而弥鲜,物昭晰而互进"的情物交融的意象。情与物的交融,使审美体验具有了色彩、声响和形状,"或藻思绮合,清丽千眠,炳若缛绣,悽若繁弦"。所以,"诗缘情而绮靡,赋体物而浏亮"。陆机从情物交融的体验过程入手,揭示了文学具有审美特征的根本原因。

(二)陆机论审美想象与直觉感悟

陆机把玄学的直觉思维方式吸收进文学美学中,创造性地分析和描述了审美的直觉体验过程。陆机说,审美的判断与领悟是一种"玄览"。"玄览"就是人的心灵、精神对审美对象玄妙意蕴的直觉的观照和领悟。"玄览"的前提是主体必须收视反听,澄心凝思,避免偏见成为心、形、名、物欲和外界事象对心灵的干扰。有了这样的审美态度,心灵才能达到"精骛八极,心游万仞"的广阔自由的状态。

在审美观照和想象中,作家的精神既可以"课虚无以责有,叩寂寞而求音",体悟宇宙微妙的本体,又可以跨越时空,"观古今于须臾,抚四海于一瞬"。文学的审美想象还伴随着情感的再体验和语言形式的运动:"思涉乐其必笑,方言哀而已叹。""沈辞怫悦,若游鱼衔钩而出重渊之深;浮藻联翩,若翰鸟缨缴而坠曾云之峻。"

陆机生动地描述了文学审美活动中灵感思维的特点。"若夫应感之会,通塞之纪,来不可遏,去不可止;藏若影灭,行犹响起。"陆机是一位天才而又勤奋的作家,他在自己创作实践中深切感受过灵感状态,所以,才能论述得这样生动精辟。

(三) 陆机论文学的审美创造

大千世界中的审美对象"体有万殊,物无一量,纷纭挥霍,形难为状"。作家必须对方圆体分的物象进行艺术的提炼、概括和变形,创造出主客交融的艺术形式,从而生动传神地表现出对象(物我合一)的审美特征。陆机称之为"虽离方而遁圆,期穷形而尽相"。

陆机对文学创作的论述中,始终贯穿着两种力量和因素的相互作用:一方面是作家面对万物所产生的独特、新颖、当下的审美体验,另一方面是对典籍和六艺传统中情志与语言的学习和吸收。这就开了刘勰《文心雕龙》中宗经、通变思想的先河。陆机推崇文学审美活动中的独创性。他说:

"虽杼轴于予怀,怵他人之我先";"谢朝华于已披,启夕秀于未振";"或苕发颖竖,离众绝致,形不可逐,响难为系……彼榛楛之勿剪,亦蒙荣于集翠"。

陆机主张在"先人之清芬"和"文章之林府"中学习借鉴语言形式,但真正离众绝致的独特的意象,往往是一般形象和音响难以捕捉和表达的。陆机非常推崇这样的独创性内容,但也不把"榛楛"的部分剪除干净,他要使苕颖与榛楛相得益彰,以获得文学浑朴天然、丰富深广的美。

二 刘勰《文心雕龙》的美学思想

刘勰是生活在齐梁时代的伟大的文学理论家和美学家,他的文学理论专著《文心雕龙》,堪称这一时代文学美学思想的集大成者。

(一)"道之文"与文学的范式

刘勰在《序志》篇说:"盖《文心》之作也,本乎道,师乎圣,体乎经,酌乎纬,变乎《骚》,文之枢纽,亦云极矣。"文之枢纽包括《原道》、《征圣》、《宗经》、《酌纬》、《辨骚》等五篇文章,它们是理解刘勰美学思想的关键。

《原道》的中心是为文学及其审美形式寻找形而上的价值依归。刘勰说:"文之为德也大矣,与天地并生者何哉?"他所说的"文"既指自然美,又指人所创造的文章和文学之美,还指美的形式。他说作为性灵所衷的人,"心生而言立,言立而文明,自然之道也"。"原道"中的"道",主要是指玄学所说的宇宙的生命本体和自然之道。道在自然界呈现为"天文",在人类社会呈现为人文,文章(文学)作为人文的重要组成部分,它也是圣人"原道心以敷章,研神理而设教"的产物,"辞之所以能鼓天下者,乃道之文也"。刘勰把美的文章和圣人用这美的文章来教化万民都看做自然之道,这就又加进了儒家美学的思想。

"道"在玄学美学中是一幅生机蓬勃的生命运动的画卷,大自然中一切自然和谐的事物都是宇宙生命本体的呈现,是"道之文"。人的生命也是宇宙生命本体的呈现。在《物色》篇,刘勰论述了人和万物作为道之生命本体的呈现,都是阴阳二气所化生,因而可以相感相通,从而有了文学的审美体验(也就是生命体验)活动。在《丽辞》篇,刘勰说:"造化赋形,支体必双,神理为用,事不孤立。"他认为对偶是一种生命形式,是道的表现。在《声律》篇,刘勰说:"声含宫商,肇自血气,先王因之,以制乐歌。"刘勰把作品具有生命之气(风)的节奏运动(风力、气力)看做文学审美的最高标准,把生命的节奏运动和多样统一性,看做文学语言形式用字、用采、用声的重要规律,这都是在阐述文学审美活动、文学审美形式是"道之文",是宇宙生命本体的表现。刘勰说文学审美体验"源奥而派生,根盛而颖峻"(《文心雕龙·隐秀》以下引文只注篇名),具有微妙而不可言传的"思表纤旨,文外曲致"(《神思》),这也是文学作为道之文的重要特征。

宇宙之道是微妙深奥、幽渺难测的,所以,人们需要通过体道的圣人来了解道:"道沿圣而垂文,圣因文而明道。"(《原道》)圣人之文章就体现在六经中,所以,文学创作要《征圣》和《宗经》。在刘勰生活的南朝时期,人们开始反思玄学崇尚虚无给社会风气带来的弊端,并提倡儒家思想予以补救。刘勰在《文心雕龙》中强调《征圣》、《宗经》,首先也是要矫正当时"文体解散"、"采滥辞诡"(《情采》)的浮靡文风。在《征圣》篇,刘勰要人们学习圣人"鉴悬日月,辞富山海"的创造性和"衔华佩实"的写作态度及文风;学习圣人文章"虽精义曲隐,无伤其正言;微辞婉晦,不害其体要"的语言体式。圣人创造性的思想情感和语言体式就存在于经典中,所以,"文能宗经则体有六义:一则情深而不诡,二则风清而不杂,三则事信而不诞,四则义直而不回,五则体约而不芜,六则文丽而不淫"(《宗经》)。这是一个既适合纯文学,也适合杂文学的基本的审美标准。刘勰把显然不同于经典的纬书、《楚辞》也作为文学创作的关键和本源,这和《文心雕龙》的整体思想是一致的。刘勰既主张宗经,与传统会通,又提倡新变,要与时代相合,《楚辞》正是"取熔经意,自铸伟辞"(《辨骚》)的杰作和范例。同时,《楚辞》又是后世文学最重要的传统之一,它"衣被词人,非一代也"。刘勰批评纬书虚假僻谬和诡诞的一面,同时,肯定它"事丰奇伟,辞富膏腴,无益经典而有助文章"(《正纬》)。

宗经和文学创作以情为本并不矛盾。宗经是积学养气的一种途径。情物相感的审美体验才是创作的动力和文思的源泉。无论经典多么神圣重要,宗经毕竟属于创作之前"学"和"习"的范围。对于具体的文学创作过程而言,刘勰非常明确地说:"属意立文,心与笔谋,才为盟主,学为辅佐"(《事类》);把《征圣》、《宗经》、《正纬》、《辨骚》都列为文之枢纽,就是要在通变中继承魏晋南北朝之前的所有文化、文学传统,获得情感与思想的浸润和语言的范式。

刘勰以儒家积极用世、刚健有为的人格和文风来纠正南朝文士心灵空洞、生命体验不浓郁动人、语言空结绮丽的时弊。这样的美学思想在齐梁文坛上应该是空谷足音、独树一帜的。

(二) 刘勰论审美体验

刘勰对审美体验论的贡献之一,是他明确用"神与物游"的概念来说明审美体验中物我交融的特点,并描述了情与物之间相迎相会、双向沟通、互为生发的关系。

刘勰说:"文之思也,其神远矣……故思理为妙,神与物游。"(《神思》)刘勰在《物色》篇分析了这种"神与物游"的过程。他说:"春秋代序,阴阳惨舒,物色之动,心亦摇焉。"在魏晋以来的哲学思想中,人们认为宇宙万物(包括人)都是阴阳二气生生不息的运动所化生的,所以,物与物、人与物之间因为生命之气相通而可以相互感应。这是这一时代美学能够萌生审美体验思想的哲学基础,审美体验的实质正是生命与生命的相互感应、感发和感动,是人与对象在生命体验中的交融。刘勰生动地描述了主客体之间这种双向交流的过程,他说:"山沓水匝,树杂云合。目既往还,心亦吐纳。春日迟迟,秋风飒飒。情往似赠,兴来如答。"(《物色》)这里的"兴"正是指情物交融的审美体验。"原夫登高之旨,盖睹物兴情,情以物兴,故义必明雅;物以情观,故词必巧丽。"(《诠赋》)"情以物兴",所以,诗人胸中的情感是感性化、形象化的情感;"物以情观",诗人眼前的景物也是情感化的形象。这种情物交融的过程及产物就是审美体验和审美意象。

刘勰对于审美体验思想的另一个贡献是明确提出了审美意象这一美学范畴。刘勰说,审美体验的过程是"诗人感物,联类不穷。流连万象之际,沉吟视听之区"(《物色》)。审美体验(意象)就是作者的"文思",要把这文思外化为语言形式,作家的创作过程是"玄解之宰,寻声律以定墨;独照之匠,窥意象而运斤"(《神思》)。意象是心物交融的产物,所以,文学语言形式的表达也要"写气图貌,既随物以宛转;属采附声,亦与心而徘徊"。作家能把内在的审美体验和审美意象生动逼真完美地传达出来,就会使文学作品"味飘飘而轻举,情晔晔而更新……物色尽而情有余"(《物色》),此时审美意象也就通向了意境。

(三) 刘勰论审美态度和审美想象

刘勰说:"陶钧文思,贵在虚静。疏瀹五藏,澡雪精神。"(《神思》)这里的"虚静"是指审美活动中无智无欲的精神自由的状态,无智无欲就是抛却日常经验的目光,以生命的本真状态体验对象,使对象从概念、功利的遮蔽中得以澄明和显现,从而在"神思"中物我交融,生成丰富的审美体验和活跃的审美想象,正所谓"水停以鉴,火静而朗,无扰文虑,郁此精爽"(《神思》)。

刘勰指出:"申写郁滞,故宜从容率情,优柔适会。"(《养气》)"率志委和,则理融而情畅"(同上);"若销铄精胆,蹙迫和气……岂圣贤素心,会文之直理哉?"(同上)所以,在审美活动中,"玄神宜宝,素气资养"(同上)。刘勰所说的"养气",其内涵偏于道家、玄学的生命自然之气。从超功利而言,它是

"素气";从自由和谐的特征而言,它是和气,都是指审美的心胸和态度。不论是阮籍的使气命诗,屈原的怀沙自沉,还是陶渊明的悠然见南山,他们在一任情感自然自由地表达这一方面是一致的,都是率志委和、从容率情以申写郁滞。所以,刘勰所说的"和气",不是指作家所表现的情感的中正平和,而是指审美活动中人的身心,即情感、理解、想象、感觉、知觉自由和谐的运动。只有这样,生动的意象、美丽的辞句才会自然涌出。

所以,"文之思也,其神远矣!故寂然凝虑,思接千载;悄焉动容,视通万里;吟咏之间,吐纳珠玉之声;眉睫之前,卷舒风云之色;其思理之致乎!"(《神思》)审美想象是一种形象的自由运动,推动形象运动的力量是情感和志气:"神用象通,情变所孕"(同上),意象由情感激发、推动、融合,又与情感融为一体,成为情感的载体。"登山则情满于山,观海则意溢于海。"(同上)"谈欢则字与笑并,论戚则声共泣偕。"(《夸饰》)把这种审美想象所生成的审美意象用语言表现出来,就是审美形式的创造。

(四)刘勰论审美形式

刘勰说:"故立文之道,其理有三:一曰形文,五色是也;二曰声文,五音是也;三曰情文,五性是也。五色杂而成黼黻,五音比而成韶夏,五情发而为辞章,神理之数也。"(《情采》)刘勰认为,文学语言形式中的形文和声文应该是"五情"的自然表现。"文采所以饰言,而辨丽本乎情性。"(同上)声律之美也一样,"吹律胸臆,调钟唇吻"(《声律》)。作品的节奏与声律美首先来自胸臆中情感的律动。在《情采》篇,刘勰对文学情感与形式的关系做了精辟的概括,他说:"昔《诗》人篇什,为情而造文;辞人赋颂,为文而造情……为情者要约而写真,为文者淫丽而烦滥"。

在南朝许多诗人那里,为了追求语言形式美,所有的诗情都用绮靡的形式表达。刘勰"为情而造文"、"为情者要约而写真"的思想,表现了人们对文学形式美认识的深化。文学审美形式的价值首先在于它所包含的情感意味:"繁采寡情,味之必厌"(《情采》),"若气无奇类,文乏异采,碌碌丽辞,则昏睡耳目"(《丽辞》),"必使情往会悲,文来引泣,乃其贵耳"(《哀吊》)。

但是,文学的形式美的确还有另一个层面,这就是"五色杂而成黼黻,五音比而成韶夏"的文学语言相对独立的美感。魏晋南北朝时代,人们更多是从这一层面理解文学的形式美的。刘勰也充分肯定这一层面的形式美的价值。他说,文学语言形式的创造应该达到"视之则锦绘,听之则丝簧,味之则甘腴,佩之则芬芳。断章之功,于斯盛矣"(《总术》)。但刘勰强调,追求语言形式相对独立的形文和声文之美,要以不影响情感的自然表达、不遮蔽作品的审美情感和思想内容为原则,"使文不灭质,博不溺心"(《情采》)。语言脱离情感而过度地修饰联缀,就会影响和阻滞来自情感自然律动的风力、节奏和气韵(情韵),"繁华损枝,膏腴害骨"(《诠赋》)。文学的审美情感是情物交融的审美体验,从审美体验出发,可以用尽可能少的语言捕捉住最动人的情物之真,而且会给读者留下丰富的想象体验的空间;不从审美体验出发,虽然对物象的描写详尽,语言繁滥,但漫无旨归;不仅使情物之真隐匿不出,也失去了让读者体验阐释的余地,文学的审美滋味就难以产生。刘勰认为,最好的文学语言形式是能表达出本真的审美体验和具有审美滋味的形式。他说:"声画妍蚩,寄在吟咏;吟咏滋味,流于字句;气力穷于和韵。"(《声律》)文学的声律之美不只是"声转于吻,玲玲如振玉;辞靡于耳,累累如贯珠"(同上)的听觉愉悦,它还要使人在吟咏中感受到丰富的审美滋味和情感律动之气,并获得"声得盐梅"、"响浃肌髓"(同上)的生命深层的感动和愉悦。

(五) 刘勰论审美风格

从审美风格入手评价作家作品,这是魏晋以来由人物品藻而兴起的新的审美与批评的方法。刘勰说:"才有庸俊,气有刚柔,学有浅深,习有雅郑,并情性所铄,陶染所凝;是以笔区云谲,文苑波诡者也。"(《体性》以下引文均引自《体性》)"才"是语言的表达能力,魏晋人物品评中称之为"才藻"。文学风格呈现在作品的语言形式中,"故辞理庸俊,莫能翻其才";"气"是作家的气质情性,一个人的气质情性,自有其独一无二的特点,文学作品是其情动而言形的产物,所以,"风趣刚柔,宁或改其气";"学"是作家的学问知识和对道理的了解。刘勰重视对经典诸子等文化传统的继承,就是为了丰富作家的学养;"习"是文学审美传统的陶染和训练。学和习既然是陶养的过程,它们也能积淀为作家生命体验中的因素,从而影响到文学风格:"事义浅深,未闻乘其学;体式雅郑,鲜有反其习。"这一切就构成作家独特的审美体验中的主体性因素,所以,文学风格"各师成心,其异如面"。

"风格"的核心是作家与众不同的才气性情。审美中的才气性情不是空洞的自然天性,它渗透着一个人所有的阅历、学养和审美实践的成果;但是,不管人们给才气性情补充了多少内容,这些内容依然是被作者天生的才性所风格化了的人生经验。这就是生命的独一无二性。魏晋南北朝时期重视天性自然,理论家们发现了审美创造与主体独特的才性气质、生命特征之间的密切关系。刘勰说:"才力居中,肇自血气。气以实志,志以定言,吐纳英华,莫非情性。是以贾生俊发,故文洁而体清;长聊傲诞,故理侈而辞溢……公干气褊,故言壮而情骇……士衡矜重,故情繁而辞隐。触类以推,表里必符,岂非自然之恒姿,才气之大略哉?""自然之恒姿"正是生命特征之恒姿。在魏晋玄学中,自然是指人天然本然的生命状态。把审美与人的"自然之恒姿"联系起来,是要说明审美不是单纯的理智和精神活动,审美是身心灵肉合一的感性生命的体验活动,它最突出的特点是作品具有作家生命的特征和个性风格。

(六)风骨与刘勰的文学审美理想

"风"和"骨"是来自人物品藻的概念,是魏晋玄学品评人物精神气韵和生命风姿的术语。"风骨"是刘勰对文学作品生命特征所做出的理论上的概括和提炼,是一个内涵丰富的审美范畴。

> 《诗》总之义,风冠其首,斯乃化感之本源,志气之符契也。是以怊怅述情,必始乎风;沉吟铺辞,莫先于骨。故辞之待骨,如体之树骸;情之含风,犹形之包气。结言端直,则文骨成焉;意气骏爽,则文风清焉。
> (《风骨》)

刘勰认为,"风"是一个人生命"志气"的外现,文学情感有了"风",就有了情感的律动和生命运动的力量,所以"若丰藻克赡,风骨不飞,则振采失鲜,负声无力"。(《风骨》,以下引文均引自《风骨》)生命的特点是一气贯通,一篇作品如果情思不连贯,"思不环周,索莫乏气,则无风之验也"。要达到作品有风力,关键是作家的生命体验要充实、丰富、深厚、刚健、鲜明、独特,所以"深乎风者,述情必显","是以缀虑裁篇,务盈守气,刚健既实,辉光乃新";"乃风力遒也"。刘勰提倡风骨是针对南朝情感空虚孱弱的浮靡文风的,他所说的"刚健既实",不仅要求作家审美体验要丰富、强烈、充沛、饱满,而且要从"熔铸经典"和子史中"洞晓情变"、"孚甲新意",表现出儒家积极向上、蓬勃奋发的生命体验的特点,这样的情感内涵才能"意气骏爽,则文风清焉"。

含风之情要外化为作品,必须依靠语言形式。刘勰把作品的语言形式分为"骨"与"采"两个层面:"骨"是最完善地体现了"风"之律动的语言形式,

"采"是相对独立的语言的辞藻和声律美。与"风"的一气贯通相符合,"辞之待骨,如体之树骸","骨"也具有生命的有机整体的特点:"若瘠义肥辞,繁杂失统,则无骨之征也。""风"是生命体验和情感律动之力量,把这力量用准确、简洁、鲜明、生动的语言传达出来,就是文"骨",所以,"练于骨者,析辞必精……捶字坚而难移";风力是遒劲而飞动的,所以,语言形式也要"骨劲而气猛"。"风"是熔铸吸收了经典、子史的思想情感而产生的刚健充实的生命体验,所以,表现这种生命体验的形式也"结言端直,则文骨成焉","思摹经典……乃其骨髓峻也"。

文学的语言形式之美除了表现情感之外,它还有辞采声律带来的相对独立的美感。刘勰说:"若风骨乏采,则鸷集翰林;采乏风骨,则雉窜文囿。唯藻耀而高翔,固文笔之鸣凤也。"刘勰《风骨》篇提出的文学审美理想,在唐代文学中结出了累累硕果。

(七) 刘勰论审美鉴赏和批评

刘勰把文学鉴赏称之为知音,已说明文学鉴赏像聆听音乐一样,是一种心灵的沟通,是欣赏主体与对象之间的双向选择,是对作品深层意蕴的领悟和体验,充满主体能动的阐释和解读。所以,刘勰说:"知音其难哉!音实难知,知实难逢,逢其知音,千载其一乎?"(《知音》,以下未标注之处均引自《知音》)

从鉴赏主体来说,人们多贵古而贱今;崇己抑人,文人相轻;或识照浅陋,信伪迷真。从鉴赏对象来说:"夫篇章杂沓,质文交加","落落之玉,或乱乎石;碌碌之石,时似乎玉。精者要约,匮者亦鲜;博者该赡,芜者亦繁;辩者昭晣,浅者亦露;奥者复隐,诡者亦曲"。这尚是作品的表面现象。文学创作中"夫心术之动远矣,文情之变深矣……是以文之英蕤,有秀有隐。隐也者,文外之重旨也;秀也者,篇中之独拔者也。隐以复义为工,秀以卓绝为巧"(《隐秀》),就"隐"来说,文学作品是一个多层次的意义体系,文外有重旨,象间有复意,需要批评家去洞见、揭示和发现。从"秀"来讲,其卓绝的语言形式中所包含的审美意蕴,诗人自己也未必了悟,批评家要通过鉴赏主体的再创造解读出其中的意蕴。就审美鉴赏的特点来说:"知多偏好,人莫圆该,慷慨者逆声而击节,酝藉者见密而高蹈,浮慧者观绮而跃心,爱奇者闻诡而惊听。"这正是审美鉴赏中主体的意向性和选择性。

根据鉴赏主体、鉴赏对象和鉴赏活动的特点,刘勰提出正确从事文学鉴赏与批评的方法是"凡操千曲而后晓声，观千剑而后识器，故圆照之象，务先博观"；"将阅文情，先标六观：一观位体，二观置辞，三观通变，四观奇正，五观事义，六观宫商。斯术既形，则优劣见矣"。对于"六观"的具体标准，《文心雕龙》许多篇章都有专论。

刘勰把鉴赏主体的能力称之为"识照"，这体现了文学审美批评中理性分析与直觉的体验、领悟相结合的特点。在文学批评与鉴赏中，主体识照的敏锐和深刻影响着作品意蕴呈现的深度。刘勰说："岂成篇之足深，患识照之自浅耳。夫唯深识鉴奥，必欢然内怿。"把对文学作品的鉴赏称之为玩、味。"味"不是一个纯然客观地存在于作品中的意义，它同时也是鉴赏批评者体味出来的意蕴。

刘勰在《知音》篇说，批评家运用"六观"的批评标准，就可以沿波讨源，充分了解作者的情感，并达到对作品意蕴透彻的把握。但是，根据他对文学批评主体性和文学作品审美特征的论述，这两点事实上都不能完全做到。因为文学作品的意蕴具有物色尽而情有余的不可穷尽性；它有文外之义和象外之旨；它还有作家因"思表纤旨，文外曲致，言所不追，笔固知止"（《神思》）而留下的审美的空白点。作品意蕴的不可穷尽性和批评者无法摒除的主体性眼光，使文学批评出现了从古到今都难以避免的现象："深废浅售，此庄周所以笑《折扬》，宋玉所以伤《白雪》也。"连刘勰自己也没能完全走出这一悖论，一部《文心雕龙》分析了那么多作家作品，却只字未提东晋大诗人陶渊明。这是重辞藻、声律、对偶、用事的南朝人的审美趣味对自身批评目光的遮蔽。实际上，也正是文学批评中的主体性目光和文学作品意蕴的不可穷尽性，才使审美鉴赏和批评有了广阔的天地。

三　钟嵘《诗品》的诗歌美学思想

钟嵘是南朝齐梁时期最重要的诗学理论家，他的诗歌批评专著《诗品》代表了魏晋南北朝时期诗歌美学的最高成就。

（一）人生体验与诗的本源

钟嵘对魏晋南北朝诗学的贡献是他明确把个体在社会生活中丰富的人生体验作为诗之本源的重要方面。钟嵘说：

> 嘉会寄诗以亲，离群托诗以怨。至于楚臣去境，汉妾辞宫，或骨横朔野，魂逐飞蓬；或负戈外戍，杀气雄边；塞客衣单，孀闺泪尽；或士有解

佩出朝,一去忘返;女有扬娥入宠,再盼倾国。凡斯种种,感荡心灵,非陈诗何以展其义?非长歌何以骋其情? （《诗品·序》）

钟嵘所论述的情感,是一个个鲜活的生命个体,在自己命运起落变化中所经历的刻骨铭心的生命体验。在《诗品》中,钟嵘最推崇诗歌表现由人生遭际而引发的悲怨慷慨、悽戾愀怆的情感。他列为上品的诗歌大都具有这样的特征。他评价李陵诗"文多悽怆,怨者之流。陵,名家子,有殊才,生命不谐,……使陵不遭辛苦,其文亦何能至此!"(《诗品》,以下引文均引自《诗品》)他称赞刘琨诗"琨既体良才,又罹厄运,故善叙丧乱,多感恨之词"。诗歌的审美体验扎根于人的命运变化和人生经历之中,这样的生命体验自然会感天动地。

(二) 钟嵘论诗歌的审美特征

在中国古代美学史上,钟嵘第一个对诗歌的审美特征做了全面、深入的论述。钟嵘说:

> 五言居文词之要,是众作之有滋味者也……岂不以指事造形,穷情写物,最为详切者耶!故诗有六义焉:一曰兴,二曰比,三曰赋,文已尽而意有余,兴也;因物喻志,比也;直书其事,寓言写物,赋也。宏斯三义,酌而用之,干之以风力,润之以丹彩,使味之者无极,闻之者动心,是诗之至也。 （《诗品·序》）

赋、比、兴是中国古代诗歌造形写物的重要方式。钟嵘对传统的赋比兴做出自己新的解释。"文有尽而意有余,兴也",是指诗歌等艺术作品中所包含的审美体验(审美意象)的特点。他用"因物喻志"解释"比";用直书其事、寓言写物解释"赋",特意指出诗歌中的"因物"、"写物"和"直书其事",都是创造审美的形象符号。诗歌有了兴、比、赋生成的审美意象,才可能有言外、象外之托喻、讽喻、情喻和旨趣,诗歌的语言才会有丰富的暗示性和渊雅蕴藉之美,读者在讽咏中才可能有再创造的空间,这样的诗也才有"滋味"。钟嵘论述诗歌审美特征的核心是审美意象带来的"文有尽而意无穷"的特点。他评阮籍诗"言在耳目之内,情寄八荒之表;……厥旨渊放,归趣难求",评颜延之诗"情喻渊深",认为嵇康诗"过为峻切,讦直露才,伤渊雅之致",陶渊明诗"辞兴婉惬……风华清靡",称赞其运用兴、比给诗歌带来的美感。

钟嵘指出,诗歌中兴、比、赋等形象的生成还必须来自感性直觉的审美体验:"观古今胜语,多非补假,皆由直寻。""直寻"强调诗歌形象要产生于情物交融的直觉体验之中;"思君如流水"这样的比喻之所以极富审美体味的空间,是因为它是诗人在"即目""直寻"中情物相融而生成的比喻。"高台多悲风"、"明月照积雪"是直书其事的"赋",但诗人眼中所见之景已成为他此时心灵和情感的象征。直觉体验中生成的审美意象,才有奇思和"兴属"(致),也才会有自然天成、新颖独拔的"自然英旨"。钟嵘批评当时过分追求声律和用事的现象:"务为精密,襞积细微,专相陵架,故使文多拘忌,伤其真美。"他说,诗人能用率真本色的语言形式,把审美体验的自然英旨和本真之美完满表达出来,这样的诗歌就会有"直致之奇"。

(三)钟嵘论诗歌的审美价值

人生何以需要诗?诗歌对人的存在有什么价值?钟嵘说,人生在世,去国思乡,聚散离合,命运起伏,"凡斯种种,感荡心灵,非陈诗何以展其义?非长歌何以骋其情?故曰:'诗可以群,可以怨。'使贫贱易安,幽居靡闷,莫尚于诗矣"。他认为诗歌可以使人的情感得以宣泄发抒,给人心灵以慰藉,使人在贫贱幽居和命运的起落变化中,获得心灵的安宁、情感的寄托,从而战胜生存的苦闷、压抑和无意义。

他说《古诗》"文温以丽,意悲而远。惊心动魄,可谓一字千金!"《古诗》那极其真挚、悲怨、浓郁、惆怅的生命情调,对读者精神产生强烈的震撼。钟嵘评阮籍诗"可以陶性灵,发幽思。言在耳目之内,情寄八荒之表,使人忘其鄙近,自致远大"。诗歌可以启发人感受和领悟宇宙的奥秘和人生的真谛,读者在审美的体验和移情中达到性灵的陶冶和精神的提升。钟嵘说诗歌能"晖丽万有",使万物光彩鲜明地显现出来。当钟嵘鉴赏陶渊明的"欢言酌春酒"、"日暮天无云"的风华清靡,领略谢灵运的"如芙蓉出水"时,他深切地感受到诗情可以滋润和陶养人的心灵,使人发现一个情趣盎然的世界。诗歌"动心"、"无极"的审美滋味还表现在诗歌情感及形式所具有的愉悦身心的审美享受作用。钟嵘说西晋诗人张协的诗"调彩葱倩,音韵铿锵,使人味之,亹亹不倦",曹丕的诗"《西北有浮云》十余首,殊美赡可玩",江祀的诗"明靡可怀",其明净华靡令人怀想回味不已。诗歌的审美作用是一种精神、心灵、感官交融的撼动生命深层的美感,钟嵘用"味之者无极,闻之者动心"的审美"滋味"说来表达,恰如其分。

南朝人看重诗歌语言自身感性特征的鲜明动人、文采奕奕,所以,对于陶渊明和曹操这样只睹性情、不见文字的杰作,钟嵘和南朝文士认为其语言古朴质直,文采不足,因而列为中、下品;他们认为曹丕诗中那些民歌风格的口语化的语言形式,是"鄙直如偶语",也将其列入中品。钟嵘及南朝理论家推崇自然流利和清雅浑厚之美,对天才诗人鲍照操调险急,锻造新奇的语言形式颇有微辞。以今天的眼光看,鲍照诗歌的形式与其情感正可谓相得益彰。

思考题:
1. 举例说明玄学在哪些方面影响了魏晋南北朝美学思想。
2. 魏晋南北朝文艺美学是怎样追求"道"的境界的?
3. 魏晋南北朝的自然美学思想对今天有什么启发意义?
4. 怎样理解审美对人的解放作用?
5. 为什么绘画创作需要"迁想妙得"?
6. 联系绘画作品谈谈你对"骨法用笔"的理解。
7. 怎样理解音乐艺术的审美特征?
8. 为什么说审美形式是"道之文"?
9. 中国古代美学中的审美体验论思想主要包括哪些内容?
10. 你怎样理解中国古代诗歌的审美特征?

第五章
隋唐五代美学

　　隋唐五代是一个极为丰富的审美世界,蕴藉着中国审美史上不可多得的辉煌诗篇。这一时期不仅形成了多元而全面的美学思想,创造出了大量绚烂而多姿的艺术作品,还出现了美学思想与艺术作品相互融合的局面。一方面,通过对隋唐五代美学思想的梳理,我们会对中国美学思想由儒、道、释分立走向合一的过程,究竟是如何渗入艺术作品的创作与欣赏等活动中,有更为深刻的理解;另一方面,借助对这一期间艺术作品的省察,我们也会更为具体地体认到,中国美学如何走向按门类进行区划以至于系统化的格局。

第一节　隋唐五代美学概述

　　隋唐五代是中国美学发展史上最为重要的时期之一。这一时期的美学继承了魏晋南北朝的审美传统,又有所发展,对后世美学产生了巨大影响,是中国美学史不可或缺的篇章。

　　隋代是中国美学由魏晋南北朝向唐代转化的过渡期。在这一阶段,南北文化出现了整合的迹象,但由于国祚短促,南北文化整合的过程并没有真正完成。这一阶段没有堪称大家的人物出现,作品数量不多,题材、风格单一,流派并未形成,所以,隋代美学在中国美学史上所具有的意义极为有限。值得称道的唯有佛学领域。在隋代,中国佛学开始创立大乘宗派佛学。但此期佛学与美学的关系尚不明确,仅仅是佛学自身内部的发展。

　　唐代是中国美学思想走向成熟的时期。唐代经济发达,社会稳定,国力雄厚。在魏晋南北朝深厚的文化积淀以及隋代南北文化整合的基础上,唐代创造出了一个开放而昂扬、自由而宽容的文化世界。在这一时期,由于诗性的凸显,一大批杰出的艺术家创作出了流芳千古、"不可超越"的艺术作品;更为重要的是,各种艺术理论体系也已基本成形。本章依据艺术门类的差异,对唐代美学分别进行描述,以诗文美学、书法美学、绘画美学这三大门类为切入点,深入其内在肌理,对唐代美学的立体图景进行全息展现。另外,唐代佛学堪称中国佛学的精华,它对于中国美学的影响是显而易见的,所以,本章特辟一节,专论中国佛学,尤其是禅宗对中国美学的影响。

五代十国是中国历史上一段较为混乱的时期。其美学思想虽显得较为苍白和单薄,但在绘画领域内,成绩依旧斐然,本章也取一节略作介绍。

另外隋唐五代的乐舞艺术也十分发达。就形态而言,唐代乐舞较之前代更为丰富,具体体现在佛教音乐的兴起、西域乐舞的传入、民间曲子的流行、燕乐的发展和新乐府运动的出现。佛教信仰在隋唐五代的广泛流传,使佛教的音乐形式获得了巨大的发展空间,变文讲唱的演奏模式迅速向民间渗透。西域乐舞也适时而来。薛道衡《和许给事善心戏场转韵诗》云:"羌笛陇头吟,胡舞龟兹出。"西域胡舞,如"旋舞"、"绿腰"、"柘枝舞",伴随着各种西域乐器,如羯鼓、觱篥等,一时之间,席卷中土。民间曲子长短有致,通俗易懂,活泼生动,深受人们喜爱,对以后的诗词曲创作影响巨大。燕乐亦极为发达,隋代燕乐定为九部,唐太宗平定高昌,扩展为十部,按音乐性质来区分,扩大了多民族音乐相互交流的可能。由白居易、元稹发起的新乐府运动曾风行一时,对中晚唐音乐也产生了深远影响。就理论而言,隋唐五代的乐舞理论并不突出。据《隋书》记载,共42部142卷,据《唐书》,则共38部257卷,但大多均已散佚。流传至今的尚有《乐书要录》、崔令钦《教坊记》、南卓《羯鼓录》、段安节《乐府杂录》、吴兢《乐府解题》、段成式《酉阳杂俎》等,多以纪实记事为主,阐释个人或当时社会上流行的对乐舞的理解、观念,很少对音乐美学本身做直接而深入的表述,所以,本章未做过多的介绍。

第二节 隋代美学

自隋文帝开皇元年(581)至唐高祖武德元年(618),隋朝共经历了37年。从中国社会内部结构的演变来看,这37年有着极为重大的意义。首先,隋朝结束了中国二百七十多年来四分五裂的局面,重新建立起中央统一政权。其次,它制定出了与其政权相应的政治制度、法律制度、考试制度以及监管机制,为后来历朝历代的社会制度模式奠定了良好的基础。再次,隋朝在思想、文化、艺术方面也体现出自身的优势,尤其是其美学思想,虽因时间较短而未成气候,但特色已较为明显。

隋朝建立以前,魏晋南北朝时期由于政局的动荡、国土的分裂,文化的地域差异巨大。北方文化多数具备质朴、刚健、雄壮的风格,南方文化多带有绮丽、缘情、柔曼的色彩。隋朝统一中国之后,意识形态需要一个和谐的文化氛围来表现帝国江山初建的稳固及繁荣,适时,南北文化不断交流、汇合。隋朝后期,由于国家的政治格局一度较为安定,加之隋炀帝个人偏好的影响,娱情的文化基调得以复兴。

就诗文而言,隋朝没有出现大家。就诗文理论而言,隋朝出现过两次改革文风的活动。首先,开皇四年,隋文帝曾下诏改革文体。李谔上书,要求摒弃魏晋南北朝以来的齐梁文风,《上隋高祖革文华书》曰:"魏之三祖,更尚文词,忽人君之大道,好雕虫之小技。下之从上,有同影响,竞骋文华,遂成风俗。江左、齐、梁,其弊弥甚,贵贱贤愚,唯务吟咏。遂复遗理存异,寻虚逐微,竞一韵之奇,争一字之巧;连篇累牍,不出月露之形;积案盈箱,唯是风云之状。"李谔建议以北方传统中的实用理性来消解南朝绮丽华艳的文词藻饰,强调文学为意识形态服务的政教属性;这得到了文帝的支持。其次,王通也提出了文学要为意识形态服务。王通认为,文学为政教之用,文辞须约、达、典、则。《中说·天地篇》曰:"学者博诵云乎哉! 必也贯乎道;文者苟作云乎哉! 必也济乎义。"这里所谓的"道义",正是意识形态的现实表现。这意味着,"隋代的统治者和理论家们,虽有改变齐、梁文风的愿望,但因其文学观点之落后,理论上之无所建树,和以政令、刑罚干预文风的粗暴方法,他们的理论主张没有起多大作用,并未能担当起引导文学进一步发展的历史使命"[①]。炀帝崇尚娱情,但并未提出过较为成熟的文艺美学思想。

就书法而言,隋碑既有北朝粗犷豪放的风格,又兼具南方秀美隽永的特色。康有为曾经评价隋碑:"内承周、齐峻整之绪,外收梁、陈锦丽之风,故简要清通,汇成一局,淳朴未除,精能不露。"(《广艺舟双楫·取隋》)可见隋碑对历史有着多元的秉承。同时,隋碑下开唐风,对唐楷产生了直接的影响。著名的唐楷书法家,如欧阳询、虞世南等,都是由隋入唐的。就书法理论而言,隋代的代表人物为智永、智果。智永,名法极,是王羲之的七世孙,永欣寺僧人,人称永禅师。他曾写《真草千字文》800本,是一位在中国书法史上上矫

---

① 罗宗强:《隋唐五代文学思想史》,中华书局1999年版,第18页。

六朝书风、下开唐楷规模的书法大家。智永确立了"永字八法"的理论。唐人曾言,"八法""始于隶字之始"——当汉字字体由圆润划一的篆书转化为有点画波磔的隶书的时候,点划笔法的问题也就出现了。所谓"永字八法",就是利用"永"字点划的写法,来解释"丶"、"一"、"丨"、"亅"、"丿"、"㇏"等基本的笔法。"八法"指出:点为侧,横为勒,竖为努,挑为趯,左上为策,左下为掠,右上为啄,右下为磔。智永《永字八法》云:"侧法第一,如鸟翻然侧下。勒法第二,如勒马之用缰。努法第三,用力也。趯法第四,趯音剔,跳貌,与跃同。策法第五,如策马之用鞭。掠法第六,如篦之掠发。啄法第七,如鸟之啄物。磔法第八,磔音窄,裂牲谓之磔,笔锋开张也。"对点划笔法的形态做出了形象而确切的描述。智果,同在永欣寺,受法于智永。宋苏霖《书法钩玄》录智果《心成颂》一篇,记载了智果的书法美学思想。智果不同于智永,他分析字体的重点在于字的结构;他认为字形不仅由笔画组成,更有间架结构的组织问题。智果极力强调汉字结体之平衡与变化的美学原则,如"回展右肩"、"长舒左足"、"潜虚半腹"、"以斜附曲"等等。平衡不等于简单的对称,而是在动态变化中的"回互"与"交流",这为唐楷字体结构的确立奠定了深厚的基础。

就绘画而言,隋代最为鲜明的特色在于壁画的大量出现。隋代画家,几乎没有不作壁画者。南北朝时期,北朝多绘山水画,南朝则以人物画为主。隋朝调和了南北画风,把山水与人物汇集于寺院壁画,描绘山水背景中的道释人物。这些壁画,大都绘于长安寺院。郑午昌曾言:此朝"寺之在长安者,多有壁画;成都次之,江南则绝少"①。主要画家包括展子虔、郑法士、尉迟跋质那等。除此之外,隋朝尚有大量的卷轴画迹,亦多以人物为主,现可见于《贞观公私画史》、《历代名画记》、《宣和画谱》中。就绘画理论而言,隋朝并未出现专著,仅留下些只言片语。据说,杨契丹曾与田僧亮、郑法士共同在长安光明寺作壁画。作画时,杨契丹以簟蔽画处。郑法士甚是好奇,偷窥之,并曰:"卿画终不可学,何劳障蔽?"又求画本。杨契丹把郑法士带到朝堂上,指着宫阙衣冠车马曰:"此是吾画本也。"显然,杨契丹所推崇的是一种现实主义的画风——画本即为实物,要求画家对实物作如实的描绘。这种现实主义的画风,在当时是较为流行的,正所谓"董有展子车马,展无董之台阁,非不能画,地不同也;仲由带木剑,而笑吴生,昭君著帏帽,而讥阎令,非

---

① 郑午昌:《中国画学全史》,上海古籍出版社2001年版,第91页。

不尽美,时不当也。"① 绘画必须依据时间、地点,以现实世界为范本来创作,这在隋朝画家心目中当属共识。

总之,隋代美学的特征就在于其过渡性,它上托下就,承魏晋南北朝美学之余韵,最终迎来了唐代美学的辉煌。

第三节　唐代诗文美学

唐代诗文美学思想在唐代美学世界中占有显著位置。它最为鲜明地凸显出唐代美学的内在气度、精神气象和表情气质。唐代诗文美学思想同样建构起了成熟的诗文形式美学原则,并将此原则融通于天地,化合于人心,透彻空灵,而又不乏历史使命的责任感和深度。唐代诗文美学思想堪称唐代美学思想的代表。

一　概述

唐代诗文创作高度繁荣,是中国文学史上不可多得的黄金时代。就诗歌而言,唐代诗人大家辈出,诗作美轮美奂,风格丰富多样,流派异彩纷呈,对后世诗歌的发展具有极其重要的意义。唐代诗人堪称后世诗人的楷模,如李白、杜甫、王维、白居易、李商隐等等,不可尽数。《全唐诗》所录诗人二千三百多人,名家占半,收录他们所作的诗歌四万八千九百余首,皆垂范于后代。这些诗作风格多变,浪漫、清雄、现实、质朴、华美、任诞、奇巧、疏朗、洒脱、沉稳、悠逸、险怪,无所不包;流派各异,有游仙诗、山水诗、偈颂诗、田园诗、边塞诗、言志诗等。人们通常把诗看做唐代文学的典范,时有"唐诗"之誉。唐代散文多与思想界相交越,古文运动的兴起是唐代散文领域最为著名的事件。梁肃、李华、韩愈、柳宗元、刘禹锡等都是当时著名的古文运动家。另外,传奇亦作为中国小说的早期形态,于唐代出现。

唐代诗文美学思想璀璨夺目,灿若星辰,诗歌美学、古文美学两方面均有创获。

在诗歌美学方面,我们特拈出三组人物来反映其总体风貌:作为官方文人的代表孔颖达,作为作家文人代表的李、杜,作为民间文人的代表白居易。

孔颖达延续了儒家"诗言志"的美学思想主流。他认为"情"、"志"具有

---

① 郑午昌:《中国画学全史》,上海古籍出版社 2001 年版,第 94 页。

同一性。"情"、"志"之间的关系不是对立的,而是统一的,人"情"必然会充实、升华为伦理之"志"。那么,当个人私有的情感空间与道德自觉的伦理观念合二为一,表达"情"的诗作,也就必然与意识形态的现存及发展即"志"息息相关了。孔颖达是站在政治统治的角度来看待文艺的。

作为作家文人代表的李、杜的创作,是儒、道家思想系统以及形式美学风尚相互糅合、渗透的结果。一方面,李白希求"大雅",他对儒家经世致用的伦理道德推崇备至;他明确表示:"我志在删述,垂辉映千春。"另一方面,李白的身上又流着道家的血脉。杜甫是一介名儒,他有儒士顽强自立、忧国忧民的精神,且身体力行。他对诗歌的形式之美非常重视,宣称"语不惊人死不休",在诗法上,"转益"多师,"别裁伪体",从各种诗学传统中汲取养分,苦心钻研,花费大量时间来推敲词句、出语用典、揣摩韵律,并力戒自己在诗歌创作活动中虚伪的倾向,拒绝无病呻吟,成为后世诗人追求诗歌形式美的楷模。

作为民间文人代表白居易提出了"美刺"说,也创作了大量的闲适诗,是儒家入世精神与居士弃世精神的结合。白居易将诗歌的使命规定为"为君、为臣、为民、为物、为事而作","补察时政"、"泄导人情",并提出"根情、苗言、华声、实义"的诗歌理论。看重"时事",看重当时当下之事,诗歌有强烈的现实色彩。

柳宗元、韩愈是唐代古文运动的代表人物。柳宗元一生命运多舛,于德宗贞元九年考中进士,但很快被贬,死于柳州,年仅47岁。柳宗元提出"文以明道"的见解。《答韦中立论师道书》云:"文者以明道,是固不苟为炳炳烺烺,务采色,夸声音,而以为能也。吾子好道而可吾文,或者其于道不远矣。"柳宗元的为人和思想都不如韩愈那般决绝激烈,他所谓的"道"不是韩愈所特指的儒家道统,而泛指自然之道——在仁义为主要内容的前提下,带有一定道家的色彩。并且,这种"道"也不是一种绝对的抽象意义上的精神诉求,而每每带有现实意义。《时令论》云:"圣人之道,不穷异以为神,不引天以为高,利于人,备于事,如斯而已矣。""道"与人、事相关。另外,"文"对于"道"的功能也显得不那么"功利":"文"并不是"载""道",而是"明""道",淡化了一定的"工具论"意味,给了"文"一个较为自然、宽松地融涵"道"的平台。韩柳之后,又有裴度、李翱等文人出现,他们的观点不出"文"、"道"二元。

二 从"兴寄"到"兴象":走向盛唐之诗美

中国是一个诗的王国,作为诗歌之美的巅峰,唐诗沾溉了中国审美视界中最为明朗亮丽的色彩。唐诗是不可超越的,此前的诗歌血脉,均在此时结蒂;此后的诗歌发展,均以此时为楷模。唐诗是中国艺术史上一颗璀璨的明珠,熠熠生辉,遍体光华。

唐诗的历史共分为四期:初唐、盛唐、中唐、晚唐。其中,盛唐诗歌是代表唐诗之艺术气质的最高典范。从"兴寄"到"兴象",是我们对唐诗美在理路来源上的归纳。

"兴寄"是陈子昂对于初唐诗歌使命的期望。陈子昂,字伯玉,梓州射洪人,永淳元年进士,历麟台正字、右卫胄参军、右拾遗。卢藏用在《右拾遗陈子昂文集序》中赞美他:"道丧五百岁而得陈君……崛起江汉,虎视函夏,卓立千古,横制颓波,天下翕然,质文一变。"金元好问《论诗三十首》之八更称:"论功若准平吴例,合著黄金铸子昂。"陈子昂之所以备受赞誉,正是因为他在"风骨"的基础上,提出了"兴寄"的主张。他在《与东方左史虬修竹篇序》中说:

> 文章道弊五百年矣,汉魏风骨,晋宋莫传,然而文献有可征者。仆尝暇时观齐、梁间诗,彩丽竞繁,而兴寄都绝。每以咏叹,思古人,常恐逶迤颓靡,风雅不作,以耿耿也。

所谓"兴寄",是一种强烈的灌注于诗作中的内心情感。"兴",不是一种写作艺术手法,而是诗人蓬勃向上的生命朝气;"寄",也不是一种简单的寄托情怀,而是诗人积极入世、建功立业的执著精神。杜甫在凭吊最终被杖杀的陈子昂时说:"悲风为我起,激烈伤雄才。"陈子昂的独特之处在于他激昂奋起的精神气度,如他的千古绝唱《登幽州台歌》:

> 前不见古人,后不见来者,念天地之悠悠,独怆然而涕下。

"兴象"一词,出自殷璠《河岳英灵集》。《河岳英灵集》品评了盛唐24位诗人的诗作。序言阐发了作者对于建安以来诗歌发展的看法,也是作者品评盛唐诗作的立场。其中,他运用的美学范畴之一,即"兴象"。例如,批评齐梁诗风:"都无兴象,但贵轻艳",评陶翰:"既多兴象,复备风骨",评孟浩然:"无论兴象,兼复故实",等等。这一范畴影响深远,晚唐司空图、宋严羽、明胡应麟、清方东树的诗学著作中都有其宗迹。"兴象"之"兴",与陈子昂

"兴寄"之"兴",有直接关系。罗宗强有言:"初唐'四杰'和陈子昂所向往的'气凌云汉,字挟风霜','骨气端翔,音情顿挫,光英朗练'的理想诗歌,在盛唐诗人手里实现了。他们追求风骨,而且得到了风骨。"① 盛唐诗人里不仅有昂扬阔大、朗练自然的入世情怀,而且他们把主体情思与诗歌意象完美地融合起来,成就了玲珑完整、不可凑泊的"兴象"。

三 复古:原儒之美

中国古代散文文体可分为两类:散体与骈体。散体不拘格式;骈体有格式规范,如使用骈句,同时注重丽藻、用典、声韵等。先秦散文原极为发达,据刘勰《文心雕龙·丽辞》的讲法,骈文是自西汉以降才出现的,此后,虽散骈并存,但骈文因其辞丽而畅行天下。唐代的古文运动,从文体上说,是要复兴"古"之"散文"。值得注意的是,古文运动实际上是中唐一大批知识分子通过复古而力求追寻原始儒家精神境界的运动。

陈子昂是唐代古文运动的最早提倡者。他倡导"风雅兴寄",去除绮艳文风。但雅正之文究竟如何,尚不明确。从陈子昂的时代到开元末年,人们开始渐渐自觉地接受散文。这具体表现在,一方面,散体的使用范围逐渐扩大,从奏议扩大到其他文体,如书信等。另一方面,散文的写作数量也在增加。据《登科记考》记载,开元共29年,登进士第者共76人,作品761篇,其中散文211篇,骈散相间32篇,除制诏颂赞外,骈文仅170篇,比散文要少。从天宝中期到贞元年间韩愈登上文坛以前,文章由骈入散之趋势,已不可挡。元结、李华、萧颖士、独孤及、梁肃、权德舆、柳冕等一大批作家的出现,为文体、文风的改革,奠定了坚实的基础。

韩愈,字退之,河阳(今河南孟县)人。郡望昌黎,世称韩昌黎。韩愈是中唐著名的思想家、文学家。他以"道统"代言人自居,一生排斥佛老。苏轼称之为"文起八代之衰,道济天下之溺"。他与柳宗元发起了古文运动,世称"韩柳",又以诗作与孟郊齐名,创"韩孟诗派"。

韩愈所提倡的复古之根源,不是建立在文体上的,而是建立在道统上的。韩愈坚持,古文必以载道。骈文属缘情之作,古文却是道的载体。古文因道而存,循道而变。韩愈之所以与此前的古文倡导者不同,在于他对道有着极为明确的规定。此道并非一般意义上的道,而是"古道"——仁义之道。

---

① 罗宗强:《隋唐五代文学思想史》,中华书局1999年版,第73页。

韩愈在《原道》中说,此道"尧以是传之舜,舜以是传之禹,禹以是传之文武周公,文武周公尧传之孔子,孔子传之孟轲,轲之死,不复得其传焉。荀与扬也,择焉而不精,语焉而不详"。这"古道"是儒家精神世界的命脉所系。这意味着,韩愈在强调复兴"古道",以对抗时俗,他在拒绝现实世界对于儒家精神的消解,如《答侯高第二书》:"所谓时也者,乃仁义之时乎?将浮沉之时乎?苟仁且义,则吾之道何所屈焉尔。如顺浮沉之时,则必乘波随流望风而高下焉。"在他们身上,我们看到的并不只是古体散文的复兴,也是古文中蕴藏着的儒家"以天下为己任"的进取人格。"不平则鸣"的诗学原则,便是韩愈文论观念所延伸出的一条审美意绪。他在《送孟东野序》中说:

  大凡物不得其平则鸣。草木之无声,风扰之鸣;水之无声,风荡之鸣;其跃也或激之,其趋也或梗之,其沸也或炙之。金石之无声,或击之鸣。人之于言亦然,有不得已者而后言。其歌也有思,其哭也有怀。凡出乎口而为声者,其皆有弗平者乎?

  结合唐代心统性情、性静而情动的看法,这里所谓的"不平",也就是在心的内部,性与情之间存在冲突的事实。情动的幅度越大,与性之间的紧张也就越强烈。而"鸣"正是疏导这种"不平"的途径——当性情在极度不平的张力关系中无法自拔的时候,艺术创作是一种缓解压力的方法,它使内心的"不平"重回到"平",使情复归于性。这样一来,我们也就可以理解,韩愈的"不平则鸣",所开掘的是命运的惨烈将生命压抑到超过其可能承受的底线后,诗人之情极端悲愤,用艺术创作来缓解其亢奋心理的理论表述。

四 司空图:"象外之象"、"味外之旨"

  司空图,字表圣,河中虞乡人。晚年长期归隐于中条山王官谷,后梁开平二年,闻唐哀帝被杀,遂不食而卒。司空图是晚唐诗歌美学最为重要的人物,其美学思想,集中体现于《二十四诗品》。他提出的"象外之象"之意境观与"味外之旨"之诗味说,不仅代表了晚唐诗歌美学理论的最高成就,而且也是中国美学史之总体品格由意象说转向意境说的标志。

  "象外之象"之意境观是司空图诗歌美学的核心原则。他在《与极浦书》中说:

  戴容州云:"诗家之景,如蓝田日暖,良玉生烟,可望而不可置于眉睫之前也。"象外之象,景外之景,岂容易可谈哉?然题纪之作,目击可图,体势自别,不可废也。

可见,首先,"象外之象"的观念有其历史的积淀。司空图此处所提到的"象外之象",可以看做是对戴叔伦所言"诗家之景"这句话的进一步解释,司空图显然受到戴叔伦的影响。事实上,殷璠所使用的美学范畴"兴象",在某种程度上已暗示出了意象美学通往意境美学的途径。元和六年,刘禹锡又提出"境生于象外"的观点。《董氏武陵集序》云:"诗者,其文章之蕴邪? 义得而言丧,故微而难能;境生于象外,故精而寡合。千里之缪,不容秋毫。"文章是有蕴藉的,不能言,不能表之于象,故有"象外"的说法,这与此后的吕温、白居易的"造境"相联系,都可以视做司空图提出"象外之象"之意境观的铺垫。

其次,"象外之象"的理论核心在于创造出一个意境。在"象外之象"中,前一个"象"与后一个"象",含义大不相同;"象外之象"的关键词在于后一个"象"。"象外之象"的结构是有层次性的,层次之间既存在质的不同,又带有一定的导向,所以,它最终构成的是一个复杂的意象系统,即意境。具体而言,前一个"象"通常指形象,例如某一经验物的形体、状态,后一个"象",作为前一个"象"的导向,则是一种有多重可能性的复杂意象的组合。"这种'象外之象',由于带着更为飘忽、更为空灵的性质,而且往往又渗杂有读诗者的美感联想,因此就常常是不确定的,多层次的。"① 这种意境观,是对此前意象观的大大超越。

最后,"象外之象"的理论旨归是带有禅趣的意境。"象外之象"中的后一个"象",实乃"大象"——通过禅趣,所直觉顿悟到的大道流行的造化自然。例如,《二十四诗品》中有《高古》:"畸人乘真,手把芙蓉,泛彼浩劫,窅然空踪。"艺术世界之"大象",如真人手把之芙蓉,它是一种超越有限性的存在,将在万千浩劫之上,窅然远逝。《沉着》:"海风碧云,夜渚月明,如有佳语,大河前横。"海风起,碧云开,夜渚之上,朗朗明月,这一系列的自然造化经过创造主体不断地观察、构思,反反复复地酝酿,终于突如其来地呈现于当下,顿感痛快。《纤秾》:"采采流水,蓬蓬远春,窈窕幽谷,时见美人;碧桃满树,风日水滨,柳荫路曲,流莺比邻。"在春天的世界里,生命的迹象有流水、远春、幽谷、美人、碧桃、风日、柳荫、流莺,"大象"的生成来自于有觉生命

---

① 罗宗强:《隋唐五代文学思想史》,中华书局1999年版,第376页。

对于绝对存在的生命礼赞。只要与生命世界的律动合拍,只要展示出每一生命的真率,艺术世界便由此生成;无论是创造主体,还是接受心灵,还是艺术世界本身,都将融入如如流行的宇宙间,得大自在。

除"象外之象"的意境观外,"味外之旨"之诗味说亦是司空图诗歌美学的重要组成。司空图有著名的醯醢酸鹹之味辨:

> 文之难而诗尤难,古今之喻多矣。愚以为辨于味而后可以言诗也。江岭之南,凡足资于适口者,若醯非不酸也,止于酸而已;若醢非不鹹也,止于鹹而已。中华之人,所以充饥而遽辍者,知其鹹酸之外,醇美者有所乏耳。(《与李生论诗书》)

司空图的这个比喻其实并非首创。早在司空图之前,类似的比拟还有如裴潾《谏信用方士疏》:

> 水火醯醢盐梅,以烹鱼肉,宰夫和之,济之以味。

魏征《论治道疏》:

> 内尽心膂,外竭股肱,和若盐梅,固同金石者,非惟高位厚秩,在于礼之而已。

在司空图以前,也曾经有人用这一比喻来指称释氏境界,如李华《润州鹤林寺故径山大师碑铭》:

> 食不问鹹酸,口不言寒暑,身同池水,饱蚊豹之饥渴,道离人我,顺众生之往来,贵贱怨亲,是法平等。故馈甘味而不辞,同于糗鞴;奉上服而不拒,齐于弊竭。

食物味道的或咸或酸都是不重要的,就像甘味与糗鞴、上服与弊竭之间,本没有区分。在释氏看来,感觉本身正在自行消解。外在尺度,如味觉上的差异,皆性空;众生只需从味觉中体会一种空性。

时至唐代,"味"已经成为一个成熟的审美体验范畴。这表现在其构词功能上的派生性。如有"风味",孙虔礼《书谱》云:

> 东晋士人,互相陶染,至于王谢之族,郗庾之伦,纵不尽其神奇,咸亦挹其风味,去之滋永。

另如"趣味"。司空图《与王驾评诗书》云:

> 左丞苏州,趣味澄夐,若轻风之出岫,大历十数公,抑又其次焉。

"味"与庄禅有着紧密的联系。陆长源在《唐故灵泉寺元林禅师神道碑》有云:

> 树林水鸟,竹苇稻麻,愿结道缘,争味禅悦。

禅悦体验本身,即可用"味"来表达。借一"味"字,禅与诗之间的联系紧密起来。禅中有诗,诗中有禅,诗禅皆可由主体"味"之。

司空图所言"味外之旨"的醇美,正是一种本真世界的造化之美。《与李生论诗书》末尾处曰:"倘复以全美为工,即知味外之旨矣。""全美"即本真之美。只有获得"全美",本真之美,才有"味"。诗歌的意义,正在于使个体生命直观到这种"味外之旨"的"全美"。

第四节 唐代书法美学

唐代是中国书法美学思想史上集大成的时代。唐代书法美学不仅出现了完整的具有体系性的著作,而且明确提出了"尚法"的主题。在此基础上,对于法的批判、超越应运而生,使中国书法美学渐入圆熟的境界,成为唐代美学世界里美妙绝伦的奇葩。

一 概述

唐书"尚法",通过唐代书法家的创作,中国书法"法度"的格局,基本奠定。初唐时期,由于王羲之的深远影响,"初唐四家"虞世南、欧阳询、褚遂良、薛稷,仍以妍媚华美的轻盈风神为主。至盛唐,书风劲变,正楷、行楷、行草、草书,各种书体的法度已具有严密的组织。李邕、颜真卿、柳公权分别树立起独具一格的书风,开前人之未开,雄奇瑰丽,浑厚遒劲。其中,李邕气宇轩昂,碑照四裔,呈显出盛唐气象。颜体丰肥质朴,柳休瘦硬挺拔,故有"颜筋柳骨"之美誉,为后世习书之楷模。另张旭与怀素作为草书大家,号称"颠张狂素",更是名垂书史,流芳千古。张旭史称"草圣",人们把他的草书和李白的诗、裴旻的剑舞并称为唐代"三绝"。他的书法如锥划沙,出神入化,刚柔并济,变化莫测,其名作《古诗四帖》、《肚痛贴》气势磅礴,美不胜收。怀素是与张旭齐名的草书大家,其《自序帖》如龙奔蛇走,骤雨狂风,迅疾无忌,飘逸洒脱。

唐代书法美学关注复杂的书法审美活动，充分深入书法艺术创作系统。书法作品约可分为形、象、意三个层面，彼此之间又相互统构。与之相应，不同的书论家选择了不同角度切入书法艺术理论。

欧阳询"三十六法八诀"偏重于对字"形"结构的总结。欧阳询，字信本，擅长楷书，与虞世南齐名，并称"欧虞"。其作品多保留了隋碑、魏碑的风格，险劲、瘦硬，著有《传授诀》、《用笔论》、《三十六法》、《八诀》，表现出他重视"法度"的主张。《八诀》描述了8种点画笔势的用笔要点，《三十六法》则总结了 36 种字形结构的结体规律。其中，最为重要的美学原则是追求真书结构的整体均衡感。汉字的结构是一个极为复杂的系统，欧阳询要求在复杂当中求均衡。《八诀》所谓"四面停匀，八边具备是也"，正谓此意。《三十六法》中提到，"字欲排叠疏密停匀，不可或阔或狭"，"字画交错者，欲其疏密、长短、大小匀停"。字体不求一味地对称，以免呆板，而应有变化，以笔画之间的向背、朝揖、相让、避救来体现字形的动态韵律，从而获得交而不犯、实则穿插、虚则管领、合则救应、离则成形的审美效果。欧阳询的书论，可以视为唐书"尚法"之风的肇端。

李嗣真"逸品"说强调建立在字"象"基础上的书"意"。李嗣真，字承胄，著有《诗品》、《书品》、《画品》各一卷，现仅存录于《书法要录》中的《书后品》。《书后品》品评 82 位书家，分三品，每品之上再分三等，把"逸品"定为"上上品"之上。《书后品》中有李嗣真自叙："登逸品数者四人，故知艺之为末，信也。虽然，若超吾逸品之才者，亦当隽绝终古，无复继作也。"被评为"逸品"的书家包括张芝的章草、钟繇的正书、王羲之的三体及飞白与王献之的草、行、半草行书。李嗣真对他们的评语为："神合契匠，冥运天矩，皆可成旷代绝作也。"李嗣真所谓的"逸品"，是一种与"自然冥契"的境界，是自然造化世界中的"天矩"，与审美主体内心冥契的结果，是艺术创作动机的真正来源。

窦臮《述书赋》是唐代书法美学崇尚自然意趣的典范。《述书赋》的作者经常被人们混淆为窦蒙，也有人误作窦泉（权德舆《太宗飞白书记》）。事实上，《述书赋》二卷为窦臮作，注文为窦蒙作，无窦泉此人，当为"臮"之笔误。窦臮，字灵长。窦蒙，字子全。窦蒙是窦臮的兄长。《述书赋》品题收录了自上古以来至当时的 198 位书家，并及署证、印记、征求、保玩等事。窦臮自称："翰墨之妙，可入品流者，咸备书之。"窦蒙《述书赋注》考证翔实，典要不烦，另《〈述书赋〉词例字格》对《述书赋》所涉及的概念作出了说明，是理解《述书赋》重要的依据。《述书赋》的理论基调是对自然意趣的尊奉。如前文所述,唐书是一个书法史上的"尚法"时代,但《述书赋》在具体评价书家时,却强调"生动而神凭,通自然而无涯",注重自然世界的造化涌动,超越书写的技法法度,"契入神悟"。在此基础上,窦氏书论提出"忘情":"真率天然,忘情罕逮","去凡忘情,任朴不失"。所谓的"忘情",也就是"任朴不失"的"天然"状态。这种状态类同于道家返璞归真的真醇意态,而个人当下的情绪、欲念均得以化解。《述书赋》可以视为在道家文化影响下作者对于唐书法度的批判。

蔡希综"意象"论是对书法"形、象、意"三者融会贯通的尝试。蔡希综,曲阿人,天宝年间著名的书法家。他出身名门,为蔡邕之后,与其兄希逸、希寂皆工于草隶,当时声名显赫。蔡希综有行书《治浦桥记》传世,另著有《法书论》一卷,录于《书苑精华》。"意象"是其书论的重点范畴,他叙及张旭,"卓然独立,声被寰中,意象之奇,不能不全其古制,就王之内弥更减省,或有百字五十字,字所未形,雄逸气象,是为天纵"。可见,蔡希综所使用的"意象",与窦臮、窦蒙所追求的自然意趣非常接近,都是一种体悟造化而书的理论表达。但蔡希综"意象"论的特点在于,他强调"用笔"。蔡希综认为,书法重在用笔。他引《笔阵图》中"夫三端之妙,莫先用笔"来描述"意象",说明在构造"意象"时,用笔是不可或缺的环节。他所谓的"用笔",要求字形有一定的飞动之态,具体而言,即"一波三折":"每画一波,常三过折;每作一点,常隐锋为之。"蔡希综所言的"意象"实是生命力灌注于"形、象、意"的结果。

二 唐太宗与虞世南:"尽善尽美"

帝王论书,在中国书学史上并不多见。唐太宗精于书论,是帝王生涯的佳话,也是中国书学史上较为重要的事件。既然是帝王之论,其论调也必沾染帝王色彩,其对于王羲之的推崇以及由此而衍生的书学言论,在实质上为初唐书风带来了些许意识形态的色彩。作为太宗近臣,虞世南最大可能地迎合了帝王的喜好,这不仅提升了自己的书坛地位,也在客观上扩大了太宗书论的影响。

唐太宗,即李世民,陇西成纪人。他是唐代著名的英主,雄才大略,又雅好文艺,尤其擅长书法,是唐代著名的书法家,所书《晋祠铭》,首创以行书勒碑的做法。他传世的论书著述有《笔法诀》、《论书》、《指意》等文。虞世南,字伯施,太宗时官至秘书监,封永兴县丞,世称"虞永兴",深得太宗器重,尤工书法。著有《笔髓论》、《书旨述》二文,与太宗观点基本相合。

唐太宗书论的显著特色在于对王羲之的极度推崇。马宗霍《书林藻鉴》论唐人书法："唐太宗笃好右军之书，亲为《晋书》本传作赞。复重金购求，锐意临摹，且拓《兰亭序》以赐朝贵。故于时士大夫皆宗法右军。"

唐太宗《王羲之传赞》曰：

> 所以详察古今，研精篆隶，尽善尽美，其惟王逸少乎！

唐太宗的这一论调得到了虞世南的积极应合。这一对君臣一唱一和，给书坛带来了极大的"震动"。清代阮元《南北书派论》云："至唐初太宗独善王羲之书，虞世南最为亲近，始令王氏一家兼掩南北矣。"帝王的喜好决定了时代的风尚，王羲之的地位在太宗时代无人可敌。结果便是，王羲之代表的南派书风独领风骚，使初唐书风在"尚法"之先，已奠定了不离"风韵"的基调。

唐太宗曾把钟繇、王羲之、王献之、萧子云四人的书风作过比较，他评价钟繇"其体则古而不今，字则长而逾制，语其大量，以此为瑕"；意思是说，钟书过于古朴，无今之风韵。他评价献之"虽有父风，殊非新巧"，"观其字势疏瘦"，如"枯树"，如"饿隶"。萧子云"仅得成书，无丈夫之气"。可见，唐太宗是反对过分妍媚以至于淫靡的齐梁风气的，唐太宗之所以钟爱王羲之，就在于王羲之同时糅合了"风神"与"骨力"，中和古今的特色，王羲之的美，美在不偏不倚，双向兼具。

因此，"尽善尽美"作为一条美学原则，实是在"尽美"的维度上同时强调"尽善"，强调一种书风的中正调和，正如唐太宗批评钟繇曰："钟虽擅美一时，亦为迥绝，论其尽善，或有所疑。"他认为钟繇只达到了"尽善尽美"中的后一个条件"尽美"，而尚未具备前者"尽善"之"德"。唐太宗《指意》篇中反复提出"冲和"的要求："神气冲和为妙。"《笔法记》中也说："正者，冲和之谓也。"所谓冲和，就是"尽善"之"德"在书法行为中的体现。这一原则在根本上起到了维护德性伦理、把德性伦理渗透于艺术理论，从而辅助意识形态统治的作用。

虞世南在《笔髓论》中描述得更为清楚：

> 心神不正，书则敧斜；志气不和，字则颠仆，其道同鲁庙之器。虚则敧，满则覆，中则正，正者，冲和之谓也。

书道原本无他，同于鲁庙之道而已。

唐太宗在《帝京篇序》中表达了他的艺术理论的总体思想：

> 故观文教于六经,阅武功于七德,台榭取其避燥湿,金石尚其谐神人,皆节之于中和,不系之于淫放。

他把淫靡的艺术之风与亡国的教训结合起来,提倡中正冲和的审美趣味,这体现出帝王论书的特殊角度。

三 孙过庭《书谱》:务求于实

孙过庭,字虔礼,吴郡富阳人,一作陈留人,唐代著名的书法家、书论家。宋米芾称赞他"凡唐草得二王法,无出其右"。孙过庭的身世不明,新旧《唐书》均不见,以他为署名的《书谱》,作于武则天垂拱三年,是一部文书并茂的巨著。

关于《书谱》的篇幅问题一直存在争议。其末段云:"今撰为六篇,分成两卷,第其工用,名曰《书谱》。"现存《书谱》仅此一篇,实为《书谱序》,《书谱》原文已散佚。另《宣和书谱》谓《书谱序》有上、下两篇,但宋陈思《书苑精华》仅录此一篇,故陈振孙《书画书录解题》认为此仅为《书谱序》上卷,而余嘉锡《四库提要辨证》则认为上、下皆全。今存疑。

《书谱》的内容有以下几方面特点。首先,具有较强的辨证发展的历史观念。书法的历史是辨证发展的历史,这一点是孙过庭评论各代书家的内在尺度。当时,书坛争论焦点主要集中在对于钟、张、二王的评价上。或有认为四人不分高下者,或有极重一人者。孙过庭认为,四家的优劣必须从书法历史辨证发展的角度来看待。

> 评者云:"彼之四贤,古今特绝,而今不逮古,古质而今妍。"夫质以代兴,妍因俗易,虽书契之作,适以记言。而醇醨一迁,质文三变,驰骛沿革,物理常然。贵能古不乖时,今不同弊。

孙过庭对四者的书法地位都给予了肯定的评价,同时提出了"古质而今妍"的看法:"质以代兴,妍因俗易",这是"物理常然"的道理。也就是说,历史是发展的,每个时代都有它特定的文化内涵,也就必然有它相应的书风出现,或质或妍,不能简单地放在同一尺度上,不考虑历史的变迁而"一刀切"。

另外,孙过庭对于学习书法的过程的理解,也体现了他的历史观念。其曰:

> 至如初学分布,但求平正,既知平正,务追险绝,既能险绝,复归平正。初谓未及,中则过之,后乃通会,通会之际,人书俱老。

从"平正",到"险绝",再到"平正",是一种从"有法"到"无法",再到"至法"的"否定之否定"的辨证发展过程。历史感的辨证色彩,使孙过庭的书论有了介入论题的全新角度、深度和穿透力。

其次,孙过庭把书体的观念融入他对书法史的解读。孙过庭认为,书体是有不同的,每一种书体都有属于它自身的用途、体征、书写规律以及特殊意态。"趋变适时,行书为要;题勒方幅,真乃居先。"随着历史的发展,新的书体不断出现,美的形态也就层出不穷:

> 虽篆、隶、草、章,工用多变,济成厥美,各有秀宜。篆尚婉而通,隶欲精而密,草贵流而畅,章务检而便。然后裹之以风神,温之以妍润,鼓之以枯劲,和之以闲雅,故可达其情性,形其哀乐。

篆书用笔圆润,如蚕吐丝,故"婉而通";隶书"寓奇险于平正,寓疏秀于严密",故"精而密";草书"一笔而成,偶有不连,而血脉不断",故"流而畅";章草"示简易之旨",故"检而便"。各种各样美的形态之间,并没有高低优劣之别,各自有其存在的价值。对于某一位书家来说,他往往对某一种书体有所擅长,例如,"钟繇隶奇,张芝草圣,此乃专精一体,以致绝伦"。钟繇长于真书,张芝长于草法,本是无可厚非的事实,这一事实丝毫不会影响钟、张在书法史上的重要地位。书体有所不同的观念,是贯彻在孙过庭诠释历史的立场中的。

孙过庭同时又主张书家之于书体的各体兼备,重视各种书体之间的联系和统一:

> 草不兼真,殆于专精,真不通草,殊非翰札。真以点画为形质,使转为情性;草以点画为情性,使转为形制。草乖使转,不能成字,真亏点画,犹可记文。回互虽殊,大体相涉。

"点画"取直意,"使转"取曲意,对于真、草而言的意义是不同的。"点画"是真书形体的基质,是草书情性的发挥;"使转"是草书形体的基质,是真书情性的发挥。孙过庭要求在此基础之上,众体兼擅:

> 傍通二篆,俯贯八分,包括篇章,涵泳飞白。

事实上,早在孙过庭之前,卫夫人《笔阵图》就曾论"六种用笔",要求篆、章草、八分、飞白、鹤头书、古隶彼此能融汇贯通。孙过庭在真草之间谋求沟通,可见他对前人的理论有更深一步的理解。

再次,孙过庭书论具备比较完善的创作论系统。就作家方面而言,孙过庭指出情性与创作的关系。其论王羲之诸帖:

> 写《乐毅》则情多怫郁,书《画赞》则意涉瑰奇,《黄庭经》则怡怿虚无,《太师箴》又纵横争折。暨乎兰亭兴集,思逸神超,私门诫誓,情拘志惨。所谓涉乐方笑,言哀已叹。

孙过庭通过王羲之的书帖来揣度王羲之书写时的情性,他认为不同的书帖隐藏着不同的情性。书家的情性如何,将直接影响到书法作品的风貌,情与书有着内在的勾连。

> 岂知情动形言,取会风骚之意;阳舒阴惨,本乎天地之心,既失其情,理乖其实,原夫所致,安有体哉?!

可见,情性对于书法而言所具有的意义,在这里,其实已经非常接近文学理论中"诗缘情"的观念。

另外,孙过庭不仅关注书家情性,还对书法创作的各种条件作出了总结:

> 又一时而书,有乖有合,合则流媚,乖则凋疏,略言其由,各有其五:一合也,感惠徇知;二合也,时和气润;三合也,纸墨相发;四合也,偶然欲书;五合也,心遽体留。一乖也,意违势屈;二乖也,风燥日炎;三乖也,纸墨不称;四乖也,情怠手阑;五乖也,乖合之际,优劣互差。

书家在进行书法创作时,要心情好,天气好,纸墨精良,有创作的欲望,才能写出好的作品。

最后,孙过庭书论强调了书法评论的务实的态度。当时的书论家们不乏隔靴搔痒、见风使舵、故弄玄虚者。孙过庭对这一现象进行了强烈的批评:

> 吾尝尽思作书,谓为甚合,时称识者,辄以引示;其中巧丽,曾不留目,或有误失,翻被嗟赏。既昧所见,尤喻所闻。或以年职自高,轻致陵诮。余乃假以缃缥,题之以古目,则贤者改观,愚夫继声,竞赏毫末之奇,罕议峰端之失,犹惠侯之好伪,似叶公之惧真,是知伯子之流波,盖有由矣。

书法评论界,有人云亦云者,名人怎么讲,他便怎么讲;有倚老卖老者,自恃年高岁长,以资历来评论,随意冷嘲热讽,訾议他人;有贵古贱今者,一切都以古为好,认为贴上古董的"标签",就是典范、楷模。实际上,此辈学者多属叶公好龙之流。孙过庭对许多所谓的名家论断表示不满,认为那不过是空泛之谈。

孙过庭认为,只有务求于实的批评才是真批评。所谓务实,就是不蹈虚空,不囿于已成定论的前说,一切判断都建立在自己真实的体验上。一位优秀的书论家,必须同时是一位优秀的书法家,一位优秀的书法欣赏者。无怪乎清代王文治《论书绝句》中说:"细取孙公《书谱》读,方知渠是过来人。"

四 张怀瓘:"书道"之美

张怀瓘,海陵人,唐代最为著名的书法家、书论家。张怀瓘出身于书法世家,父张绍宗能书,兄张怀瑰亦以书名。张怀瓘兼擅真、草、行、篆,自称"真、行可比虞、褚,草欲独步于数百年间"。其书论颇丰。现存《书断》三卷、《书议》一卷、《文字论》一卷、《六体书论》一卷、《论用笔十法》一卷、《玉堂禁经》一卷、《评书药石论》一卷、《书估》一卷。其中,《书断》三卷是他尤为重要的作品。另有《画断》一卷,评顾恺之、张僧繇、陆探微画,已佚。

张怀瓘首先提出了"书道"的概念,彻底改变了书法不过"小道"的地位。唐代之初,人们对于书法的意义,并没有充分的估量。唐太宗推崇王羲之,但认为"书学小道,初非急务,时或留心,犹胜弃日"。孙过庭亦言:"扬雄谓诗赋小道,壮夫不为,况复溺思毫厘,沦精翰墨者也。"书法,写字而已,对于君子立身、行道而言,不过是"雕虫小技"罢了,所以并非"急务","壮夫"亦可"不为"。但是,张怀瓘反驳了类似的说法,他首先提出,书法乃大道,书法的创作行为,实是在行天下之大道:

> 昔仲尼修《书》,始自尧、舜。尧、舜王天下,焕乎有文章。文章发挥,书道尚矣。夏、殷之世,能者挺生,秦汉之间,诸体间出。玄道冥运,妙用天资,追虚捕微,鬼神不容其潜匿,而通微应变,言象不测其存亡。奇宝盈乎东山,明珠溢乎南海,其道有贵而称圣,其迹有秘而莫传。理不可尽之于词,妙不可穷之于笔,非夫通玄达微,何可至于此乎?乃不朽之盛事,故叙而论之。(《书议》)

"书道"在张怀瓘看来,是"不朽之盛事",其意义甚至超过了经、文:

> 夫经是圣文,尚传而不秘,书是妙迹,乃秘而不传。存殁光荣,难以

过此,诚不朽之盛事。(《六体书论》)

经"传而不秘",书"秘而不传",书似乎比经、圣文更加神秘、高贵。

"书道"之所以成为"不朽之盛事",是因为,一方面,"书道"合于自然大道。《书断序》云:"文章之为用,必假乎书,书之为征,期乎合道。故能发挥文者,莫近乎书。"书法通于自然大道,它能够发挥"文"的作用,所以,书法也就成为"弥纶乎天地,错综乎四时,究极人神,盛德之大业也"。另一方面,"书道"合于人伦纲常。"艺成而下,德成而上,然书之为用,施于竹帛,千载不朽,亦犹愈泯泯而无闻哉?!"书法在某种程度上具有"传播"的作用,所以,也是不朽的。这样的理由虽显牵强,但可见出张怀瓘极力推崇"书道"的一片苦心。

其次,张怀瓘指明了天赋是书法创作的条件。书家能"追虚捕微","通达玄妙",创作出"天质自然"的艺术作品,这来自于他们的先天能力:

虽功用多而有声,终天性少而无象,同乎糟粕,其味可知。不由灵台,必乏神气。(《文字论》)

一个人必须首先具备这种先天的能力,才能够继而勤于功用,把这种天资禀赋实现为具体的艺术作品:

常叹书不尽言,仆虽知之于言,古人得之于书。且知者博于闻见,或可能知,得者非假以天资,必不能得。(《文字论》)

这种观点使书法创作看上去多少带有一定的神秘色彩,但也从另一角度强化了自然天性与造化世界的同构关系:

夫古今人民,状貌各异,此皆自然妙有,万物莫比,惟书之不同,可庶几也,故得之。先禀于天然,次资于功用,而善学者乃学之于造化,异类而求之,固不取乎原本,而各逞其自然。(《书断》)

"天然"的作用是先于"功用"的,所以,书法创作的天赋对于书家来说相当重要。

再次,张怀瓘强调书法艺术中"风神"与"骨气"的结合。"风神"与"骨气",是从魏晋"风骨"衍生出的范畴,不仅在书法领域,在其他艺术理论领域里亦可常见。张怀瓘强调,"风神"、"骨气"是艺术作品的内在精神。所谓"风神",是指一种风姿绰约的神韵,所谓"骨力",是指一种刚健挺拔的力度。

从历史的发展来看,魏晋书风或有神韵,但力度不足。《书断》云:"虽圆丰妍美,乃乏神气,无戈戟铦锐可畏,无物象生动可奇,是以劣于诸子。"所以,唐代书法推崇"骨"力,正是要为书法艺术补足"骨"气,强其"筋骨"。张怀瓘在《评书药石论》中曰:

> 夫马筋多肉少为上,肉多筋少为下,书亦如之……若筋骨不任其脂肉,在马为驽骀,在人为肉疾,在书为墨猪。

"肥钝之病",是为张怀瓘所不屑的。但张怀瓘并非一味求取骨力,而意在结合神韵与力度,通会古今,以达到"文质彬彬"的客观效果:

> 古质今文,世贱之而贵文,文则易俗,合于情深。识者必考之古,乃先其质而后其文。质者如经,文者如纬。(《六体书论》)

文质相成,经纬合理,才有可能行于"书道"。

最终,《书断》以神、妙、能三品来品评历代书家。神品所收为王羲之、钟繇、张芝等一代名流,妙品所收为羊欣、索靖、欧阳询、虞世南等书家,能品所收则多属泛泛平庸之辈。神、妙、能三者说明张怀瓘所言"三品"是一个层次分明的系统。

分别而论,所谓神品,是指由天资所成,于其作品中体现出"神采"的书家。如他评论王羲之:"备精诸体,自成一法,千变万化,得之神功。自非造化发灵,岂能登峰造极。"心契造化自然,得书道玄奥,方可称之为神品。所谓妙品,是指在人工的努力下,得于自然的书家。神品的来源是天资,妙品的来源是后天的功用。张怀瓘在《论用笔十法》中说:"其于得妙,须在功深。"所以,功用在妙品中是非常重要的。所谓能品,则是指精于技巧、合于规范的书家。能品书家往往追求形似,而未得神似,注重形体的用笔、精细和谨严。综合而论,张怀瓘所列"三品",是一条从神走向形的分析思路,这一思路在艺术批评史上产生了深远的影响。

五 唐书法度与"元"理论的建构

唐书法度是指唐代书法家在书法创作过程中所使用、把握的书写法则和尺度。唐书法度严谨而丰富,在各家书风中,被视为必须遵守的铁律。习书者往往对法度顶礼膜拜。这形成了唐书特有的形式美学。

法度的本义是规则、秩序。法度应用于美学领域,尤其是艺术创作领域时,可称为技法。艺术创作者必须严格遵循一定的技法来创作艺术作品,使法度体现在该艺术作品当中,从而通过该艺术作品的传达,艺术接受者欣赏到蕴含于艺术作品中的某种技法的纯熟展示,以便完成一闭合的艺术创作、传达、欣赏之过程,区别于其他信息交流活动,构成一种特殊门类的艺术行为传统。徐浩曾记录过一段学习书法的佳话:

> 张伯英临池学书,池水尽墨;永师登楼不下,四十余年;张公精熟,号草圣;永师拘滞,终著能名。以此而言,非一朝一夕所能尽美。俗云:书无百日工,盖悠悠之谈也,宜白首工之,岂可百日乎!(《书法论》)

在学习书法的过程中,人们最渴望学习和学习得最多的对象就是技法。颜真卿《怀素上人草书歌序》中说:

> 开士怀素,僧中之英,气概通疏,性灵豁畅,精心草圣,积有岁时,江岭之间,其名大著。故吏部尚书韦公陟,睹其笔力,勖以有成。

颜真卿叙述自己拜学张旭的经历,所学正是笔法。《张长史十二意笔法记》详尽记载了颜真卿学习笔法的经过和所学笔法的内容:

> 予罢秩醴泉,特诣京路,访金吾长史张公旭,请师笔法。
> 众师张公求笔法,或有得者,皆曰神妙。
> 但书得绢屏素数十轴,亦尝论诸笔法,唯言倍加工学临写,书法当自悟耳。
> 倘得闻笔法要诀,终为师学,以冀至于能妙。
> 笔法元微,难妄传授,非志士高人,讵可与言要妙也。
> 世之书者,宗二王元常逸迹,曾不睥睨笔法之妙。

令颜真卿梦牵魂绕的正是张公笔法。由笔法之纯熟上升到元微之精绝的道路,在鲁公看来,无疑是可以信赖的升华途径。对于笔法仔细揣摩,长期临写,直至瞬间自悟,必使创作者达元妙之境。

具体而言,首先,唐书法度通常围绕一关键词"笔"而展开。如何认识笔,理解笔,运用笔,是创作者进行书法艺术作品创作时必须首先掌握的技法。虞世南对笔以及用笔的理解深度是他人力所难及的。如其《笔髓论·释真》中说:

> 体约八分,势同章草,而各有趣。无问巨细,皆有虚散。其锋员豪蓰,暗转易也,岂真书体,篆草章行八分等。当覆腕上抢,掠豪下开,牵掣拨赵,锋转行草,稍助指端,钩距转腕之状矣。

笔有锋豪,锋豪间又有各自形态。用笔的动作则包括按、转、覆、抢、掠、牵、擎、拨、趯、钩、引、环、掉、联。这些动作在不同的书体中有不同的应用,称之为法度森严。正是这些细节化的规则,形成了书法艺术的魅力。

如果说虞世南的法度尚多停留在描述范围的话,张怀瓘则为我们勾勒了把笔的操作流程,精准而明确:

> 笔在指端则掌虚,运动适意,腾跃顿挫,生气在焉。笔居半则掌实,如枢不转,制岂自由,转能旋回,乃成棱角,笔既死矣。(《六体书论》)

指实掌虚的目的是适意地运动,运动由虚、实而生。

唐书法度的第二个关键词是笔力。笔力乃字形真实结构的支撑。蔡希综《法书论》云:

> 夫书非独不调端周正,先借其笔力,始其作也。

力乃筋骨,无力之字无异墨猪,装束必在力到之后。

> 既构筋力,然后装束,必须举措合则,起发相承。

曾有颜真卿力透纸背的美谈。颜真卿《张长史十二意笔法记》有云:

> 凡悟用笔,如锥划沙。使其藏锋,画乃沉着,当其用锋,常欲使其透过纸背,此成功之极矣。真草用笔,悉如画沙,则其道至矣,是乃其迹可久,自然齐古人矣。

用笔即是用力,将力施之于纸,以笔为身体的延伸,以纸为中介,将天地灵动之气施予外在于我的物中,如锥划沙,如印印泥。

唐书法度第三个关键词是藏锋——用笔藏锋,则力可贯注。蔡希综《法书论》云:

> 夫始下笔须藏锋,转腕前缓后急,字体形势,状如虫蛇相钩连,意莫令断。仍须简略为尚,不贵繁冗,至如棱侧起伏,随势所立,大抵之意,圆规最妙。

将锋内藏于笔,笔的运行活动也就加入了力渗透于笔端以及笔迹的过程。笔不透纸背,但力透纸背。

唐代书法家在膜拜法度的同时,也有对法度的批判。艺术需要技法,但艺术不等于技法。技法仅仅是艺术创作初期作者的学习对象。艺术的终极目的并不是技法的实现,一味追求种种法度,只会使艺术创作陷于作茧自缚的形式泥潭。

我们可以从学习书法的阶段性界定来认识这一问题。张怀瓘《玉堂禁经》说：

> 夫人工书，须从师授。必先识势，乃可加功，功势既明，则务□□，迟滞分矣，无繁拘跼，拘跼既之，求诸变态之旨，在于奋研之理，资于异状，异状之变，无溺荒僻，荒僻去矣，务于神彩，神彩之至，几于元微，则宕逸无方矣。

张怀瓘的工书道路可以看做"识势"、"加功"、"无系拘跼"、"求诸变态之旨"、"无溺荒僻"、"务于神彩"、"几于元微"等几阶段，约可分为正状、异状、元微三步骤。前二状态之描写都是对形式的理解，而"神彩""元微"之妙，是对笔法形态的超越。"元微"，世界之本真存在，才是书法所要追求的最高境界。

在这里，张怀瓘对"规矩"进行了直接的批判：

> 设乃一向规矩，随其工拙，以追肥瘦之体，疏密齐平之状，过乃戒之于速，留乃畏之于迟，进退生疑，否藏不决，运用迷于笔前，震动感于手下，若此欲速造元微，未之有也。

另如窦臮《述书赋上》云：

> 南平休元，笔力自全，幼齿结构，老成天然。

在这句对王铄的评价中，同样指明了一条从笔力到结构再到天然的道路。天然不同于人为，非人之笔力结构所能为，固然是对笔力结构的超越。此类例证不胜枚举。

陆羽提供了一个绝妙的案例。他在《论徐颜二家书》中说：

> 徐吏部不授右军笔法，而体裁似右军；颜太保授右军笔法，而点画不似。何也？有博识君子曰：盖以徐得右军皮肤眼鼻也，所以似之；颜得右军筋骨心肺也，所以不似。

体裁、点画词义接近，可并视为形式。徐、颜的区别在于：前者未授笔法，却形似右军；后者已授笔法，却形不似右军。博识君子的看法是，徐仅得右军皮毛，而颜却获右军真髓。也就是说，笔法本身并不重要，重要的是如何对待笔法。不授笔法者，会陷入某种形式的囿限，授笔法者，亦能超越形式的模式化倾向,继承古人勇于创新的精神,创立自我的风格,在创造力方面与古人比肩。一言以蔽之,笔墨、法度、程式等形式原则,必须在创作的不断成熟过程中逐渐被超越。

伴随着对法度的膜拜与批判,一种超越了形式意义的法度范型"元"理论逐渐出现。在唐代美学思想中,法度不仅仅是一种形式诉求,它最终超越了自身,创造出艺术行为的总法则与总尺度,使审美主体直观地体验本真世界。书法之总法则与总尺度,就是塑造生命与生命之间的张力的"元"。窦臮《述书赋上》说:

> 休茂尚冲,已工法则,长于用笔结字,短于精神骨力,性灵可观,运用未极。

作为"法则"的"用笔结字",显然与"精神骨力"对反。休茂实现了"用笔结字"的"法则",却书不及"精神骨力"。但窦臮又说,休茂"性灵可观",也就是说,"精神骨力"与"性灵"并不完全对等。休茂在缺乏"精神骨力"的条件下具有可观的"性灵"。这样一来,我们也就可以认为,用笔结字的法则是可以与性灵交越的。法则的功效会使作品性灵生发,法则本身并不是静止固态的形式范型,而是具有自我超越的能力。创作者在经受法则的训练时,将激励出内心的性灵,应现于作品。

张怀瓘《六体书论》说:

> 如人面不同,性分各异。书道虽一,各有所便。顺其情则业成,达其衷则功弃,岂得成大名者哉?!

人的外在体貌、内在性情皆有差异,每一个生命如能实现顺情达衷,也就实现了其个体生命的生命力。但张怀瓘显然不是这个意思。他认为,虽然各有所便,但书道是唯一的,而书道又被称为生命力与生命力之间的张力。那么这也就意味着,每一个个人虽然具有个体生命,但却不具备他所说的艺术生命力。那么所谓的艺术生命力究竟是什么呢?我们可以从张怀瓘的理想中得到答案。他的理想是:"有能越诸家之法度,草隶之规模,独照灵襟,超然物表,学乎造化,创开规矩。"他所言的艺术生命力即创造力,一种"学乎造化,创开规矩"的艺术创造力。只有当一个人饱含着这样一种艺术创造力时,他才具有充沛的艺术生命力,才是一个真实的艺术创造主体。与之相应,真正能够与如此艺术创造主体形成张力的艺术世界将是一个充满动感的世界。艺术需要动感,只有强烈的动感意象,才是具有强烈感染力的艺术意象。律动的艺术世界,乃艺术生命力的实现。艺术生命不息,艺术世界不止。艺术生命与艺术世界之间张力的永存,正是艺术活动的真谛所在。

第五节 唐代绘画美学

唐代绘画美学思想是中国美学走向成熟的见证之一,这不仅仅是因为它拥有体大虑周的宏伟巨著,完善了自魏晋以来日趋丰富的绘画品鉴成果,而且因为它酝酿出了文人画这一特殊的创作流派。文人画的意义远远超出了绘画领域本身,在某种程度上体现着中国美学的灵魂。所以,唐代绘画美学思想对唐代美学思想乃至中国美学史都有着非同寻常的影响。

一 概述

唐代绘画艺术是中国绘画艺术史上的重要阶段,这一时期名家辈出,一时之间蔚为大观。唐初绘画多以辅助兴立的意识形态为目的,在风格上趋于稳健。阎立本、阎立德、尉迟乙僧等著名画家是这一时期的代表;他们善画人物,兼及山水。盛唐时期人心阔大,气宇轩昂,绘画中多带有画家性情,自由、清雄、洒脱。吴道子对人物造型的把握奠定了中国人物画迈向成熟的坚实基础,他采用的线条笔法,如"莼菜条",凹凸有致,圆润有力,对中国画的发展影响巨大。王维被奉为"南画之祖",创立水墨山水画派,色彩单纯,意境含蓄高远,带有深邃的禅趣。李思训则以缜密而浓烈的青绿笔调活跃于山水画坛。另有著名的韩幹画鞍马图,马体丰肥,体姿神骏,可见出唐人气度。中晚唐时期,人物画更加艳丽,水墨山水大行其道,花鸟画亦成绩斐然。周昉所绘仕女,丰满婀娜,体态曼妙,世称"周家样",与吴道子"吴家样"并存于世。张璪把王维的画风推向极致,恣意张扬,作风放诞不羁,禅意愈加浓郁。边鸾被奉为花鸟画之祖,用笔简练,着色生动,所绘花鸟栩栩如生。综合而言,唐代绘画艺术呈现出一派繁荣的景象。

唐代绘画美学思想极为丰富,曾出现过彦悰《后画录》、窦臮《画拾遗》、李嗣真《画后品》、张怀瓘《画断》等诸多画论,但大多已散佚,仅留只言片语,难窥其全。除此之外,唐代画论分为两大种类,分别以王维《山水诀》、张彦远《历代名画记》为代表,集中讨论了画法与画史等问题。

二 唐代文人画的形成

文人画出现于唐代,文人画的基调亦在唐代初步形成。

唐代绘画最为突出的特点是文人作画,文人介入了画家群体。唐代以前,画家群体一般由两类组成:宫廷画家和职业画家。这两类画家在唐代仍然是绘画创作的中坚力量。宫廷画家完全由帝王宫廷供养,如唐代"金碧山水"的代表画家李思训;职业画家即专职从事绘画创作的画家群体,如独具一格、创立"吴家样"的吴道子。除以上两类画家外,唐代出现了第三类画家,即文人画家,如"诗中有画"、"画中有诗",独创水墨山水画的王维。

文人画家的出现对中国绘画史影响巨大。区别而论,宫廷画家作画多以色调为主,注重作品的外在形式之美,极力显示贵族气息,以烘托当朝当代的功勋,力造盛世华表。职业画家作画多以笔调为主,注重创作的题材、技法之丰富与完备,表现古雅的风度,来证明自身纯熟的笔力与深厚的学养。对于文人画家而言,作画仅仅是他们的业余爱好,他们无需过多地顾虑自己的画作是否符合某种帝王的偏好或笔法的传承,可以在一种完全放松的状态下,自由肆意地借作画来抒发自己内心的情感以及意愿。所以,文人画家作画多以墨气为主,注重作品内在意蕴之美。

与之相应,文人画论在唐代亦初步形成。文人论画的现象在唐代较为普遍,李白、杜甫、白居易、元稹等都曾写过专门论画的诗作。王维之《山水诀》、《山水论》,更是中国绘画史上极为重要的里程碑。唐代文人画奠定了中国文人画的主要基调,特点鲜明,具体体现在以下几点。

首先,文人画强调"写意"。强调"写意",则必反对"写形",尤其反对"为写形而写形"。在文人画家看来,绘画创作的动机和目的、创作过程以及作品的意义皆与"写意"有着密切关联。唐代文人画家更上一层,提出以"无意"来"写意"。"魏晋为'有意',而'有意'与'有法'是统一的。而到了唐代由于情感因素的日益增强,导致了绘画美学中重'神',强调'无意'、'无法',推崇'天资',张扬天才倾向的产生和发展,这里的'无意'是指打破绘画的理性法则,而自由地表现画家的情感,所以'无意'是为更好地表现画家的意绪和情感。……唐代水墨画,自吴道子、王维始,经毕宏、张璪、韦偃发展到王墨、李灵省、张志和、孙位,基本达到意的极界——'无意'。"[①] 由于唐代社

---

① 彭修银:《中国绘画艺术论》,山西教育出版社 2001 年版,第 152—153 页。

会整体风貌昂扬,人性健康发展,情感充沛而向上,所以,如果说魏晋南北朝时期的"写意"还只是一个理想的话,那么,唐代画家则在现实创作活动中实现了这一理想。

《宣和画谱》记载了中唐画家毕宏的事迹,可窥一斑:

> 毕宏,不知何许人。善工山水,乃作《松石图》于左省壁间,一时文士皆有诗称之。其落笔纵横,皆变易前法,不为拘滞也,故得生意为多。盖画家之流尝有谚语,谓画松当如夜叉臂,鹳鹊啄,而深坳浅凹,又所以为石焉。而宏一切变通,意在笔先,非绳墨所能制。

可见,毕宏之所以能做到"意在笔先",是因为他对于所谓的画家笔法有所变通,"变易前法,不为拘滞也,故得生意为多"。他在绘画创作活动中,实现了对已有笔法的超越:"笔不周而意周",所以"生意";而"意"的生成,是他创作活动的终极旨归。

文人画家尤其如此。沈括《梦溪笔谈》:

> 书画之妙,当以神会,难可以形求也……王维画物多不问四时,如画花,往往以桃、杏、芙蓉、莲花同画一景。余家所藏摩诘《袁安卧雪图》有雪中芭蕉,此乃得心应手,意到便成,故造理入神,迥得天意,此难可与俗人论也。

王维画作,多具禅意。在他的画作里,不仅实现了对于"前法"的化合,而且解构了人们对于现实世界的理性理解,其动机发端于王维对于禅意的笃信。

符载《观张员外画松图》一文说:

> 观夫张公之艺,非画也,真道也。当其有事,已知夫遗去机巧,意冥元化,而万物在灵符,不在耳目。

根据符载的理解,张璪的创作过程,并不是在用画笔来再现其耳目之前的经验事物,而是一种"写意"的过程:放弃机巧,以画家自身意念当中所体验到的元化之"真道",来完成创作。

其次,文人画推崇审美主体对于自然造化的体悟。自然造化是文人画最为直接而深层的取材与措意。如果说宫廷画家描摹自然是为了表现自然物形态的丰富,来映衬帝国的繁华,职业画家描摹自然需要使用大量的用笔技法,来体现画家的专业身份的话,那么,文人画家所体悟的自然则更为贴切而真实,他们所画的自然就是自然本身,就是画家亲身体悟到的自然造化。这种体悟可能是片断的、不确定的,甚至不"美"的,"丑"的,但却无比真实。

王维《山水诀》说:

> 夫画道之中,水墨最为上。肇自然之性,成造化之功。或咫尺之图,写千里之景。东西南北,宛尔目前;春夏秋冬,生于笔下。

此处,"画道"所尚,乃"自然之性"。"自然之性"不同于"自然",而是"自然"之本性。自然本性是不表露在外在自然物象上的,它必须由审美主体凭借自己的本心直觉来切实地体验,方可领悟。所以,此处"自然",笼统地讲,并非物质性的自然,而是自然本身,一种豁然敞开的自然本性。正因为如此,画家才有可能在咫尺之图内,跨越时间的界限,打破空间的阻隔,把东西南北、春夏秋冬,尽收笔底。更进一步而言,所谓的自然本性,即自然自得而成、生生不息地创造孕育的造化功能。此造化功能是大道得以流行的原动力,也是生命所以存在的本源。当画家领悟到这一点时,他所返归的正是他的生命根蒂。

李白《莹禅师房观山海图》说:

> 真僧闭精宇,灭迹含达观。列障图云山,攒峰入霄汉。丹崖森在目,清昼疑卷幔。蓬壶来轩窗,瀛海入几案。烟涛争喷薄,岛屿相凌乱。征帆飘空中,瀑水洒天半。峥嵘若可陟,想象徒可叹。杳与真心冥,遂谐静者玩。如登赤城里,揭涉沧洲畔。即事能娱人,从兹得萧散。

在方寸"精宇"内,有阔大的气度、雄奇的场面,所谓大千世界全在几案,尽在心底。李白的这首诗里值得注意的有两个细节:"灭迹",真僧之所以能够胸怀广阔,是因为他能通过泯灭经验世界的痕迹来体悟自然;"杳与真心冥",与造化世界相互冥契的是"真心",是审美主体摆脱了欲望纠缠的本真体验。

白居易《记画》为我们提供了一个现实的案例:

> 张氏子得天之和,心之术,积为行,发为艺,艺尤者其画欤?! 画无常工,以似为工,学无常师,以真为师。故其措一意,状一物,往往运思,中与神会,仿佛焉,若驱役灵于其间者……学在骨髓者,自心术得,工侔造化者,由天和来。张但得于心,传于手,亦不自知其然而然也。

一方面,自然的本真世界,才是画家的"常师"。另一方面,画家作画之前,所做的并不是写生,而是"运思","中与神会,仿佛焉,若驱役灵于其间"。真正的创作,是与天地造化相契合的,根本无法用理性思维来把握。审美主体亦通常"不自知其然而然",他会在完全依靠本心的状态下完成创作,这恰恰就是"自然"。

最后,文人画强调画家自我个性的张扬。正是由于自我个性思想的存在,才有了所谓文人画。绘画可能出自不同的创作动机,宫廷画家为歌颂帝王而作,职业画家为生计而作,文人画家却为文人自我生命的完整而作。

唐代文人作画,主张张扬个性者当首推王维,以及他所创立的水墨山水画派。王维的水墨山水打破了李思训青绿山水独霸山水画坛的局面,备受赞誉。水墨山水的继承者,还有张璪、王洽等。张璪,字文通,吴郡人。以文学有名于时,善画山水松石,是中唐著名的水墨山水画家。毕宏曾向他请教画法,答曰:"外师造化,中得心源。"此八字后来成为中国绘画美学的重大命题。"造化"即本真世界生生不息的流动力,"心源"即审美主体内心的直觉体悟能力,"造化"与"心源"的双向互动,构成主体直觉与本真生命耦合共生的场域。

据文献记载,张璪善用紫毫秃笔泼墨挥毫,并且能双手执笔,"双管齐下"作画。如画树"一为生枝,一为枯枝,气傲烟霞,势凌风云,槎枒之形,鳞皴之状,随意纵横,应手间出"。管笔之事,如同游戏。

符载在《观张员外画松图》一文中详细记载了张璪绘画的过程:

> 员外居中,箕坐鼓气,神机始发,其骇人也,若流电激空,惊飙戾天,摧挫斡掣,㧑霍瞥列,毫飞墨喷,捽掌如裂,离合惝恍,忽生怪状。及其终也,则松鳞皴,石巉岩,水湛湛,云窈眇,投笔而起,为之四顾,若雷雨之澄霁,见万物之情性。

这是一种速度、力度、强度都达到极致的美。它要求"得于心,应于手,孤姿绝状,触毫而出,气交冲漠,与神为徒。若忖短长于隘度,算妍媸于陋目,凝觚舐墨,依违良久,乃绘物之赘疣也,宁置于齿牙间哉!"完全冲脱了眼前物象的障碍与艺术传达载体的束缚,肆意难捉。

张璪之后,又有王洽,"特开泼墨之法,先将水墨泼于幛上,因其形迹,或为山,或为石,或为云水,为林泉,随意应手,倏若造化,时人称之为王墨,亦为王维泼墨之别派,而为米氏云山之远祖"①。

三 张彦远《历代名画记》:唐代绘画史论的集大成者

张彦远(815—874),字爱宾,河东蒲州人。出身于宰相名门,学问渊博,官至大理寺卿,是唐代最为著名的画论家、书论家,著有《法书要录》、《彩笺诗集》等。《历代名画记》成书于大中元年(847),为张彦远盛年之力作。张家为收藏世家,世好书画,自他曾祖起便刻意鸠集历代书画,家藏极富。张彦远颇承家传,并勤奋好学,自叙:"余自弱年,鸠集遗失,鉴玩整理,昼夜精勤。每获一卷,遇一幅,必孜孜葺缀,竟日宝玩。可致者必货弊衣,减砺食。妻子僮仆切切嗤笑,或曰:'终日为无益之事,竟何补哉?'既而叹曰:'若复不为无益之事,则安能悦有涯之生?'是以爱好愈笃,近于成癖。"其所作《历代名画记》,余绍宋《书画书录解题》评价说"画史之有是书,犹正史之有《史记》";宗白华先生赞誉此书,堪称一部"亘古不朽的著作"。

《历代名画记》是中国历史上第一部绘画通史,共十卷,结构恢宏壮阔,内容博大精详,可谓前无古人,后无来者。中国画论除宋郭若虚《图画见闻志》稍具规模外,其余皆偏重一面,像《历代名画记》般纵横开阖,体大思精,论列周备,全面系统者,实不多见。

全书分三个部分:第一部分为第一卷至第二卷第二节,主要内容为绘画史论以及绘画理论的阐述。《叙画之源流》、《叙画之兴废》,可谓画之通史,所论话题遍及绘画之起源、皇室贵族藏画之兴废。《论画六法》集中阐述了谢赫"六法"理论,表现出其崇古倾向。《论画山水竹石》论述了魏晋以来山水画的发展史。《叙师资传授南北时代》则对顾恺之、陆探微、张僧繇、吴道子四位画家的笔法风格做了分析,尤其强调了吴道子的艺术风格。第二部分为第二卷后三节与第三卷,主要内容是介绍有关鉴赏、收藏的知识。《论画体工用拓写》提出了艺术作品品评的五个等级:自然、神、妙、精、谨细。《论名价品第》、《论鉴识收藏购求阅玩》论述了有关作品价格、鉴赏与收藏的知识。《叙自古跋尾押署》、《叙自古公私印记》、《论装褙裱轴》介绍了有关图画序跋格式、图谱印章、装裱制作方面的知识。《记两京、外州寺观画》则翔实而完备地记载了当时长安、洛阳两地寺庙壁画艺术的内容与特点。第三部分是第四卷至第十卷。这一部分是自轩辕黄帝至唐代会昌元年(841)这

---

① 郑午昌:《中国画学全史》,上海古籍出版社 2001 年版,第 101 页。

三千多年中372位画家的传记。按照时间先后排序，一人一传，或父子、师徒合传，内容详尽，记述全面。

张彦远《历代名画记》是中国绘画史论的巨著，意义深远。作为史论，其意义具体表现在史、论两个方面。

首先，《历代名画记》中贯穿着强烈的史的观念。在张彦远之前，亦有绘画史作。事实上，绘画史易得，但绘画通史之获则殊难。治绘画通史者，需要论家具有强烈的历史直觉，并在此基础上建立历史整体感和洞察力及批评精神。

《叙画之源流》开篇即提到，所谓画者，"四时并运，发于天然"。绘画本身源于天然，而非人工。这就等于把绘画的本性确立在中国文化天人合一的语境内。人是天地之灵，人把天人合一的"印迹"物象化，即成画作。所以，张彦远曰：

> 古先圣王，又受应箓，则有龟字效灵，龙图呈宝，自巢燧以来，皆有此瑞。

符箓瑞应，正是人领会天意后，将天意符号化的结果。后世绘画，也应回到这一逻辑起点上，使其画有所旨归，而非单纯地摹形状态。

《论画六法》说：

> 上古之画，迹简意淡而雅正，顾、陆之流是也；中古之画，细密精致而臻丽，展、郑之流是也；近代之画，焕烂而求备，今人之画，错乱而无旨，众工之迹是也。

张彦远对绘画史做出了明确分期，而且对分期后的结果也做出了价值判断。上古之画何以受到赞誉，因为其"迹简意淡"，"人迹罕至"，"人意淡泊"，而唯求天然。近、现代之画何以遭到指责，是因为其"焕烂而求备"，"错乱而无旨"——一味追求形式的完备，却丢掉了绘画的终极旨归，所谓绘画不过是"众工之迹"罢了。

其次，《历代名画记》对于画之本体的论述极为澄澈。绘画究竟意味着什么？是每一个画家和画论家都必须明确的问题。张彦远对此问题有自己清晰的答案。

张彦远对于画之本体的界定，是建立在谢赫"六法"的基础上的。谢赫曾提出"画有六法"："一曰气韵生动，二曰骨法用笔，三曰应物象形，四曰随类赋彩，五曰经营位置，六曰传模移写。"张彦远在此基础上提出了自己的看

法。《论画六法》:

> 古之画,或能移其形似而尚其骨气,以形似之外求其画,此难可与俗人道也。今之画纵得形似,而气韵不生,以气韵求其画,则形似在其间矣。

绘画并非追求"形似",而追求"形似之外"的内容,如"骨气",用谢赫给定的美学范畴来说,即"气韵":"以气韵求其画,则形似在其间矣。"张彦远对于绘画本体的界定正是围绕"气韵"而展开的。绘画需有气韵,才能够摆脱形似与否的纠缠,而介入到真实意义上的艺术创作领域。推论之,张彦远所谓"气韵",亦即上文所提到的自然之造化本性。

四 唐代绘画品鉴

唐代绘画品鉴在魏晋南北朝绘画品鉴的基础上,又有了进一步发展,体系愈加成熟,所品鉴的人物、画作也更为丰富,不仅具有强烈的现实意义,也为后世学者留下了大量的研究资料。这一时期的主要代表人物为朱景玄和张彦远。

朱景玄,吴郡人,曾任翰林学士,酷爱绘画。著作多已散佚,现仅存《唐朝名画录》。《唐朝名画录》共品鉴了唐代画家122人,将他们分为"神"、"妙"、"能"、"逸"四品,其中"神"、"妙"、"能"又分上、中、下三等。

"四品"说是朱景玄依据张怀瓘《书断》、李嗣真《后书品》等书论思想而确立的,前三品依次渐低,"神"品最高,"妙"品次之,"能"品最低。所谓"神品",也即"穷天地之不至,显日月之不照,挥纤毫之笔,则万类由心;展方寸之能,而千里在掌"的境界。"逸"品的品级不确定,因为它"不拘常法",属于一种特殊形态。

张彦远《历代名画记》同样构建了一个绘画品鉴体系。如《论画体》中说:

> 是故运墨而五色具,谓之得意。意在五色,则物象乖矣。夫画物特忌形貌彩章,历历具足,甚谨甚细,而外露巧密。所以不患不了,而患于了,既知其了,亦何必了,此非不了也。若不识其了,是真不了也。夫失于自然而后神,失于神而后妙,失于妙而后精,精之谓病也,而成谨细。自然者为上品之上,神者为上品之中,妙者为上品之下,精者为中品之上,谨而细者为中品之中。余今立此五等,以包六法,以贯众妙。

运墨五色可"得意",但"意"不在五色物象中,而在物象成为生命体后的造化力里。所以,物象形体的谨严、细致和丰富,是画家所追求的错误导向;绘画的本体,自然的造化世界,才是绘画的终极诉求。张彦远据此将画家分列五等:自然、神、妙、精、谨而细者,此序列的各单元之间分际并不鲜明,但我们可以看到一个总趋向,即消解画家对于现实经验物形态模拟的欲望,而推崇画家去体悟自然造化之功,将自身生命融入自然,用自然之笔来描摹自然。

这一品鉴系统与朱景玄所立品级虽不等同,但涵义却可相互融通、参照,可见出唐代画论品鉴系统的成熟。这种成熟的特性表现在,对于绘画本体的观照均出自中国文化天人合一这一内在结构,并能够在此结构上,挖掘出造化生命的深层内涵,而且,能将这一深层内涵,贯彻于具体画家、画作的品鉴过程。

第六节　唐代佛学美学

唐代佛学美学思想表明了中国美学思想的内在思维模式正在发生根本性的转变。在历史上,中国美学的话语结构存在两次大的建制活动。前为先秦,原始巫术衍生出儒、道之美学两源。再即为隋唐五代,中国美学呈现出儒道释三学合一的局面。在隋唐五代这一时期,佛学作为外来文化的代表在真正意义上融入了中土思想,使中国美学思想出现了巨大的变革。

一　概述

作为佛教之义理的佛学,是隋唐五代在中国思想史上的丰碑,对中国美学亦深具影响。中国佛教史可以分为三个时期:吸取由域外而来的宗教形式;创建中国佛教宗派;禅宗的兴起。如果说前一阶段是中土对印度佛教文化的接受的话,后两阶段则是中国佛教文化的"自主创新"。这后两阶段,发生在隋唐两朝。首先,就创建中国佛教宗派而言,其依据主要集中在两方面:判教与义理。具有自身特色的判教形式与义理内容相结合,就有可能缔造一个新的宗派。对于文化而言,两者相较,对佛学义理的阐述又比对宗派判教的裁定具有更为深远的影响,因为佛教所要解决的最终问题必须得到佛学义理的解释——此岸主体究竟如何奔赴彼岸世界,其中含涉了丰富的美学意蕴。其次,就禅宗的兴起而言,此岸与彼岸、主体与世界的绝对合一取缔了前期各宗各派对于漫长奔赴道路的预设,堪称一次思想革命。禅宗的成长,使中国佛教在从崇拜走向审美的道路上突飞猛进。禅宗对于中国美学的影响,远远超出了一般教派所给予审美世界的深义,几乎成为一部美的宣言。

然而我们同时也应当看到,唐代佛学在思想上的创新,并没有在唐代文人中有多大影响。唐代美学中,真正沾溉佛学色彩的概念、思路、体系并不多见。事实上,唐代佛学所透显出的智慧,直到宋代才得以"敞开"。

二　慧能"顿悟":禅宗美学的建立

慧能(638—713),俗姓卢,新州(今广东新兴)人。幼丧父,随母砍柴为生。后听人诵佛经,颇能领会,咸亨初,遂北行寻师。咸亨三年入黄梅东禅寺,参禅宗五祖弘忍。弘忍欲传法衣,命人作偈呈验。慧能改神秀而作,弘忍夜传法衣,嘱其速离。后隐遁于韶州曹溪。十余年后,方至广州法性寺,出示衣钵,并剃发受戒。旋归韶州宝林寺,为众说法,历三十年之久。被门人奉为禅宗六祖。

慧能是顿悟论的集大成者。顿渐本身是一个时间观念。修为的过程包括修持和觉悟,都涉及时间问题。修持有渐修和顿修,觉悟有渐悟和顿悟。其中,渐悟是渐次性的阶段悟入,在不断修习中解悟真理;顿悟是突发性的直接悟入,在当下直观中证悟真理。当然,顿悟不是先天出现或凭空产生的,需要信仰的累积过程。

顿渐之别早在晋宋之际已显端倪。支顿、道安、僧肇等多取渐悟,竺道生则主顿悟,认定真理只能在一念之间顿然开悟。唐代以来,南顿北渐的局面逐渐形成。北宗神秀重渐修渐悟,南宗慧能以及其后的神会主渐修顿悟。神秀认为,众生在世俗生活中处于一种本有清净心被染污的状态,依据这一逻辑起点,修为必然是一方面"拂尘",拂拭心灵尘埃,克制并泯灭遮蔽在本有清净心上的染污,使本有清净心放出光明和寂静;另一方面"看净",内省本有清净心,觉察、应证被遮蔽的本有清净心的存在,从而实现本有清净心的自觉。有偈:"身是菩提树,心如明镜台,时时勤拂拭,莫使有尘埃。"无论是菩提树还是明镜台,都属本有清净之物。可见,在神秀眼中,身心之间没有区分,具有相同的先验属性,二者结合为单一的修为主体,对抗来自外界的尘埃。所以神秀的修为实践包括两大环节:"离念"和"净心",即去恶从善,除妄显真。慧能的思想与神秀的学说具有某种一致性:在顿渐的基础上,人必处于无相无念无住的状态。慧能认为,人与人之间存有差别,这种差别主要体现在人的根机深浅,也即悟性利钝上。利根悟性优,彻见自心本有清净的能力强,悟解的速度快;钝根悟性劣,彻见自心本有清净的能力弱,悟解的速度缓。因人而异,缓急有别。顿悟是利根上人的悟解法门,而并非公有的理则。所以可以说顿渐是利钝疾缓的问题。

慧能顿悟说中真正具有原创性的思路是他一再强调本心。他所谓的本心同于本性。他将本心、本性与真理等同起来。本心、本性并不是一种可以认知的客体,而是世界本身,包括观照主体自己。澄观本性即顿见真理。这样一来,对于"离念"的关注逐渐淡出,自我本性成为人们新的关注焦点。对于利根人来说,人的先验般若智慧是否能够得以敞开全在一念之间。刹那间,正念生起,妄念俱灭,则体知真理,直见佛道。《坛经》:"当起般若观照,刹那间妄念俱灭,即是自其正。善知识,一悟即知佛也。自性心地,以智慧观照,内外名彻识自本心。若识本心,即是解脱。"本心于刹那间的照见,即称顿悟。强调一念本心,顿悟的思路于是成熟。

慧能与神秀禅风虽迥异,然而,顿渐真正从对待到割裂再到相争,构成南顿北渐之僵化格局,则始于慧能弟子神会对神秀的抨击。

宗密《禅源诸诠集都序卷上》有云:

性浮浅者,才闻一意,即谓已足,仍恃小慧,便为人师,未穷本末,多成偏执,故顿渐门下相见如仇雠,南北宗中相敌如楚汉,洗足之诲,摸象之喻,验于此矣。

菏泽神会不仅在南北间划定了界限,更在慧能的基础上提出"直了见性",阶段性、渐次性的悟遭到彻底摒弃。在觉悟主体知见本心的那一刹那,顿时成空,了然成佛。这种时间的短促允许人不脱离生死而入涅槃。佛教本旨在于解脱,从生死轮回的泥潭中解脱曾是佛教信仰者的精神支柱;但在神会的逻辑里,由于顿悟的成立,人并不需要通过拔离生死,寻求解脱。解脱即在生死之中。如恒河沙数般的业障会在一念之间顿然消除,人将刹那成佛。这样一种思路无疑是极为"人学",也极为"美学"的。于是,在完全淡去了崇拜"阴影"的自信里,禅宗与美学完成了联姻。

三 意境

在唐代美学的思想世界里,意境是一个最为重要的美学范畴。意境不同于意象,区别在于它介入了"境"这一概念,而此"境"正是一个典型的佛学范畴。

作为完全成熟的具有唐代特质的审美品鉴范畴,"境"来自佛学,是对"意"观念之思性模式的超越。贯彻生命的刹那即现之理念,最终使唐代特有的诗性生命美学范畴得以实现。境,梵语作 visaya,为感觉作用的区域,或作 artha,为对象,或作 gocara,为心之活动范围。此三义中,artha 偏重于逻辑之因,是主体认识之根所要认识的对象;visaya 和 gocara 则偏重于逻辑之果,作为对象被认识的逻辑结果,"境"是感觉作用的区域以及心的活动范围。综合言之,"境"即主体作用于对象所形成的区域范围。

"境"在唐代佛教中的使用非常普遍。张说《大唐西域记序》:"以绝伦之德,属会昌之期,杖锡拂衣,第如遐境。"此"境"当为境界义,同时包含了俗境与真境。权德舆《唐故章敬寺百岩大师碑铭》:"心本清净而无境者也,非遗境以会心,非去垢以取静,神妙独立,不与物俱,能悟斯者,不为习气生死幻蕴之所累也。"在这里,"心本清净而无境",当心失去清净时必遗境,那么,"境"显然具有染性,为俗境,即"习气生死幻蕴之所累"的结果。不过,人们更多地把"境"当做真境。徐锷《大宝积经述》:"亟传摩竭之城,象负莲华,满真丹之境。三十七品慈悲于火宅,一十二经引喻于妙界矣。"此真丹之境无疑与妙界无异。"境"是构建佛教根本思路的核心范畴。

佛教之"境"逐渐传播到文化领域,人们用"境"来指称某种文化深层意蕴的做法甚为流行。虞世南《破邪论序》云:"苟可以经纬阐其图,讵可以心力到其境者,英猷茂实,代有人为焉。""境"必凭借心力去至达。"境"很早就进入了文论话语。李华《登头寺东楼诗序》:"头陁古寺,简棲遗文,境胜可以澡濯心灵,词高可以继声金石。"虽言僧侣行事,实重于僧侣之文,对文学理论有开拓之功:"境"不仅与词并称,且指明"境"对心灵具有积极作用。另外,"境"在某种程度上还带有道家意味。独孤及《琅琊溪述》:"山不过十仞,意拟衡霍,溪不袤数丈,趣侔江海,知足造适,境不在大。"值得注意的是,此时"境"已有了与意联合的趋向,意趣正是"境"的实质内涵。

意境一词在唐代首见于佛教文献。林谔《太原府交城县石壁寺铁弥勒像颂》:"维佛曰觉,是法曰空,镕范所谓敬田,薰崇可兼意境。"王昌龄、皎然、司空图所提意境是在林谔之后。佛教意境对他们有直接影响。

在文学领域,意境说首先由王昌龄提出。王昌龄,字少伯。郡望琅玡,京兆万年人。唐代著名诗人,有"诗家天子"之称。他对意境的解释非常简略。现可据的材料有《新唐书·艺文志》载《诗格》二卷和《文镜秘府论》中论

诗十七势和论文意等四十余则文字。王昌龄在《诗格》中说:

> 诗有三境:一曰物境,欲为山水诗,则张泉石云峰之境,极丽绝秀者,神之于心,处身于境,视境于心,莹然掌中,然后用思,了然境象,故得形似;二曰情境,娱乐愁怨,皆张于意而处于身,然后驰思,深得其情;三曰意境,亦张之于意而思之于心,则得其真矣。

王昌龄的表述虽然简略,但他显然已将佛学的意境观念带入美学。王昌龄还记录过这种取向于意境的创作过程:

> 夫作文章,但多立意。今左穿右穴,苦心竭智,必须忘身,不可拘束。思若不来,即须放情宽之,使境生,然后以境照之。思则便来,来即作文,如其境思不来,不可作也。(《诗格》)

"立意"绝不是要强化人的意念,促成人的意念性行为,而是要求主体"忘身",忘却以至否定物累。情使境生,而情以境照之。这与唯识学理论完全一致。境并不是外在于主体的等待主体去观照的先在先决者。观照对象不可能脱离于观照主体,观照主体与对象实一,不可分限。境由情生也。观照对象又会在呈现之后返照主体,故"以境照之"。那么,情生境,而境照之,则智境不二。"思则便来",即可作文;失去了境智因素,"不可作也"。

第七节 五代美学

公元907年,朱温废唐哀帝,建立后梁,唐亡,中国历史进入五代十国时期。在继之而来的53年里,中原地带先后出现了后梁、后唐、后晋、后汉、后周五个朝代,是为五代。与此同时,或稍有前后,在中原四周,与五代并存的尚有十国:钱镠的吴越、杨行密的吴、李昪的南唐、王审知的闽、刘隐的南汉、马殷的楚、高季兴的荆南、王建的前蜀、孟知祥的后蜀和刘崇的北汉。在这段时间里,中原地带朝代更迭,战事频繁,致使道德沦丧,人心叵测,皇宫朝庭里有叛国弑君,平常百姓家有背信弃义。唯巴蜀、江南一带,政权的维持稍显稳定,富庶的物产养活了偏安一隅的小朝廷,于是多有文人聚集,吟唱酬答。

五代美学思想显示出三种倾向:第一,儒生们坚持复归儒家传统的伦理道德,强调艺术生产的政教色彩。第二,在野文人沉迷于声色,他们重新肯定了艺术的抒情功能。第三,僧侣以及居士们感悟于动荡的生活,从而更为深刻地体验到禅趣之于艺趣的启发。论艺通禅,在中国美学史后期,是极为重要的内在肌理,时于五代,已现端倪。

首先,在诗文领域,五代时期的代表作家有西蜀《花间集》的作者群以及南唐李璟、李煜、冯延巳等。蜀主骄奢淫逸,纵情狂薄,词人尽成狎客。《旧五代史·僭伪列传》称蜀后主王衍:"以佞臣韩昭等为狎客,杂以妇人,以姿荒宴,或自旦至暮,继之以烛。"《花间集》所表现的正是当时这种追求轻艳淫靡的风尚。也有如温庭筠、韦庄者,亦写闺阁,但多少有了些女性身姿之外的内心生活。与西蜀相比,南唐文学中流露的情感真挚而深厚。亡国的伤痛使他们痛定思情,生出无限怅惘,忆念悲哀往事,含思凄婉。在诗文理论方面,五代时期曾出现过两种理论导向:首先,强调文学的政教化以至功利化。牛希济《文章论》:"文章之区别也,制作不同,师模各异。然忘于教化之道,以妖艳为胜,夫子之文章,不可得而见矣。"教化之道成为文学存在的唯一前提。然而诚如罗宗强所言:"这时文学批评中虽有时还出现重功利的主张,但已成空言,说说好听,并不付之实践的。文学思想的主要倾向,是缘情说。"① 其次,五代时期的诗文美学最为重要的特征是它的缘情说。欧阳炯《花间集序》是继徐陵《玉台新咏序》后又一篇倡导娱情的"宣言":"自南朝之宫体,扇北里之倡风,何止言之不文,所谓秀而不实。有唐以降,率土之滨,家家之香径春风,宁寻越艳;处处之红楼夜月,自锁嫦娥。"所以欧阳炯要用"清绝之辞",来"用助妖娆之态"。徐铉《萧庶子诗序》则体现出南唐文学重于抒发真情的特点:"人之所以灵者,情也。情之所以通者,言也。其或情之深,思之远,郁积乎中,不可以言尽者,则发为诗。诗之贵于时久矣。"除徐铉之外,南唐尚有孟宾于亦主缘情。

其次,在书法领域,杨凝式是五代书法艺术的代表。杨凝式(873—954),字景度,号虚白,别署希维居士、关西老农等。907年,朱温废唐建梁,身为"贰臣"的杨凝式,自称"心疾",在洛阳过起了佯狂的生活,人称"杨疯子"。他的书法上承欧阳询、颜真卿、怀素、柳公权,又追溯二王,得魏晋风神,开创宋书尚意风尚。其作少有尺牍,偏爱题壁,自由肆意,狂放不羁。《旧五代史·本传》曾载其于"洛川寺观蓝墙粉壁之上,题纪殆遍"。其名作现存的有《夏热帖》、《神仙起居法帖》、《韭花帖》等。其中《韭花帖》意义尤为深远。后世李建中《土木帖》、蔡襄《去德帖》、苏轼《祭黄几道文》、黄庭坚《徐纯

---

① 罗宗强:《隋唐五代文学思想史》,中华书局1999年版,第394—395页。

中墓志铭》、米芾《向太后挽词》皆受之影响。黄庭坚称之为"散僧入圣"。在书法理论方面，五代书学是一个禅学入于书学的时代。一大批僧人具有深厚的书法造诣，如贯休、亚栖、誊光，另有吴融居士等。贯休，俗姓姜，字德隐。其《禅月集》中，有《观怀素草书歌》一篇，称颂怀素的笔意："我恐山为墨兮磨海水，天与笔兮书大地，乃能略展狂僧态。"赞叹怀素不拘笔法，蔑视传统的癫狂境界。亚栖，生活在唐昭宗时代的僧人，现存《论书》一则。他强调书法的创新精神："凡书通即变……若执法不变，纵能入石三分，亦被号为书奴。终非自立之体，是书家之大要。"亚栖所倡导的创新精神，是一种不立宗派、呵佛骂祖的自由精神。誊光，俗姓吴，字登封，号广利大师，在晚唐五代书僧中极富盛名。《佩文斋书画谱》引魏了翁《鹤山集》载其论书之言曰："书法犹释氏心印，发于心源，成于了悟，非口手所传。"心心相印，而非通过具体的经验形态来沟通，正是禅宗顿悟之法门，已被圆融地运用于书论当中。此外，吴融居士与诸僧来往甚密，看待书作亦有强烈的以禅论书倾向。

再次，在绘画领域，五代拥有一大批著名画家，按照绘画题材分类，约可分为道释人物画家、山水画家以及花鸟画家。在道释人物画中，较为著名的有周文矩、顾闳中、王齐翰等。周文矩为南唐宫廷画师，工画道释人物以及仕女。其所画仕女"体近周昉而更增纤丽"，注重刻画仕女神情，写闺阁之态。现存《宫中图卷》，画中人物多达81个，描绘宫女们扑蝶、戏婴、弄犬、簪花等细节，笔法细腻。顾闳中亦为南唐宫廷画师，现仅传《韩熙载夜宴图》。图中涉及张宴听乐、观舞、休息、清吹、宾客应酬等场面，生动传神，色彩明丽。王齐翰，后主李煜时为翰林待诏，其画风"不吴不曹，自成一家，其形势超逸，近世无有"。所作道释人物画多为罗汉，现有《勘书图》传世。五代山水画是中国山水画史上最为重要的时期之一。荆浩、关仝创立了北方山水画系，董源、巨然则创立了南方山水画系。其中，以荆浩最为著名。荆浩，字浩然，号洪谷子，常年隐居太行山中，所作山水峰峦叠嶂，气势宏伟，开"全景山水"之宗。他曾经说过："吴道子画山水，有笔而无墨，项容有墨而无笔，吾当采二子之所长，成一家之体。"主要作品有《匡庐图》等，全图飞瀑流泉，冈岭连贯，掩映林泉，壮阔雄伟。关仝，初师荆浩，同时也参照王摩诘之笔法，作画颇多禅意，凡绘山水，喜为秋山寒林、幽人野渡，拒绝流俗，现存《关山行旅图》。董源，字叔达，其作"多写江南真山，不为奇峭之笔"，相应于江南山色疏影的特点，善用披麻皴、点子皴，使画卷整体有杳然深远的意境。现存《龙袖骄民图》、《潇湘图》、《夏山图》等。继承董源之巨然，善画江南野逸之景,传世之作《层峦丛树图》、《万壑松风图》、《秋山向道图》,多有禅意。另外,五代花鸟画也大大超过了唐代花鸟画的水平,著名画家有徐熙、黄筌等。徐熙,常常以园圃为背景,绘蜂蝶、花草、蔬果之类,求生意,及野逸之趣。黄筌,字要叔,曾师从于刁光、李昇、薛稷、孙位,而终成一家之法,其花鸟画精工,与徐熙并峙,乃后世楷模,现存《珍禽图》,用笔极其新细,富丽珍奇。在绘画理论方面,现存荆浩《画山水赋》、《笔法记》各一篇。其中,《笔法记》最富盛名,是唐代画学走向宋代画学的标志。它最为核心的内容在于求"真"、"意"。荆浩提出,山水画不仅要"以形写神",而且要"由形入神","形神兼备",方可求真。他在谢赫《古画品录》的基础上,倡言"六要":"一曰气,二曰韵,三曰思,四曰景,五曰笔,六曰墨。"其中"气"、"韵"为"六要"之首。谢赫言"气韵生动",荆浩言"气韵""写意",这都是宋画尚意的伏笔。荆浩对"笔"、"墨"等外在形体也有很高的要求:"凡笔墨有四势,谓筋、肉、骨、气。笔绝而断谓之筋,起伏成实谓之肉,生死刚正谓之骨,迹画不败谓之气。故知墨大质者失其体,色微者败正气,筋死者无肉,迹断者无筋,苟媚者无骨。"他笃信,笔墨技巧是"求真""写意"的前提条件。在对前辈画家的评判中,荆浩说道:"吴道子笔胜于象,骨气自高,树不言图,亦恨无墨。陈员外及僧道芬以下粗升凡格,作用无奇,笔墨之行,甚有形迹。"

五代美学思想一方面仍然带有很明显的唐代美学的印迹,另一方面也拓展了唐代美学的思路,与魏晋美学有所远承,同时酝酿着宋代美学的思想脉络。

思考题:
1. 试分析司空图"象外之象"、"味外之旨"之意境观对中国美学意象说传统的意义。
2. 请比较唐代书论各家对于"法度"的不同理解。
3. 试分析文人画的形成对于中国绘画史的影响。
4. 试分析佛教对唐代美学的影响。

第六章
宋金元美学

北宋以后,随着农业经济的进一步繁荣和工商业的滋生发展,文人士大夫的审美观已经相当程度地得到了确立与完善。反映在当时的艺术活动中,就是对韵味、神似和内省的追求;反映在艺术审美的本体把握上,则是强调"寓意于物而不留意于物"、"游于物之外而不游于物之内"和"境存乎心"而"治其境莫如治其心"等观念。这种情况既表明了文人士大夫在审美情趣上对传统儒学的超越,也表明了中国封建社会后期文人审美心态和审美趣味的迅速提高与日趋完善。

第一节 宋金元艺术、文化思潮及其对美学的影响

随着封建秩序的完善并渐趋没落,宋金元时期的艺术创作和文化思潮出现了一些新的特点,其总的趋向是日益内省化和义理化。就艺术实践而言,宋金元艺术创作在意境的老熟中蕴涵着飘逸之气;就文化思潮而言,宋代理学思潮的兴起,使得传统儒学在义理化的层次上达到了一个新的高度;与此同时,传统隐逸文化也在宋金元时期有所发展。而以上这些都对当时的美学发展产生了重要影响。

一 宋金元艺术风格的老熟

中国的艺术实践至宋金元时期已在风格境界上日趋老熟。由于封建士人文化由烂熟而变调,市民文化迅速崛起。艺术审美已不再是文人雅士的专利,同时也成为广大民众的生存情调。于是,词、散曲、杂耍、杂剧、风俗画等带有民俗色彩的艺术形态相继产生并逐步发展。与此同时,高雅艺术在境界上抛开了唐代的雄强博大,而更趋飘逸淡雅,音乐尚"淡",书法尚"韵"、

尚"意",绘画尚"逸",整体上透露出一种过度的内省意识。

(一) 音乐:词乐与戏乐兴起

宋金元时期最有时代特色的艺术样式便是词和戏曲,宋词和元曲一起成为继唐诗之后中国封建主流文化的象征。简而言之,宋金元时期词乐文化的发展主要有以下几个特点:其一,在宋代,作为依乐填词的词获得了较大的发展,并且文人化的倾向越来越明显,这使得它代替唐诗而成为宋金元士大夫抒发情怀的主要手段;其二,由于城市生活的繁荣,散曲作为一种能满足市民大众欣赏口味的新的音乐形式而繁荣起来;其三,市民音乐如杂耍卖艺、说唱音乐等也兴盛起来;其四,随着元代杂剧艺术的高度繁荣,戏剧音乐也得到较大的发展。此外,乐器演奏和器乐创作也得到了不同程度的深化。

(二) 书法:帖学大兴

宋金元时期,帖学大兴,宋太宗赵光义留意于翰墨,命人编刻《淳化阁帖》十卷,其中"二王"的作品占了半数。此后,有许多书帖从《淳化阁帖》中翻刻而出。米芾《书史》认为这种"趋时贵书"的现象,致使"古法不讲"。以此而言,宋代书法似不及唐代书法繁荣发达。其实,宋代书法艺术同样有很高的成就,而且与唐代相比境界更趋空灵、老成。其主要代表有以苏东坡、黄山谷、米芾、蔡襄为代表的"宋四家",以及宋徽宗赵佶的"瘦金体"等。金代书法多学苏轼和米芾,代表人物有赵秉文等。元代书法以继承晋、唐、宋为主,最值得称道的是赵孟𫖯,他的字凝重古朴,厚媚多方,自是一绝。鲜于枢与赵孟𫖯并称元代"二雄",其草书具有"奇态横发"、"笔意遒劲"的特色。

(三) 绘画:空灵飘逸

随着中国人生命感悟的更加内省化和闲散化,宋元时期山水花鸟画占了统治地位,且风格成熟,意境开阔。由于文人的淡逸之情日露,这一时期画院极盛,文人习画又多,且日尚飘逸雅致,便出现了文人画与院体画的角逐。其中北宋初年人物画承唐五代遗风,而花鸟、山水二系则逐渐活跃起来,主要画家有巨然、李成、范宽、黄居寀等。北宋熙宁、元丰时期,是文人学士绘画活动最活跃的时期,追求个性和革新是其主要特色。主要画家有郭熙、米芾、李公麟等,其中以郭熙等人的山水画影响最大。从宋徽宗到南宋初年,绘画创作以院体画为主要特色,其中宋徽宗赵佶的花鸟画最具成就。南宋以后至元初的一百多年,院体山水画开始昌盛,将中国山水画艺术推向了一个崭新的境界,其主要代表人物为刘松年、马远、李唐等。金代绘画受宋代影响,题材以山水动物为主,代表人物有张圭、赵霖、王庭筠、杨邦基、武元直等。元代绘画更趋空灵和飘逸。他们继承了宋代文人画的尚意风范,并将其推向了新高峰,主要画家有赵孟頫、黄公望、吴镇、倪云林、王蒙等,都在中国美术史上占据了重要的地位。

(四)诗文:议论与境界并举

宋金元时期的散文创作大都以议论见长,张戒《岁寒堂诗话》称其"长于议论而欠弘丽",但不乏明白晓畅、通俗平易的特点,并对明清散文有所影响。其时的散文作家主要有被称为"唐宋八大家"的欧阳修、苏洵、苏轼、苏辙、王安石、曾巩等。宋代的诗歌同样趋向散文化,即"以文为诗",但也不乏出尘脱俗的大诗人,如苏轼、陆游等。诗文之外,宋代的词在我国文学史上取得了极其辉煌的成就。宋词初袭五代遗风,到了苏轼,词的境界大新,为南宋名家辛弃疾等开辟了道路。宋词以言情为主要特色,形式上讲究格律与修饰,同时始终没有脱离"尚故实"和运用通俗口语。金代文学以元好问、王若虚的诗歌创作为代表。元代的文学成就主要是散曲,它是在金代俗谣俚曲的基础上发展起来的,是韵文的新兴样式,同时,由于受到文人的重视,吸收了传统诗词的许多特点,其风格多变,雅俗共赏。

二 宋代理学思潮的美学意蕴

宋代文化的突出特点就是理学的崛起。理学的出现,除了传统儒学的自身更张和社会形势所迫之外,还与大量吸收佛老思想有关。正因为宋明理学大量吸收了道佛思想,所以原本以讲道德义理为旨的理学文本具有了更加灵活多变的特点,并且很自然地浸染了道、佛思想中的审美气息,加之理学本身也具有向性情逼近的切实需要,从而打开了通向审美感悟之域的路径。

(一)理学文本的美学意义

理学文本的影响力来自理学文本的包容性、活脱性和开放性,这些特性促成了理学文本走向美学文本的可能性。其具体表现为:

第一,理学文本对生命本体境界的关注是其走向美学文本的根本前提。理学文本的核心是指向人的生命本体,旨在把传统儒家的人生修养理论提高到一个新的境界。理学家所讲的"理"不是死寂寂的知识和逻辑,而是活脱脱的精神境界和精神气象。这就使其具备了走向审美的可能性。朱熹(1130—1200),字元晦,号晦庵,徽州婺源(今属江西)人,宋代理学的集大成者。他主张"性即理",而"性"本身是需要艺术来调养的。所以,他还说:"乐……可以养人之性情,而荡涤其邪秽,消融其渣滓。"(《论语集注》)可见,艺术与审美本身就是提升生命境界的助动力。

第二,理学文本的人文精神是其走向美学文本的基本条件。理学家程颢(1032—1085),字伯淳,世称明道先生,与其弟程颐(1033—1107)合称"二程",为宋代理学的奠基者,有《二程遗书》存世。程颢提出了"仁者以天地万物为一体"的观点。这种"以天地万物为一体",绝对不只是一种玄理言说,而是一种切身的体验。程颢曾以中医上讲的"麻痹不仁"来说明这种切身存在的经验。杜维明分析道:"假如一个人的感性不能跟天地万物吻合,不能通透一切,并非本来如此,而是因为我们自己把心量限隔了。所谓麻痹不仁也就是感性觉情不能发生关联的地方正是我们自限心量的结果。如果不是麻痹不仁,我们可以跟天地万物包括遥远的星球发生一种血肉相连的关怀。"① 这里有两个很关键的要点,可以使我们找到理学通往美学的"突破口":一是打破自我中心,反对"心量限隔",实际上是要求突破人性的桎梏,走向心性的超越解放之路,这与中国古代特别是道释两家的审美自由精神是不谋而合的。诚如朱熹《大学章句》云:"虚灵不昧,以具众理而应万事。"二是在打破心量限隔和麻痹不仁的基础上,人与自然万物血肉相连,与宇宙同体,使人的生命与宇宙生命同流共振,这与中国美学的物我同一、情景合一也是相通的。

第三,理学文本的虚灵性是其成为美学文本的主要途径。朱熹认为"心"的特点是"虚灵"或"神明",即《知言疑义》谓:"所谓心者,乃夫虚灵知觉之性,犹耳目之有见闻耳。"而具有"虚灵"特点的心,具有"知觉"能力,《朱子语类》谓:"人心是知觉。"并进而指出:"人只有一个心,但知觉得道理底是道心,知觉得声色臭味底是人心。""道心"偏于理性省察,是形上之思;"人心"偏于感性玩味,是具象之思。由此理解,"道心"最终走向哲学(理学),而"人

---

① 《杜维明学术文化随笔》,中国青年出版社 1999 年版,第 25 页。

心"最终走向美学(感性学)。如《朱子语类》卷五:"视听行动,亦是心向那里,若形体之行动,心都不知,便是心不在,行动都没理会了。"显而易见,视听知觉是"人心"的基本活动方式,而审美知觉主要是一种视听知觉。在朱子理学中,视听知觉属于"欲"的范围。这种"欲"并非不好,只是不能过度("纵欲")而趋于"危"。如《朱子语类》卷七十八:"人心是知觉,口之于味,目之于色,耳之于声底,未是不好,只是危。"这"目之于色,耳之于声",自然是审美之欲(冲动)。

第四,理学家对"心"的特点的解释还意味着理学态度转向审美态度,理学心胸转向审美心胸。朱熹《答黄子耕七》谓:

> 人之心,湛然虚明,以为一身之主者,固其本体。而喜怒忧惧随感而应者,亦其用之所不能无者也。然必知至意诚无所私系,然后物之未感,则此心之体寂然不动,如鉴之空、如衡之平。物主既感,则其妍媸高下,随物以应,皆因彼之自尔,而我无所与,此心之体用所以常得其正而能为一身之主也。

这是讲人心必须进行"至意诚无所私"的修炼训养,才能在未感时"如鉴之空、如衡之平",既感时则"妍媸高下,随物以应"。显然,这种理学心境就如老子的"涤除玄鉴"一样,是一种无私狭的超功利心境。这种无私狭的超功利心境,既是悟道养性的前提,也是观物审美的前提。《朱子语类》谓:"人心如一个镜,先未有一个影像,有事物来方照见妍丑。若先有一个影像在里,如何照得。"也就是说,人心的湛然虚明的审美胸襟,是产生美丑判断力(审美判断力)的前提条件。

第五,理学家的艺术文本是理学文本走向美学文本的直接体现。理学家之于诗艺,实有极矛盾的心理,一方面他们看不起诗文小技,甚至认为"作文害道"(二程),另一方面他们又难以拒斥诗艺对于理的性情支撑,所以在许多理学家的文本生涯中自然也少不了用诗文之艺甚至造型艺术来表达自己的心绪。理学家之于艺术,很可能还是为了延承传统儒家的人格观念,即通过诗教、乐教等手段使人格修养得以最终完成。在此基础上,理学家的艺术文本还能将儒教与论艺、审美创造巧妙地结合起来,使其更显美学文本的华章。理学家之于诗艺,颇类释僧,释僧以诗寄禅,理学家以诗悟理,所以禅诗每每有禅趣,理诗每每有理趣。

（二）交汇于生存本体的理学与美学

宋代理学是以义理化的形式阐解人的生存本体的伦理哲学，在对人生本性的关切点上，由对人的终极本性的价值关切而生发出许多具体的知行规则，这些知行规则涉及从内心省悟到日常践履的各个方面，其中虽以伦理为本位，但亦容括着审美的感怀与熏陶。

第一，道德境界如何走向审美境界。境界问题是宋代理学的核心问题。无论是理学的形而上学建构中所追求的天人合一，还是理学的修身成圣所追求的诚意情志，其实都是一个境界问题。宋代理学的天人合一便是一种道德境界，这种道德境界与审美境界是切近的。李泽厚在《宋明理学谈片》一文中说："宋明理学家经常爱讲'孔颜乐处'，把它看做人生最高境界，其实也就是指这种不怕艰苦而充满生意、属伦理又超伦理、准审美又超审美的目的论的精神境界。康德的目的论是'自然向人生成'，在某种意义上仍可以说是客观目的论，主观合目的性只是审美世界；宋明理学则以这种'天人合一，万物同体'的主观目的论来标志人所能达到超伦理的本体境界，这被看做是人的最高存在。这个本体境界，在外表形式上，确乎与物我两忘而非功利的审美快乐和美学心境是相似和接近的。"①

第二，道德品格如何成为审美品格。理学作为一种修身成圣的义理之学，它的核心仍然未能也不可能脱离传统儒家的道德品格之论。品格一词大致是指品质和格调，是一个定位于修身成圣所达到的境界的概念。事实上，关于道德品格和审美品格的联系本是传统儒家品格论的应有之义，孔子把诗乐之艺看做是道德品格得以形成的基本通道，于是他才把"道"、"德"、"仁"的最终完成归结为"游于艺"，才强调"不学诗，无以言"。孔子评价诗乐歌舞的标准是尽善尽美，其实也是着眼于人生品格的提升这一维度的。在理学中，道德何以走向审美，以下几点值得重视：首先，审美观照是道德建构的一条通道，例如"万物静观皆自得"就是一种获致道德品格的方式。其次，审美品格是道德品格的一部分。一个道德高尚的人，必然是有较高审美修养的人，如《二程遗书》卷二："孔子曰：'有德者必有言。'何也？和顺积于中，英华发于外也。故言则成文，动则成章。""有文"、"有章"，是为"有德"。再次，审美品格必须依附于道德品格，如朱熹《答杨宋卿》："熹闻诗者……视其

---

① 《李泽厚哲学文存》下编，安徽文艺出版社1999年版，第722—723页。

志之所向者高下如何耳!是以古之君子,德足以求其志,必出于高明纯一之地,其于诗固不学而能之。"

第三,生生之德如何成为生生之美。"生生"是儒家表达生命活力的基本术语,意谓生命的发展进取递进不止,如《周易·系辞》所谓:"日新之谓盛德,生生之谓易。"宋代理学家也对古代儒家讲的生生之德做了大量诠释,并认为"理能生气",而气是构成生命的基本物流,"气化"便是生命流动的基本方式,所以理学家虽称"存天理,灭人欲",但实际上对生命的呵护是自始至终的。那么,生生之为儒家之德,何以通向生生之美呢?宋代理学以"生"释"仁",如周敦颐(1017—1073,字茂叔,号濂溪)《通书·顺化》:"天以阳生万物,以阴成万物。生,仁也;成,义也。故圣人在上,以仁育万物,以义正万民。"这里隐含着由生命伦理走向生命美悟的契机,即由道德的理则走向超道德的审美,这一"走向"的转化条件,便是对宇宙生生之美的道德感怀。如程颐说:"登山难为言,以言圣人之道大,观澜必照,因又言其道之无穷。澜,水之动处,苟非源之无穷,则无以为澜;非日月之明无穷,则无以容光必照。""观水有术,必观其澜,澜湍急处,于此便见源之无穷。"总之,从审美观照的角度去挖掘自然生命的活动景象,便促成了生生之德向生生之美的转化。

(三)在心物与善美之间的意义建构

心与物的关系不仅是一个哲学问题,更是一个美学问题。在宋代理学体系中,心与物的照应关系主要还是为了讲述伦理行为的本体境界,但在对心与物的讲述中,却透出了浓郁的由善而美的意义和韵味。这尤其突出地表现在邵雍的"观物"思想中。邵雍(1011—1077),字尧夫,号康节。他说:"圣人能一万物之情者,谓其圣人能反观也。所以谓之反观者,不以我观物也。不以我观物者,以物观物之谓也。"(《观物内篇》)邵雍在《观物外篇》中还认为,"以物观物"是"性","以我观物"是"情","性公而明,情偏而暗",所以取性而去情。这种观物心胸不唯是一种道德心态,更是一种审美心境。如其谈诗之创作心境谓:"观物之乐,复有万万者焉。虽死生荣辱转战于前,曾未于胸中,则何异四时风花雪月一过乎眼也?诚为能以物观物,而两不相伤者焉,益其间情累都忘去尔。所未忘者,独有诗在焉。然而虽曰未忘,其实亦若忘之矣。何者?谓其所作异乎人之所作也。所作不限声律,不沿爱恶,不立固必,不希名誉,如鉴之应形,如钟之应声。其或经道之余,因闲观时,因静照物,因时起志,因物寓言,因志发咏,因言成诗,固咏成声,固诗成音。是故哀而未尝伤,乐而未尝淫,虽曰吟咏情性,曾何累于性情哉!"(《伊川击壤集序》)可见,观物的态度(求真求善)和写诗的态度(求美)其实是同一种态度,即虚静的态度。

(四)艺术道德化与道德艺术化

在宋代理学中,道德与艺术的关系具有非凡的意义,从中也可看出理学体系中善与美的紧张与交融。

第一,艺术道德化。《二程遗书》卷二十五有程颐的"作文害道"之说。程颐强调作文害道的关键在于"作","作"即偏、即假、即俳、即癖,所以程颐并不一概反对"文",只是反对"专务章句,悦人耳目"的"作文"。如果文不是矫揉造作地"作"出来的,而是胸中之德的自然流露,所谓"有德者必有言",那么"文"并非不好。其内在意义是,善为美之体,美为善之用;道德品质制约艺术表达,艺术表达依附于道德修养。

第二,道德艺术化。除了艺术的道德化,理学家事实上还强调道德的艺术化。其基本涵义是:首先,理学家的日常生活通常并不枯燥,在逼近生命"圣境"的过程中,理学家有时显得游刃有余,挥洒自如。赏景问天、品诗作画、嬉笑斗乐、交游对弈,无不成为理学家的修德方式,这同时也是一种审美化的生活方式。其次,艺术创作的主要特点是因物而思,因思而感,因感而悟,因悟而发,而这种特点用之于道德修养则完全吻合;易言之,道德感悟本身也可以是一种艺术感悟或审美感悟。《二程遗书》卷十八"伊川语四":"问:'张旭学草书,见担夫与公主争道,及公孙大娘舞剑,而后悟笔法,莫是心常思念至此而感发否?'曰:'然。'须是思方有感悟处,若不思,怎生得如此?然可惜张旭留心于书,若移此心于道,何所不至?"

三 宋代隐逸文化的审美格调

隐逸文化是一种以隐士为主体的带有超越或出世色彩的特殊形态的文化,既包括隐士自身的生活格调、文学艺术创作以及在这创造活动中折射出的隐士阶层所特有的人生观、艺术观、价值观,又包括历代学者对隐士的归隐根源、生存方式、隐逸类型、精神诉求等多方面的研究。它的形成、发展和衰落,既受到了社会各方面的影响,同时也影响了社会的各个方面。

宋代是隐逸文化的兴盛期,其表现如下:首先,绝对意义上以身隐方式游于世之外、过着远离尘世生活的隐士为数不少,《宋史·隐逸列传》有详细记载;其次,身在俗世的许多文人士大夫,以心隐的方式同样也保有浓郁的隐逸精神,如苏东坡的《方山子传》和秦少游的《魏景传》都以审美化的笔触表达了对隐逸精神的向往;再次,宋代统治者继承前代的尊隐传统,给予了隐士极高的社会地位;最后,理学在两宋时期所保持的传统儒学的开放性与包容性,也给隐逸文化提供了相对宽松的发展空间。

宋代隐逸文化具有浓郁的审美气质,除了和前世一样要借助于文学艺术的审美化路径来表达自己的主张这一普遍事实之外(如隐逸诗画等),它的非功利性、自由性以及情感性同样赋予了它无可置疑的审美品格。

(一)隐逸生活的超越性与审美的非功利性

隐逸生活通常可以看做是"诗意地栖居"的一种方式。宋代隐士继承了中国传统隐士淡泊名利、清高自守的本质特征。汉时著名隐士严子陵面对汉光武帝三番五次的邀请,拒绝出仕,其实就是对"利害关系"的搁置,它体现出超越性或非功利性的诗性栖居。他的生活态度对后世产生了深远影响。据《宋史·隐逸列传》记载,宗翼、林逋、谯定等宋代著名隐士皆是屡征不就、坚守其志的清逸人物。而像虽隐居终南三十年却"屡至阙下,俄复还山"的种放,以及"诏下日已病,犹勉强赴朝谢"的万适皆被时人讥笑。非功利性的生活态度作为隐士最基本的一种生存格调,是主体进入审美超越状态的核心,也是隐逸文化语境下日常生活审美化得以展开的必要条件。在它的烛照下,宋代隐士一方面能够以全新的眼光看待周围事物,使它们的审美价值突显出来,从而获得与功利性的快感截然不同的审美愉悦;另一方面,隐士们也由此摆脱了仕途生活带来的身心疲惫,为实现生活方式的自由与学术思想的自由打下了坚实的基础。

(二)隐逸文化的闲散性与审美的自由性

生活方式的自由闲散是隐士的最大特点,所以隐逸文化的闲散性是其应有之义。弃举业之后的宋代隐士,开始依照自己的情趣选择喜欢的生活方式。如据《宋史·隐逸列传》记载,李渎居于木石幽胜处,诗书为业;张愈"乐山水,遇有兴,虽数千里辄尽室往。遂浮湘、沅,观浙江,升罗浮,入九疑,买石载鹤以归"。苏云卿白天披荆灌园,晚上织履,以此度日;魏野"不喜巾帻,无贵贱,皆纱帽白衣以见,出则跨白驴"。作为一个独特的社会群体,他们不受世俗规矩的束缚,唯一指引他们的,只是他们自由的心灵。而这种自由的心灵也正是隐士们审美心胸的具体体现,是其审美观照的前提。

宋代隐逸文化的闲散性和自由性也反映在隐士们的学术伦理上。作为具有反叛精神的独特群体,宋代隐士对待中国传统哲学各流派的态度是十分开放。隐士们虽然不屑以儒学为标准的取仕模式,但儒家思想还是因其深邃与博大吸引了很多隐士的注意;与此同时,也有不少隐士纷纷将目光投向佛、道乃至阴阳、五行等诸种学说之上。隐士的思想呈现出了较为明显的多样性与差异性。宋代隐士中,通百家的不在少数。这当然也会表现于他们的审美性言说中。

(三)隐逸生活的人文性与审美的情感性

宋代隐逸文化还有浓郁的人文色彩,这一点集中体现在宋代隐士对待"孝"与"爱"这两个范畴上。"孝"与"爱"本来是带有浓重功利性的行动规范,但在宋代隐逸文化中,它们却凭借隐士们挚烈而不带功利性的纯真情感而转化为一个深具美学品格的范畴。

首先,随着儒学的复兴,宋代隐士将孝亲视为理所应当的行为。据《宋史》记载,隐士戚同文"幼孤,祖母携育于外氏,奉养以孝闻。祖母卒,昼夜哀号,不食数日"。孔旼"葬其父,庐墓三年,卧破棺中,日食米一溢"。宋咸平中,王樵父母为契丹所掠,"樵即弃妻,挺身入契丹访父母,累年不获,还东山。刻木招魂以葬,立祠画像,事之如生,服丧六年,哀动行路"。诸如此类,不可备数。

其次,宋隐士将孝亲推而广之,遂成爱人美行。如戚同文闻乡里有不孝者,必喻以善道。陈烈"学行端饬,动遵古礼,平居终日不言,御童仆如对宾客"。"家租有余,则推以济贫乏。"徐中行"父死,跣足庐墓,躬耕养母。推其余力,葬内外亲及州里贫无后者十余丧"。

以上说明,宋隐士的情趣是十分灵通的,他们对自由闲散的生活方式的专注,并不妨碍他们对"孝"、"爱"伦理的真诚与执著,而他们的"孝"、"爱"之心又有较高的超越性,其出发点已抛开了日常情感的黏着色彩,从而在隐逸文化的语境下获致了浓郁的审美气息。其实这也是宋代儒道文化合流的表现。

第二节 宋金元美学的整体演进

宋金元美学虽然和唐代美学一样,重视对艺术和自然的审美鉴赏而轻视对哲理性学说的建构,但仍然有很多学者从对艺术和自然的感悟中生发出了一些有普遍意义的美学命题和美学学说,如"外游论"与"内游论"、"以我观物"与"以物观物"、"诗中有画"与"画中有诗"等等,都对当时和后世美学产生了重要影响。

一 "外游论"与"内游论"

"外游论"和"内游论"代表了宋金元美学对艺术与现实审美关系的两种不同看法。

"外游论"的主要代表是北宋的郭熙、董逌、欧阳修等。郭熙(1023—约1085),北宋画家,字淳夫,河阳温县(今属河南)人。他在《林泉高致·山川训》中认为,画家一方面要"饱游饫看",广泛地与自然山水相接触,然后才能画出好的作品来;另一方面还必须"身即山川而取之",只有亲身游临山川才能使"山水之意度见"。董逌也强调画家应在实践中多体察、多游历。在《梅圣俞诗集序》中,欧阳修虽然强调"内有忧思感愤之郁积",但更重视"外见虫鱼草木,风云鸟兽之状类"。苏辙《上枢密韩太尉书》强调"求天下奇闻壮观,以知天地之广大","而后知天下之巨丽"。他还盛赞司马迁:"太史公行天下,周览四海名山大川,与燕赵间豪俊交游,故其文疏荡,颇有奇气。"

"内游论"的主要代表人物有郝经、方回等,他们主要从儒家心性学角度来看待艺术创作的心物关系。郝经(1223—1275),字伯常,祖籍泽州陵川(今山西陵川)。他在《内游》一文中,反驳了苏辙等人提出的司马迁之文之所以"雄雅健绝、超丽疏越",乃在于其广游多历的见解,指出"其游也外,故其得也小,其得也小,故其失也大。是以《史记》一书,甚多疏略,或有牴牾",由此,他论述了他的"内游"主张:"身不离于衽席之上,而游于六合之外,生乎千古之下,而游于千古之上,岂区区于足迹之余、观赏之末者所能也?持心御气,明正精一,游于内而不滞于内,应于外而不逐于外……因吾之心,见天地鬼神之心;因吾之游,见天地鬼神之游。"郝经站在儒家的立场上,同时也吸收了道家的心游思想,旨在发挥孟子的养气说。他的"内游论"轻视直接经验的作用,过分看重间接经验和主观内心的作用。

方回(1226—1307),字万里,一字渊甫,号虚谷,别号紫阳山人,歙县(今属安徽)人。他也偏重强调心的作用,并在分析陶渊明诗作的基础上,提出了"心即境"的观点,进而强调"治其境不如治其心"。他在《心境记》中说:"顾我之境与人同,而我之所以为境,则存乎方寸之间,与人有不同焉者耳……心即境也,治其境而不于其心,则迹与人境远,而心未尝不近;治其心而不于其境,则迹与人境近,而心未尝不远。"强调心在意境形成中的能动作用,并看重心性修养(治其心)的意义,是对传统审美心胸论的拓展。不过若以"治其心"代替"治其境",用"内游"取代"外游",难免失之偏颇。

二 宋金元的审美鉴赏论

宋代是一个极重鉴赏的时代,文人士大夫在盎然富有情趣的鉴赏实践中,逐渐总结出一套足以代表宋代文化风范的鉴赏理论,使宋代美学成为整个中国美学史上的一个极为重要的时期。

(一)"画之为物尤难识"

欧阳修(1007—1072),字永叔,号醉翁,晚号六一居士,吉州庐陵(今江西吉安)人,是宋代美学中一个极重要的代表人物,他从审美欣赏者不同的心理训养来论及绘画欣赏之难,在《唐薛稷书》中说:

> 凡世人于事,不可一概,有知而好者,有好而不知者,有不好而不知者,有不好而能知者。褒于书画,好而不知者也。画之为物尤难识,其精粗真伪,非一言可达。得者各以其意,披图所赏未必是秉笔之意也。昔梅圣俞作诗,独以吾为知音,吾亦自谓举世之人知梅诗者莫吾若也。吾尝问渠最得意处,渠诵数句,皆非吾赏者,以此知披图所赏,未必得秉笔之人本意也。

欧阳修的上述看法接触到审美欣赏中的一个普遍现象,因为艺术家寄性情襟度于艺术作品,往往通过难以明视的审美意象表现出来,这就给欣赏者把握作品的本意带来了困难。但有两点需加以注意:其一,审美欣赏者往往从自己的趣味、态度出发,对同一作品会有不同的感受与理解,即他所说的"得者各以其意"。黄庭坚也曾以欧阳修在《书林和靖》中对林和靖诗的欣赏为例,说明"文章大概亦如女色,好恶止系于人"。既然人们欣赏趣味不一,也就不必强求一律。其二,"难识"并不等于不可识,因此若能保持特定的审美心胸,具备相应的审美修养,再运用合理的鉴赏方法,就会解决鉴赏之难的问题了。

(二)"可以寓意于物,而不可以留意于物"

宋金元时期,许多美学家都对欣赏者的审美心胸进行过深刻说明,譬如苏东坡《宝绘堂记》曾说:"君子可以寓意于物,而不可以留意于物。寓意于物,虽微物足以为乐,虽尤物不足以为病;留意于物,虽微物足以为病,虽尤物不足以为乐。"因为只有"寓意于物",才能超然物外,不为物所累,保持一种清静闲适的审美态度。他在《超然台记》中说:"余之无所往而不乐者,盖游于物之外也。""游于物之外"即"寓意于物",摆脱外物的牵累与束缚,保持无往而不乐的审美心境。

(三)"富贵者之乐"与"山林者之乐"

欧阳修曾把天下之乐分为"富贵者之乐"与"山林者之乐",前者乃功利之欢,后者乃审美之悦。"山林者之乐"的具体表现是"穷山水登临之美",而"穷山水登临之美者,必之乎宽闲之野、寂寞之乡而后得焉"(《有美堂记》)。要获得"穷山水登临之美"的乐趣,还必须具备相应的审美心胸,即"放心于物外"(《有美堂记》),"视天下之乐,不一动其心"(《浮槎山水记》)。他在《答李大临学士书》中还说:"足下知道之明者,固能达于进退穷通之理,能达于此而无累于心,然后山林泉石可以乐。"

郭熙不仅是宋代著名的山水画家,而且也是宋代山水审美的鉴赏理论家,他在《林泉高致·山水训》中曾指出人们在"看山水"(欣赏山水美)时应保持一种清和闲适的审美心胸或审美观照态度:"画山水有体,铺舒为宏图而无余,消缩为小景而不少。看山水亦有体,以林泉之心临之则价高,以骄侈之目临之则价低。"

(四)"妙在精神"与"取其意气所到"

强调审美欣赏不能流于目观为美,而应体味其精神、意气和韵致,是宋代美学家对审美鉴赏本质的根本态度。

1. 邵雍:"花妙在精神。"

邵雍在《善赏花吟》中谈到对花卉的赏爱时指出:"人不善赏花,只爱花之貌;人或善赏花,只爱花之妙。花貌在颜色,颜色人可效;花妙在精神,精神人莫造。"不善于赏花的人只爱花的外观,而善于赏花的人则通过花的外观而顿悟花的精神——"妙"。所谓"精神"其实是指自然物的生命气韵和生命节奏。

2. 苏东坡:"取其意气所到。"

苏东坡(1037—1101),名苏轼,字子瞻,自号东坡居士,眉州眉山(今四川眉山县)人,北宋杰出思想家和艺术家。《东坡题跋·又跋汉杰画山》论及绘画欣赏谓:"观士人画,如阅天下马,取其意气所到。乃若画工,往往只取鞭策皮毛、槽枥刍秣,无一点俊发,看数尺许便倦。"苏东坡论艺术求"神似"而轻视"形似",推崇"士人画"而贬低"画工画",以这种观念来看待书画的审美欣赏,就自然反对赏其形而重视赏其"神"。

3. 黄庭坚:"凡书画当观韵。"

黄庭坚(1045—1105),字鲁直,号山谷道人,江西修水人。他在《题摹燕郭尚父图》中也有同样的见解:

> 凡书画当观韵。往时李伯时为余作李广夺胡儿马,挟儿南驰,取胡儿弓引满,以拟追骑。观箭锋所直,发之,人马皆应弦也。伯时笑曰:"使俗子为之,当作中箭追骑矣。"余因此深悟画格。此与文章同一关纽,但难得入神会耳。

宋人认为艺术作品应表现出"韵致"、"余味"、"神似",而从欣赏方面则要求"观韵",即深观、体味其精神气韵,做到"入入神会"。黄庭坚还谈到魏晋时的论人、论事具有"语少而意密"、"要是韵胜"的特点,并在《题绛本法帖》中指出:"蓄书者能以韵观之,当得仿佛。""以韵观之"就是以审美心胸之韵观书画艺术之韵,即"以韵观韵"。宋人在审美欣赏中的以上观念,和当时文人士大夫追求情意韵致的审美情趣这一普遍的社会思潮是密不可分的。

(五)"心求"与"神会"

邵雍从"观物"说的角度提出的"非观之以目而观之以心",接近于《庄子·养生主》中所说的"以神遇而不以目视",对理解审美欣赏中的精神观照的途径和旨趣有重要价值。他说:"夫所以谓之观物者,非以目观之也,非观之以目而观之以心也,非观之以心而观之以理也。"(《观物内篇》)作为道学家,邵雍所说的"观物"当然具有道学本体论的意义,他的本意是强调对事物的理性观照,但对理解审美观照的启发意义是明显的:在对审美对象做静心观照时,不能停留于以目观形,而应以心灵去体验,去玩味,去悟得。南宋词人姜夔《白石道人诗说》在论及诗歌欣赏时亦说:"《三百篇》美刺箴怨皆无迹,当以心求之。""以心求之"和"观之以心"有同样的意义。范温在《潜溪诗眼》中也指出:"至于识者遇之,则暗然心服,油然神会。"范温论诗追求诗韵,而对诗韵的观赏则要求"心服"、"神会"。

此外,邵雍《观物篇》提出的"以物观物"对理解审美观照亦具有重要的启发意义。

三 宋金元美学中的艺术风格论

艺术风格的探索实际上是对艺术的审美范型和审美境界的追寻,所以它应该是一种带有总体性的美学言说,是对艺术的立体观照,是对整个美学观察的艺术求证。

(一) 艺术风格的多样化

宋金元时期,随着文人内省意识的深化,艺术风格的多样化在美学理论上得到体现。苏东坡《孙莘老求墨妙亭诗》云:

> 兰亭茧纸入昭陵,世间遗迹犹龙腾。颜公变法出新意,细筋入骨如秋鹰。徐家父子亦秀绝,字外出力中藏棱。峄山传刻典刑在,千载笔法留阳冰。杜陵评书贵瘦硬,此论未公吾不凭。短长肥瘠各有态,玉环飞燕谁敢憎?

作者通过对不同书法名家艺术特点的描绘,说明了书法艺术的风格多样性。所谓"短长肥瘠各有态",隐寓着不同风格各擅其美的道理。黄庭坚《跋湘帖群公书》在评论书法作品时也对不同风格加以赞颂:"李西台出群拔萃,肥而不剩肉,如世间美女,丰肌而神气清秀者也。""宋宣献富有古人法度,清瘦而不弱,此亦古人所难。""徐鼎臣笔实而字画劲,亦似其文章,至于篆则气质高古,与阳冰并驱争先也。"

(二) 艺术风格的融会贯通

宋人不仅强调不同风格的艺术美,更强调不同风格的融会贯通。苏东坡《和子由论书》谓:"端庄杂流丽,刚健含婀娜。"欧阳修《读蟠桃诗寄子美》也说:"韩孟于文词,两雄力相当。篇章缀谈笑,雷电击幽荒。众鸟谁敢和,鸣凤呼其皇。孟穷苦累累,韩富浩穰穰;穷者啄其精,富者烂文章。发生一为宫,揪敛一为商;二律虽不同,合奏乃锵锵。"这和苏轼的以上见解是相通的。正是在这种观念的支配下,宋人虽崇尚韵致、意味,却主张"外枯而中膏,似澹而实美"(《东坡题跋·评韩柳诗》),主张将枯与膏、澹与美融于一炉。

(三) 艺术风格的生态根据

宋金元时期,人们在强调艺术风格多样的同时,还对造成不同风格的原因进行了探讨,从而深化了"文如其人"和"书如其人"的观点。首先,强调创作时喜怒哀乐之情对创作风格的影响,这主要是从微观方面来谈的。如姜夔《续书谱》说:"喜即气和而字舒,怒则气粗而字险,哀即气郁而字敛,乐则气平而字丽,情有轻重,则字之敛舒险丽,亦有浅深,变化无穷。"其次,强调艺术家平时积累起来的志气、性情以及环境、境遇等对艺术风格形成的作用,即从艺术社会学和艺术生态学的角度来论述不同风格的根源。如郭若虚《图画见闻志·论黄徐体异》对"黄家富贵,徐熙野逸"进行了说明,认为是他们"耳目所习,得之于心而应之于手也"。黄筌经常累迁归朝,故多写禁中珍禽瑞鸟,奇花怪石。徐熙乃江南处士,志节高迈,放达不羁,故多状江湖所有之汀花野竹、水鸟渊鱼。他以叙事化的笔调记叙了绘画风格与画家所处的社会及自然生态环境的关联。

四 "诗中有画"与"画中有诗"

中国艺术原本就讲求多元化合与意境通透,无论是诗、书、画还是歌、乐、舞都是浑然一体的。宋金元时期,随着艺术意境的老熟,各类艺术的相互渗透更加明显,诗歌与绘画更是这样。因此,苏东坡提出了"诗中有画"、"画中有诗"的深刻见解。

《东坡题跋·书摩诘蓝田烟雨图》云:

> 味摩诘之诗,诗中有画;观摩诘之画,画中有诗。诗曰:"蓝溪白石出,玉川红叶稀。山路元无雨,空翠湿人衣。"此摩诘之诗。或曰:"非也,好事者以补摩诘之遗。"

画为空间艺术,它诉诸的是视觉;诗乃时间艺术,它诉诸的是听觉。然王维之画却能把欣赏者从空间引向时间,从视觉引向听觉;王维之诗又能把人从时间引向空间,从听觉引向视觉。所以说,王维的诗与画,体现了诗与画的结合。苏东坡《书鄢陵王主簿所画折枝二首》又说:"诗画本一律,天工与清新。"这说明诗和画的根本联系在于艺术意境上的相通与交合。孙武仲《东坡居士画怪石赋》对此说得更明白:"文者无形之画,画者有形之文,二者异迹而同趣。"二者形迹不同,却意趣相通。在宋代诗论中有相同见解者甚多,如黄庭坚《次韵子瞻子由题〈憩寂图〉》说:"李侯有句不肯吐,淡墨写作无声诗。"钱鍪《汉袁尚书巫山诗》说:"终朝诵公有声画,却来看此无声诗。"郭熙《林泉高致·画意》说:"诗是无形画,画是有形诗。"

苏东坡提出的"诗中有画",表现在创作上就是要求诗人作诗要形象生动,得画之气韵;而"画中有诗",则要求画家作画要意境深丰,得诗之韵味。故他在《欧阳少师令赋所蓄石屏》中说:"古来画师非俗士,摹写物象略与诗人同。"又《跋蒲传正燕公山水》:"燕公之笔,浑然天成,粲然日新,已离画工之度数,而得诗人之清丽也。"

第三节　宋金元音乐美学

宋金元时期的音乐美学少见专门性著作,但在一些哲理、文艺、政史方面的著作以及有关音乐技巧的文献中,还是包含了一些精辟的见解。涉及的问题主要有字声关系、情律关系、音乐表演的美学问题及其艺术境界等。

一　"声中无字,字中有声"

沈括(约1031—1095)字存中,钱塘(今浙江杭州)人,北宋思想家和科学家。所著《梦溪笔谈》卷五《乐律》提出的"声中无字,字中有声",围绕"声"与"字"的关系,涉及音乐表演与欣赏的一些重要问题。首先,所谓"声中无字",指"字"要融化在"声"之中,也就是说在演唱过程中,作为表达思想情感的"字"不能说理式地直道其意,而应完全融化在声腔之中,使欣赏者通过优美动听的声律来感受、领悟。其次,所谓"字中有声",例如宫声字而调却"合用商声",那么就能"转宫为商歌之",也就是说如果宫声字的曲调适合于商声来表达,那么善于歌唱的人就能将宫声字用商声来歌唱,因为这样更能表达人的思想感情。由此出发,他还对演唱过程中的"念曲"、"叫曲"现象提出了批评。所谓"念曲",就是声腔没有抑扬起伏的旋律,如同背书念台词,枯燥乏味;所谓"叫曲",就是思想直露,声音不含蓄,无韵味,没有丰富的感情。沈括无疑很深刻地把握住了音乐表演的审美规律,将中国古代音乐美学提高到了一个新的层次,并且预示着古代音乐美学从本体研究中解脱出来,走向了音乐表演的具体过程。

二 "本之情性,稽之度数"

宋金元时期的音乐美学辩证地论述了"情性"与度数的关系,要求本于情性,稽以度数,也就是声律服从于情感表达的需要,即王灼《碧鸡漫志》所谓"本之情性,稽之度数"。情性是基础,度数和曲拍应适合于表达情性。但"情性"和"度数"实际上密不可分,只是运用时各有侧重而已。《碧鸡漫志》还说:"古人岂无度数?今人岂无情性?用之各有轻重。"

《梦溪笔谈·乐律》也强调音乐的内容和形式、情性与度数的和谐统一,并认为"声"应符合"志"的需要,反对"文备而实不足"的形式主义。其基本观点为:第一,强调志和声、词和声的统一关系,实际上也就是内容和形式的统一关系。第二,虽然志和声、词和声应谐调统一,但"志"和"词"在这种统一中仍然处于主导地位,即所谓"其志安和,则以安和之声咏之;其志怨思,则以怨思之声咏之"等;第三,音乐是人的情志的表现,音乐之所以能感动人,原因不在于乐器乐声本身,而在于优美的弦律中寄寓了深刻的思想情感,即"古之乐师,皆能通天下之志……所以感人深者,不独出于器而已"。第四,"词"和"声"是统一的,特定的"词"必须要求与之相应的特定的声,如果"声"和"词"不谐调,就不能感动人,即"语虽切而不能感动人情,由声与意不相谐故也"。第五,反对当时"文备而实不足"的形式主义,即"后之乐师,文备而实不足。乐师之志,主于中节奏,谐声律而已"。第六,他认为在当时能够达到"声词相从"、声与意相谐和的只有"里巷间歌谣及《阳关》、《捣练》之类",说明他很重视民间歌曲的价值。

三 "淡则欲心平,和则躁心释"

宋金元音乐美学中,人们在强调"和"的同时,也提倡"淡",这表明了儒道音乐思想的交融,并对后来的徐上瀛等人的音乐美学思想产生了较大影响。有关"中和"或"淡和"的论述,在宋金元音乐美学中很常见。如周敦颐《通书·乐书》:"乐者,淡而不伤,和而不淫。入其耳,感其心,莫不淡且和焉。淡则欲心平,和则躁心释。"郑樵(1104—1162),字渔仲,南宋兴化军莆田(福建莆田)人,世称夹漈先生。所著《通志》卷七十五亦云:"乐者闻之乐其乐,不至于淫;哀者闻之哀其哀,不至于伤,此《关雎》所以为美也。"《朱子语类》:"古乐不可得而见矣,只如今日弹琴,亦自可见,如诚实的人便雍容平淡,自是好听。若弄手弄脚,撰出无限不好的声音,中是繁琐耳。"这些观念承袭了传统儒家的音乐思想,但其中也有值得我们注意的新内容:首先,将"淡"与"和"密切联系起来,表明了儒家音乐思想对道家理论的吸收与融会,实质则是宋代士大夫美学情趣内省化的一种流露;其次,"淡则欲心平,和则躁心释"的说法,强调了音乐对人的极度变调的"欲"、"躁"等不平衡心态的"减压"、"释放"和审美净化作用,事实上已涉及音乐医疗这一重要的艺术生态学问题;再次,从审美欣赏的角度强化了"乐而不淫,哀而不伤"的《关雎》所以为美"的道理。

郑樵虽然主张"乐而不淫,哀而不伤"的中和之美,但他更强调音乐艺术形式的意义,《通志》卷四十九云:"乐为声也,不为义也……有声斯有义。与其达义不达声,无宁达声不达义。若为乐工者不识铿锵鼓舞,但言其义可乎?"这在盛行以义理论乐、崇尚文雅之风的当时,给人以耳目一新之感。

四 《中原音韵》与"务头"美学

周德清(1277—1365),元代文学家,号挺斋,高安(今属江西)人,北宋词人周邦彦的后代。所著《中原音韵》着重于对戏曲音律的探索,在当时影响较大,徐复祚《曲论》评之:"诗有诗韵,曲有曲韵……曲韵则周德清之《中原音韵》,元人无不宗之。"该书明确提出了"务头"这一概念:"要知某调、某句、某字是务头,可施俊语于其上。"他虽没有对"务头"这一概念作明确解释,但后世却把"务头"作为戏曲音乐的一个重要方面,并加以说明。如李渔《闲情偶记·别解务头》就说:"曲中有务头,犹棋中有眼,有此则活,无此则死。进不可战,退不可守者,无眼之棋,死棋也;看不动情,唱不发调者,无务头之曲,死曲也。一曲有一曲之务头,一句有一句之务头。字不聱牙,音不泛调,一曲中得此一句,即使全曲皆灵,一句中得此一二字,即使全句皆健者,务头也。由此推之,则不特曲有务头,诗词歌赋以及举子业,无一不有务头矣。"王骥德《曲律》也说:"务头是调子最要紧句子,凡曲遇揭起其音,而婉转其调,如俗之所谓做腔处,每调或一句,每句或一字,或二三字,即是务头。"由此可见,"'务头'是指精彩的文字和精彩的曲调的一种互相配合的关系。一篇文章不能从头到尾都精彩,必须有平淡来突出精彩。人的精彩在'眼'。失去眼神,就等于是泥塑木雕。诗中也有'眼'。'眼'是表情的,特别引起人们的注意。曲中就叫'务头'"①。可见"务头"作为戏曲音乐的"眼",既牵涉

---

① 宗白华:《美学散步》,上海人民出版社1981年版,第52页。

到艺术的内容与形式问题,也牵涉到艺术结构的安排和情节、形式的配合关系问题。

第四节 宋金元书法美学

宋代书法美学与书法实践一样,总体而言,不及唐代繁荣,但以苏东坡为代表的一些文人还是取得了不小的成就。后人集成的《东坡论书》,多有独到见解。其他论著有朱长文的《续书断》、黄山谷的《论书》、米芾的《岳海名言》、姜夔的《续书谱》、陈思的《书苑菁华》与《书小史》、欧阳修的《试笔》等。元代的书法美学著作主要有郑构、刘定的《极衍并注》、陈绎曾的《翰林要诀》,赵孟頫散见于各种文献中的言论也值得重视。

一 "以韵观之"与"书不病韵"

宋代书法美学继承了晋人的尚韵思想,突出书法艺术的韵味境界。苏东坡在《书黄子思诗集后》中说:"予尝论书,以为钟、王之迹,萧散简远,妙在笔墨之外。"黄庭坚、范温等人对于书画中的韵十分偏爱,并把它看做是衡量书法作品的一个美学标准。范温论韵主要以诗韵为主,而黄庭坚则以书韵为主。他在《题绛本法帖》中说:"观魏晋间人论事,皆语少而意密,大都犹有古人风泽,略可想见。论人物要是韵胜,为尤难得。蓄书者能以韵观之,当得仿佛。"书法的创作与欣赏,都重在得韵。他在《跋东坡墨迹》中认为苏东坡的书法"笔圆而韵胜,挟以文章妙天下,忠义贯日月之气,本朝善书,自当推为第一"。魏晋时庄学受崇,论人、论事多重神韵、意趣,从王僧虔的《笔意赞》始,中经王羲之,在书法领域中掀起了一股重神韵的思潮。黄庭坚便是从晋唐书画美学中吸取了营养,无论在书法的品评、立论上,还是在创作上都将韵推到第一位。他在《书徐浩题经后》中说:"若论工不论韵,则王著优于季海,季海不下子敬。若论韵胜,则右军大令之门,谁不服膺。"

黄庭坚认为具有韵的书法作品必须具备两个特点:一是"笔少令韵胜"。《书徐浩题经后》云:"季海笔少令韵胜,则与稚恭并驱争先可也。""笔少"实际上是以虚代实,通过虚来表现实,通过"笔少"来表现"韵多"。二是笔法上要沉著痛快,不假工巧。《跋米元章书》云:"余尝评米元章书如快剑斫阵,强弩射千里,所当穿彻。"要做到以上两点,必须从书家的审美心胸上做起:一是书家须有"书卷气",不能"随世碌碌",这样才能做到"书不病韵"。《跋周子发帖》云:"若使胸中有书数千卷,不随世碌碌,则书不病韵。"二是在创作心境上要求"用智不分"、"不牵于外物"。他在《道臻师画墨竹序》中说:"张长史之不治它技,用智不分也,故能入于神。夫心能不牵于外物,则其天守全,万物森然,出于一境,岂待含墨吮笔,盘礴而后为之哉?故余谓臻欲得妙于笔,当得妙于心。"说明了他对创作时心性的重视,以及心性对笔法的支配作用;同时也继承了庄子以来的精神专一的审美心胸论,强调精神高度集中和超然物外的精神状态对书法创作的重要意义。

二 "通其意"与"书无法"

黄庭坚强调韵,苏东坡则强调意。事实上,韵乃是意的风神格调,没有意就不可能有韵,因此,意更根本、更深层。梁𪩘所说的"宋人尚意"在苏东坡的有关论述中体现得更具体、更充分。

(一)"通其意则无适而不可"

苏东坡认为,任何书法作品都有一个统一的意,即书体不同,而其意则相通。因此,只要能抓住书之意,则真、草、隶、篆无不俱佳。他在《跋君谟飞白》中说:

> 物一理也,通其意则无适而不可……世之书,篆不兼隶,行不及草,殆未能通其意也。如君谟,真、行、草、隶无不如意,其遗力余意,变为飞白,可爱而不可学,非通其意能如是乎?

世之书"篆不兼隶,行不及草",是"殆未能通其意"的缘故,也就是不能通达其贯穿于各种书体中的统一精神——意。他在评论前人书法时,就反对把各种书体分散开来,而主张数体并举。在他看来,各种书体虽有形式上的差别,但其内在精神(意)却是统一的,草书能兼行真各体之意,说明草书是最能表达意的书体。同时,真行是基础,如人的立、行,不能立、行便不能走跑,所以不能真行便不能善草。他既强调了意的作用和"通其意"对书家创作的重要性,同时也以一意字将各种书体串通一气,说明书法艺术是一种百花齐放的整体性生态系统。

(二)"书初无意于佳乃佳"

"尚意"作为宋代书法美学的根本特征,自然要涉及到对意法关系的论述。苏东坡在《次韵子由论书》中说:"苟能通其意,常谓不学可。"将意放在学之上,"通其意"比之于学其法更为重要。他在《石苍舒醉墨堂》中又说:"兴来一挥百纸尽,骏马倏忽踏九州。我书意造本无法,点画信手烦推求。"由此出发,他在《评草书》中还提出了"书初无意于佳乃佳尔"的观点,认为书家若通其意,就不应在书写时有意为之或在技巧上苦思冥想,而应让意从胸中自然流出。

宋金元书法美学中这种观点很流行。米芾(1051—1107),字元章,号襄阳居士、海岳山人等,祖籍山西太原,后迁居襄阳(今湖北襄樊),世称米襄阳。所著《海岳名言》强调"无刻意做作乃佳"。他还认为欧、虞、褚、柳、颜等各家之书"皆一笔书也","一笔书"即一气呵成,随意为之而作。黄山谷也反对"用意装缀",并提出了"拙多于巧"的重要观点:"凡书要拙多于巧。近世少年作字,如新妇子妆梳,百种点缀,终无烈妇态也。"(《论书》)元代郝经《陵川集》亦谓:"必精穷天下之理,锻炼天下之事,纷纭天下之变,客气妄虑扑灭,消驰澹然无欲,皎然无为,心手相忘,纵意所如,不知书之为我,我之为书,悠然而化,然从技入于道,凡有所书,神妙不测,尽为自然造化,不复有笔墨。神在意存而已,则自高古闲暇,恣睢徜徉。"大都重意轻法。

宋金元书家强调意重于法,并不是否定法的意义,只是反对"束于法"、"拘于法",即以法害意,以法掩意。而必要的法度又是书法艺术所必需的。

(三)"无法之法"

宋金元时期人们还提出了"无法之法"的见解,表明了人们对法的认识有了一个新的飞跃,更明确地强调了法的多样性、随意性和灵活性、多变性。苏东坡《跋王荆公书》指出:"荆公书得无法之法,然不可学无法。"一方面说"无法之法",另一方面又说"不可学无法",说明"无法之法"不是完全无法,而是有法,但这种法不是"死法"而是"活法"。元代郑杓在《衍极》卷四《古学篇》中也说:"太白得无法之法,子美以意行之。"正因为如此,他们一方面大讲意、韵,另一方面又常常意法并举、韵法并重。事实上,造成韵这一审美效果的不仅仅来自意,同时也与相应的法有关。如沈括《梦溪笔谈·补笔谈·艺文》说:"世之论书者,多自谓书不必有法,各自成一家。此语得其一偏。"姜夔《续书谱·草书》亦说:"古人作草,如今人作真……虽复变化多端,而未尝乱其法度,张颠怀素规矩最号野逸,而不失此法。"

三 "学书为乐"与"学书消日"

宋金元时期,受文人士大夫闲散清韵习趣的影响,书法美学很注意意境的空灵之美的表现。而将这种观念转向书法的功能方面,便更强调其"适意"、"乐心"的审美愉悦与娱乐消愁的作用。欧阳修便提出了"学书为乐"与"学书消日"的观点。《欧阳文忠集》载《学书为乐》谓:

> 苏子美尝言:明窗净几,笔砚纸墨,皆极精良,亦自是人生一乐。然能得此乐者甚稀,其不为外物移其好者,又特稀也。余晚知此趣,恨字体不工,不能到古人佳处,若以为乐,则自是有馀。

以上论述,不仅抓住了书法艺术的功能特征,同时也把书法艺术的美与其对待外物的功利态度加以区别。又《学真草书》谓:"有以寓其意,不知身之为劳也;有以乐其心,不知物之为累也。"说明书法艺术的超功利特点。《欧阳文忠集》载《学书消日》又谓:

> 自少所喜事多矣。中年以来,渐已废去,或厌而不为,或好之未厌,力有不能而止者。其愈久益深而尤不厌者,书也。至于学字,为于不倦时,往往可以消日。乃知昔贤留意于此,不为无意也。

"消日"和"为乐"本质上是一致的。欧阳修关于书法娱乐功能的论述有三点须引起我们的重视:首先,书法的娱乐功能是反功利的;其次,书法的娱乐功能具有情绪感染的性质,因而往往使人好之不厌,嗜之无尽;第三,书法的娱乐功能具有"自是有馀"的特点,这说明娱乐功能的发挥与欣赏者的心理意识有关,强调了欣赏中主观心性的重要性。

欧阳修之后,苏东坡也谈到了这个问题,他更强调了书法艺术"悦人"、"乐意"、"消忧"的审美愉悦功能。他在《宝绘堂记》中说:"凡物之可喜,足以悦人而不足以移人者,莫若书与画。""足以悦人"说明书法艺术的审美功能是愉悦人心,这和欧阳修所说的"乐其心"意义是相通的。据此,他又进一步指出:"自言其中有至乐,适意不异逍遥游。"(《石苍舒醉墨堂》)书法艺术以其特有的审美特点,使人从中得其"至乐"。

宋金元时期,人们谈论书法的审美愉悦功能时,往往是从它的抒情实质出发的。如苏东坡《送参廖师》说:"退之论草书,万事未尝屏。忧愁不平气,一寓笔所骋。"这是借韩愈《送高闲上人序》中对张旭创作情怀的描写,以说明作书骋情的功能。

四 "取其为人"、"象其为人"、"见其为人"

中国美学历来有以人论艺、以艺喻人的传统。宋金元书法美学中,这种传统得以高扬,且成为一时风尚。

(一)欧阳修:"取其为人"

欧阳修较早明确地将书法的品评与书家的为人联系起来。他在《世人作肥字说》中认为,古往今来善于书写的人虽然很多,但"独其人之贤者传遂远",说明只有其"人之贤者"即人品贤达之人才能传名后世。如杨凝式有"直言谏其父"的胸怀,才有其潇洒磊落的书艺;李建中有"清慎温雅"之品行,才有其隽秀雅致的书作。由此他对当时"但务于书"而不注重品格修养的现象提出了质疑。

(二)苏东坡:"象其为人"

苏东坡对书品与人品的关系也做了较多说明。首先,他认为古人论书都是兼论其生平人品的,如人品不好,其书法也很难被重视的,即《书唐氏六家书后》谓:"古之论书者,兼论其平生。苟非其人,虽工不贵也。"其次,苏东坡本人也重视从人品、相貌直论其书法风格,如欧阳询"貌寒寝,敏悟绝人",方有其"劲崄刻厉"的书风,可谓"正称其貌耳"。由此,他对前人提出的"心正则笔正"的看法持肯定态度。

(三)郝经:"见其为人"

郝经从"内游论"的立场出发,主张"书以人品为本"。《陵川集·论书》云:"寓性情襟度风格其中,而见其为人,专门名家始有书学矣。"书法家由于将自己的性格、情怀、襟度寓于书作之中,所以能使观者从中"见其为人"。他从这一角度来评论李斯、钟繇、王羲之、颜真卿等人的书法,并得出结论:"盖皆以人品为本,书法即心法也。""苟其人品凡下,颇僻侧媚,纵其书工,其中心蕴蓄者亦不能掩。有诸内必形诸外也。"苏东坡在评论柳公权"心正则笔正"之论时已说"非独讽谏,理固然也"。何以谓"理固然"?苏氏未曾解释,而郝经在这里提出的"寓性情襟度风格其中,而见其为人",则不啻是对这一问题的绝妙回答。

第五节　宋金元绘画美学

宋金元绘画美学涉及范围广泛,理论上也有不少突破。其时的绘画美学著作主要有郭熙、郭思父子的《林泉高致》、郭若虚的《图画见闻志》、黄休复的《益州名画录》、米芾的《画史》、邓椿的《画继》、汤垕的《画鉴》,以及苏东坡、欧阳修、董逌、沈括、饶自然等人的大量论述。

一　"逸格"与"自然"

与以人论艺的风气相联系,我国古代美学也常用不同的"品"、"格"来评价作品审美境界的高低。唐代张怀瓘《画品断》首标"神"、"妙"、"能"三品之说;朱景玄《唐朝名画录》于"三品"之外又提"逸品"。至此,在我国古代绘画美学中具有重要地位和广泛流行的"四品"或"四格"之说便已初步完备。朱景玄虽于"神"、"妙"、"能"之外提出了"逸"品,但未曾对"逸"作具体解释,到了宋初黄休复对"四格"作了新的说明,并对"逸"格进行了明确论述。黄休复,生卒年不详,字归本,一作端本,北宋初年江夏(今湖北武昌)人。《王氏书画苑·益州名画录》载黄休复对"四格"的具体解释为:

> 逸　格
> 画之逸格,最难其俦。拙规矩于方圆,鄙精研于彩绘,笔简形具,得之自然,莫可楷模,出于意表,故目之曰逸格尔。
> 神　格
> 大凡画艺,应物象形,其天机迥高,思与神合。创意立体,妙合化权,非谓开厨已走,拔壁而飞,故目之曰神格尔。
> 妙　格
> 画之于人,各有本性,笔精墨妙,不知所然。若投刃于解牛,类运斤于斫鼻。自心付手,曲尽玄微,故目之曰妙格尔。
> 能　格
> 画有性周动植,学侔天功,乃至结岳融川,潜鳞翔羽,形象生动者,故目之曰能格尔。

四格之中,"逸格"列第一,"神"、"妙"、"能"依次为下。"能"是四格中最末一格,"能"的意义是"体侔天功"、"形象生动",即精能逼真、栩栩如生。宋人刘道醇《圣朝名画录》释"能"品"妙于形似","尽事物之情"。"能"格之上为"妙格",主言技法之精熟达到了忘其为技巧的地步,犹庄子所谓庖丁解牛,运斤成风,得于心而妙于手。由"妙格"而上便入"神格"。"神格"的特征是由运思驰想而合于对象的神情妙意,故"创意立体"之机便可"妙合化权",这显然与绘画创作的传神写照有关。

"逸"格置于"神"格之上,为画格之最高境界,关于"逸"格的具体含义,黄休复做了三个方面的解释:

第一,"拙规矩于方圆,鄙精研于彩绘"。"拙规矩于方圆",就是把那种以矩画方、以规画圆、墨守规矩的作法看做是"拙";"鄙精研于彩绘",是指要鄙弃那种在彩绘中拘泥于精描细摹的做法。这实际上是要求绘画创作应不拘泥于法度,而任意所畅。黄休复之后,如苏辙《汝州龙兴寺修吴画殿记》:"方圆不以规矩","纵横放肆,出于法度之外,循法者不逮其精",也说明了同样的道理。

第二,"笔简形具,得之自然"。即要求于简约疏淡的笔调中,达到以少胜多,出之自然,毫无斧凿痕迹。《益州名画录》评论孙位(唐代画家)的作品,"皆三五笔而成",此即"笔简";又评其"如从绳而正",此即"形具";又评其"并掇笔而描,不用界尺",此即"得之自然"。这种崇尚简约、自然的美学理想,实发于老庄道学,为我国古代书画美学的一贯传统。黄休复的"笔简形具论"与宋元文人画的成熟与高涨是密不可分的。宗白华先生云:"中国画最重空白处。空白处并非真空,乃灵气往来生命流动之处。且空而后能简,简则炼,则理趣横溢,而脱略形迹……中国绘画能完全达到此境界者,首推宋元大家。"①

第三,"莫可楷模,出于意表"。"莫可楷模"说明境界高超,神趣独到,不可效仿。元人夏文彦《图绘宝鉴》也有"气韵生动,出于天成,人莫窥其巧者"的说法。"出于意表",表明达到"逸"的境界的作品有出乎意外的笔墨情趣。戴熙《习苦斋画絮》卷一:"有意于画,笔墨每去寻画。无意于画,画自来寻笔墨。有意盖不如无意之妙也。"

自黄休复之后,尚"逸"实为宋金元绘画美学的一时风潮,如苏东坡《书蒲永升画后》评孙位说:"画奔湍巨波,与山石曲折,随物赋形,尽水之变,号称神逸。"倪瓒主要从审美创造的角度谈了"逸气"、"逸笔"两个概念。《清閟

---

① 宗白华:《美学与意境》,人民出版社 1987 年版,第 105、106 页。

阁全集》卷九《跋画竹》强调"余之竹聊以写胸中逸气",实际是强调人格之逸气,是对那种飘然隐逸的人格境界的具体说明,也就是要求通过绘画表现飘逸洒脱的人格精神。那么如何表现呢？他在《答张仲藻书》中谓:"仆之所谓画者,不过逸笔草草,不求形似,聊以自娱耳。"也就是说,要写出胸中之逸气,就要用"逸笔"。"逸笔"就是不拘形摹,但求自然。从"逸气"到"逸笔",然后才有"逸格"的佳品。

二 "形理"与"形神"

苏东坡对绘画艺术的审美问题有多方见识,其中对"形"与"理"、"形"与"神"的看法尤值称道。

(一)"常形"与"常理"

苏东坡在《净因院画记》中说:

> 余尝论画,以为人禽、宫室、器用皆有常形,至于山石、竹木、水波、烟云,虽无常形,而有常理。常形之失,人皆知之。常理之不当,虽晓画者有不知。故凡可欺世而取名者,必托于无常形者也。虽然,常形之失,止于所失,而不能病其全,若常理之不当,则举废之矣。以其形之无常,是以其理不可不谨也。世之工人,或能曲尽其形;而至于其理,非高人逸才不能辨。

"常形之失"只是形式上或所画对象形貌上的失误,它往往并不会影响作品全面性的成功。但如果违背了"常理",就会导致作品全局性的失败,可见他是十分重视"常理"的。那么什么是"常理"呢？宗白华先生指出:"东坡之所谓常理,实造化生命中之内部结构,亦不能离生命而存者也。山水人物花鸟中,无往而不寓有浑沦宇宙之常理。宋人尺幅花鸟,于寥寥数笔中,写出一无尽之白然,物理俱足,生趣盎然。"① 这也正是"寄妙理于豪放之外"的基本意义。苏东坡注重"常理",实是强调传达自然界的生命气韵。

苏东坡一方面强调"常理",另一方面又不轻视"常形",而是形理并重的。他在《书竹石后》中说:"与可论画竹木,于形既不可失,而理更当知;生死新老,烟云风雨,必曲尽真态,合于天造,厌于人意;而形理两全,然后可言

---

① 宗白华:《美学与意境》,人民出版社 1987 年版,第 105 页。

晓画。"他之所以特别喜爱文同的墨竹画,不仅仅因为其能"得其神理",更在于他的画能"形理两全"。

(二)"形似"与"传神"

苏东坡所说的"常理"和传统绘画美学中的"传神"是一致的,所以当他论述与形理密切相关的形神问题时,他更看重神似。《书鄢陵王主薄所画折枝二首》诗云:

> 论画以形似,见与儿童邻。赋诗必此诗,定非知诗人。诗画本一律,天工与清新。边鸾雀写生,赵昌花传神。何如此两幅,疏淡含精匀。谁言一点红,解寄无边春。

苏东坡以边鸾、赵昌这两位著名的花鸟画家为例,说明"传神"的重要性。传神的特点是通过有限而寄托无限,通过"一"而显示"万",通过"形"而传达"神"。苏东坡的见解反映了宋代文人画重写意传神、不重工巧摹拟的特点。

苏东坡重神似、轻形似,所反对的只是一味追求形似,而非摒弃形似。他所说的"横斜平直,各相乘除,得自然之数,不差毫末,出新意于法度之中"等等,就是对形似的强调。正如王若虚《滹南诗话》卷中所说:"东坡……论妙在形似之外,而非遗其形似。"王绂《书画传习录·论画》亦说:"东坡此诗,盖言学者不当刻舟求剑,胶柱而鼓瑟也。然必神游象外,方能意到环中。今人或寥寥数笔,自矜高简,或重床叠屋,一味颠顶,动曰不求形似,岂知古人所云不求形似者,不似之似也。彼烦简失宜者,乌可同年语哉!"这些说法是符合苏东坡原意的。只有形神兼备、以形传神的人才能达神逸之格。

三 "饱游饫看"与"身即山川而取之"

宋元时期,山水画烂熟求备,从理论上加以总结的也不少,其中最著名的首推郭熙、郭思父子的《林泉高致》中的《山川训》。该文对山水画的许多问题都作了说明,其中关于山水画创作的见解主要是"饱游饫看"和"身即山川而取之"。

(一)"饱游饫看"

郭熙从自己的创作实践出发,对画家的心性修养非常重视,在《林泉高致·山川训》中提出了画家"欲夺其造化"必具的三个基本条件,即"莫神于好,莫精于勤,莫大于饱游饫看"。"莫神于好",是说画家于画之艺,要精神专一;"莫精于勤",是讲画家要勤奋多历;而重要的则是"饱游饫看"。所谓"饱游",即广游、多游;所谓"饫看",乃多察、广察。只有如此,才能使山山水水"历历罗列于胸中"。也只有这样,才能在创作中忘乎笔墨,"目不见绢素,手不知笔墨",使作品的意境"磊磊落落,杳杳漠漠"。这实际上是强调画家主观精神与客体自然的交合统一。

"饱游饫看"虽如此重要,但就其本身而论,这山山水水,无边无际,非画家所能屡屡遍游、遍察。故郭氏在"看"的方法上又提出了"一山而兼数十百山之意态"的看法。《山水训》谓:

> 山,近看如此,远数里看又如此,远十数里看又如此;每远每异,所谓山形步步移也。山,正面如此,侧面又如此,背面又是如此,每看每异,所谓山形面面看也。如此,是一山而兼数十百山之形状,可得不悉乎?山,春夏看如此,秋冬看又如此,所谓四时之景不同也。山,朝看如此,暮看又如此,阴晴看又如此,所谓朝暮之变态不同也。如此,是一山而兼数十百山之意态,可得不究乎?

同样一座山,从不同的角度看,就有不同的效果,远近看不同,正侧背看又不同;春夏看不同,秋冬看又不同;朝暮看不同,阴晴看又不同。因此,画家必须立体地、全方位地"看",即看"一山而兼数十百山之形状",看"一山而兼数十百山之意态",起到以一当百的作用。

(二)"身即山川而取之,则山水之意度见"

"饱游饫看"是强调画家要多看多察,但"饱游饫看"必须是亲眼所看,亲身所察。由此,郭熙又提出了"身即山川而取之"的命题。《山川训》云:"学画花者,以一株花置深坑中,临其上而瞰之,则花之四面得矣。学画竹者,取一枝竹,因月夜照其影于素壁之上,则竹之真形出矣。学画山水者,何以异此?盖身即山川而取之,则山水之意度见矣。"说明画家即身实境、玩味实象的重要性,即画家只有直接面对自然山水作审美观照,才能使"山水之意度见",真正把握自然山水的生命气韵,并把自然的生命气韵与画家生命精神融汇在作品之中。

事实上,宋金元山水画家无论在理论上抑或在实践上都重视画家对自然实境的亲身体验。罗大经《鹤林玉露》也说:"某自少时,取草虫笼而观之,穷昼夜不厌。又恐其神之不完也,复就草地之间观之,于是始得其天。"元代大画家黄公望《山水诀》说:"终日只在荒山乱石,丛木深筱中坐,意态忽忽,人不测其为何。又每往泖中通海处看急流轰浪,虽风骤至,水怪悲诧而不顾。"

四 "不留于一物,故其神与万物交"

苏东坡《李伯时山庄图后》云:

> 或曰:"龙眠居士……之在山也,不留于一物,故其神与万物交,其智与百工通。虽然,有道有艺,有道而不艺,则物虽形于心,不形于手。吾尝见居士作华严相,皆以意造而与佛合。佛菩萨言之,居士画之,若出一人,况自画其所见者乎?"

李公麟(龙眠居士)在体察绘画对象时常能做到"不留于一物"。"不留于一物",即不留意于一物,说明眼界应须开阔,不为一物所限所滞,只有如此,才能达到"其神与万物交,其知与百工通"。也就是能合于万物之神,通于百工之智,从而创作出优秀的作品来。这实际上是对他"游于物之外,而不游于物之内"的审美观的具体解释。因为游于物之内,会被物所牵累,便不能不以功利的眼光来看待事物;而游于物之外则可摆脱世事纷扰,以审美的眼光看待事物。但仅有这种审美的观察事物的心胸和眼光还不行,还必须有相应的艺术技巧来使观察所得的审美意象传达于画,这正是他提出"有道有艺"的内在根据。

五 "以牛相观"与"动静二界中观"

郭熙提出的"一山而兼数十百山之意态"与苏东坡提出的"不留于一物",被董逌加以吸收与综合,提出了"以牛相观"与"于动静二界中观种种相"的重要见解。董逌,南宋藏书家、鉴赏家,字彦远,东平(今山东东平)人,所著《广川画跋》卷一《书百牛图后》认为,画家对事物的观察首先必须做到客观公允,即画牛者"以人相见"不如"以牛相观"。因为对于牛的观察,如果"以人相见",即以画家个人的态度来观察,就会受到种种限制,而不能观察到牛的个性特征和千百情状;相反,如果"以牛相观",即以牛观牛,便可发现牛的无穷无尽的情态形状,从而寓于创作,形成千姿百态而又个性鲜明的艺术形象。在此基础上还要做到,"于动静二界中观种种相"。就牛本身的情状而言,虽千姿百态,然不外有动相和静相两类,如他曾举出了牛的数十种不同情状,而这些多种多样的情状中,既有动相,也有静相,动相之中又有不同,静相之中又异其情面,甚至动中亦会有静,静中亦可有动,凡此种种,不一而足。高明的画家就是要从这动静二相中观察出其无穷无尽的变化与差别。由此,董逌进一步提出了"群相毕集"而"寓之于心",从而加以"积而化之",达到"于物无相"的构思过程。这样,画家所画出来的千姿百态的牛就既含有牛的神态,同时又注入了画家的情思与创造,达到了绘画主体与绘画客体的相融交会。

六 "成竹在胸"与"身与竹化"

郭熙和苏东坡在强调画家对自然进行审美观照的同时,也接触到审美意象的营构问题。苏东坡还明确提出了"成竹在胸"与"身与竹化"两个命题,进一步将审美意象的作用、特点及其向作品中的转化作了说明。

(一)"画竹必先得成竹于胸中"

苏东坡在《文与可画筼筜谷偃竹记》一文中,结合文与可的绘画实践,对绘画创作中审美意象的营构做了较全面的说明。首先,强调了营造审美意象的重要性,即"画竹必先成竹于胸中"。这"必先"二字说明了"成竹在胸"即营构审美意象的必然性、必要性。如果没有相应的审美意象营于心中,便无从下笔,即使下笔,也会使其作品无甚生气。董逌《广川画跋》所谓"积好在心,久而化之……则磊落奇蟠于胸中",罗大经《鹤林玉露》所说:"大概画马者,必先有全马在胸中",均属此意。其次,强调了审美意象的完整性。他认为竹生来即为一整体,故不能只见其节叶而不识其全貌,审美意象当然也必须是对其作整体上的把握。若"节节而为之,叶叶而累之,岂复有竹乎?"所谓"成竹"即整体之竹。徐复观说:"生命是整体的。能把握到竹的整体,乃能把握到竹的生命。但在精神上把握竹的整体的生命,不是来自分解性的认识,而是来自反映于精神上的统一性的观照。"[①] 再次,强调了审美意象"少纵则逝"的特点。也就是说营构于画家心中的审美意象是不确定的、瞬间的,画家必须抓住这一特点不失时机地把它表现出来。他在《书蒲永升

---

① 徐复观:《中国艺术精神》,春风文艺出版社 1987 年版,第 318 页。

画后》中描绘孙知微作画时说:"营度经岁,终不肯下笔。一日仓皇入寺,索笔墨甚急,奋袂如风,须臾而成,作输泻跳蹙之势,汹汹欲崩屋也。"最后,强调要想不失时机地把"胸中之竹"表现于绘画作品,必须具有相应的艺术技巧,否则,虽"心识其所以然",却"不能然",也就是"操之不熟"的缘故。

(二)"其身与竹化"与"嗒然遗其身"

画家在创作过程中,除了"技道两进"的修养外,还要具备相应的审美心胸,即物我两忘、聚精会神的审美观照心境。他有《书晁补之所藏与可画竹》诗云:

> 与可画竹时,见竹不见人。岂独不见人,嗒然遗其身。其身与竹化,无穷出清新。庄周世无有,谁知此凝神。

文与可画竹时精神高度集中,达到了超尘拔俗和"遗其身"的忘我境界。在这种忘我境界中,心融于物,物我不辨,似乎是"见竹不见人",其实是人已融于物中了。庄子《齐物论》、《达生》、《田子方》等中用多个寓言来说明"吾丧我"、"志不分"和"凝于神"的道理,苏东坡正是借庄周之意来申论绘画创作中艺术家的精神状态。他在《众妙堂记》中还说:"无视无听,无饥无渴,默化于恍惚之中,而候伺于毫发之间,虽圣智不及也。"罗大经《鹤林玉露·论画》说:"若能积精储神,赏其神骏,久久则胸中有全马矣。信意落笔,自然超妙,所谓'用意不分,乃凝于神'者也。"又说:"曾云巢无疑工画草虫……方其落笔之际,不知我之为虫耶,草虫之为我也。"米友仁《元晖题跋》说:"画之老境,于世海中一毛发事泊然无着染。每静室僧趺,忘怀万虑,与碧虚寥廓同其流。"

七 "山水之法,盖以大观小"

宋人强调画家要多角度地、立体地、全景式地观察事物。关于画面的构成,沈括则在《梦溪笔谈》中首次明确地提出"以大观小"的主张:

> 李成画山上亭馆及楼塔之类,皆仰画飞檐,其说以谓自下望上,如人平地望塔檐间,见其榱桷。此论非也。大都山水之法,盖以大观小,如人观假山耳。若同真山之法,以下望上,只合见一重山,岂可重重悉见,兼不应见其溪谷间事。又如屋舍,亦不应见其中庭及后巷中事。若人在东立,则山西便合是远境;人在西立,则山东却合是远境。似此如何成画?李君盖不知以大观小之法。其间折高、折远,自有妙理,岂在

掀屋角也。

李成的所作所论类似于西方的所谓"焦点透视",是"以小观大",如"仰画飞檐",使人"平地望塔檐间"。这样目中只有塔檐,不及全貌。沈括反对这种透视方法,而追求"以大观小"之法。宗白华先生释沈括此论说:"沈括以为画家画山水,并非如常人站在平地上在一个固定的地点,仰首看山;而是用心灵的眼,笼罩全景,从全体来看部分,'以大观小'。把全部景界组织成一幅气韵生动、有节奏有和谐的艺术画面,不是机械的照相……全幅画面所表现的空间意识,是大自然的全面节奏与和谐。画家的眼睛不是从固定的角度集中于一个透视的焦点,而是流动着飘瞥上下四方,一目千里,把握全境的阴阳开阖、高下起伏的节奏。"① 沈括所论既是对唐五代和宋初山水画创作实践的总结,又开后世之风,形成了中国山水画独树一帜的美学风格。

八 "三远"境界及其蕴涵

由于中国画家在构图上强调"以大观小",自然便会追求所谓"远"的美学境界。郭熙《林泉高致·山川训》谓:

> 山有三远。自山下而仰山巅,谓之高远;自山前而窥山后,谓之深远;自近山而望远山,谓之平远。高远之色清明,深远之色生晦,平远之色,有明有晦。高远之势突兀,深远之意重叠,平远之意冲融而缥缥渺渺。其人物之在三远也,高远者明瞭,深远者细碎,平远者冲澹。明了者不短,细碎者不长,冲澹者不大。此三远也。

郭熙的"三远"说总结了山水画的创作实践,"三远"的意境可以使我们以流动、转折的视线"仰山巅,窥山后,望远山"。俯仰往还,尽得其意,既可"足人目之近寻",又可"极人目之旷望"。郭氏所论重在画家观察自然时以远势得之,寓于创作,则求"远"的意境非单纯的"远"的画面。因为"远"的意境实质上是中国艺术追求的从有限达于无限的境界在山水画中的表现。徐复观指出:"郭熙所提出的三远,乃山水画发展成熟后所作的总结。因为作者对于山水,是以远势得之;见之于作品时,主要是把握此种远的意境。而远势中山水的颜色都是各种颜色浑同在一起的玄色;而这种玄色,正与山水画得以成立的玄学相冥合,于是以水墨为山水画的正色,由此而得以成立

---

① 宗白华:《美学散步》,上海人民出版社1981年版,第81—82页。

了。我们可以说,山水画中能表现出远的意境,是山水画得以出现,及它逐渐能成为中国绘画中的主干的原因。"①

第六节 宋金元诗文美学

宋金元时期各种文体的发展,促使诗文的美学评论趋于深入,有关著作除苏东坡等人于各种文章中的论述外,仅诗话方面就有数十种之多。其中宋代欧阳修的《六一诗话》、胡仔的《苕溪渔隐丛话》、范温的《潜溪诗眼》、杨万里的《诚斋诗话》、姜夔的《白石道人诗说》、严羽的《沧浪诗话》、金代王若虚的《滹南诗话》等最为著名。

一 "事信言文"与"文与道俱"

"文道论"是我国古代诗文美学关于文学创作中美与善、真与美、文与质等关系的一种本体性说明。对这一问题的理解,在不同的历史时期表现出不同的理论倾向。宋代以前,占主流的是文道合一的观点,特别是由于儒学的影响,先秦两汉时期文是属于道的,魏晋南北朝时期虽然抬高了文的地位,展示了文的自觉,但文道"两本"的观念只有到了宋代的欧阳修与苏东坡等人才真正将其高扬起来。

(一) 欧阳修:"务为道"与"事信言文"

欧阳修论文,信、道、文三者并举。他一方面要求"务为道",另一方面又注重"事信言文"。在他的某些论述中,已明显地表露出文道"两本"的思想倾向。

第一,君子之学务为道。他在《答吴充秀才书》中说:"圣人之文虽不可及,然大抵道胜者文不难而自至也。""君子之于学也,务为道。"欧阳修"务为道"的论点与传统的"文以载道"论并不完全相同。首先,他所说的"道"不是单纯的人伦之道,而是真与善、信与道的统一。其次,他所说的道不是纯粹的形而上之道,而具有"常履而行之"的特点。再次,从"道"的实践性出发,他强调道与现实生活的密切联系,如他说:"终日不出轩序,不能纵横高下皆如意者,道未足也。"故他强调"知古明道而后履之以身,施之于事,而又见于

---

① 徐复观:《中国艺术精神》,春风文艺出版社 1987 年版,第 303 页。

文章。"还有,强调了道的易知、易明、易行的特点,即"其道易知而可法,其言易明而可行"。最后,他论述道的角度与前人有所不同,他注重的不是文对道的传达与表现,而是加强文人的修养,提高文人的胸襟与理想。

第二,事信言文,表见后世。他在《代人上王枢密求先集序书》中说:"君子之所学也,言以载事,而文以饰言,事信言文,乃能表见于后世。《诗》、《书》、《易》、《春秋》皆善载事而尤文者,故其传尤远。"这里他强调了真与美的统一,即一方面要"事信"(真),另一方面又必须注重"言文"(美)。他在同一篇文章中又说:"楚有大夫者善文,其讴歌以传。汉之盛时,有贾谊、董仲舒、司马相如、扬雄能文,其文辞以传。"据此他提出了真善美相统一的观点:"事信矣,须文;文至矣,又系其所恃之大小,以见其行远不远也。""信"即真,"文"即美,"所恃之大小"即善,综合言之,即真善美的统一。

(二)苏东坡:"吾所谓文,必与道俱"

苏东坡在《日喻》中曾对"道"做了新的解释:"南方多没人,日与水居也,七岁而能涉,十岁而能浮,十五而能没矣。夫没者岂苟然哉,必将有得于水之道也。"他所说的"道"指事物的道理、规律,并由自然事物之理推及作文之理。他论事言文,均注重对事理、文理的把握,主张道技并进,有道有艺,反对"空言其道"和"不学而务求道"等等,均与他对道的全新理解有着内在的联系。他还认为"道"的最根本特点是"可致而不可求",事物及文章的道理可以通过学习、认识和实践活动来掌握,但却不能空言无行而求得。

苏东坡所说的"道"与"文"本质上不可分离,道既在文中,又出于文外。道在文中,即道为作文之理;出于文外,则是指道还包含着自然、社会的万事万物之理。为文求美就须致道,所以他得出了"吾所谓文,必与道俱"的结论。既包含着道与文的交融、渗透,又把道和文区别开来。朱熹正是看出了这一特点,因而指出:"如东坡之说,则是二本,非一本矣。"(《朱子语类》)

二 自然与平淡

宋金元文人虽主张艺术风格的多样统一,但于诗文最推崇的是自然与平淡,从中可以看出宋金元时期人们审美意识的演变及倾向。

(一)"文理自然"与"随物赋形而不可知"

宋金元人论诗文的"自然",贯穿于创作和鉴赏的整个过程。从创作上来说，他们主张即目所见，率性而发。苏东坡认为诗文创作是一种出于"不能自己"之举。他在《江行唱和集叙》中说："夫昔之为文者，非能为之为工，乃不能不为之为工也。""自闻家君之论文，以为古之圣人有所不能自己而作者，古轼与弟辙为文至多，而未尝有作文之意。"强调作文应无意相求，不期而遇，率性而发，出乎天然。他在评论谢举廉诗文时说："大略如行云流水，初无定质，但常行于所当行，常止于所不可不止，文理自然，姿态横生。"(《答谢民师书》)而在谈论自己的诗文时又说："吾文如万斛泉源，不择地而皆可出，在平地滔滔汩汩，虽一日千里无难，及其与山石曲折，随物赋形而不可知也。所可知者，常行于所当行，常止于不可不止，如是而已矣。"(《文说》)

（二）"才力之使然者为俊逸，意味之自然者为清新"

宋金元人在论述诗文的自然境界时，又提出了"俊逸"和"清新"等概念，进一步说明了诗歌的自然境界。这主要以方回为代表。《桐江集·冯伯田诗集序》云："或谓老杜之寄太白也，以清新对俊逸，而予于冯君之诗，独以清新许之，无乃于俊逸不足乎？曰：不然，才力之使然者为俊逸，意味之自然者为清新，可无彼不可无此。故不同也。或又问：清新之所自来，得之学乎？得之思乎？世未尝无苦学精思[之志]而或不能为诗，或能为之而不能清新。"作者以杜甫的诗句"清新庾开府，俊逸鲍参军"为线索，将"俊逸"和"清新"加以对比，认为"俊逸"是"才力使然"，而"清新"则是"意味之自然"，因此，他非常重视"清新"这一境界，认为"清新"不可没有，而"俊逸"则可以弃之。他还认为"清新"这种境界不是靠"苦学精思"所能得来的，而是"清新之自来"，即不是强力而为之，犹苏轼所说的"无意于文"、"随物赋形而不可知"等等。方回不仅强调了"清新"的重要性，以及"清新"的自发性特点，而且还对"清新"这一概念本身进行剖析，阐明了"清"与"新"、"新"与"熟"的关系，以及"清新"的根源和实质："非清不新，非新不清"，二者互相包涵，不可分割。

（三）"淡而无味"与"外枯中膏"

与率情写真、自然流露和清新自然相联系，宋元时期的文论家们又主张本色而质朴的状物泻情，反对斧凿成痕，雕琢藻绘，追求一种自然、平淡的风格境界。如黄庭坚《与王观复书》说："平淡而山高水深，似欲不可企及，文章成就，更无斧凿痕，乃为佳作耳。"这实际是发挥了唐代李德裕《文章论》中"杼轴得之，淡而无味，琢刻藻绘，弥不足贵"的见解。宋金元人尚自然、平淡,但并非一味平淡,而是平淡之中含实美,外枯之中含中膏,即苏东坡《评韩柳诗》所谓"所贵乎枯澹者,谓外枯中膏,似澹而实美"。同时,他们也并不否定相应技巧的重要性,而是主张技入于道。

<h3 style="text-align:center">三 "语贵含蓄"与"有余意之谓韵"</h3>

中国古代文艺美学重含蓄、重余蕴、重韵味和重言外之意的特点,在宋金元时期表现得最为突出,其中尤以宋金元诗文美学更加明显。

(一) 姜夔与魏庆之:"语贵含蓄"与"诗人之难"

姜夔(约1155—1221年),字尧章,别号白石道人,鄱阳(今江西波阳县)人,是南宋的词人和音乐家,在诗文的美学理论方面,他提出了"语贵含蓄"的命题。《白石道人诗说》云:"语贵含蓄。东坡云:言有尽而意无穷者,天下之至言也。山谷尤谨于此。清庙之瑟,一唱三叹,远矣哉!后之学诗者,可不务乎?若句中无余字,篇中无长语,非善之善者也;句中有余味,篇中有余意,善之善者也。"姜夔论诗并不反对恰到好处的"雕刻"与"敷衍",但这"雕刻"与"敷衍"必不能尽显虚饰而伤自然,并且在诗的表现上都必须符合一个最根本的总旨——"语贵含蓄"。魏庆之,字醇甫,号菊庄,建安(今福建建瓯)人,所著《诗人玉屑》云:"诗文要含蓄不露,便是好处。古人说雄深雅健,此便是含蓄不露也。用意十分,下语三分,可几风雅;下语六分,可追李杜;下语十分,晚唐之作也。用意要精深,下语要平易,此诗人之难也。"说明含蓄之可贵与艰辛。

(二) 张戒与胡仔:"情意有余"与"意在言外"

张戒,南宋人,著有《岁寒堂诗话》。张戒论诗,反对"浅露",对宋代"以议论为诗"的特点很不满,因而提出了"诗妙于子建,成于李杜,而坏于苏黄"的观点,并由此而注重诗的含蓄。他对诗的含蓄的理解,吸收了刘勰提出的"状溢目前"、"情在词外"的思想,强调"情意有余"。特别是他提出的"情"字,表明他所理解的余味、余蕴,不只是"意"的深远,而且是"情"的无限。这就更深刻地接近了含蓄的美学本质。由此出发,他反对"意伤于太尽"和"词意浅露"。

胡仔(1095—1170年)和张戒一样,特别注重以"意在言外"来显示诗人之"情",他曾称《宫词》"绝句极佳,意在言外,而幽怨之情自见,不竺明言之也。

诗贵夫如此,若使人一览而意尽,亦何足道哉"。元人杨载亦说:"诗有内外意,内意欲尽其理,外意欲尽其象。内外意含蓄方妙。"其意义大体相同。

(三)范温等:"有余意之谓韵"

宋金元含蓄论更深刻的一层是范温等人将书画美学中流行的韵字引诗论,认为含蓄的美学意境和实质是韵。范温,北宋人,著有《潜溪诗眼》,今佚,其中有关诗韵的论述则传载于《永乐大典》卷八十七。他的主要贡献如下:第一,他从"书画文章,盖一理也"的角度,把书画美学所追求的"韵"引入诗文,是一个新的突破,表明宋人尚韵并不限于书画,而是贯穿于一切艺术形式,同时也表明各类艺术在意境的韵味上是相通的。第二,范温将韵的地位加以提高,认为它是关系到艺术作品的"美"与"不美"的根本问题,即"韵者,美之极","凡事既尽其美,必有其韵,韵苟不胜,亦亡其美"。第三,范温对韵作了新的解释,并把它和艺术境界的含蓄、余韵联系起来,从而深化了人们对艺术境界的理解。他一一否定了王定观以"潇洒之谓韵"、以"气韵生动"之谓韵和以"数笔作狻猊"之谓韵的说法,提出了"有余意之谓韵"的观点。第四,他强调"韵"的表现在于"意多语简",而不在奇巧烦杂,即"意多而语简,行于平夷,不自矜炫,而韵自胜",而"割据一奇,致于极致尽发其美,无复余蕴,皆难以韵与之"。第五,"韵"为艺术风格意境的极致,因而深藏于一切艺术风格之中,并不限于一种风格,即"且以文章言之,有巧丽,有雄伟,有奇,有巧,有典,有富,有深,有稳,有清,有古。有此一者,则可以立于世而成名矣。"

四 "参禅"作为方法论

学诗"参禅"的现象在隋唐已开其章,或以诗寄禅,或引禅入诗,成为一时风尚。但隋唐的学诗参禅以实践为主,以禅喻诗、以禅理诗在当时的美学理论上虽已有所体现,但远不详尽。到了宋代,随着禅宗的进一步发展,特别是其对中国文化各方面的渗透,以禅喻诗变成一种普遍的见解,遂成为宋金元美学思想的一大特色。

(一)"学诗浑似学参禅"

宋代的"以禅喻诗"以严羽的《沧浪诗话》为代表,但这一理论现象并非始自严羽,更非限于严羽。事实上,"学诗浑似学以禅"为诗家论诗的一句常

言。其基本意义如下:

1. "说禅作诗本无差别"

宋人李之仪《与季去言书》曾称"说禅作诗本无差别",极言二者的义理相通之处。此种观念在宋代很普遍。如叶梦得《石林诗话》曾以"禅宗论云间有三种语"与"老杜诗亦有此三种语"做比照,说明"禅语"与"诗语"的一致性。其他如韩驹《陵阳先生室中语》:"诗道如佛法,当分大乘、小乘,邪魔、外道,惟知者可以语此。"陆游《赠王伯长主簿》:"学诗大略似参禅,且下工夫二十年。"此又明参禅学诗之难,诚如吴可《学诗诗》:"学诗浑似学参禅,自古圆成有几联?春草池塘一句子,惊天动地至今传。"宋人参禅为活泼之参,概学诗也不能"参死句",如曾几《读吕居仁旧诗有怀》:"学诗如参禅,慎勿参死句。"葛天民《寄杨诚斋》:"参禅学诗无两法,死蛇解弄活泼泼。"

2. "以汪洋澹泊为高"

宋人参禅贵自然妙悟,学诗也大抵如此。故《诗人玉屑》卷一载龚相《学诗诗》:"学诗浑似学参禅,悟了方知岁是年。点铁成金犹是妄,高山流水自依然。"载赵藩《学诗诗》:"学诗浑似学参禅,要保心传与耳传。秋菊春兰宁易地,清风明月本同天。"包恢更详细地指出:"某素不能诗,何能知诗?但尝得于所闻:大概以为诗家者流,以汪洋澹泊为高,其体有似造化之未发者,有似造化之已发者,而皆归于自然,不知所以然而然也。"其实,作诗若要得自然、平淡之境,须像参禅一样注重"悟入",以避免牵强之作,故"惟不可凿空强作,出于牵强"。正是从此出发,宋人论学诗参禅之道极推崇一个"悟"字。

(二)"兴趣"与"妙悟"

严羽,字仪卿,邵武(今属福建)人,所著《沧浪诗话》为宋代最完备的诗歌美学著作,对明清诗歌美学影响极大。《沧浪诗话》也是一部最完备的"以禅喻诗"之作,其中最根本的问题有两个方面:一是以禅趣喻诗趣,推崇诗的"兴趣";另一是以禅悟入诗悟,推崇诗的"妙悟"。

第一,"兴趣说"。

严羽《沧浪诗话·诗辨》开宗明义,指出"夫学诗者以识为主","识"即是"辨",也就是鉴赏诗歌的能力,他认为,只有具备了相应的审美鉴赏能力,才能体会出诗的"气象"和"兴趣",而他对"兴趣"的论述最为详尽,也最重要。他说:

> 夫诗有别材,非关书也;诗有别趣,非关理也。然非多读书,多穷

理,则不能极其至,所谓不涉理路,不落言筌者,上也。诗者,吟咏情性
也。盛唐诸人惟在兴趣,羚羊挂角,无迹可求。故其妙处透彻玲珑,不
可凑泊,如空中之音,相中之色,水中之月,镜中之象,言有尽而意无穷。
近代诸公乃作奇特解会。遂以文字为诗,以才学为诗,以议论为诗,夫
岂不工,终非古人之诗也。盖于一唱三叹之音,有所歉焉。且其作多务
使事,不问兴致。

这里先后提出了"别趣"、"兴趣"和"兴致"三个概念,其意义是基本相近
的,大致是指寄托于诗歌的审美意象或艺术形象中的情趣和意味。陶明《诗
说杂记》释之谓:"兴趣如人之精神,必须活泼。"张宗泰《鲁岩所学集》亦谓:
"严氏所谓别才别趣者,正谓真性情所寄也。"严羽自己又说:"诗者,吟咏情
性也。"那么诗怎样吟咏性情呢? 这就是有兴趣才行,而兴趣的基本特点就
是"不落言筌"和"不涉理路"。

表面看起来,严羽只强调感性而否定了理性,其实不然,严羽分明又说
"非多读书,多穷理,则不能极其至"。这说明诗歌虽有"非关书"、"非关理"
的特点,但就诗人本身来说则须多读书、多知理。"不涉理路"主要是指诗的
意象、意境而言,要具有生动、感人、形象的特点,而不能流于说教和论道,并
非真的是指与"理"毫无关系。所以,他在《沧浪诗话·诗评》中又强调"诗有
词理意兴",将"词理"与"意兴"并提,反对"尚理而病于意兴",但也同样不赞
成"尚词而病于理"。

第二,"妙悟说"。

严羽"以禅喻诗"的又一个根本特点及主要内容,是将禅宗认识中"悟"
的方法引入诗论,强调了诗歌的欣赏与创造亦如佛禅对于"道"的体悟,有一
个"通其道而入其神"的过程。《沧浪诗话》云:

禅家者流,乘有大小,宗有南北,道有邪正;学者须从最上乘,具正
法眼,悟第一义。若小乘禅,声闻辟支果,皆非正也。论诗如论禅:汉、
魏、晋与盛唐之诗,则第一义也。大历以还之诗,则小乘禅也,已落第二
义矣。晚唐之诗,则声闻辟支果也……大抵禅道惟在妙悟,诗道亦在妙
悟。且孟襄阳学力下韩退之远甚,而其诗独出退之上者,一味妙悟而
已。惟悟乃为当行,乃为本色。然悟有浅深,有分限,有透彻之悟,有但
得一知半解之悟。汉、魏尚矣,不假悟也。谢灵运至盛唐诸公,透彻之
悟也;他虽有悟者,皆非第一义也。

"禅道惟在妙悟,诗道亦在妙悟。"但妙悟本身又包含着不同的意义,例如就佛教诸流派来说,虽都重妙悟,但妙悟的方式又有所不同。就禅宗而言,北宗重渐修、渐悟,而南宗自惠能开始就重顿悟。宋元以禅喻诗之风,亦将禅家的渐悟和顿悟一并用来喻诗之悟,并加以贯通,认为诗之妙悟乃由渐修而趋于顿悟。如包恢《答傅当可论诗》云:"彼参禅固有顿悟,亦须有渐修始得,顿悟如初生孩子,一日而肢体已成;渐修如长养成人,岁久而志气方立。"就严羽而论,他所说的"悟第一义",就是要求要对上乘之作加以玩味、体验,要对其反复地"熟读"、"熟参"、"朝夕讽咏"、"枕藉观之",如此"久之自然悟入",即由"悟第一义"而进入"透彻之悟"。

其实在宋代,由禅悟而讲诗悟的人甚多,如徐瑞《雪中夜坐杂咏》之一:"妙处可悟不可传。"戴复古《论诗十绝》之一:"个里稍关心有悟,发为言句自超然。"范温《潜溪诗眼》:"识文章者,当如禅家有悟门,夫法门百千差别,要须自一转语悟入。如古人文章直须先悟得一处,乃可通其他妙处。"

(三) 对"以禅喻诗"的总结分析

第一,宋人"以禅喻诗"甚为普遍,似乎将禅与诗合而为一,如此理解,便可得出禅即是诗、诗即是禅的结论。其实这是一种误解,"以禅喻诗"说明禅道与诗理在旨趣上有其相通的一面,取其通而喻之,乃借禅以说诗,并非能说明禅即是诗,诗即是禅。其实禅终归是禅,诗终归是诗,不能盲而不辨其旨。古人对此早已有所论及,如宋代刘克庄《题何秀才诗禅方丈》云:"诗之不可为禅,犹禅之不可为诗也。"

第二,宋人"以禅喻诗"与后来的"以禅衡诗"有所不同。"以禅喻诗"是借禅说诗,而借禅之义仍就是以诗理而论诗,只是借禅理来明诗理;而"以禅衡诗"实是将诗容纳于禅,使诗堕入禅中,以禅理来衡量诗的创作、评价及欣赏。后世所谓"禅而无禅便是诗,诗而无诗禅俨然"(《滇诗拾遗》卷五载明僧普荷语),实是禅诗不分,与严羽的"以禅喻诗"意义并不相同。

第三,严羽推崇的"兴趣"与"妙悟"虽然强调感性、直觉在诗的创作与欣赏中的重要性,但同时也不否认理性和实践在诗的创作与欣赏中的作用。

第四,以严羽为代表的宋代"以禅喻诗"的美学观念,着实代表了中国美学的一个基本特征。但中国美学的整体特点是建立在儒、道、释、屈等众多文化流派的相互补充、相互作用、相互统一的基础上的,因此不能将其中某一个方面夸大为中国美学的根本精神,这是我们理解中国美学总体特色不可忽视的一个方面。

思考题
1. 简述宋代理学对美学与艺术的影响。
2. 简述宋代隐逸文化的审美格调。
3. 简述苏东坡"诗中有画"、"画中有诗"的理论内涵。
4. 简述宋金元美学中的尚韵、尚意思想。
5. 简述禅宗对宋代诗文美学的影响。

第七章
明代美学

明代是中国封建社会由衰落而生变化并逐渐趋于解体的一个时期,东林学派所谓"风声气习日趋日下,莫可挽回"(《明史·叶向高传》),"民不聊生,大乱将作"(高攀龙《高子遗书》卷八),便是写照。明初政治上的高度专制,是封建秩序丧失自信的明显标志。伴随着政治制度和社会经济秩序的变更,人性解放和个体自由成为时代主题。相应地,中国古典美学也在这样的大背景下由烂熟而趋新变,出现了许多新的特点,特别是具有新型人文主义色彩的美学思潮不断拆解着温柔敦厚和宗经明道的经典意识,使中国美学和艺术从单纯沿袭古典和附庸政教伦理的传统中脱身而出,开启了一个寻找自我、解放自我、确立自我和张扬自我的历程。无论是承纳的温情抑还是探索的艰辛,都使得这一时期的美学充满了激情和悲壮,同时也使中国美学的发展进入了一个崭新的时期。

第一节 明代美学概述

受思想启蒙和个性解放的社会大背景影响,明代美学虽然总体上趋于分化,出现了许多独树一帜的美学新见,但其代际特征并未消失。明代美学仍然在总体上表现出某些一致性,透出一种鲜明的时代轨迹。特别是阳明心学与时代主题的合流,对明代美学发生了深远影响,成为明代美学的一个显著特征。

一　明代美学的新气象

（一）价值观的更迭与审美观的新变

有明一代,随着城市经济的发展,中国传统的价值观念逐渐动摇,人们的生存意识和文化意识也受到了前所未有的冲击,新兴的人文主义思潮不断冲击着旧有的文化格局。阳明心学在改造宋代理学的过程中突出了自我的价值,具有实学色彩的哲学思潮使明代文化迈出了更加坚实的步伐,而能迎合新兴自由思想的李贽、汤显祖等人则致力于新感性的建立,这一切都使得明代美学能扣合当时文人的自醒意识,大胆表露生命真情,显示出一种强劲的力动之势。与此同时,又能深邃地体悟中华文化血脉中所蕴含的独特的审美意识规律和对艺术审美独特的感知方式,并在新的形势下使其不断地自我更张。因此,明代美学在总体上呈现出一种摇曳多姿的更新局面。

（二）传统艺术的完备与市民文化的兴起

明代的艺术实践有了一些新的特点,传统的乐舞、绘画、书法等日趋完备,并在完备中生发新变,出现了一些与传统艺术格调不甚吻合的新特点,如注重性情与自由伦理的表达等,代表了封建艺术文化衰落和新时代艺术文化萌芽的双重意义。其内在意蕴乃是文人士大夫生命体验的一种裂变和转化,体现着中国封建类生存理想向资本主义类生存理想承前继后的发展。随着市民文化的兴起,唐宋时期滋育的戏曲、小说、园林等艺术形式则发展到了极高水平。与这种艺术实践相联系,明代美学进入了对传统美学的全面反思时期,这种反思不仅催发了美学、艺术的创新,而且推动了整个美学观念的更迭。

（三）才情个性的张扬与童心性灵的高举

随着社会形势和文化格局的变化,明代美学家或者出于传统儒家文化变更与转化的需要,或者出于对构建新文化的向往,重新捡起魏晋风度的接力棒,在新的时代背景下,一方面从艺术创作上强调艺术家才情个性的张扬,另一方面又在艺术家的品格心胸上童心、性灵并举,孕育了一场新的思想解放运动。这场思想解放运动的最突出特点,就是围绕人性的回归和重建以及个体自由的确立,力图使伦理本位让位于情感本位,理性本体让位于感性本体,封建文化的稳固秩序让位于市民文化的自由蔓延;李贽的"童心"说、汤显祖的"至情"说、袁宏道的"性灵"说等等,均是这种思想解放运动的具体表现。

二 阳明心学与明代美学

(一) 宋明理学与阳明心学

根据明末清初学者孙奇逢在《理学宗传》中的看法,宋明理学应包括道学与心学两部分,道学流行于宋代,以周敦颐(濂溪)、邵雍(康节)、张载(横渠)、程颢(明道)、程颐(伊川)为开山,至朱熹集大成。心学乃从朱子之学中流出,南宋的陆九渊(象山)畅其旨,但盛行于明代,以王阳明(守仁)、陈献章(白沙)为代表。明代心学是宋代理学的一种变调形态,亦可看做是对传统理学(道学)的反叛和转化。由于和宋代理学的渊源关系,明代心学家强调"心即理",即心与理的合一。

在明代心学的主要代表人物中,王阳明的影响最大。王阳明(1472—1528)名守仁,字伯安,浙江余姚人,因曾在阳明洞讲学,世称阳明先生。《明儒学案》载黄宗羲语云:"有明之学,至白沙始入精微",而"至阳明而后大"。今人吕思勉亦谓:"阳明之学,虽不能离乎宋儒,而别为一学,然以佛教譬之,固卓然立乎程朱之外,而自成一宗者矣。""阳明之学,盖远承象山之精。而其广大精微,又非象山所及。"[①] 所以,后世便有"阳明心学"或"王学"之称。"阳明心学"的出现,在很大程度上是为了化解传统理学知行不一的紧张关系,为理学的新生寻找出路。

(二) 阳明心学的主要内容与特点

第一,心是伦理品质和宇宙万物的根源

心本是人体内具有生理功能的器官,但在心学文本中,心既是知觉之心,更是伦理道德之心。如《象山全集》卷一《与赵监》:"仁义者,人之本心也。"在心学思想中,"心"还是伦理品质乃至万物的根源性的东西,并且充塞于宇宙之间。如《象山全集》卷三十四《语录》:"万物森然于方寸之间,满心而发,充塞宇宙,无非此理而已。"王阳明继承了陆象山的看法,强调了心、物、理的浑然统一性。《王文成公全书》卷七《紫阳书院集序》:"位天地育万

---

① 吕思勉:《理学纲要》,东方出版社1996年版,第154页。

物,未有出于吾心之外也。"卷八《书诸阳卷（甲申）》："天下宁有心外之性,宁有性外之理乎？宁有理外之心乎？"卷二《答顾东桥书》："夫物理不外于吾心,外吾心而求物理,无物理矣。遗物理而求吾心,吾心又何物邪？"不一而足。

第二,"心之良知之谓圣"

《大学》里的"致知"到王阳明处被改造成了"致良知"。"良知"乃人人固有,何言"致良知"？仔细分析,无非是要求人们要固守良知,并推致扩充,发扬光大。若在现实中不慎使良知丧失或被蒙蔽,那么,"致良知"就是要恢复良知本性。如《王文成公全书》卷三《传习录下》谓："人心是天渊,无所不赅。原是一个天,只为私欲障碍,则天之本体失了。""如今念念'致良知',将此障碍窒塞,一齐去尽,则本体已复,便是天渊了。"如此而言,"致良知"乃有三义:固守、扩充、恢复。"致良知"是心理实践与行为实践的合谋,是主观与客观的统一。

（三）阳明心学对明代美学的影响

第一,"艺心"与"道心"

在王阳明等心学家看来,只要不偏离内圣外王、成圣修身这一目标,大凡风花雪月、琴棋书画,无不成为心学家修身养性的媒介。《象山全集》卷三十五《语录下》就说："棋所以长吾之精神,瑟所以养吾之德性。艺即是道,道即是艺,岂惟二物,于此可见矣。"到了明代,王阳明《传习录下》更进一步说："艺者,义也,理之所宜者也,如诵诗、读书、弹琴、习射之类,皆所以调习此心,使之熟于道也。"

王阳明以"艺心"调养"道心"的观点,说明在他看来"道心"和"艺心"本质上是相通的,实质上蕴涵着以"道心"催发"艺心"的意义。此种思想在后世被不同形式地加以发扬,如李贽的"童心说",便是最突出的一例。以往人们讨论"童心说"总是要么以道家的自由主义美学为根据,要么以无根据反叛性言说其反经学意义,其实忽视了其以"童心"连结"道心"与"艺心",并进而为心学寻求新生的话语策略。

第二,心物一体与情景合一

《传习录下》谓："人心与天地一体,故上下与天地同流。"王阳明的这种思想从大的方面来说是与中国传统哲学天人合一思想的照应,从小的方面来说则是中国传统美学心物一体说的延伸,只是他更突出了心物一体中心的主动性和积极意义,即"盖天地万物与人原是一体,其发窍之最精处,是人心一点灵明"。《传习录下》又谓："先生（指王阳明）游南镇,一友指岩中花树问曰:'天下无心外之物,如此花树,在深山中自开自落,于我心亦何相关?'先生曰:'你未看此花时,此花与汝心同归于寂。你来看此花时,则此花颜色一时明白起来,便知此花不在你的心外。'"

王阳明以心为出发点的心物一体说,以其迥异于西方心物二体的美学蕴涵,与明初王履的"吾师心,心师目,目师华山"等遥相呼应,对明代美学家和艺术家追求心物一体与情景合一的审美境界产生了积极影响。

第三,心学文本与艺术文本

阳明心学具有浓郁的诗性气质,他和陈白沙一样,构筑了一个以"乐"为核心的"境界—文本"体系。《传习录下》谓:"乐是心之本体。仁人之心,以天地万物为一体,欣合和畅,原无间隔。"又《传习录中》:"乐是心之本体,虽不同于七情之乐,而亦不外于七情之乐。"王阳明所讲的"乐"有两个主要来源,即《论语·雍也》中讲的"孔"、"颜"乐处与《论语·先进》中讲的"吾与点也"。"乐"作为心之本体,当是感性与理性的结合,是精神愉悦与感性愉悦的融会,但它们都必然要落脚于人们的情感生活中,并通过琴棋书画、诗词歌赋等文本形式加以表达。所以,在阳明心学中,心学文本与艺术文本往往是统一的。王阳明《龙潭静坐》谓:"何处花香入夜清?石林茅屋隔溪声。幽人月出每孤往,栖鸟山空时一鸣。草露不辞芒履湿,松风偏与葛衣轻。临流欲写猗兰意,江北江南无限情。"单观此诗,其境界不在陶渊明、谢灵运之下,然阳明此诗别有深意。《乐府诗集》五八《琴曲歌辞猗兰操》引《琴操》谓:"《猗兰操》,孔子所作",孔子"自卫返鲁,见香兰独茂,喟然叹曰:'兰当为王者香,今乃独茂,与众草为伍。'乃止车援琴鼓之,自伤不逢时,托词于香兰云。"对照此典故,方知阳明此诗既不失高逸雅趣之韵味,更兼儒者伤时感物、怀才济世之良苦用心,可以说因美而善,因善而美,美善相"乐"。

第四,日常道德与生活艺术化

宋明理学和陆王心学倡导一种近乎纯道德的生活方式,道德生活几乎是他们的全部生活。然而,道德生活的日常表达却并不古板,有时倒还异常生动。也就是说,在大多数情况下,理学家和心学家的日常生活与常人并无二致,只是在专心致志的修炼过程中,为了获致某种道德境界,反倒比常人多了几份灵性和诗意。譬如,为了修养情性,他们要求静观、端坐、无心、无私、无欲,经常表现出一种近乎道禅修养的超功利色彩,这恰恰使他们具备了成为艺术家的可能性。王阳明《与黄勉之书》:"以良知之教涵泳之,觉其彻动彻静,彻昼彻夜,彻古彻今,彻生彻死,无非此物,不假纤毫思索,不得纤毫助长,亭亭当当,灵灵明明,能而应,感而通,无所不照,无所不达,千圣同途,万贤合辙。"在这里,良知涵泳的道德体验完全被审美化、艺术化了,不假思索,空灵明透,俨然与艺术体验相同。如果说这种良知涵泳是吃饭穿衣之外的主要生活方式(修德方式),那么这种生活方式则具有浓郁的艺术审美化格调。

三 实学的高扬及其对美学的影响

"实学"本是一个历史悠久的概念,在儒学意义上讲,它不外是指经世致用或明体达用。一方面强调儒家学术不能流于虚谈,要突出其社会事功精神,即联系实际并学以致用;另一方面,就个体修养来看,儒者必须脚踏实地去践履自己的学识,并以此来完善自己的人格,即注重"外王之学"。实学在明代的高扬,虽难免是为挽救封建颓势做最后努力,但其直接苗头却是指向阳明心学及其后学的"空言之弊"。东林学派是明代实学的集中表达,其创始人顾宪成在《小心斋札记》卷三中说:"阳明先生开发有余,收敛不足。"认为其良知之说"往往凭虚见而弄精魂,任自然而蔑视兢业"。

明代实学的兴起对当时的学术和社会均有积极影响。就美学而言,以下几点不可忽视:

(一)"舍象不可言易"与物象美学的建构

明代著名易学家来知德的象数学研究,以"象"为核心,构筑了新的易学体系。来知德所讲的"象"有两层含义:一是易之卦象,如他在《易注·系辞》中所说:"辞因象而系,占因变而决。静而未卜筮时,易之所有者,象与辞也。动而方卜筮时,易之所有者,变与占也。"二是易之卦象所代表的天地物象,如《易注·系辞》中还说:"立象则大而天地,小而万物,精及无形,粗及有象,悉包括于其中矣。"来知德极其看重"象"的重要性,并认为天地物象生生化育、秩序井然,《易注·系辞》所谓:"天垂象有文章,地之山川原隰,各有条理,阳极而阴生则渐幽,阴极而阳生则渐明。"总之,"易卦者,写万物之形象之谓也。舍象不可言易矣"。来知德对"象"的重视是其实学思想的自然流露,对明清美学中的客观主义描述,起了积极的引导作用,其中也蕴涵着对自然物象的生态学和审美化颂赞,并对人们构建以物象为核心的美学体系启发良多。

(二)自然物象与艺术形象的构建

来知德还认为,易之卦象创造之前,已有天地万物之易存在,即"天地万物,一对一待,易之象也。盖未画易之前,一部《易经》已列于两间……在天成象,在地成形,未有易卦之变化,而变化已见矣"(《易注·系辞》)。这是强调了易之卦象作为一种文化艺术形式,或者说作为一种艺术形象,并非凭空捏造,而是有其客观的现实依据,即依自然物象而为之。就如同叶昼在讲《水浒传》时所说:"世上先有《水浒传》一部,然后施耐庵、罗贯中借笔墨拈出。"这也是"《水浒传》之所以与天地相终始"的原因所在。明代的绘画美学也强调要尊重自然、描绘现实,把艺术形象的建构与画家对现实的密切接触联系起来,同样透出一种实学精神。如王履《华山图序》提倡绘画要法宗华山、"识华山之形",并要求"吾师心,心师目,目师华山"。祝允明提出了"身与事接而境生"(《送蔡元华还关中序》)的观点,并强调画家要"目不离檐栋",保持与客观现实的密切接触。

(三) 明代实学与文学艺术的事功精神

明代实学提倡的"经世致用"和"明体达用"的事功精神,也影响到了文学艺术。李梦阳虽为复古派,但他却不欣赏空洞无物的"台阁体",而推崇《战国策》那种"录往者迹其事,考世者证其变"(《刻〈战国策〉序》)的求实精神。他甚至认为,"夫诗者,天地自然之音也"(《诗集自序》)。何景明也认为,古代那些优秀的典籍,如《诗》、《书》、《礼》、《易》等,之所以能发挥良好的社会作用,"皆未有舍事而议于无形者"。袁宏道《与江进之书》则强调"事今日之事"和"文今日之文",因为文学艺术只有尊重客观现实,保持与时代实践的血肉联系,才能发挥其表情言志、风化社会的事功作用。此外,戏曲美学中流行的"本色"说与"通俗"说等,亦与实学重实际、重事功的精神相一致。

第二节 明代美学的新变

基于佯狂的文人生活和放逸的艺术实践,整个明代文化承前启后,新意迭现。在美学的学说建构上,有许多见解突破了前人的思维局限,表现出一种特立独行的创新意识。而这种创新意识有时虽然只是表达对某一艺术门类的说明,但却具有了元美学的意义,对整个明代及其以后的美学和艺术发展产生了广泛影响。这其中尤以李贽的"童心"说、汤显祖的"至情"说、徐渭等的"本色"说和袁宏道的"性灵"说为代表。

一　李贽的"童心"说

文学艺术的本质和依据到底是什么？自先秦以来占统治地位的观念一直是以德论艺，崇尚"文以载道"的教化说。这种教化说作为中国传统农业社会的一种主流文化观念，自有它存在的意义和必然性，但随着社会形态的发展，它的弊端也日渐显露了出来，特别是它的伦理蔓延和政教色彩，长期遮蔽着文学艺术的真实本性。所以，在市民意识觉醒，自由伦理在明清时期由萌生而渐长的情势下，这种观念自然受到了一些进步文人的诘难，首当其冲的便是李贽的"童心说"。

(一) 至文出于"童心"

李贽(1527—1602年)，字宏甫，号卓吾，又号温陵居士，泉州晋江人，明末杰出思想家和史学家。他认为天下最优秀的艺术作品都是出自"童心"，即他在《焚书》卷三《童心说》中所谓：

> 天下之至文，未有不出于童心焉者也。苟童心常存，则道理不行，闻见不立，无时不文，无人不文，无一样创制体格文字而非文也。诗何必古选，文何必先秦？降而为六朝，变而为近体；又变而为传奇，变而为院本，为杂剧，为《西厢曲》，为《水浒传》，为今举子业，皆古今至文，不可得而时势先后论也。故吾因是而有感于童心者之至文也，更说甚么《六经》，更说什么《语》、《孟》乎？

(二) "童心"者，"真心"也

李贽所说的"童心"是指人的率真性情和自然本性，亦即人的真情实感，所以"童心"又叫"真心"。《童心说》谓：

> 龙洞山农叙《西厢》，末语云："知者勿谓我尚有童心可也。"夫童心者，真心也。若以童心为不可，是以真心为不可也。夫童心者绝假纯真，最初一念之本心也。若失却童心，便失却真心；失却真心，便失却真人。人而非真，全不复有初矣。

由此可见，"童心"即"真心"，指人的真实的自然本性；"童心"反对虚假，是人的最初一念之本心的率真流露；"童心"是人的生存价值和生命价值的根本所在，因此"失却真心，便失却真人"。李贽的"童心说"强调人要做"真人",心要是"真心",其矛头指向被封建伦理纲常所熏染成习的"假人"及其"假心"。他认为"童心"是任何人本来都具有的,但由于受"道理闻见"即一切束缚人的个性发展的义理和见识所熏染,许多人的"童心"丧失了,结果出现了"假人言假言"的社会现象;如果假心假意、假人假言地去创作艺术作品,那么,创作出来的艺术作品当然也只能是虚假的。面对这种"童心"泯灭的现实,真正的艺术家必须守持自己的"童心",敢于冲破封建文化的束缚,摆脱"道理闻见"的浸蚀。李贽的"童心说",在当时不啻为追求个性解放、反对封建礼教的宣言。

(三)"琴者心也"

李贽在《读史·琴赋》一文中从"童心说"出发,提出了"琴者吟也,所以吟其心也"的美学见解。他说:

> 《白虎通》曰:"琴者禁也。禁人邪恶,归于正道,故谓之琴。"余谓琴者心也,琴者吟也,所以吟其心也。

以琴者"吟其心"来代替传统的"禁人邪恶,归于正道"的音乐观念,实际上是把音乐从伦理层次拉向了审美层次。所谓琴者吟其心,就是强调音乐乃发自人的自然情性,也就是发自人的"童心"。他正是在这样的立足点上反对《白虎通》把音乐归结为政伦教化的工具的。为了说明他的见解,他列举了许多实例,以说明音乐本质上是人的内在真挚之情的自然流露,是"童心"和"真心"的映现,强调只有具备特定的真挚情感,才能创作出优秀的音乐。

(四)"意尽于舞,形察于声"

由"琴者心也"的基本观点出发,李贽还批评了所谓"丝不如竹,竹不如肉"的看法。所谓"丝不如竹,竹不如肉",就是说手弹的音乐不如口吹的音乐,口吹的音乐又不如歌唱。持这种观点的人认为"丝"和"竹"为人工制造的乐器,不如吟唱更符合自然。李贽在《读史·琴赋》中引用《毛诗序》、嵇康的《琴赋》和傅毅的《舞赋》中的有关论述,来说明"丝不如竹,竹不如肉"这一看法对音乐的误解。他从傅毅的《舞赋》中得出"意尽于舞,形察于声"的结论,就是说从歌唱之声中只能察其形,而舞蹈则能充分表达自己的情意;他注重情意的表达和音乐对于内心情感的抒发,故谓"有声之不如无声也审矣,尽言之不如尽意又审矣"。他的最终目的还是在于强调琴在表达情感心意方面的能动性,指出人们只知道歌唱有声而不知手之弹琴亦有声,退一步说,就是认为手不能有声不能吟也可以,但正因为它"无声"、"不能吟",所以才更能表达人的真情实感,才更合乎自然。这一方面重申了琴者吟其心的观念,另一方面也表明了他对弹奏乐的重视,这与当时弦乐特别是古琴乐的繁荣有一定联系。

(五)"琴自一","心固殊"

李贽还从演奏者的心理变化入手论述了心情和琴音的对应关系:由于琴音是演奏者内心情感的自然流露,所以同一演奏者虽持同一把琴,但在不同的心境下却能弹出不同的音调来。在《读史·琴赋》中,他以嵇康用同一琴而在不同情境中弹出"夸"、"惨"两种不同的意境来说明"心殊则手殊,手殊则声殊"和"自然之道,得手应心"的道理,从而进一步深化了他的琴者吟其心的基本观念。他还把音乐与人的性情相联系,认为不同的性格会弹奏或演唱出不同的乐调来。他在《读律肤说》中还指出:"故性格清彻者音调自然宣畅,性格舒徐者音调自然疏缓,旷达者自然浩荡,雄迈者自然壮烈,沉郁者自然悲酸,古怪者自然奇绝。有是格,便有是调,皆情性自然之谓也。莫不有情,莫不有性,而可以一律求之哉!"这就是他所说的"声色之来,发于情性,由乎自然",音乐是情性童心的表露,有什么样的情性心境便会有什么样的音乐声调。

二 汤显祖的"至情"说

(一)"情生诗歌,而行于神"

汤显祖(1550—1616),字义仍,号若士,又号海若、清运道人,是继李贽之后又一位强调表现个性和抒发率真的自然本性的艺术家和美学家。他认为一切艺术都应表现"情",要以"情"为基准。他在《耳伯麻姑游诗序》中说:

> 世总为情,情生诗歌,而行于神。天下之声音笑貌大小生死,不出乎是。因以憺荡人意,欢乐舞蹈,悲壮哀感鬼神风雨鸟兽,摇动草木,洞裂金石。其诗之传者,神情合至,或一至焉;一无所至,而必曰传者,亦世所不许也。

"情"是艺术的源泉和动力,只因有了"情",作品才能感动读者,才能永久流传,具有永久的魅力与价值。他所说的"情"与作为封建纲常的"理"是对立的,如《牡丹亭记题辞》中所谓:"自非通人,恒以理相格耳。第云理之所必无,安知情之所必有邪。"

(二)"因情成梦,因梦成戏"

汤显祖在《青莲阁记》中还认为,"有有情之天下,有有法之天下",而为了摆脱"法"对"情"的束缚,往往通过"梦"来表现"情",再通过"梦"而转化为艺术作品,即《复甘义麓》所谓"因情成梦,因梦成戏"。因此,艺术创作不必拘泥于所谓的"真实",只要情之所至,则"生可以死,死可以生"。他在《牡丹亭记题辞》中,强调塑造《牡丹亭》主人公杜丽娘的美学主张就是突出一个"情"字,即"如丽娘者,乃可谓之有情人耳"。在《调象庵集序》中还说:"情致所极,可以事道,可以忘言。而终有所不可忘者,存乎诗歌序记词辨之间。固圣贤之所不能遗,而英雄之所不能晦也。"总之,"情"是人生的关键,是艺术的根本,是美的源泉。

汤显祖的"至情"说对后世产生了积极影响。如清代的黄宗羲、廖燕等都强调因情而发,率性而为,反对拘泥于之乎者也的装腔作势的八股格调。

三 徐渭等人的"本色"说

"本色论"是明代戏剧美学中强调戏剧创作与表演以自然本色为风格特征的理论学说,但对整个明代美学却有普适意义。"本色论"的基本观点是要求艺术创作平铺清丽、通俗易懂。

(一)徐渭论"本色"与"通俗"

徐渭(1521—1593),字文长,号天池山人,晚年号青藤道士,或署名田水月,山阴(今浙江绍兴)人,性情纵放,是诗文、戏曲、书画大家。他在《西厢序》中用"本色"和"相色"来说明戏曲风格,把"本色"说成是"正身",即"真我面目";而"相色"则是"替身",犹"婢作夫人终觉羞涩"。他还认为,"南曲固是末技",然"句句是本色语,无今人时文气"(《南词叙录》)。徐渭也在崇尚本色的同时反对粉饰和矫佯,即"脂粉"。如他评论梅鼎祚《昆仑奴》时说:"入紧要处,不可着一毫脂粉,越俗越家常越警醒。此才是好水碓,不杂一毫糠衣。真本色。若于此恶俗打扮,便涉分该婆婆犹作新妇少年,哄趋所在正不入老眼也。"(《题昆仑奴杂剧后》)

徐渭《南词叙录》一方面强调"本色",另一方面又强调"俗而鄙之易晓",即"歌之使奴、童、妇、女皆喻,乃为得体"。要做到这一点,就必须张扬才情,反对"矮补成篇",反对"文而晦",反对"孜孜汲汲"、"无一处无故事",一味借典用事。《南词叙录》评《香囊记》:"习《诗经》,专学杜诗,遂以二书语句匀入曲中,宾白亦是文语,又好用故事作对子,最为害事。"他对当时盛行的尚典弄雅之风很不满,认为是丧失了"本色",让多数人看后不知所云,难以感动观众。

(二)王骥德论"本色"与"文词"

王骥德(？—1623)字伯良,号方诸生、秦楼外史、玉阳生,会稽(今浙江绍兴)人,著有《曲律》四十章。王骥德在《曲律》中曾说徐渭"好谈词曲,每右本色",说明他也是一位推崇"本色"论的戏剧家。王骥德的"本色"论与前人有所不同,王骥德之前的"本色"论主要是以平朴自然来反对脂饰藻艳,而王骥德的"本色"论虽然也以自然真实为本,但却并不反对适当的藻饰和浓妍,如他一方面在《曲论·论家数》中说:"曲之始,止本色一家,观元剧及《琵琶》、《拜月》二记可见。"另一方面他又在评王实甫《西厢记》时说:"实甫斟酌才情,缘饰藻艳,极其致于浅深浓淡雅俗之间,令前无作者,后掩来哲。""于本色家亦唯是奉常一人,其才情在浅深浓淡雅俗之间,为独得三昧。"(《新校注古本西厢记》序)《曲律·论家数》还说:"本色之弊,易流俚腐;文词之病,每苦太文。"说明他既重本色,又重文词,既反对一味本色,又反对一味文词,显示出对本色的更深层见解。

(三)何良俊、张岱论"本色"与"滋味"

"藏书四万卷,涉猎殆遍"的何良俊(1506—1573),华亭(今上海市)人,字元朗,号柘湖。他在《曲论》中指出:"盖填词需用本色语,方是作家","通篇皆本色语"。他批评"《西厢》全带脂粉,《瑟琶》专弄学问,其本色语少"。他强调"本色"、通俗只是反对生僻玄涩,所以他并不反对藏拙蕴味、烘云托月的艺术风格,他在《曲论》中曾评《梅香》的一些曲辞"止是寻常说话,略带讪语,然中间意趣无穷,此便是作家也"。一方面是"寻常说话",另一方面又"意趣无穷",这说明二者并非不能通融。张岱《琅嬛文集·答袁箨庵》认为,《琵琶》、《西厢》二剧于平朴中蕴滋味,所以使人"咀嚼不尽"而"传之永远"。

明人强调戏剧通俗化的出发点有所不同,如王阳明在《传习录》中曾从儒家的风伦教化出发,认为戏剧应"使愚俗百姓人人易晓,无意中感激他良知起来,却于风化有益"(《王文成公全书》卷三)。而徐渭、王骥德等人则多从戏剧的审美特点来论述它的通俗性。

四 袁宏道的"性灵"说

李贽、汤显祖之后,进一步提倡才情、反对复古的是袁宗道(1560—1600年)、袁宏道(1568—1610年)、袁中道(1570—1623年)三兄弟,其中以袁宏道影响最大。由于袁氏三兄弟为湖北公安人,所以被称为"公安派"。

(一)"世道既变,文亦因之"

袁宏道对明代文坛上的复古主义提出了批评,并提出了自己的文学发展观:

> 盖诗文至近代而卑极矣。文则必欲准于秦汉,诗则必欲准于盛唐,剿袭模拟,影响步趋,见人有一语不相肖者,则共指以为野狐外道。曾不知文准秦汉矣,秦汉人曷尝字字学六经欤?诗准盛唐矣,盛唐人曷尝字字学汉魏欤?秦汉而学六经,岂复有秦汉之文?盛唐而学汉魏,岂复有盛唐之诗?唯夫代有升降,而法不相沿,各极其变,各穷其趣,所以可贵,原不可以优劣论也。(《叙小修诗》)

他在《与江进之书》中又说:"人事物态有时而更,乡语方言有时而易,事今日之事,则亦文今日之文而已矣。"说明艺术创作必须与时俱进,随时代的变化而变化。他还说:"夫古有古之时,今有今之时,袭古人语言之迹而冒以为古,是处严冬而袭夏之葛者也。"(《雪涛阁集序》)古今时势有异,若以今求古,则难合今日时势,就像身处严冬的人仍然沿袭夏天的葛衣,是一种僵固不化、不适时宜的做法。

(二)"独抒性灵,不拘格套"

袁宏道在反对复古提倡变革的同时,又强调"独抒性灵,不拘格套",强调作文要有"趣",要"淡",把李贽的"童心"说和汤显祖的"至情"论向前推进了一步。

袁宏道在给其弟袁中道的诗集作序时说:

> 弟小修诗……大都独抒性灵,不拘格套,非从自己胸臆流出,不肯下笔。有时情与境会,顷刻千言,如水东注,令人夺魄。其间有佳处,亦

有疵处。佳处自不必言,即疵处亦多本色独造语。然予则极喜其疵处,而所谓佳者,尚不能不以粉饰蹈袭为恨,以为未能尽脱近代文人气习故也。(《叙小修诗》)

在袁宏道看来,袁中道的诗大都是其自然"性灵"的表现。所谓"性灵",就是指人内在的天然禀赋和真情实感,是人的性致与情趣。他认为,艺术家往往凭借自己的真实性灵率性而发,自然成章,而每个人的性灵又各不相同,各有本色,所以每个艺术家都应不守格套,大胆张扬自己的才性。

关于"性灵"说的基本特点,可以从袁宏道对"趣"、"真"、"淡"等范畴的论述中进一步看出。

1. 关于"真"

"真"就是率真,就是率情任性,自然成文。艺术家的这种"真",应通过其创作心胸、创作过程而最终表现于艺术作品。袁宏道说:

且夫天下之物,孤行则必不可无,必不可无,虽欲废焉而不能;雷同则可以不有,可以不有,则虽欲存焉而不能。故吾谓今之诗文不传矣!其万一传者,或今闾阎妇人孺子所唱《擘破玉》、《打草竿》之类。犹是无闻无识真人所作,故多真声。不效颦于汉魏,不学步于盛唐,任性而发,尚能通于人喜怒哀乐嗜好情欲,是可喜也!(《叙小修诗》)

"真人"就是"放达之人",就是任性放情、敢于表露真情欲望而不为世俗观念所束缚的人,即他所谓:"性之所安,殆不可强,率性而行,是谓真人。"(《识张幼于箴铭后》)这种人能够保持一种越礼教而求自然的自由境界,表现在创作态度上就是"独抒性灵,不拘格套,非从自己胸中流出,不肯下笔"。而只有这种"真人",才能创作出"真音"、"真文",即真正优秀的艺术作品。在《陶孝若枕中呓引》中,他又以他的友人"病中信口腕,率成律度"、"忽然而鸣"为例,说明"情真而语直"之于创作的意义,并指出:"夫非病之能为文,而病之情足以文;亦非病之情皆文,而病之文不假饰也,是故通人贵之。"《行素园存稿引》还指出:"行世者必真,悦俗者必媚,真久必见,媚久必厌,自然之理也。故今之人所刻画而求肖者,古人皆厌离而思去之。"

2. 关于"趣"

袁宏道总结了历史上对于"趣"的种种论述,较全面论述了"趣"在人格、自然、审美、艺术中的重要作用。于此,他主要谈了以下几方面:其一,"趣"是人们生命追求的极致,是人生的最大乐趣,如所谓:"世人所难得者唯趣。"

其二,对"趣"的把握当以心会,而不能下一语,说明"趣"的本质特点在于只可意会不可言传,即"趣如山上之色,水中之味,花中之光,女中之态,虽善说者不能下一语,唯会心者知之"。其三,"趣得之自然者深,得之学问者浅"。也就是说"趣"之所得乃是一种自然而然的、不自觉的心理活动,而不是一种有目的的追求,如童子"不知有趣,然无往而非趣也",山林之人"无拘无缚","虽不求趣而趣近之"等,这与李贽的"童心"说不谋而合。其四,"趣"与人的性情有关,与人格有关,而与官、识相矛盾。即"入理愈深,然其去趣愈远"(以上均见《叙陈正甫会心集》)。总之,他所说的"趣",其实就是一种审美的态度或感受;有了"趣",人就具有了美的情趣,美的态度,美的感受。

袁宏道之后,其弟袁中道也谈到了"趣"的问题,并对"趣"的来源作了说明:"凡慧则流,流极而趣生焉。天下之趣,未有不自慧生也。山之玲珑而多态,水之涟漪而多姿,花之生动而有致,此皆天地间一种慧黠之气所成,故倍为人所珍玩。"(《刘玄度集句诗序》)这里以哲学上的气化论来说明"趣"产生于"慧",也就是"天地间一种慧黠之气";当是吸收当时哲学上的有关看法,而这种"慧黠之气"与白居易所说的"粹灵之气"有类似之处。

3. 关于"淡"

袁宏道指出:

> 凡物酿之得甘,炙之得苦,唯淡也不可造;不可造,是文之真性灵也。浓者不复薄,甘者不复辛,唯淡也无不可造;无不可造,是文之真变态也。风值水而漪生,日薄山而岚出,虽有顾、吴,不能设色也,淡之至也。元亮以之,东野、长江欲以人力取淡,刻露之极,遂成寒瘦。香山之率也,玉局之放也,而一累于理,一累于学,故皆望岫焉而却。其才非不至也,非淡之本色也。(《叙呙氏家绳集》)

袁宏道之所以对"淡"这种风格和境界如此推崇,是因为"淡"来源于艺术家真实的性灵,换言之,要达到这种风格和境界,就必须率情放性,敞开襟怀,而不能"累于理"、"累于学",否则,就"非淡之本色"了。

第三节 明代绘画美学

明代的绘画理论蕴涵着丰富的美学思想,大体上有两种情况:一是在总结中拟古守旧,一是在探索中革旧创新。这与当时的绘画实践基本上是一致的。在明代的绘画著述中，与美学联系较密切的有王履的《华山图序》、李开先的《画品》、董其昌的《画禅室随笔》与《画诣》、莫是龙的《画说》、唐志契的《绘事微言》以及祝允明、徐渭等人的相关论述。

明代绘画理论所涉及的美学问题主要有"师心"与"师物"、师古人与师造化的关系问题、"境（景）"与"情"的关系问题、绘画的根本法则问题、山水画的南北风格问题，以及绘画的气韵、传神、风格等相关问题。

一 王履的《华山图序》

（一）师古人与师造化

明末清初的绘画美学界拟古思潮流行，师造化和重创新、重自我的良好传统一度不被重视，致使绘画实践有脱离现实的倾向。如王鉴在《染香庵画跋》中说："画之有董（源）巨（然），如书之有钟王，舍此则为外道。"面对这种复古思潮，师古人与师造化的关系问题就成为人们谈论的中心问题。

王履（1332—1391），字安道，号畸叟，又号奇翁、抱独山人，江苏昆山人，在明代绘画美学史上占有极重要的地位，其所著《华山图序》篇幅不大，却新见迭出。其中关于师古人与师造化的关系，也有很辩证的看法：首先，他对专师古人的习气提出了批评，认为停留于对古人作品的识摹而不去与现实直接接触，这样画出来的作品，艺术形象尚不能完备，又怎能寄托情意呢？即"形尚失之，况意？"其次，他强调亲临现实的重要性，发挥了宋代"外游论"的见解："苟非识华山之形，我其能图耶？"并提出画华山就要以华山为师。再次，王履并不反对合情合理的师古人，只是反对死守一家，拘于古法。他还把师古人与创新联系起来，提出了"去故而创新"的命题，就是说要师于古人而又出于古人，于师中出新。他说："余也安敢故背前人，然不能不立于前人之外。"他把师古人与不师古人的态度归结为一句话，那就是"盖处于宗与不宗之间"。最后，判定师与不师的标准是"时"和"理"，就是说如果符合创作时的需要，如果适合于表现目前所要表现的对象，符合当时的创作规律和要求，那就"从"；否则，那就要"违"，即"时当违，理可违，吾斯违矣。吾虽违，理其违哉！时当从，理可从，吾斯从矣。从其在我乎？亦理是从而已焉耳"。

（二）"吾师心，心师目，目师华山"

既然师造化是根本，那么在具体的创作过程，如何通过内心的感悟去获致自然造化的生命精神呢？王履在《华山图序》中提出了"吾师心,心师目,目师华山"的观点。"吾师心",强调了创作中主观情思的重要作用,但情思不是凭空而来的,它来源于画家的观察,即"目",而观察所得的感受则来源于自然本身;因此,最终落脚于"师华山"。他还认为将自然与情思结合起来,就可创造出优秀的作品,而作品中艺术形象的产生,需要画家长时间在心中酝酿,一旦受到某种契机的触发,便可将其所营育的审美意象表现于作品中:"既图矣,意犹未满。由是存乎静室,存乎行路,存乎床枕,存乎饮食,存乎外物,存乎听音,存乎应接之隙,存乎文章之中。一日燕居,闻鼓吹过门,忾然而作:'得之矣夫。'遂麾旧而重图之。"可见作品的创造是一个艰苦而不断深化的过程。

(三)"意溢乎形"

王履认为"意"和"形"在绘画创作中是不可偏离、相互依存的一对范畴。他在《华山图序》中认为,绘画虽是"状形"之艺,但"状形"本身应有所主,所主者谓之"意"。这里所说的"意"相当于《淮南子》所说的"君形者",顾恺之所说的"以形写神"的"神"。画家在创作中运用特定的笔墨技巧来创造艺术形象,这种形象虽来自自然,但必须寄托画家的主观情意。他所说的"形"不同于客观的事物之形状,而是艺术家加以渲染的艺术形象。这种艺术形象如果缺乏情意的寄托,就会毫无生气,故"意不足谓之非形可也"。这是问题的一个方面。另一方面,"形"虽不能离"意","意"同样也离不开"形",离开特定的艺术形象,画家的情意就无所寄托了。故他又说:"意在形,舍形何所求意?"据此他得出结论:"得其形者,意溢乎形;失其形者形乎哉!"假若能得到特定的艺术形象,就会使"意"随"形"而存,随"形"而溢,否则失去"形",则"意"就难以被形容了。王履的这一思想克服了或重"形"遗"意",或重"意"遗"形"的片面性,对宋元时期流行的重神似轻形似、重意致轻形象的观念有所修正。

二 祝允明论"韵"与"境"

明代著名艺术家祝允明(1460—1526),字希哲,与唐寅、文征明、徐祯卿并称"吴中(今江苏苏州)四才子"。他围绕"身"、"事"、"境"、"情"之间的关系,提出了"身与事接而境生,境与身接而情生"(《送蔡元华还关中序》)的观点。所谓"身与事接而境生",是指艺术家亲临其事,与现实生活发生直接的接触,这样才能使"境"得以产生。这个"境"不同于自然之"景",是艺术家亲身与"事"相接而产生出来的,是物景的反映。如果艺术家不能与"事"相接触便不能产生"境"。他举例说:"尸居巩逼之人,虽口泰华,而目不离檐栋。""目不离檐栋"正说明艺术家直接与事物相接触的重要性。又说:"彼公私之憧憧,则寅燕酉越,川岳盈怀",具有同样的意义。由此他得出了"境生乎事"的结论。所谓"境与身接而情生",说明艺术家的情思是"境"引发的,是"境与身接"而产生出来的,如果不是"境"盈心于怀,则不会产生情,没有真情,当然也就不会有丹青绘画之艺了。他说的"至于蛮烟塞雪,在官辙者聂聂尔,若单行孤旅,骑岭峤而舟江湖者,其逸乐之味充然而不穷也",正说明了这一道理。具有了"情",再假以才,便可创作出优秀的作品来:"情不自已,则丹青以张,宫商以宣,往往有俟于才。"他的这些看法综合了以往的"表情论"和"观物论",将二者结合起来,独具深见。

三 董其昌论"气韵不可学"与审美积淀

董其昌(1555—1636),字玄宰,号思白、思翁,别号香光居士,华亭(今上海市)人,著有《容台集》、《画禅室随笔》、《画旨》、《画眼》等。

董其昌对"文人之画"、"士气"、"南北宗"及画家与环境等问题都有自己独到的见解。他关于"气韵不可学"与"读万卷书,行万里路"的论述应是其绘画美学思想的核心。在《画眼》中,他继承了宋代郭若虚《图画见闻志·论气韵非师》的观点,并作了发挥。《画眼》谓:

> 画家六法,一曰气韵生动,气韵不可学,此生而知之,自然天授。然亦有学得处,读万卷书,行万里路,胸中脱去尘浊,自然丘壑内营,成立鄞鄂,随手写出,皆为山水传神。

这里蕴涵的意义在于气韵生动乃是自然天成的,然而这种自然天成的气韵并非是无根的,其根在于"读万卷书,行万里路",其实质是强调画家文化心理与审美经验的积淀对其创作的意义。所以他强调师古人与师造化的统一:"画家初以古人为师,后以造物为师。吾见黄子久《天池图》,皆赝本。昨年游吴中山,策筇石壁下,快心洞目。狂叫:'黄石公!'同游者不测。余曰:今日遇吾师耳。"(《画旨·题天池石壁图》)又《画禅室随笔》云:"画家以古人为师,已自上乘,进此当以天地为师。每朝起看云气变幻,绝近画中山。山行时见奇树,须四面取之。树有左看不入画,而右看入画者,前后亦尔。看得熟,自然传神。传神者必以形,形与心手相凑而相忘,神之所托也。"这种看法的积极意义,是把"文人之画"对"士气"、"气韵"的追求有机地结合在一起。

四 徐渭论"传神之难"

徐渭对绘画的看法主要表现为对作品意境生动传神的要求上。《徐文长集》卷五《画百花卷与史甥,题曰漱老谑墨》提出了"不求形似求生韵"的观点。用这种观点评判作品,则要求不以墨色线条为依据,关键是要看"生动与不生动"。《徐文长集》卷二十一《书谢叟时臣渊明卷为葛公旦》:"不知画病不病,不在墨重与轻,在生动与不生动耳。"并举例说:"飞燕玉环,纤秾具绝,使两主易地,绝不相入,令妙于鉴者从旁睨之,皆不妨于倾国。"这与李贽《读史·诗画》中所说的"画不徒写形,正要形神在",具有同样的意义。徐渭认为,画贵在生动传神,但传神之画最难画,例如他在《附画风竹于箑送子甘题此》中说:"送君不可俗,为君写风竹。君听竹梢声,是风还是哭?若个能描风竹哭,古云画虎难画骨。"这一看法继承了我国历来所崇尚的气韵生动和传神写照理论,并将人物传神运用于植物传神(风竹哭),扩大了传神的范围。

第四节 明代书法美学

明代是帖学大盛的时代,书法创作因继承而复古,由宋元而上追晋唐。由于科举取仕重视书法,又衍为"台阁体"之类。但这并不等于明代书法毫无成就可言。明代书法的主要成就表现在两个方面:一是把传统书法灵通活脱地加以深化,并使意境趋于老熟;代表人物有祝允明、文征明和董其昌等;二是善于推陈出新,并能自成一家,代表人物有宋克、张弼、徐渭、张瑞图、黄道周等。

明代书法善于在继承中总结提高,所以许多书法家兼善美学理论。同时,一些哲学家、社会思想家也发表了一些很有价值的见解。其代表性成果有项穆的《书法雅言》、丰坊的《书诀》、赵宧光的《寒山帚谈》、汪挺的《书法粹言》、董其昌的《画禅室随笔》等。

一 "妍媚"、"古淡"与强健、美悦并善

受当时社会风气和书法实践的影响,书法美学推崇阴柔之美。徐渭在

《赵文敏墨迹洛神赋》中曾说：

> 真行始于动,中以静,终以媚。媚者,盖锋稍溢出,其名曰姿态。锋太藏则媚隐,太正则媚藏而不悦,故大苏宽之以侧笔取妍之说。……夫子建见甄氏而深悦之,媚胜也。后人未见甄氏,读子建赋,无不深悦之者,赋之媚亦胜也。

徐渭以"媚"作为书法和赋的批评标准,而他所说的"媚"包含两层意思：一是指外观形式,即"姿态"；二是指柔丽优雅,即妍媚柔丽。求"媚"是明代书法的普遍倾向。马宗霍《书林藻鉴》说："简牍之美,几越唐宋。惟妍媚之极,易黏俗笔。"但董其昌等人与徐渭的看法不尽一致,他们更重视意境上的"高秀圆润"与"俊骨逸韵"。其中董其昌尚"淡",《容台别集》卷一谓："作书与诗文,同一关捩,大抵传与不传,在淡与不淡耳。"由此批评米芾的书法"欠淡"的毛病："米云以势为主,余病其欠淡。"(卷三)同时,他还运用"淡"这个标准评论他人和自己的作品。《画禅室随笔》卷一《评法书》中多从"古淡"、"有淡意"去评价他人的书法。董其昌所说的"淡"主要是指"不经意"、"脱俗"、"秀润"、"本色"等意义。他本人在创作和欣赏中即非常注重"淡"的心境和意境。玄烨(康熙)《跋董其昌墨迹后》评其书"每于若不经意处,丰神独绝,如微云卷舒,轻风飘拂,尤得天然之趣"。

明代书法美学并非一味强调"妍媚"与"古淡",项穆《书法雅言》就曾指出："筋力尚强健,姿颜贵美悦,会之则并善,折之则两乖。"强调"强健"与"美悦"结合起来才能"并善",如果分割开来,偏执一端就要犯"两乖"的毛病。

二 "随意所如"与"得心应手"

明代书法美学继承了宋代以来的尚意思想,在书法创作的意法关系上,强调"随意所如",大胆地表现书家的才情与个性,反对刻意形制,拘于法度。如董其昌《画禅室随笔》卷一："作书最要泯没棱痕,不使笔笔在纸素成板刻样。东坡诗论书法云：'天真烂漫是吾师。'此一句丹髓也。""古人神气淋漓翰墨间,妙处在随意所如,自成体势,故为作者。"项穆《书法雅言》也说："字者孳也,书者心也。字虽有象,妙出无为,心虽无形,用从有主。初学条理,必有所事,因象而求意,终及通会,行所无事,得意而忘象。故曰由象识心,徇象丧心,象不可着,心不可离。"董其昌《画禅室随笔》卷一："晋宋人书,但以风流胜,不为无法,而妙处不在法。至唐人始专以法为蹊径,而尽态极妍矣。"所谓"妙处不在法",就是要求要以意为主,以神为主,要"随意所如",唯其"随意所如",才能"自成体势",创作出优秀的作品来。

明代书法美学在强调"随意所如"的同时,又没有完全排除"法"的积极作用,强调"心手交畅"、"得心应手",把意和法、心和手辩证地统一了起来。如项穆《书法雅言》说:"非夫心手交畅,焉能美善兼通若是哉?""所谓神化者,岂复有外于规矩哉?规矩入巧,乃名神化,固不滞不执,有圆通之妙焉。""盖闻德性根心,睟盎生色,得心应手,书亦云然。"表明他既强调意和心的统领作用,同时又强调意和法、心和手、意与规矩必须统一起来。

三 "书有神气"与"资学兼长"

李贽等人的启蒙精神和人文主义思潮的兴起,使得人们敢于大胆表露自己的才情与个性,人的"天资"、"天分"等个体人格不再成为禁区。在书法美学中,这种人文心态可谓表露无遗。项穆《书法雅言》谓:"书有神气,非资弗明。""学力未到,任用天资。"认为书法艺术中的"神气"实际上来自于天资的禀赋,书法境界的高下主要是取决于天资、气禀的高下。

明代书法美学并不认为纯靠天资便能创作出优秀的书法作品来,而应在天资之上再加功夫和本领。项穆的《书法雅言》对此有详细论述:"资分高下,学别浅深。资学兼长,神融笔畅,苟非交善,讵得从心?书有体格,非学弗知。""资不可少,学乃居先。"并称张、钟、羲、献四家皆"资学兼至者也"。

四 "书者心也"与"欲正其笔者,先正其心"

以心论书实是以人论书,这是中国书法美学的一贯传统,它的实质是强调人的生存观念和生存意识对书法艺术生命精神的决定性影响。项穆认为书法本质上是舒散怀抱、表达心意的一种艺术形式。他在《书法雅言》中称:

> 夫人灵于万物,心主于百骸。故心之所发,蕴之为道德,显之为经纶,树之为勋猷,立之为节操,宣之为文章,运之为字迹。(《辨体》)

> 书之为言散也,舒也,意也,如也。欲书必舒散怀抱,至于如意所愿,斯可称神。

> 字者孳也,书者心也。(《神化》)

这里蕴含着两层相互联结的涵义:一是书为心迹,书法是心灵的传达;二是欲书必先舒心,保持相应的审美心境。由此出发,他还提出了"人正则书正"的命题:"人品既殊,性情各异,笔势所运,邪正自形。""故欲正其书者,先正其笔,欲正其笔者,先正其心。"(《书法雅言》)

项穆还从"人之性情"的角度,论述了人的心性气质和精神修养对书法艺术风格的影响,即:"人之性情,刚柔殊禀;手之运用,乖合互形。"(《书法雅言》)现代格式塔心理学美学从"异质同构"的理论出发,认为书法创作实际上是"用内在的力量,将那些具有标准化字母形状进行再制造的过程。"在这种再制造过程中,由于心理力的充分运用,使其成为制约艺术作品的风格境界的核心因素。因此,"笔迹学家还能从笔迹的诸种特征中,间接地量度出一个人的气质(或冲动力)与这个人的意志力之间的力量对比。这种力量对比,就决定了这个人是否能够按照规定去完成任务。因此,书法一般被看做是心理力的活的图解"。① 这种观点强调了书法对心理力的传达意义,与"书者心也"的观点是类似的。但格式塔派所谓的心理力不同于中国书法美学中的心性修养,即不是伦理道德和品格心性,而是指气质、意志的对比关系。

五 "人气"与"书气"

项穆的《书法雅言》继承了中国传统以"气"论艺的观念,认为由心到书的转化过程中,"气"的传达有着关键意义。《书法雅言·神化》谓:"未书之前,定志以帅其气,将书之际,养气以充其志。"在这里,"志"和"气"是一种互动过程,一方面"定志"可以"帅气",使"气"的运行不至于偏离方向,变成"歪气"、"邪气";另一方面,"养气"又可以"充志",使"气"成为坚固其志、完善其志的根本力量。

项穆《书法雅言》还就"气"对书法艺术风格范型的影响做了论述,他认为,万事万物千差万别,皆"气禀使然"。人的"造诣各异",亦即气禀不同,会使书法家的创作偏于一种风格、一种境界,这是很自然的事,不可求全责备,即《书法雅言·形质》所言:"穿壤之间,齿角爪翼,物不俱全,气禀使然也。书之体状多端,人之造诣各异,必欲众妙兼备,古今恐无全书矣。"这是一种很客观、很辩证的看法,是对书法艺术个人风格和个性气质的一种很哲学化、很本体化的解释,同时也与当时人文初识条件下对人的禀赋天性和自我个性张扬的文化思潮相一致,其中还可以看出把传统的哲学元气论和书如其

---

① 鲁道夫·阿恩海姆:《艺术与视知觉》,中国社会科学出版社 1984 年版,第 597 页。

人论相结合的端倪。

第五节　明代园林美学

园林是一种实用性艺术,它更倾向于康德所说的"依存美"而不是"纯粹美",具有功用和审美双重性质。早在秦汉时期,程大昌《演繁露》中就称:"言环四海皆天子园囿,使齐、楚所夸俱在包笼中。"以园囿之大作为武力、威严和皇权的象征。汉代以后,中国皇家园林在显示皇权的同时,逐渐突出了其游乐功能,如狩猎、宴饮、歌舞、杂耍、博弈等,而园林自身的艺术构成也更加受到人们的重视。到了明代以后,随着江南私家园林的兴盛,园林艺术的形式美得到了极大发展,原来皇家园林的政治意义也逐渐被居养冶情的文人雅致所取代。

人类文明史表明,随着城市经济生活的不断繁荣,人对大自然的失落感也与日俱增,复归于大自然的情感要求也日益强烈。园林正是为了满足人们对大自然山水花木之美的追求与渴望,在身边造出的一个酷似自然的山水环境。

一　计成的《园冶》

明代是园林美学高度发展的一代,其表现有二:一是明以前的园林品评多散见于各类文艺作品和史书记载中,还缺乏系统化、理性化的美学学说和见解;二是明以前的园林品评多从政伦、道德等功利角度入手,真正自觉性的审美言说还不多见。到了明代,以上两个方面均得到了改善,并且出现了一部全面总结中国传统园林艺术的美学专著,即计成的《园冶》。

计成(1582—?),明末造园艺术家,字无否,号否道人,苏州吴江人,青少年时代主要从事山水画创作,中年以后定居镇江,专事造园。他根据自己丰富的造园经验,于崇祯七年写成中国第一部系统的造园专著——《园冶》。该书代表了中国古代园林美学的最高成就。

(一)"天然"与"人工"

《园冶》一书继承了中国传统文化崇尚的人与天调,以及道家哲学崇尚的"道法自然"的观念,主张园林也以"天然"为根基,以人工为补充,即"虽由人作,宛自天开"。

《园冶》认为,造园以"地偏为胜"。何以如此?因为地偏即朴野,朴野即自然。《园冶》谓:

> 凡结林园,无分村郭。地偏为胜,开林择剪蓬蒿;景到随机,在涧共修兰芷。径缘三盖,业拟千秋,围墙隐约于萝间,架屋蜿蜒于木末。山楼凭远,纵目皆然;竹坞寻幽,醉心即是……梧阴匝地,槐阴当庭;插柳沿堤,栽梅绕屋。结茅竹里,浚一派之长源;障锦山屏,列千寻之耸翠。虽由人作,宛自天开。

这种重天然之趣的审美追求,是中国艺术美学的普遍情结。它大致通过以下几个方面表现出来:

首先,是"相地合宜"与"园地惟山林最胜"。兴造园林,首先遇到的问题就是"相地",即"园地"的选择。《园冶·兴造论》谓:"故凡造作,必先相地立基。""相地"的标准是什么呢?简单地说,就是自然条件和生态条件比较好的地区,如《园冶》所谓:"园地惟山林最胜。有高有凹,有曲有深,有峻而悬,有平而坦,自成天然之趣,不烦人事之工。""以山林最胜",是对"相地"的根本要求,其实质是对大自然生命造化的一种归投,是顺应自然的文化心态的流露。

其次,"相地"之后,紧接着便是如何根据地形地貌去具体实施园林的兴造问题。在这方面,《园冶》主张因地制宜,保持"相地"时所得的"天然之趣",反对过多的人工穿凿之痕。这种情况叫做"合宜"。如《园冶·兴造论》强调在"相地立基"的基础上,"然后定其间进,量其广狭,随曲合方,是在主者能妙于得体合宜,未可拘牵"。"得体合宜"的根本含义是依据"相地"所得的自然山水本身的特点去造园。如园林中的建筑物和其他设施均应把自己融入自然风景之中,和整个景区的自然特色相谐调,而不能喧宾夺主。明代文学家兼园林鉴赏家张岱在《陶庵梦忆》中描述苏州高义园时谓:"园外有长堤,桃柳曲桥,蟠屈湖面,桥尽抵园。园门故作低小,进门则长廊复壁直达山麓,其缯楼、幔阁、秘室、曲房,故故匿之,不使人见也。"

最后,在造园的过程中,为了达到"宛自天开",明清代园林美学还要求做到"宜简不宜繁,宜自然不宜雕斫"。这包括两个方面的内容:一是园林的整体布局和景点设置要做到以少胜多、以简代繁;二是人工景点特别是建筑物和人行道路的设置应简洁、淡雅、自然,不宜留下过多的人工痕迹。如清人沈复在《浮生六记》中说:"若夫园亭楼阁,套室回廊,叠石成山,载花取势,又在大中见小,小中见大,虚中有实,实中有虚,或藏或露,或浅或深,不仅在周回曲折四字,又不在地广石多徒烦工费。"虚实结合是中国园林艺术布局的基本追求,而对虚的要求更高,所谓"不在地广石多徒烦工费"云云,就是要在布局上简而不繁。

(二)"巧于因借,精在体宜"

《园冶》认为,构园的根本是借景,借景是"林园之最要者"。借景的基本原则是"因"和"借"的统一,因此"借景"又称"因借",或"借景有因"。《园冶·兴造论》对"因"和"借"做了具体解释,并阐明其基本原则是"体宜"或"得体"。

> 园林巧于因借,精在体宜……因者,随基势高下,体形之端正,碍木删桠,泉流石注,互相借资,宜亭斯亭,宜榭斯榭,不妨偏径,顿置婉转,斯谓精而合宜者也。借者,园虽别内外,得景则无拘远近,晴峦耸秀,绀宇凌空,极目所至,欲则屏之,嘉则收之,不分町疃,尽为烟景,斯所谓巧而得体者也。

计成的这段论述包含了以下几层意思:首先,"借"和"因"相联系,借景的立论基础取决于因地制宜,这和"相地"是有关的,只有"相地求精",然后才能"因地制宜",而借景正是建立在因地制宜的基础上的。其次,借景的基本含义是打破园林内外(含景点内外)的限制,争取把园林之外的景致借于园内,使人立足园内而目园外,即他所说"园虽别内外,得景则无远近"。其三,指明了借景必须有的放矢、有所选择,"俗则屏之,嘉则收之"。

(三)借景为林园之最要

中国古典园林艺术对于空间处理的方法,与绘画、书法、建筑一样,追求有无相应、虚实相生,追求独到而富有韵味的空间意境。这种空间意境的获得,是通过各种具体的置景方法来实现的,就借景而言,便有种种不同的手段。如计成在《园冶·借景》中说:

> 夫借景,林园之最要者也。如远借、邻借、仰借、俯借、应时而借,然物情所逗,目寄心期,似意在笔先,庶几描写之尽哉!

在这里,计成把借景的具体方法分为远借、邻借、仰借、俯借、应时而借等几种。所谓远借,就是把与园林距离较远的景点与园子本身有机地联系起来,并将其"借入"园中,如圆明园借景西山,苏州拙政园见山楼借景虎丘等。所谓邻借,就是借园子傍邻的景色入园,使墙外的景色也成为园内游人的观赏对象,如苏州拙政园西部别有洞天旁假山上的宜两亭,是原来与拙政园一墙之隔的补园主人为了借傍临拙政园的景色而建造的,此亭名为"宜两",正是说明登临其上可以同时观赏到两个园中的景色。所谓仰借,是指将园林内外高处的景物借入园中,使整个园林景观显示出层次性、立体感,如济南大明湖仰借千佛山,承德避暑山庄万树园仰借园外高山等。所谓俯借,是指从高处观赏低处的风光景色,如置身苏州狮子林假山上可观赏湖中游鱼穿动,至于临池观鱼、登山鸟瞰、高台瞭望等等,均是俯借。所谓应时而借,实如计成所说"切要四时",因时间不同、风云变幻而随时借取有关佳景,大至春夏秋冬四季,小至朝夕午夜四时,如春花秋果、夏荫冬雪、晨露夕阳、午影夜月等等。以上诸种借景方法融汇一园,使游人远望近观,俯仰自得,获得极大的审美享受。

除以上所谈的借景方法之外,在中国古典园林置景方法中较常见的还有对景、框景、分景与隔景等。严格而言,这些方法仍然可以看做是借景方法的变种,但已具有较为独立的意义。对景是一种对偶性置景方法,类似于文学中的对仗,也就是一个观赏点与另一个观赏点相对成趣。如拙政园池南的宜两亭与池北的倒影楼隔池相对,互为对景。框景是更为普遍运用的空间处理方法,它往往是指在围墙或建筑物的墙上凿出一个个形状不同的框口,把外面的景色借引进来,形成一幅真正的天然图画。框景的手法不限于窗,门也可作框景用,如拙政园中部的枇杷园,本来自成一个景区,但通过晚翠月洞门北望雪香云蔚亭,形成框景。分景和隔景都是以特定的手段把本来是单一的景区分隔成不同的景点,从而丰富人们对景区的审美感受。如乾隆题避暑山庄"水心榭"诗云:"一缕堤分内外湖,上头轩榭水中图。"

(四)"纳千顷之汪洋,收四时之烂漫"

园林中的亭、台、楼、阁、轩、廊等建筑物在丰富和扩大空间美感、造就园林艺术意境中有着独特的作用。计成在《园冶》中将园林建筑的审美价值归纳为:"轩楹高爽,窗户虚邻;纳千顷之汪洋,收四时之烂漫。"这里主要谈到了轩、窗,其实一切人工建筑都在丰富空间美感中起着积极作用,我们前面所谓的各种丰富空间的手法多半都是通过建筑而实现的。《园冶·借景》还指出:

堂开淑气侵人,门引春流到泽……扫径护兰芽,分香幽室,卷帘邀燕子,间剪轻风……南轩寄傲,北牖虚阴。半窗碧隐蕉桐,环堵翠延萝薛………眺远高台,搔首青天那可问;凭虚敞阁,举杯明月自相邀。

这后两句,将台、阁的审美价值做了极生动的说明,正是登台瞭视、凭阁高望而扩展视域之美的真实写照。袁中道《游岳阳楼记》谓:"岳阳楼峙于江湖交会之间,朝朝暮暮,以穷其吞吐之变态,此其所以奇也……盖从君山酒香朗吟亭上望洞庭,得水最多,故直以千里一壑,粘天沃日为奇。"张岱更明确指出了亭榭楼台和曲径回廊在增强山水审美感受中的巨大作用,《琅嬛文集·吼山》谓:"亭榭楼台,意全在水,一水之外,不留寸趾。非以舟中看水,则以槛中看水……有回廊而山水以回廊妙,有层楼曲房而山水以层楼曲房妙。"自然山水与人工建筑交融互衬,相映成趣,更增加了山水的美味与仙气。

(五)"以小观大"与"触情俱是"

造园的目的是为了赏园、品园。中国古代关于赏园、品园的方法总结很多,有两点是最关键的,即"以小观大"和"触情俱是"。

若以赏画、赏园之心看自然山水,是"以大观小",若以山水之心看园林,则谓之"以小观大"。前者是赏自然山水之法,后者是赏园林景致之法。从点滴园致看到山峰万仞、江湖海浪,使欣赏者在运思驰想中领略到园林景致的无限意蕴,便是"以小见大"的真谛。唐人李华在《贺遂员外药园小山池记》中说:"庭除有砥砺之材、础蹼之璞,立而象之衡巫;堂下有畚锸之坳、圩埒之凹,陂而象之江湖……以小观大,则天下之理尽矣。""以小观大"作为赏园要诀,关键在"赏"而不在园,这就转化为另外一个问题,即赏园、品园者的审美心胸和审美修养问题,在这一问题上,中国园林美学提出了"触情俱是"的观点。

《园冶·借景》生动地描绘了因四时季节借时而显的良辰美景,以及这些美景所诱发的欣赏者的审美情趣,同时也表明,人们对园林景致的审美感受需要借助运思驰想的情感调动,方能达到赏其心、悦其目、畅其情、悟其志的目的,产生审美主客体的交融统一,因此提出了"触情俱是"一语。文人们情之所至,便会触目即景,如杨万里《山居记》所谓:"吾居无山,吾目未尝无山;子目无山,吾居未尝无山。"由于内在情感的作用,以有山之情致去看无山之旷宇,则未尝无山。《园冶·相地》中有"村庄地"一节,专述"选村庄之胜,团团篱落,处处桑麻;凿水为濠,挑堤种柳;门楼知稼,廊庑连芸"。"安闲莫管稻粱谋,沽酒不辞风雪路,归林得志,老圃有余。"庄稼小院,虽无山灵水秀,但对隐居田园的文人而言,因心适而园景现。江苏如皋县的水绘园因清初名妓董小宛操琴吟唱而闻名,现存有传说董小宛的琴诗一首,其云:"病眼看花愁思深,幽窗独坐抚瑶琴;黄鹂亦似知人意,柳外时时弄好音。"在作者眼中,框景之物有了人的情思和琴情,大自然也有了操琴弄音的本领。这与西方的移情派理论颇为相似。当然,并非任何人都能"触情俱是",只有那些具备了一定的文化修养和审美经验的人,才能达到这一境界。

二 张岱论园林之美

张岱(1557—约1679年)的《陶庵梦忆》和《西湖梦寻》,用艺术化的语言和思绪,表达了他对自然风景园林的审美态度。

首先,强调自然风景和园林审美中审美主体的审美修养、审美才情和审美心胸的重要性。《陶庵梦忆》卷七《西湖七月半》把游园赏月之人分为五种:第一种是楼船箫鼓,峨冠盛筵,灯火优傒,声光相乱之类,这种人为"名为看月,而实不见月者"。第二种是亦船亦楼,名娃闺秀,笑啼杂之,左右盼望之类,这种人为"身在月下,而实不看月者"。第三种是亦船亦歌,名妓闲僧,浅斟低唱,竹肉相发之类,这种人为"亦看月而欲人看其看月者"。第四种是徒步而行,不衫不帻,酒醉饭饱,三五成群,啸呼嘈杂,装疯卖傻之类,这种人往往"看月者亦看,不看月者亦看,而实无一看者"。以上四种人均为世俗之徒,既无高旷之情,又无别才别眼,故不能领略月之美妙处。而真正会赏月者乃为第五种人,这种人往往小船轻幌,净几暖炉,茶铛旋煮,素瓷静递,好友佳人,邀月同坐,或匿影树下,或逃嚣里湖,看月而人不见其看月之态,亦不作意看月者。一句话,专意赏玩,不事热闹。这实际上是强调了赏月者审美心胸和审美修养的重要性。

其次,与上述思想相关,张岱还以欣赏园中湖水为例,认为"湖之风味"有别,观赏角度各异,只有"解人"才能领略湖之风情,而俗人则不能体会"湖之风味"。《西湖梦寻·西湖总记·明圣二湖》:

> 余弟毅孺,常比西湖为美人,湘湖为隐士,鉴湖为神仙。余不谓然。余以湘湖为处子,眠娗羞涩,犹及见其未嫁之时;而鉴湖为名门闺淑,可钦而不可狎;若西湖则为曲中名妓,声色俱丽,然倚门献笑,人人得而媟亵之矣。人人得而媟亵,故人人得而艳羡;人人得而艳羡,故人人得而

轻慢。在春夏则热闹之,至秋冬则冷落矣;在花朝则喧哄之,至月夕则星散矣;在晴明则萍聚之,至雨雪则寂寥矣。

  杭州西湖,萧山湘湖,绍兴鉴湖,均为我国古今名湖,从张岱对这三个湖的比较中,我们对它们各自的审美定位有了比较明确的了解。说鉴湖像一位"名门闺淑",是因为它一方面自然文静,一方面古雅、成熟,除了自然景观湖水,还有丰厚的文化内涵。鉴湖虽以山水为主,还兼设屋宇、竹林、点景人物,可观、可行、可游、可居,是真正的园林风光。萧山湘湖亦历史悠久,当地人把它比做是自己的"魂"、"根"和"母亲湖",甚至看做是吴越文化的象征。张岱说湘湖为"处子",主要是指它清雅静丽,有一种村姑般不加修饰的纯朴,也就是有一种"处子"般的圣洁。湘湖亦在很早就被造成园林,人文景观与自然景观兼具,是生态美与人文美的融会。说西湖像一个声色俱丽的曲中名妓,是因为它变化多端,反复无常。"在春夏则热闹之,至秋冬则冷落矣;在花朝则喧哄之,至月夕则星散矣;在晴明则萍聚之,至雨雪则寂寥矣。"

  可见骄侈华赡之徒无以领略湖之性情,而唯有"解人"能之。其实,即使在"解人"之中亦有高下之分,如所谓"乐天之旷达,固不若和靖之静深;郑侯之荒诞,自不若东坡之灵敏"等。后人金圣叹在论及游赏山水之美时强调游赏者必须具有"胸中之一副别才,眉下之一双别眼",也有同样的意义。

  此外,张岱还强调"园林无文景必逊"等,认为景观只有文字的渲染才能"锦上添花",其实"文景"一直是中国园林文化的应有之义,这也是中国园林美学的一大特色。

第六节　徐上瀛《溪山琴况》的音乐美学

  在中国古代,琴是高雅清静的代名词,一向是文人士大夫抒发情怀、涵养襟操的良具。徐上瀛(生卒年月不详),别名青山,号石泛山人,江苏娄东(太仓)人,明末著名琴家,曾师从虞山派张渭川等学琴,并发展此派"清、微、淡、远"的风格,后自成一家。精通音律,著述颇丰,其中《溪山琴况》对音乐即琴乐作为审美对象的况味、意态、情趣、意境、风格、指法等做了详细说明,在我国古代音乐美学史上占有很高的地位。

一　《溪山琴况》及其思想渊源

  徐上瀛在《溪山琴况》中将音乐的意态、韵味、意境、风格等区分为和、静、清、远、古、澹、恬、逸、雅、丽、亮、采、洁、润、圆、坚、宏、细、溜、健、轻、重、迟、速24类，在结构上类似于司空图的《诗品》24则，但《诗品》24则未详述各种类型的具体内容，而《溪山琴况》均作了较详尽的说明。纵观徐上瀛所论述的24况，前9况与后15况有区别。前9况主要是关于意境、况味、情趣方面的，是全篇的基本精神和总旨；后15况主要是关于琴的音质和技法问题的论述，是在前9况基本精神的指导下研究琴乐演奏中的美学问题。[①]

《溪山琴况》以"淡和脱俗"为其追求的音乐美极致，作者依此论及琴乐的意境、趣味、风格、指法等。从思想渊源上看，这是对儒道两家音乐美学思想的综合。老子曾说："淡乎其无味"，"大音希声"。宋代周敦颐《通书·乐上》曾明确指出："乐声淡而不伤，和而不淫，入其耳，感其心，莫不淡且和焉。淡则欲心平，和则躁心释。"他的思想与严澂、崔遵度等人的关系可能更为密切。严澂作为虞山派的创始人，主张古琴应有"清、微、淡、远"的意境与风格，徐上瀛熟谙虞山派琴风，而其《溪山琴况》一文又是对这方面问题的总结。至于崔遵度，诚如他的弟子钱荣在《溪山琴况序》中所说："昔崔遵度著《琴笺》……曰：'清丽而静，和润而远，琴尽是矣'。今青山复推而广之，成二十四况。"

需要说明的是，在明清时期，"非中和"的观念较之以往得到了进一步强调，许多人以率情任性、狂放率心的态度从事艺术活动，在这种情况下，李贽以"琴者所以吟其心"的审美观向传统的"中和"审美观挑战，相比之下，徐上瀛的"淡和"观念虽在音乐的意境风格等方面确有许多真知灼见，但在音乐对人的个性真情的率然表达方面，却与李贽异其旨趣。

二 音乐艺术的意境、风格

《溪山琴况》的前9况偏重于对音乐艺术的审美意境和审美风格的论述，这9况依次为和、静、清、远、古、澹、恬、逸、雅，关于这9况的基本精神，目前尚有不同的看法。有人认为是"清和"，有人认为是"和静"，有人则认为是"清淡"，也有人认为是"淡和"。不过，这些看法之间的差别并不大。从其基本的意旨来看，这9况虽分而述之，但相互之间却有着紧密联系，即追求

[①] 吴毓清于《音乐研究》1985年第1期发表《〈溪山琴况〉论旨的初步研究》，首次将前9况与后15况的主旨作了区分，蔡仲德《中国音乐美学史》称其为"不易之论"，笔者在《中华美学史》及《中国艺术美学》中均采此说。

一种超尘脱俗的韵味、中和清静的性情和深远无穷的意致。

第一,关于"和"。"和"是中国古代音乐美学一贯追求的境界。《溪山琴况·和》指出:

> 稽古至圣,心通造化,德协神人,理一身之性情,以理天下人之性情,于是制之为琴。其所首重者,和也。和之始,先以正调品弦,循徽叶声;辨之在指,审之在听,此所谓以和感、以和应也。和也者,其众音之窾会,而优柔平中之橐籥乎?

中国文人历来看重琴的社会作用,徐上瀛也不例外,他认为琴具有"理一身之性情,以理天下人之性情"的巨大作用,也就是从修身到治国平天下,琴都具有极大的社会作用。而这种社会作用的根本在于"和",所以他非常重视"和"的境界,这种"和"的境界贯穿于演奏、欣赏的整个过程。

第二,关于"静"、"澹"、"清"、"逸"。这四况虽在况味上有所不同,但旨趣却是一致的,即追求淡泊宁静、清逸脱俗的审美趣味和境界,强调无论在表演中还是在欣赏中,都应保持一种超逸、脱俗、和静、安闲自如的审美心胸,这样才能在演奏与欣赏中达到或体味出飘逸清远的审美境界。

"静"主要涉及音乐家的审美心胸,即排除各种"杂扰","雪其躁气,释其竞心"。只有内心没有杂扰,保持"静"的心理状态,才能在弹奏的过程中,"指下扫尽炎嚣,弦上恰有贞洁"。他还说:"盖静繇中出,声自心生,苟心有杂扰,手有物挠,以之抚琴,安能得静?"(《静》)

"清"实际上是由"静"的心理状态自然而然推导而出的一个范畴,即一种自然纯朴、清秀古淡的音乐风格。虞山派创始人严澂崇尚玄禅境界,其演奏风格无"卑琐靡靡"之音,当为"清"的范模;徐上瀛对"清"的表述,应是对严澂艺术实践的总结。他认为"地僻"、"琴实"、"弦洁"、"心静"是获得"清"之风格的基本路径,并强调要获得"清"的风格,"最忌连连弹去,亟亟求完",而真正达到了"清"的境界,则能使人听之"心骨俱冷,体气欲仙"。(《清》)

"澹"和"逸"在古代诗歌、绘画等艺术美学中多有论述,这里则是指古琴艺术的两种相类似的审美境界:"澹"即古淡绝尘,得其自然。所谓"琴之为音,孤高岑寂,不杂丝竹伴内,清泉白石,皓月疏风,翛翛自得,使听之者,游思缥缈,娱乐之心,不知何去,斯之谓澹"(《澹》)。"逸"即超然天纵,得其潇洒。所谓"其人必具超逸之品,故自发超逸之音"(《逸》)。

第三,关于"古"、"雅"、"远"、"恬"。这四况和以上所谈四况有密切联系,但与风格、意境联系更为密切。在"远"况中,作者阐明了"神游气化"、"境入希夷"的审美境界和"音至于远"、"弦外有余"的审美风格。他说:"迟以气用,远以神行……盖音至于远,境入希夷,非知音未易知,而中独有悠悠不已之志。吾故曰:'求之弦中如不足,得之弦外则有余也。'"(《远》)

"古"、"雅"、"恬"主要是指一种古朴、淡雅、清高的风格,鄙弃"俗响"、"媚耳之声"和"雄竞柔媚态"。如《古》况所谓:"音澹而会心者,吾知其古也……故媚耳之声,不特为其疾速也,为其远于大雅也。会心之音,非独为其延缓也,为其沦于俗响也。俗响不入,渊乎大雅,则其声不争,而音自古矣。"当然要达到这种雅行俗去的风格境界,就必须依据中和原则来修心养性,即造就恬淡无为、宁静淡泊的心境。"一室之中,宛在深山邃谷,老木寒泉,风声簌簌,令人有遗世独立之思。"(《古》)"君子之质,冲然有德之养,绝无雄竞柔媚态。不味而味,则为水中之乳泉,不馥而馥,则为蕊中之兰苣。"(《恬》)"修其清静贞正,而藉琴以明心见性……能体认得静、远、澹、逸四字,有正始风,斯俗情悉去,臻于大雅矣。"(《雅》)

综上所述,我们可以看出,《溪山琴况》的基本思想主要包含在前9况中,可归纳如下:其一是树立了"和"与"淡"的宗旨,这一宗旨贯穿于整个24况,是徐上瀛对琴乐的总体和根本的看法;其二是从哲学美学的高度探讨了琴乐的风格与意境,概括了意境的"神游气化"、"境入希夷"、"不即不离"、"意存幽邃"、"无限滋味"和"得之弦外"等诸种特点;其三是从"淡和"的审美理想出发,崇尚雅淡,贬弃时俗。

三 以"中和"为基准的演奏美学

《溪山琴况》除论音乐的意境风格外,又一个重要问题是对琴乐演奏美学的论述。在这方面,徐上瀛主要谈了以下几点:

第一,"弦上之取音,惟贵中和"。徐上瀛继承了先秦以来关于"和"的思想,特别是晏婴的相和相济之说和史伯的"声一无听,物一无文"之说,在演奏的形式上强调多样的和合统一。如他在《溪山琴况》中将宏与细、溜与健、轻与重、迟与速并列加以说明,并指出:"指法有重则有轻,如天地之有阴阳也;有迟则有速,如四时之有寒暑也。"(《速》)又如在实践上,虞山派的创始人严澂的《松弦馆琴谱》拒不收《乌夜啼》等疾速之曲,徐上瀛从"有速有迟"的观念出发,在其《大还阁琴谱》中速迟兼收而蓄之。《溪山琴况·润》谓:"凡弦上之取音,惟贵中和。而中和之妙用,全于温润呈之……故其弦若滋,温兮如玉,泠泠然满弦皆生气氤氲,无毗阳毗阴偏至之失,而后知润之之为妙,所以达其中和也。"《圆况》谓:"宛转动荡,无滞无碍,不少不多,以至恰好,谓之圆。吟猱之巨细缓急,俱有圆音。不足,则音亏缺;太过,则音支离,皆为不美。"《轻况》谓:"不轻不重者,中和之音也。起调当以中和为主,而轻重特损益之,其趣自生也……要知轻不浮,轻中之中和也。重不煞,重中之中和也。故轻重者,中和之变者。而所以轻重者,中和之正音也。"

第二,"琴能涵养情性,为其有太和之气"。中国古代哲学上的气化谐和理论历来是艺术家立论的根据,徐上瀛十分重视"太和之气"在古琴演奏中的作用,如他说:"调气则神自静,练指则音自静……雪其躁气,释其竞心。"(《静》)"气不肃,则不清……两手如鸾凤和鸣,不染纤毫浊气。"(《清》)"会远于候之中,则气为之使。达远于候之外,则神为之君。至于神游气化,而意之所之,玄之又玄。"(《远》)"泠泠然满弦皆生气氤氲……达其中和也。"(《润》)"诸音之轻者,业属乎情。而诸音之重者,乃繇乎气。"(《重》)"古人以琴能涵养情性,为其有太和之气也,故名其声曰'希声'。未按弦时,当先肃其气,澄其心,缓其度,远其神。"(《迟》)

徐上瀛所说的气有两种含义:一是生理之气,二是精神之气。生理之气,与人的身体、血脉有关;精神之气,与人的气度、胸襟有关。徐上瀛认为二者在琴的演奏中均有重要作用,但更重视心中的精神气韵的作用。不论何种气,都应使其不粗不细、不偏不倚,保持中和的状态。

第三,"弦与指合,指与音合,音与意合"。徐上瀛紧紧抓住古琴演奏中弦、指、音、意四者的相互关系,以"和"为宗旨做了较为辩证的论述与说明,在《和》况中提出了"弦与指合,指与音合、音与意合"的见解:"弦与指合",说明琴弦有自己的特性,弦上的音位和指法都有一定的规律。弹奏者必须熟习掌握这些特性和规律,才能在演奏中使指与弦配合默契,避免"绰者注之,上者下之"、"按未重,动未坚"的毛病。"指与音和",说明"音有律",即音调有自己的规律,在演奏中要做到"吟猱以叶之,绰注以活之,轻重缓急以节之"等,这样便可达到"指与音和",最终趋于"和"的境界。"音与意合",强调了意在演奏中的重要地位,要求音随乎意,音要为表达意的需要服务。但音在表达意时也有独到作用,不把音练好就难以准确表达意的内涵,所以音和意是辩证地联系在一起而不可分割的。当然音对意的表达不是直接的,而是通过艺术形象来渲染的,因此往往"得之于弦外"。

徐上瀛的以上理论包含着以下意义:其一,要想达到"和"的境界,必须使弦、指、音、意和合统一；其二，演奏者须熟悉弦性、音律，然后以指意应之，达到心手自知，指弦相合，指音协调，这实质上牵涉到主体与客体的交合统一问题；其三，"音与意合"的观念还表明了他对演奏中的心性与乐律、内容与形式的辩证看法。此外，徐上瀛还涉及到了演奏者应掌握相应的技巧与指法等问题。

第七节　明代小说、戏曲和诗文美学

随着城市的繁荣和市民阶层的壮大，到了明代，小说和古典戏曲都步入了高峰时期。与六朝志怪、唐人传奇和宋代话本等形态的小说相比，明代小说无论是取材、场面、情节，还是人物刻划、语言表达，都达到了新的境地。小说创作的繁荣，使人们从不同方面对作品踊跃进行鉴赏与评点，并藉以从美学理论上对其进行总结。戏曲方面则出现了集创作家与美学家于一身的汤显祖、徐渭等名家。

诗文创作方面，以李梦阳、何景明为首的"前七子"和以李攀龙、王世贞为首的"后七子"倡导文学复古运动，而以王慎中、唐顺之等为首的"唐宋派"，则与之针锋相对。李贽和公安三袁，独抒性灵，反对复古，文风清新活泼。散文创作以张岱的写景文成就较大。

一　叶昼的小说美学

明代小说美学的主要形式有三：一是小说评点，二是小说序跋，三是有关笔记。其代表人物有叶昼等。

(一)"劈空捏造，以实其事"

叶昼(生卒不详)，字文通。因为对《水浒传》等书的评点，已经包含了许多重要的见解，所以他基本上可以看做是明代小说美学的创始人。他说：

> 世上先有《水浒传》一部，然后施耐庵、罗贯中借笔墨拈出，若夫姓某名某不过劈空捏造，以实其事耳……非世上先有是事，即令文人面壁九年，呕血十石，亦何能至此哉！亦何能至此哉！此《水浒传》之所以与天地相终始也与！(明容与堂刻《〈水浒传〉一百回文字优劣》)

这段话说明《水浒传》所描写的情理内容并非凭空捏造。"如世上先有淫妇人,然后以扬雄之妻、武松之嫂实之,世上先有马泊六,然后以王婆实之,世上先有家奴与主母通奸,然后以卢俊义之贾氏、李固实之。"现实生活是作家创作的依据,脱离生活是创造不出好的作品来的。

叶昼虽然强调小说创作要以现实为依据,但他并不主张像历史著作一样去记录事实,而主张"劈空捏造,以实其事",也就是允许作家适当地虚构。他说:"《水浒传》文字原是假的,只为他描写得真情出,所以便可与天地相终始。"(《水浒传》第十回回末总评)这说明小说创作应以"真情"为依据,"真情"若能写出,便不必拘于事事如实。他还指出,天下文章应以"趣"为第一要务,若能写出"趣"来,便不必非"实有其事"、"实有其人"不可,即"天下文章当以趣为第一。既然趣了,何必实有其事,并实有其人?若一一推究如何如何,岂不令人笑杀?"(《水浒传》第五十三回回末总评)谢肇淛《五杂俎》亦谓:"凡为小说及杂剧戏文,须是虚实相半,方为游戏三昧之笔。"

(二)"千古若活"与"传神写照"

明代小说美学十分重视人物形象的鲜明生动,他们借用绘画美学中"传神写照"这一概念来论述人物性格的活泼传神。叶昼在评点《水浒传》时说:

> 李和尚曰:描画鲁智深,千古若活,真是传神写照妙手。且《水浒传》文字绝妙千古,全在同而不同处有辨。如鲁智深、李逵、武松、阮小七、石秀、呼延灼、刘唐等众人,都是急性的,渠形容刻画来各有派头,各有光景,各有家数,各有身份,一毫不差,一些不混,读去自有分辨,不必见其姓名,一睹事实,就知某人某人也。(《水浒传》第三回回末总评)

这段论述包含着两层意思:一是人物刻画要传其神而不徒写其形,这样才能达到"千古若活"的境界。他说:"不惟能画眼前,且画心上;不惟能画心上,且并画意外。顾虎头、吴道子安得到此? 至其中转转关目,恐施、罗二君亦不自料到此,余谓断有鬼神助之也。"(《水浒传》第二十一回回末总评)以形传神,妙在神似,并得意外之趣。二是人物的传神是以鲜明的个性为基础的。他还说:"李卓吾曰:施耐庵、罗贯中真神手也,摹写鲁智深处,便是个烈丈夫模样;摹写洪教头处,便是忌嫉小人底身分;至差拨处,一怒一喜,倏忽转移,咄咄逼真,令人绝倒,异哉!"(《水浒传》第九回回末总评)"逼真"和"传神",是密不可分的,他又说:"画王婆易,画武大难;画武大易,画郓哥难。今试着眼看郓哥处,有一语不传神写照乎?"(《水浒传》第二十五回回末总评)

总之,"传神"就是要"描写得真情出",要"千古若活"、"咄咄逼真"。"传神"是人物个性化的基础和根源,又通过个性化表现出来。

二 汤显祖、王骥德等人的戏曲美学

(一)"模写物情,体贴人理"

汤显祖在《答张梦泽》中说:"不真不足行。"在《焚香记》总评中又说:"填词皆尚真色,所以入人最深。"说明他追求戏曲的真实性。孟称舜《古今名剧合选序》也说:"迨夫曲工为妙,极古今好丑、贵贱、离合、死生。因事以造形,随物而赋象。时而庄言,时而谐浑,孤末靓旦,合傀儡于一场,而征事类于千载。"

明代戏曲美学在论述戏曲"求于耳目之前"即真实性时,又注重对"人情物理"的表现。王世贞(1526—1590年)《曲藻》评高则诚《琵琶记》说:"不惟其琢句之工,使事之美丽已。其体贴人情,委曲必尽;描写物态,仿佛如生;问答之际,了不见扭造,所以佳耳。"王骥德《曲律》也说:"夫曲以模写物情,体贴人理,所取委曲宛转,以代说词,一涉藻缋,便蔽本来。"

(二)"快人"与"动人"

明代戏剧美学对"情"的重视,一方面要求在创作与表演上要"发乎情",另一方面在观赏中要"动人"而不是"快人"。王骥德《曲律·论套数》谓:"摹欢则令人神荡,写怨则令人断肠,不在快人,而在动人。""快人"限于耳目之乐,偏于生理快感;"动人"则使人心神振荡,这就不是快感而是美感了。他还认为《西厢记》和《琵琶记》"无不恰好,所以动人"(《曲律·论用事》)。要求从审美上使人感动,说明他看重戏曲的审美感染力与艺术效果。

汤显祖也注重戏曲的"动人"效果,他从"因情成梦,因梦成戏"的基本观点出发,认为好的戏剧可以使无情者有情,无声者有声,起到巨大的感染作用。他说:

> 一勾栏之上,几色目之中,无不纤徐焕眩,顿挫徘徊。恍然如见千秋之人,发梦中之事。使天下之人无故而喜,无故而悲。或语或嘿,或鼓或疲,或端冕而听,或侧弁而咍,或窥观而笑,或市涌而排。乃至贵倨弛傲,贫啬争施。瞽者欲玩,聋者欲听,哑者欲叹,跛者欲起。无情者可使有情,无声者可使有声。寂可使喧,喧可使寂,饥可使饱,醉可使醒,

行可以留,卧可以兴。鄙者欲艳,顽者欲灵。(《宜黄县戏神清源师庙记》)

汤显祖的这段论述包含着两层意思:一是戏剧艺术具有极大感染力,能使人产生喜怒悲欢之情;二是由感动而使人格趋于完善,实现教化之用。如他还说:"可以合君臣之节,可以浃父子之恩,可以增长幼之睦,可以动夫妇之欢,可以发宾友之仪,可以释怨毒之结,可以已愁愤之疾,可以浑庸鄙之好。"从而起到"人有此声,家有此道,疫疠不作,天下和平"的效果(《宜黄县戏神清源师庙记》)。汤显祖这一看法的深刻之处,在于他看到了情的感动之中包含着理的渗透,情理相参,才能既使人感之无穷,又使人受益匪浅,达到审美娱乐和社会风化的统一。

(三)"化工"与"画工"

李贽在评论剧作时将戏曲作品分为两种境界,即"化工"和"画工"。他说:

《拜月》、《西厢》,化工也;《琵琶》,画工也。夫所谓画工者,以其能夺天地之化工,而其孰知天地之无工乎?今夫天之所生,地之所长,百卉具在,人见而爱之矣,至觅其工,了不可得,岂其智固不能得之欤!要知造化无工,虽有神圣,亦不能识知化工之所在,而其谁能得之?由此观之,画工虽巧,已落二义矣。(《焚书》卷三《杂述·杂说》)

李贽所说的"化工"也就是造化之工,即"不作意,不经心,信手拈来,无不是矣。我所谓之化工"(《李卓吾先生批语北西厢记》)。他所说的"画工",则恰恰相反,是指人为的雕琢之工。"化工"与"画工"的区别具体可归结为如下几点:其一,"化工"以造化天趣为胜,"画工"乃人为造作而致;其二,"化工"本归于"无工",而"画工"则归于"有工";其三,"化工"本于神意,而"画工"归于形迹;其四,"化工"入人深,感染力大,而"画工"入人浅,感染力小;其五,"化工"之作语尽而意无穷,"画工"之作则语尽而意竭。

(四)"设身处地"与"唱曲宜有曲情"

明代戏剧美学一方面强调曲作者在创作时应设身处地、"身为曲中之人",如孟称舜《古今名剧合选序》:"笑则有声,啼则有泪,喜则有神,叹则有气,非作者身处于百物云为之际,而心通乎七情生动之窍曲,则恶能工哉……而撰曲者,不化其身为曲中之人,则不能为曲,此曲之所以难于诗与辞也。"另一方面又强调表演者也要"设身处地"。如臧晋叔《〈元曲选〉序二》:"行家者,随所妆演,不无摹拟曲尽,宛若身当其处,而几忘其事之乌有,能使人快者掀髯,愤者扼腕,悲者掩泣,羡者色飞……故称曲上乘首曰当行。"汤显祖《宜黄县戏神清源师庙记》:"为旦者常作女想,为男者常欲如其人。"这都是强调对角色的情感体验,也就是要"进入角色"。

三 李梦阳、谢榛等人的诗文美学

(一) 复古与创新

以李梦阳、何景明为首的"前七子""倡言复古,文自西京,诗自中唐而下,一切吐弃,操觚谈艺之士翕然宗之"。而以李攀龙、王世贞为首的"后七子"主张"文主秦汉,诗规盛唐"(《明史·文苑传一》),在文学史上被称为复古派。

李梦阳(1472—1529年)在诗歌的本体论上继承了传统的物感心动说。他说:"遇者物也,动者情也,情动则会,心会则契,神契则音,所以随寓而发者。"又说:"天下无不根之萌,君子无不根之情,忧乐潜于中,而后感触应之外,故遇者因乎情,诗者形于遇。"(《梅月先生诗序》)他还认为盛唐之诗情理不偏,而宋诗"主理不主调",破坏了诗歌的审美意象,因此他要求弃近宋而复古唐。

何景明(1483—1521年)虽然也主张复古,但他有时也强调独创,要求于古人之外"成一家之言"。《明史·何景明传》曾说:"梦阳主摹仿,景明则主创造,各树坚垒不相下,两人交游亦分左右袒。"如他在《与李空同论诗书》中曾说:"推类极变,开其未发","自创一堂室,自开一户牖"等。

(二)"以兴为主"与"意致深婉"

"后七子"中对诗歌美学贡献较大的应推谢榛。谢榛(1495—1575年)字茂秦,号四溟山人。他在《四溟诗话》中提出了"以兴为主"的见解。《四溟诗话》卷一:"诗有不立意造句,以兴为主,漫然成篇,此诗之入化也。"他所说的"兴"也就是感兴、兴会的意思,也就是艺术思维中的灵感现象。他不同意意在笔先、作文作诗先须立意的传统看法,强调依凭兴会灵气"漫然成篇"。他还说:"宋人谓作诗贵先立意。李白斗酒百篇,岂先立许多意思而后措词哉?

盖意随笔生,不假布置。""宋人必先命意,涉于理路,殊无思致。"(《四溟诗话》卷一,下引只注卷数)他批评宋诗重理而少趣,所以他很重视"兴"与"趣",把它们排在"意"、"理"之前,即"诗有四格:曰兴,曰趣,曰意,曰理"(卷二)。又说:"凡作诗,悲欢皆由乎兴,非兴则造语弗工。"他认为李杜之诗"无处无时而非兴也"(卷三)。这实际上是继承了严羽的"兴趣说",他也和严羽一样重视"悟":"非悟无以入其妙。"(卷一)由此出发,他还强调诗歌"涵蓄有味"(卷二),如他说:"贯休曰:'庭花濛濛水泠泠,小儿啼索树上莺。'景实而无趣。太白曰:'燕山雪花大如席,片片吹落轩辕台。'景虚而有味。"重视虚,就是要以有限表达无限,以虚表现实。

胡应麟(1551—1602 年)《诗薮·内编》更强调"兴象"。首先,他认为"兴象"的特点是玲珑剔透,"意致深婉"。其次,将"兴象"和"风神"相联系而区别于体格声调,这说明"兴象"偏重于神似、意会和余味,因此它往往"无方可执",而体格声调等则"有则可循"。再次,他强调达到"兴象风神"高超绝迈的途径,在于搞好"体格声调",这说明他注意到了内蕴和形式的统一关系。

(三)"诗贵意象透莹,不喜事实粘著"

明代诗文美学不仅提出了"兴象",而且还提出了"意象"。"意象"这一概念虽在明代之前就已经提出,但真正得到完整说明则在明清时期。如王世贞《艺苑卮言》卷四说:"卢、骆、王、杨号称四杰。词旨华靡,固沿陈隋之遗,翩翩意象,老境超然胜之。"但他没有对"意象"作明确的解释。何景明《与李空同论诗书》则指出:"夫意象应曰合,意象乖曰离,是故乾坤之卦,体天地之撰,意象尽矣。"这说明"意"和"象"本是两个范畴,但在诗歌创作中应达到和合交融,形成审美意象。

对诗歌的审美意象作较充分表达的当推王廷相、陆时雍、杨慎等。王廷相(1474—1553 年)《与郭价夫学士论诗书》指出:"夫诗贵意象透莹,不喜事实粘著,古谓水中之月,镜中之影,难以实求是也。《三百篇》比兴杂出,意在辞表;《离骚》引喻借论,不露本情……嗟乎!言征实则寡余味也,情直致而难动物也,故示心意象,使人思而咀之,感而契之,邈哉深矣,此诗之大致也。"杨慎(1488—1559 年)则提出了诗不可兼史的主张,把"史"和"诗"加以区别,也主要是从意象创造的角度谈的。陆时雍《诗镜总论》多次谈到诗歌的意象:"西京崛起,别立词坛。方之于古,觉意象蒙茸,规模副窄,望湘累之不可得,况《三百》乎?""古人善于言情,转意象于虚圆之中,故觉其味之长而言之美也。"

以上前后七子及王廷相、杨慎、陆时雍等人关于"兴象"、"意象"的论述,主要说明了以下几层意思:其一,诗歌作为艺术应注重审美意象的创造,在这一点上它与历史著作完全不同;其二,诗歌的审美象是意和象的统一,情与景的统一,主客体的统一;其三,诗歌的审美意象不应拘泥于"事实粘著"而应玲珑透莹,以虚显实;其四,诗歌的审美意象应具有"比兴杂出,意在辞表"和"引喻借论,不露本情"的特点,得其余味无穷之妙。

思考题:
1. 明代美学有哪些新特点?
2. 简述明代心学对明代美学的影响。
3. 比较李贽的"童心"说与汤显祖的"至情"论。
4. 简述计成《园冶》一书在中国美学史上的地位。
5. 简述徐上瀛《溪山琴况》对中国音乐美学的贡献。

第八章
清代美学

清代是一个总结的时代。有清一代的美学家,对以往各文艺门类的美学思想都进行了深入的探讨和系统的总结。王夫之、叶燮和袁枚的诗歌理论,姚鼐的散文理论,金圣叹、李渔的小说、戏曲理论,石涛、郑燮的绘画理论,康有为的书法理论,刘熙载从文艺本质论、作家论、创作论、鉴赏论、发展论等方面对中国古典美学所作的概括与整合,都取得了很高的成就。

第一节 清代美学概述

中国古典哲学,从程朱理学到陆王心学,再到清代实学,似乎是一个由正到反,再到合的过程。宋代理学在一定程度上抛弃了早期儒家经世致用的传统,专讲性与天道的问题;到明代心学特别是王守仁的后学,束书游谈,几近狂禅,学问与社会实际严重脱节。明末清初之际,一些学者在总结明亡的教训时,深感空谈误国。于是,他们大力提倡"实学"。顾炎武指出:"刘石乱华,本于清谈之流祸,人人知之,孰知今日之清谈,有甚于前代者。昔之清谈谈老庄,今之清谈谈孔孟。未得其精而已遗其粗,未究其本而先辞其末,不习六艺之文,不考百王之典,不综当代之务,举夫子论学、论政之大端,一切不问,而曰一贯,曰无言。以明心见性之空言,代修己治人之实学,股肱惰而万事荒,爪牙亡而四国乱,神州荡覆,宗社丘墟。"(《日知录》卷七《夫子之言性与天道》)颜元认为:"救弊之道在实学,不在空言","实学不明,言虽精,书虽备,于世何功,于道何补"(《存学编》卷二)。清代实学作为一种独立的学派和主导的社会思潮,就其思想渊源来说,它源于理学心学而又高于理学心学。实学的中心思想,便是经世致用的精神,也就是反对学术研究脱离当时的社会现实,强调把学术研究和现实的政治联系起来,用于改革社会。

就清代实学的发展而言,可分为三个时期:第一个时期是启蒙期,大致为顺治、康熙、雍正三朝,其时的主要任务是反抗明末浮夸怪诞的王守仁心学,恢复汉、宋之学;第二个时期是全盛期,大致为乾隆、嘉庆二朝,其时的主要任务是反对宋学,恢复东汉古文经学;第三个时期是蜕变期,大致为道光、咸丰、同治、光绪、宣统五朝,其时的动向是反对东汉古文经学而恢复西汉今文经学,渐及先秦诸子之学。如晚清学者皮锡瑞在论清代经学时所说:"国初,汉学方萌芽,皆以宋学为根柢,不分门户,各取所长,是为汉、宋兼采之学。乾隆以后,许、郑之学大明,治宋学者已鲜。说经皆主实证,不空谈义理。是为专门汉学。嘉、道以后,又由许、郑之学导源而上,《易》宗虞氏以求孟义,《书》宗伏生、欧阳、夏侯,《诗》宗鲁、齐、韩三家,《春秋》宗《公》、《穀》二传。汉十四博士今文说,自魏、晋沦亡千余年,至今日而复明。实能述伏、董之遗文,寻武、宣之绝轨。是为西汉今文之学。"① 近代学者梁启超在论述清代学术思潮时指出:"这个时代的学术主潮是:厌倦主观的冥想而倾向于客观的考察。无论何方面之学术,都有这样趋势……此外,还有一个支流是:排斥理论,提倡实践。"② 又说:"清学以提倡一'实'字而盛,以不能贯彻地'实'字而衰。"③

梁启超以实学来贯通整个清代的学术,以"实"字来概括清代学术思潮的特点。"实"也体现了清代美学思想的特点。这不但表现为清代的一些美学家同时即是倡导实学的思想家,如王夫之,或经学家同时亦为文艺家,如晚清诗人、诗论家林昌彝所说:"近代经学极盛,而奄有经学、辞章之长者,国初则顾亭林炎武也,朱竹垞彝尊也,毛西河大可也;继之者朱竹君筠也,邵二云晋涵也,孙渊如星衍也,洪稚存亮吉也,阮芸台元也,罗台山有高也,王白田懋竑也,桂未谷馥也,焦里堂循也,叶润臣名澧也,魏默深源也,何子贞师绍基也,吾乡则龚海峰景瀚也,林畅园茂春也,谢甸男震也,陈恭甫寿祺先生也。诸君经术湛深,其于诗,或追踪汉、魏,或抗衡唐、宋,谁谓说经之士,必不以诗见乎?"(《射鹰楼诗话》卷七)而且表现为清代美学家在对理学美学和心学美学的整合升华中渗透着实事求是、经世致用的思想倾向。这种倾向在清后期学者的论著中尤为明显,如刘熙载论文时指出:"实事求是,因寄所

---

① 皮锡瑞:《经学历史》,中华书局2004年版,第249—250页。
② 梁启超:《中国近三百年学术史》,东方出版社1996年版,第1—2页。
③ 梁启超:《清代学术概论》,见《梁启超论清学史二种》,复旦大学出版社1985年版,第58页。

托,一切文字不外此两种"(《艺概·赋概》),认为二者"缺一不可",且"实事求是"更为重要。中国古典美学即在此学术背景中,进入到集此前各代之大成的总结时期。

第二节　清代诗歌散文美学

中国古代诗文创作与理论发展到清代达到了新的高潮,出现了许多诗文流派与理论大家,先是王士禛的神韵说,后是沈德潜的格调说,再后是袁枚的性灵说和翁方纲的肌理说,还有以方苞、刘大櫆、姚鼐为代表的桐城派等。王夫之和叶燮虽因著作在当时并没有得到广泛流传,对清代诗坛未发生重大影响,但在中国美学思想史上仍具有相当重要的地位。本节介绍王夫之、叶燮、袁枚的诗歌美学思想和姚鼐的散文美学思想。

一　王夫之的诗歌美学思想

王夫之(1619—1692),字而农,号薑斋,别号夕堂,晚年居湘西石船山,人称船山先生,湖南衡阳人,清初思想家、文学家,与顾炎武、黄宗羲、颜元等人同为清初实学代表人物。王夫之著书甚多,有《船山遗书》。其诗论著作,主要有《诗译》、《夕堂永日绪论内编》、《南窗漫记》,合称《薑斋诗话》,另有《古诗评选》、《唐诗评选》、《明诗评选》等。王夫之的诗歌美学思想,标志着中国诗歌美学发展史上由《毛诗序》确立的伦理教化论诗学与由钟嵘《诗品》发端的审美主体论诗学两股思潮的汇合。

(一) 诗以道性情

王夫之把宇宙万物看成是生命的有机体,它有形神、血肉、情感、灵魂。然而,这些生命因素却不是人的生命意识的移入,或者说不是人的生命意识对宇宙万物的强加,而是由于人本身的生命意识就是大自然的赐了。王夫之说:"一禀受于天地之施生,则又可不谓之命哉?"因此,生命就是天命。"命之自天,受之为性。终身之永,终食之顷,何非受命之时?皆命也,则皆性也。"因而,生命就是直接禀承天理,"性"便是"天理"。并且,生命总是处在一刻不停的新生状态中。"性者生也,日生而日成之也。"所以,生命也是日新月异的,"命日受,性日生"(《尚书引义》)。

在性和情的问题上,王夫之认为,性是善的,而表现人的喜、怒、哀、乐、好、恶的情则可以为善,也可以为不善。只有尽性之情,即把情制约在一定的范围内才是善的。他说:"孟子曰:'情则可以为善,乃所谓善也',专就尽性者言之;愚所云为不善者情之罪,专就不善者言之也……若论情之本体,则如杞柳,如湍水,居于为功为罪之间,而无固善固恶,以待人之修而为之决导之,而其本则在于尽性。"(《读四书大全说》)既然情可以为善,那么,情与性或天理在王夫之那里就不再是截然对立,而是可以一致的了:"情者,性之端也,循情而可以定性也。"(《诗广传》卷二)"惟性生情,情以显性。""若犹不协于人情,则必大远于天理。""人情之通天下而一理者,即天理也。"(《读四书大全说》)

于是,传统诗学"言志"与"缘情"之争,在王夫之那里也就可以相容了。《薑斋六十自定稿·自序》说:"《诗》言志。又曰:《诗》以道性情……人苟有志,死生以之,性亦自定,情不能不因时尔。"他看到了志和情的区别,又认为这两者是可以统一的。情与志,或情与性、情与天理,都可以在诗中达到完美统一。"《诗》以道性情,道性之情也。性中尽有天德、王道、事功、节义、礼乐、文章,却分派与《易》、《书》、《礼》、《春秋》去,彼不能代《诗》而言性之情,《诗》亦不能代彼也。"(《明诗评传》卷五)哲学、政治、道德观点都可以通过主体感情的折射表现为诗歌作品中的情,虽然言性之情的诗歌作品与不道性之情的哲学、政治、历史著作是有区别的。

作为诗论家,王夫之以情为诗学的最高范畴,反对以"言志"代"缘情",反对以理性代感性,主张诗歌"以结构养深情"(《古诗评选》卷四),认为最好的诗歌"可以生无穷之情"(《古诗评选》卷三);作为哲学家,王夫之又以性为哲学的最高范畴,主张以性约束情,使情体现出强烈的理性精神,认为"情有非可关之情"(《明诗评传》卷六),要求"道性之情"。他进而提出"清其所浊"(《古诗评选》卷一)的命题,即通过艺术的审美功能,来净化人的情感世界,以审美情感升华("清")人的生活情感("浊")。由于王夫之兼顾道德培养和情感抒发,这就避免了以往的诗歌美学偏于道德本位或偏于单纯抒情的毛病。

(二) 情景论

人类的审美活动实际上是要在物理世界之外建构一个意象世界。这个意象世界,就是审美对象,也就是我们平常所说的广义的美(包括各种审美形态)。古典美学给予意象的最一般的规定,即是"情景交融"。王夫之对诗歌创作中情与景的关系的论述,是他对古典美学的一大贡献。

在王夫之以前的诗论中出现的情与景,意义常常是含混的,在更多的情况下是把它们作为诗句关系来使用的,像宋元以来有的诗论家说的那样,写诗必须一联情,一联景。王夫之说:

> 近体中二联,一情一景,一法也。"云霞出海曙,梅柳渡江春。淑气催黄鸟,晴光转绿蘋","云飞北阙轻阴散,雨歇南山积翠来。御柳已争梅信发,林花不待晓风开",皆景也,何者为情?若四句俱情,而无景语者,尤不可胜数。其得谓之非法乎?夫景以情合,情以景生,初不相离,唯意所适。截分两橛,则情不足兴,而景非其景。(《夕堂永日绪论内编》)

这段话的开始是在沿用以往的情与景概念,而最后所谓"情不足兴"、"景非其景"则是王夫之赋予情与景概念以新的意义。在此,情和景上升为艺术构思中的一对基本范畴——审美情感和审美认识。情与景交融而构成诗歌的本体,方为诗歌的审美意象。

王夫之在《诗译》中写道:"情景虽有在心在物之分,而景生情,情生景,哀乐之触,荣悴之迎,互藏其宅。天情物理,可哀而可乐,用之无穷,流而不滞。"情与景的关系,就是心与物、主观与客观的关系。在心为情,在物为景。客体景物的荣悴盛衰,与主体情意的喜怒哀乐之间,往往有两相感应与依托的关系,二者互为表里,触引相生。

所谓"景生情",是指触景生情,审美过程离不开情感活动,而内心的情感活动是和对客观景色的感知密切联系的,是伴随着对客观对象的感知而展开的。如刘勰《文心雕龙·神思》所说"登山则情满于山,观海则意溢于海"。情以景生,这是从物到我的过程。

所谓"情生景",不是说由主观的情感派生出客观景物,而是说主观情感能赋予客观景物以某种感情色彩,成为带有主观情感的审美意象。"夫物其何定哉,当吾之悲,有迎吾以悲者焉;当吾之愉,有迎吾以愉者焉。"(《诗广传》卷三)"雅人胸中胜概,天地山川无不自我而成其荣观。"(《古诗评选》卷四)由情而景,这是由我而物的过程。

王夫之论诗强调情与景的统一。景不能脱离情,情也不能脱离景。景脱离了情,就成了虚景,情脱离了景,就成为虚情,都不能构成审美意象。他称赞谢灵运的诗"言情则于往来动止缥渺有无之中,得灵蠁而执之有象;取景则于击目经心丝分缕合之际,貌固有而言之不诬。而且情不虚情,情皆可景,景非滞景,景总含情"(《古诗评选》卷五)。

王夫之还强调情与景的统一应当是内在的统一,而不是外在的组合。他说:"情景名为二,而实不可离。"(《夕堂永日绪论内编》)又说:"景中生情,情中含景,故曰:景者情之景,情者景之情也。高达夫则不然,如山家村筵席,一荤一素。"(《唐诗评选》卷四)如果情景二分,互相外在,互相隔离,那就不可能产生审美意象。

王夫之进一步指出,情与景的内在统一,并非一种格式,由于情与景结合的具体状态不同,可以呈现出多种多样的意象形态。他说:

> 神于诗者,妙合无垠。巧者则有情中景,景中情。景中情者,如"长安一片月",自然是孤栖忆远之情;"影静千官里",自然是喜达行在之情。情中景尤难曲写,如"诗成珠玉在挥毫",写出才人翰墨淋漓、自心欣赏之景。凡此类,知者遇之;非然,亦鹘突看过,作等闲语耳。(《夕堂永日绪论内编》)

"妙合无垠"、"情中景"、"景中情",这是审美意象的三种形态。情景"妙合无垠",是王夫之心目中至高的审美境界。在此境界里,诗人的心灵与无穷大化仿佛互相含吐:"饮之太和,独鹤与飞",诗人的情思像仙鹤一样在太空中飞翔。所谓"情中景",是以表现情为主,再现现实生活景象为辅的意象形态,如杜甫《奉和贾至舍人早朝大明宫》诗句:"诗成珠玉在挥毫",只有情语,但是情中显出了景。所谓"景中情",是以景寓情,自然感概,尽从景得。如李白《子夜吴歌》诗句"长安一片月"、杜甫《喜达行在所》诗句"影静千官里",只有景语,但在景中藏着情。王夫之进一步指出:"以写景之心理言情,则身心中独喻之微,轻安拈出。"(《夕堂永日绪论内编》)

王夫之对诗歌艺术美的理解的深刻之处,还在于他从艺术构思的角度深入地分析了诗歌的意象结构。他认为诗歌创作有三种谋篇方法,便由此形成三种意象结构。他说:"景语之合:以词相合者下;以意相次者较胜;即目即事,本自为类,正不必蝉连,而吟咏之下,自知一时一事有于此者,斯天然之妙也。'风急鸟声碎,日高花影重',词相比而事不相属,斯以为为恶诗矣。'花迎剑佩星初落,柳拂旌旗露未干'洵为合符,而犹以有意连合见针线迹。如此云:'明灯曜闺中,清风凄已寒',上下两景几于不续,而自然一时之中寓目同感,在天合气,在地合理,在人合情,不用意而物不亲。"(《古诗评选》卷四)景语相合的高下状态形成优劣不同的诗美境界:"以词相合者下",即以外部语言形式结构为经纬的谋篇法所形成的意象结构为下;"以意相次者较胜",即此种谋篇法所形成的意象结构较前者为佳;"即目即事,本自为类,正不必蝉连",这种结构是诗人的心灵与客观景象的高度融合统一,方为最佳。

(三) 现量说

佛教法相宗认为心与境的关系,有现量、比量、非量三种差别。现量指通过人的感觉器官直接接触事物,把握事物的个别特征,相当于哲学上所说的感性认识。比量则以事物的"共相"为对象,通过记忆、联想、比较、推理等思维活动所获取的知识,相当于哲学上所说的理性认识。而非量则是指幻想、空想。

特别值得关注的是王夫之在《相宗络索·三量》中对现量所做的说明:

> "现量","现"者,有"现在"义,有"现成"义,有"显现真实"义。"现在"不缘过去作影;"现成"一触即觉,不假思量计较;"显现真实",乃彼之体性本自如此,显现无疑,不参虚妄。

在这里,王夫之把现量规定为三个层次的涵义:第一,现量即"现在",是眼前所直接感知当时事物所获得的知识,而不是过去所获得的知识印象;第二,现量即"现成",是"一触即觉,不假思量计较"的知识,就是说现量是通过瞬间的直觉所获得的知识,不需要推理、比较等理性思维活动的参与;第三,"现量"即"显现真实",是显现客观事物本来所具有的"体性"、"实相"的知识,是把客观事物当做一个完整、生动的客观存在来加以把握的真实知识,不是虚妄的知识,也不是仅仅显示对象某一特征的抽象的知识。

王夫之把现量这个佛教概念引入审美领域,来说明审美意象的基本性质——审美意象必须从直接审美观照中产生。王夫之认为这是诗歌创作的根本规律。他在《夕堂永日绪论内编》中举例说:"'僧敲月下门',只是妄想揣摩,如说他人梦,纵令形容酷似,何尝毫发关心? 知然者,以其沈吟'推''敲'二字,就他作想也。若即景会心,则或推或敲,必居其一,因景因情,自然灵妙,何劳拟议哉? '长河落日圆',初无定景;'隔水问樵夫',初非想得;则禅家所谓'现量'也。"作为第一层涵义的"现在",是当下即目所见,全是眼前景色,如"长河落日圆"之类景象的描绘,"不缘过去作影",这是直观的感性现象。作为第二层涵义的"现成",是直取所见的对象构成关系,"一触即觉,不假思量计较",无须"妄想揣摩",如贾岛作诗的"推敲"不止,就失去了"即景会心"的"自然灵妙",所以,不足为训。作为第三层涵义的"显现真实",是要在"现量"的直觉思维中透过对象的表面,显现其"本自如此"的"本性"。在王夫之看来,以"本自如此"的自我,去观照"体性本自如此"的对象,是可以做到"不参虚妄","显现真实"的。

王夫之把现量这个佛教概念引入审美领域,并不仅是为了说明审美意象的基本性质,即审美意象必须从直接审美观照中产生,更重要的是为了说明审美观照的性质,即诗人对客观景物的观照怎样才能是审美的观照。如叶朗先生所指出:在王夫之看来,审美观照必须具有"现在"、"现成"、"显现真实"这三种性质。第一,审美观照是审美者感觉器官接触客观景物时的直接感兴,排除过去的印象;第二,审美观照是审美者瞬间的直觉,排除抽象概念的比较、推理;第三,审美观照中景物(世界)的真实面貌得到显现,也就是说所显现的是景物的完整的"实相"("自相"),不是脱离事物"实相"的虚妄的东西,也不是事物的"共相"(事物的某一特征、某一规定性)。①

(四)"兴观群怨"新释

将艺术的审美特性与艺术的社会功能紧密联系起来,是中国美学的传统。孔子最早以"兴"、"观"、"群"、"怨"来概括说明诗歌的社会功能,对中国美学产生了巨大的影响。孔子说:《诗》可以兴,可以观,可以群,可以怨。迩之事父,远之事君;多识于鸟兽草木之名。"(《论语·阳货》)这里的"兴",不是"赋、比、兴"的"兴",而是"兴于诗、立于礼、成于乐"的"兴",如何晏《论语集解》引包咸注云:"兴,起也,言修身先当学《诗》。"这是讲诗有助于成人。"观",郑玄注:"观风俗之盛衰",朱熹注:"考见得失",也就是《汉书·艺文志》所谓"古有采诗之官,王者所以观风俗、知得失、自考正也",这是讲诗有助于治国安民。"群",孔安国注:"群居相切磋。"刘宝楠《论语正义》说:"夫子言人群居,当以善道相切磋。"这是说诗有沟通交流的功用。"怨",孔安国注:"怨刺上政",即可以批评时政。总之,"兴"、"观"、"群"、"怨"是孔子对诗歌社会功能的总结概括。从孔夫子到与王夫之同时的黄宗羲,人们对"兴"、"观"、"群"、"怨"一直作如是解。

---

① 叶朗:《中国美学史大纲》,上海人民出版社 1985 年版,第 463 页。

王夫之对"兴"、"观"、"群"、"怨"作出了全新的阐释。首先,他从审美心理入手,重新诠注了"兴"、"观"、"群"、"怨"的含义:"诗之咏游以体情,可以兴矣;褒刺以立义,可以怨矣;出其情以相示,可以群矣;含其情而不尽于言,可以怨矣。"(《四书训义》卷二十一)其次,他分析了四者的相互关系:"'可以'云者,随所'以'而皆'可'也。于所兴而可观,其兴也深;于所观而可兴,其观也审。以其群者而怨,怨愈不忘;以其怨者而群,群乃益挚。出于四情之外,以生起四情;游于四情之中,情无所窒。作者用一致之思,读者各以其情而自得。"(《诗译》)"随所'以'而皆'可'"的有机联系把"兴"、"观"、"群"、"怨"统一了起来,极大地突出了诗歌的情感效果。如果说王夫之以前的经学家们是从作者的角度把"兴"、"观"、"群"、"怨"看做是诗的伦理效果,那么王夫之则是从读者的角度把"兴"、"观"、"群"、"怨"理解为诗的情感功能。王夫之所看重的是诗歌的审美效果,"兴"、"观"、"群"、"怨"统一于"情"("作者用一致之思")而作用于"人"("读者各以其情而自得"),这是对艺术审美特征的准确说明。

王夫之不赞成经学家从作诗者论诗。他在《夕堂永日绪论内编》中说:"兴、观、群、怨,诗尽于是矣。经生家析《鹿鸣》、《嘉渔》为群,《柏舟》、《小弁》为怨;小人一往之喜怒耳,何足以言诗?"正确的说诗方法应当是从读者的审美感受出发:"《关雎》兴也,康王晏朝而即为冰鉴;'訏谟定命,远猷辰告'观也,谢安欣赏而增其遐心。"(《诗译》)从作者论诗是把"兴"、"观"、"群"、"怨"割裂开来,将诗歌弄成支离破碎的注疏文字,从读者言诗则可以以"情"来统一"兴"、"观"、"群"、"怨",所谓"摇荡性情而檃括兴观群怨"(《薑斋诗集·忆得》),这就揭示了诗歌审美情感的秘密,也为诗歌审美找到了内在的根据。

由于诗作用于人的情感整体,所以,在审美欣赏中,审美感发(兴)、审美认识(观)、审美沟通(群)、审美批判(怨)是互为条件不可分割的。比如"兴"与"观","于所兴而可观,其兴也深"。诗歌感发兴起的力量由于具有审美认识,就不是一般的心血来潮和本能的反应,而是有一定的理性理解渗透其中的;同样,审美认识由于包含沛的情感力量而更加准确有力。所以王夫之又说:"其可兴者即其可观,劝善之中而是非著;可群者即其可怨,得之乐则失之哀,失之哀则得之愈乐。"(《四书训义》卷二十一)审美欣赏的特点就在于它作用于人的情感的整体性,不但符合人的情感特性和体验方式,也使其情感效果能持久地保存下来。

正由于诉诸人的情感整体,作用于人的全部人格身心,所以审美者的个性也得到尊重和实现,"人情之游也无涯,而各以其情遇,斯所贵于有诗"(《诗译》)。从读者自身的遭遇感受出发来理解诗歌,取其所需,审美欣赏虽有一定的指向却又具有不确定性,"作者用一致之思,读者各以其情而自得"。当然,审美欣赏又是一个相当复杂的心理过程,仅仅以物就己还是浅层次的,应当注意到审美活动中主体与客体的更为丰富深刻的关系,"当吾之悲,有未尝不可愉者焉;当吾之愉,有未尝不可悲者焉,目营于一方者之所不见也。故吾以知不穷于情者之言矣:其悲也,不失物之可愉者焉,虽然,不失悲也;其愉也,不失物之可悲者焉,虽然,不失其愉也。导天下于广心,而不奔注于一情之发。是以其思不困,其言不穷,而天下之人心和平矣。"(《诗广传》卷三)善于赏诗者不能仅仅固执于"一情之发",而能在欢愉中体会到物象的可悲,愁苦时也不能尽扫物之佳兴,通过主客体的往来赠答、相互作用,才能养成主体的"广心",达到"人心和平"。所以,王夫之认为诗歌"总以曲写心灵,动人兴观群怨,却使陋人无从支借"(《夕堂永日绪论内编》)。这个"曲"字说明诗歌和审美欣赏者的情感交流不是简单直接的,唯其如此,一首诗才能包含丰富博大的意蕴,才能适应不同欣赏者的审美需求。

二 叶燮的诗歌美学思想

叶燮(1627—1703),字星期,号己畦,晚年寓居吴县横山,人称横山先生,江苏吴江人,清代文学家、诗论家。著有《己畦诗文集》、《原诗》等。受清初实学思潮明理实用观念的影响,叶燮重认知,重求实,强调察识征理,力图以理性为艺术立法。他从审美主客体交互作用的角度来把握艺术情感和艺术理性。

叶燮在《原诗·内篇》中说:"以在我之四,衡在物之三,合而为作者之文章。大之经纬天地,细而一动一植,咏叹讴吟,俱不能离是而为言者矣。"他从创作的主客观条件入手,提出了创作的客观条件——理、事、情(在物之三),创作的主观条件——才、胆、识、力(在我之四)。这是叶燮诗歌美学思想中最有价值的部分。

(一) 论理、事、情

叶燮认为:"凡物之美者,盈天地间皆是也。"(《滋园记》)因而他非常重视对创作客体的剖析。叶燮认为理、事、情三字足以概括天地间万事万物。他说:

曰理、曰事、曰情,此三言者足以穷尽万有之变态。凡形形色色,音声状貌,举不能越乎此。此举在物者而为言,而无一物之或能去此者也。(《原诗·内篇》)

叶燮在论理、事、情时,以理为根本,又以气为其贯穿。"曰理、曰事、曰情三语,大而乾坤以之定位,日月以之运行,以至一草一木一飞一走,三者缺一,则不成物。文章者,所以表大地万物之情状也。然具是三者,又有总而持之,条而贯之者,曰气。事、理、情之所为用,气为之用也。譬之一草一木,其能发生者,理也。其既发生,则事也。既发生之后,夭矫滋植,情状万千,咸有自得之趣,则情也。苟无气以行之,能若是乎?……吾故曰:三者藉气而行者也。得是三者,而气鼓行于其间,絪缊磅礴,随其自然,所至即为法,此天地万象之至文也。"(《原诗·内篇》)实际上,叶燮是从现实层面和艺术层面来审视理、事、情的。所谓理,"譬之一木一草,其能发生者,理也"。即客观事物的本质属性和运动变化的内在规律,是本质论意义上的理,也包括审美创造之理。所谓事,"其既发生,则事也"。即客观事物的生发过程及其现存形态,是现象学意义上的事,也包括审美创造之事。所谓情,"既发生之后,夭矫滋植,情状万千,咸有自得之趣,则情也"。即客观事物所表现的情状和精神,是生命论意义上的情,也包括审美创造之情。对象客体因有理而蕴含千变万化、有条不紊的枢机,因有事而呈现千差万别、丰富多彩的表象,因有情而显现生机勃勃、气韵生动的生命力。叶燮以理、事、情为世界万物之根本,既涵盖了自然界和人类社会的发展过程及其外在表象和内在规律,也就包括了作为审美创造的文学作品的本原依据。理、事、情三者是不可分割的有机统一体,它以理为根本,以事与情为枝叶。理、事、情三者又藉气而行,"草木气断则立萎,理、事、情俱随之而尽,固也。"(《原诗·内篇》)气鼓行于其间,天地万象,自然至文,这既是宇宙的法则,也是审美创造的法则。

叶燮由此认为诗歌创作不仅仅是抒情,而且应该言理述事。但他接着又指出:理有可言之理,也有不可言之理;事有可征之事,也有不可施见之事。对于那些人人能言,人人能述之的理和事,就无须诗人赘述了。诗人所要表现的是那些"幽渺以为理,想像以为事,惝恍以为情"的"不可名言之理,不可施见之事,不可径达之情"(《原诗·内篇》)。这里,叶燮深刻地阐明了艺术创作的真实性与虚构想象、抽象思维与形象思维的关系。他认为诗歌创作不同于一般的散文、政论,诗歌创作所要表现的理和事,也不同于现实生活中的理和事,而是在依据现实生活中的理与事的基础上,通过诗人的艺术想象和加工,不明言其理,不实写其事,而借助于丰富的想象,传神的意象,寓意、象征等艺术手段,表达深邃奥妙之事理。

为了充分说明这一观点,叶燮举唐代杜甫诗"碧瓦初寒外"句,并评析说:"使必以理而实诸事以解之,虽稷下谈天之辩,恐至此亦穷矣!然设身而处当时之境会,觉此五字之情景,恍如天造地设,呈于象,感于目,会于心。意中之言,而口不能言;口能言之,而意又不可解。划然示我以默会想象之表,竟若有内、有外、有寒、有初寒,特借'碧瓦'一实相发之。有中间,有边际,虚实相成,有无互立,取之当前而自得,其理昭然,其事的然也。"(《原诗·内篇》)这段评述生动地揭示了诗歌创作在反映客观世界的理、事、情方面所表现出的特殊性,这也正是诗歌创作中形象思维的基本特点。

(二) 论才、胆、识、力

叶燮在确认理、事、情为艺术创造的客观基础的同时,更注重才、胆、识、力为艺术创造的主观条件和创作主体的能动作用,前者"穷尽万有之变态",后者"穷尽此心之神明"(《原诗·内篇》)。既重视艺术美的客观依据,同时也重视审美主体的发现和再创造。叶燮在《原诗·内篇》中写道:

> 曰才、曰胆、曰识、曰力,此四言者所以穷尽此心之神明。凡形形色色,音声状貌,无不待于此而为之发宣昭著。此举在我者而为言,而无一不如此心以出之者也。

所谓才即先天禀赋的艺术才能,胆即自由驰骋的创造勇气,识即把握规律的知性能力,力即自出机杼的独创功力。这四者不是各自孤立的,而是相互补充的。"大约才、识、胆、力,四者交相为济。苟一有所欠,则不可登作者之坛。""大凡人无才,则心思不出;无胆,则笔墨畏缩;无识,则不能取舍;无力,则不能自成一家。"(《原诗·内篇》)可见,才、胆、识、力是诗家必备的条件,缺一皆不能成为真正的诗人。

在才、胆、识、力四者中,尤以识为最重要。"人惟中藏无识,则理、事、情错陈于前,而浑然茫然,是非可否,妍媸黑白,悉眩惑而不能辨,安望其敷而出之为才乎!文章之能事,实始乎此。今夫诗,彼无识者,既不能知古来作者之意,并不自知其何所兴感触发而为诗……而眼光从无着处,腕力从无措处。即历代之诗陈于前,何所抉择?何所适从?"又说:"惟有识则是非明,是非明则取舍定。不但不随世人脚跟,并亦不随古人脚跟。"(《原诗·内篇》)

值得注意的是,叶燮在《原诗·内篇》中论识时,还指出了文学家的识与科学家的识的区别,"可言之理,人人能言之,又安在诗人之言之!可征之事,人人能述之,又安在诗人之述之!必有不可言之理,不可述之事,遇之于默会意象之表,而理与事无不灿然于前者也"。诗人要表现理,但不是"可言之理",不是科学的识所把握的抽象的理,而是审美的识所表现的形象的理。它不是确定的概念,而是审美意象。

才、胆、识、力四者,又与"心思"相辅相成。叶燮反对从心外言技法,主张从内心提高素养。他说:"无才则心思不出,亦可曰:无心思则才不出……盖言心思,则主乎内以言才;言法,则主乎外以言才。"心主内,"主乎内,心思无处不可通,吐而为辞,无物不可通也"。法主外,"主乎外,则囿于物而反有所不得于我心,心思不灵,而才销铄矣"。(《原诗·内篇》)

叶燮评论历代诗人时,特别推尊杜甫。《原诗》论及杜甫者达二十多处。叶燮说:"统百代而论诗,自《三百篇》而后,惟杜甫之诗,其力能与天地相终始,与《三百篇》等。"又说:"千古诗人推杜甫,其诗随所遇之人、之境、之事、之物,无处不发其思君王,忧祸乱,悲时日,念友朋,吊古人,怀远道,凡欢愉、幽愁、离合、今昔之感,一一触类而起,因遇得题,因题达情,因情敷句,皆因杜甫有其胸襟以为基。"(《原诗·内篇》)这里虽然提到了"因题达情,因情敷句",但"情"是以"胸襟"为基础的。与"胸襟"相比,它仍居于次要地位。叶燮如此推尊杜甫正是因为"杜甫有其胸襟以为基",在他的创作中,充满了对现实人生的理性思考。

就客体性维度的理、事、情和主体性维度的才、胆、识、力的关系来看,两方面是耦合互动、相济相融的,是物我合一、主客一体的。这两方面虽有"在我"与"在物"之分,即客观对象与主观能力之别,但在价值取向和功能特点上是具有审美同一向度的,客观的理、事、情与主观的才、胆、识、力的感遇交会,是诗文之源。正是这种主客体的相互作用和对立统一,才形成了各个时期的诗文艺术和艺术发展的历史。

三 袁枚的诗歌美学思想

袁枚(1716—1798),字子才,号简斋、随园老人,浙江钱塘(今杭州)人,清代诗人、诗论家,著有《小仓山房集》、《随园诗话》和《续诗品》等。袁枚对当时流行的经学颇不以为然。他在《答惠定宇书》中说:"闻足下与吴门诸士,厌宋儒空虚,故倡汉学以矫之,意良是也。第不知宋学有弊,汉学更有弊。宋偏于形而上者,故心性之说近玄虚;汉偏于形而下者,故笺注之说多附会。"他对理学家所谓"气质之性"、"义理之性"的说法很是反感。他在《读外余言》中说:"宋儒分气质之性、义理之性,大谬。无气质则义理何所寄耶?亦犹论刀者不得分芒与背也,无刀背则芒亦无有矣。"在他看来,离情以求性,其荒诞无稽同此。"教人认喜怒哀乐未发时气象,岂非捕空索隐,即禅僧教人认同父母未生以前之面目乎?须知性无可求,总求之于情耳。"袁枚将理学家所讲的性与情的关系颠倒了过来,以现实生活中的情欲作为考虑审美问题的出发点。

袁枚认为凡是抒写了真性情的诗便是好诗。他一再说:"《三百篇》半是劳人思妇率意言情之事,谁为之格,谁为之律,而今之谈格调者,能出其范围否?况皋、禹之歌,不同乎《三百篇》,《国风》之格,不同乎《雅》、《颂》,格岂有一定哉?"(《随园诗话》卷一)"自《三百篇》至今日,凡诗之传者,都是性灵,不关堆垛。"(《随园诗话》卷五)他不仅嘲讽"误把抄书当作诗"(《元遗山论诗》)的"肌理派"诗人,而且鄙视"格调派"诗人:"从来天分低拙之人,好谈格调,而不解风趣。何也?格调是空架子,有腔口易描,风趣专写性灵,非天才不办。"(《随园诗话》卷一)袁枚在反对以"肌理"为诗、以"格调"为诗的同时,表现出与明代禅学色彩甚浓的袁宏道的"性灵说"和清初提倡"不著一字,尽得风流"的王士禛的"神韵说"的某些暗合。

"性灵"作为袁枚诗歌美学思想的核心,主要包含两个方面:"性情"和"灵机"。他在《钱玙沙先生诗序》中说:

> 尝谓千古文章传真不传伪,故曰"诗言志",又曰"修辞立其诚"。然而传巧不传拙,故曰"情欲信,辞欲巧",又曰"神也者,妙万物而为言"。古人名家鲜不由此。今人浮慕诗名而强为之,既离性情,又乏灵机,转不若野氓之击辕相杵,犹应风雅焉。

从上面一段话看,"性情"侧重于内容方面,贵在"真","灵机"侧重形式方面,贵在"巧"。两者合言,便是"情欲信,辞欲巧",也便是"性灵"。

先说"性情"。袁枚论诗把纯挚真切的情感作为第一要素,因为情感是诗文创作的源头:"须知有性情,便有格律,格律不在性情外。"(《随园诗话》卷一)袁枚女弟子金逸说:"余读袁公诗,取《左传》三字以蔽之,曰'必以情'。"(《随园诗话补遗》卷十)袁枚所说的"性情"有两个特点:一是这种"性情"必须是真挚自然的,未受学问闻见污染蒙蔽的。袁枚很欣赏王阳明说的一段话:"人之诗文,先取真意。譬如童子垂髫肃揖,自有佳致。若带假面伛偻而装须髯,便令人生憎。"(《随园诗话》卷三)袁枚一再排斥考据学对诗歌的干扰,以为"考据之学,离诗最远"(《随园诗话补遗》卷二)。他讥讽翁方纲"学问诗",主张恢复赤子之心,"空诸一切,而后能以神气孤行"(《随园诗话》卷七)。二是这"性情"必须是个人独有的,不必从古、从俗。袁枚说:"诗者,人之性情也,近取诸身而足矣。"(《随园诗话补遗》卷一)各人的情性遭遇不同,各人的那个自我也就不同。诗中有"我",其风格自然既不同于古人,也不同于今人。袁枚肯定个体心灵感受的独特性,无疑是与他反对以格调来规范诗歌创作,反对复古拟古相联系的。

袁枚还进一步强调诗中要"著我"。他说:"作诗不可以无我,无我,则剿袭敷衍之弊大,韩昌黎所以'惟古于词必己出'也。北魏祖莹云'文章当自出机杼,成一家风骨,不可寄人篱下'。"(《随园诗话》卷七)可见,所谓"著我",就是要求诗人词必己出,成一家言。他又说:"性情遭际,人人有我在焉。"即使是在师法古人之时,也要吐故纳新,发挥自我的能动性创造性。"不可貌古人而袭之,畏古人而拘之也。"(《答沈大宗伯论诗书》)他的《续诗品》甚至专门列《著我》一品,张扬个性,强调"著我"的意义和价值。其《续诗品·著我》云:"不学古人,法无一可。竟似古人,何处著我!字字古有,言言古无。吐故吸新,其庶几乎!孟学孔子,孔学周公,三人文章,颇不相同。"

再说"灵机"。袁枚所说的"灵机",是指作为一个诗人,写出一首好诗的决定性的条件。这有两层意思:一是就一个人能否成为一个诗人而言,"灵机"就是"天分"。这个"天分"首先是指诗人的天赋灵性。在袁枚看来,并不是所有的人都可以成为诗人的。他说:"诗不成于人,而成于其人之天。其人之天有诗,脱口能吟。其人之天无诗,虽吟而不如无吟。"(《何南园诗序》)又说:"诗文之道,全关天分。"(《随园诗话》卷十四)这个"天分"也指诗人的创作灵感,指诗人思维方式的灵活性和流动性。所以,他反对刻意讲究声律的做法,"余作诗,雅不喜迭韵、和韵及用古人韵,以为诗写性情,惟吾所适。"(《随园诗话》卷一)。二是就一首诗能否成为一首好诗而言,"灵机"就是"天籁"。他说:"无题之诗,天籁也;有题之诗,人籁也。天籁易工,人籁难工。《三百篇》、《古诗十九首》皆无题之作,后人取其诗中首面之一二字为题,遂独绝千古。汉魏以下,有题方有诗,性情渐离。至唐人有五言八韵之试帖,限以格律,而性情愈远。且有赋得等名目,以诗为诗,犹之以水洗水,更无意味。从此诗之道每况愈下矣。"(《随园诗话》卷七)所谓"天籁",就是不做作,不虚假,自然真实。袁枚极力推崇《三百篇》、《古诗十九首》,就是因为这些无题之诗最自然、最真实地表现了人的情感。

在袁枚看来,能否成为一个诗人,虽然也关系到"学力",但关键在于"天分";能否写出一首好诗,虽然也关系到"人工",但关键在于"天籁"。

四　姚鼐的散文美学思想

姚鼐(1732—1815),字姬传,安徽桐城人,曾主江宁、扬州等地书院凡四十年,为桐城派影响最大的作家和文学理论的集大成者,著有《惜抱轩全集》,所选《古文辞类纂》流传甚广。

(一) 论义理、考证、文章

姚鼐的时代,汉学考证盛行,它和以程朱理学为主的宋学相对立。理学家和考据家又多轻视词章家,三者门户分立,各不相让。姚鼐则对此持较通达的观点,提出将三者统一起来。他在《述庵文钞序》中说:

> 余尝论学问之事,有三端焉,曰:义理也,考证也,文章也。是三者,苟善用之,则皆足以相济;苟不善用之,则或至于相害。今夫博学强识而善言德行者,固文之贵也;寡闻而浅识者,固文之陋也。然而世有言义理之过者,其辞芜杂俚近,如语录而不文,为考证之过者,至繁碎缴绕,而语不可了。当以为文之至美而反以为病者,何哉?其故由于自喜之太过,而智昧于所当择也。夫天之生才,虽美不能无偏,故以能兼长者为贵。

姚鼐的义理、考证、文章相结合的观点,较为全面地说明了文章写作过程中诸要素的关系。这三者的统一也是对先秦以来散文写作所倡导的文道的统一、文质的统一、人品和文品的统一的概括。

姚鼐讲的义理即为道。重道是中国古代散文写作的重要传统。但他对道有新的理解:"夫古人之文,岂第文焉而已!明道义、维风俗以昭世者,君子之志。"(《复汪进士辉祖书》)这显然是借古人以励今人,古人如此,今人亦当如此。

姚鼐重道并不轻文。在其编选的《古文辞类纂》序中把散文分为论辨、序跋、奏议、书说、赠序、诏令、传状、碑志、杂记、箴铭、颂赞、辞赋、哀祭等13类,把构成文章的要素归纳成神、理、气、味、格、律、声、色等8个方面,并对各要素的关系进行了论述:"神、理、气、味者,文之精也;格、律、声、色者,文之粗也。然苟舍其粗,则精者亦胡以寓焉?学者之于古人,必始而遇其粗,中而遇其精,终则御其精者而遗其粗者。"姚鼐所谓"文之精"者:神、理、气、味,分别指文章的精神、脉理、气势、韵味;"文之粗"者:格、律、声、色,分别指篇章结构、句法、音节、辞采。这些都是属于文章的艺术性方面的问题。他指出了抽象的艺术神理是要通过具体的字句、音节表现出来的。对于效法古人的要求,姚鼐也作了有条理的论述,点明了由表及里、遗貌取神的学古之方法。他反对形式上的模拟,要求能变古人之形貌,得古人之精髓,化为己有,灵活运用。

(二) 论阳刚、阴柔

阳刚与阴柔的说法,始于《周易》。《周易·乾·文言》曰:"乾,元者,始而亨者也。利贞者,性情也,乾始能以美利利天下,不言所利,大矣哉!大哉乾乎!刚健中正,纯粹精也。"《周易·坤·文言》曰:"坤,至柔而动也刚,至静而德方,后得主而有常,含万物而化光。坤道其顺乎,承天而时行。"

根据《周易》"乾刚坤柔"(《周易·杂卦》)阴阳对立的思想,中国古典美学将审美对象分为阳刚之美和阴柔之美。刘勰在《文心雕龙·体性》中说作家个性中"气有刚柔"的差别,是形成作品风格不同的重要原因之一。严羽《沧浪诗话》中将诗歌的风格分为"沉著痛快"和"优游不迫"两大类。姚鼐则更明确地提出文章风格可以归纳为阳刚和阴柔两大类。他说:"吾尝以谓文章之原,本乎天地。天地之道,阴阳刚柔而已。苟有得乎阴阳刚柔之精,皆可以为文章之美。"(《海愚诗钞序》)又说:"天地之道,阴阳刚柔而已。文者,天地之精英,而阴阳刚柔之发也。""其得于阳与刚之美者,则其文如霆,如电,如长风之出谷,如崇山峻崖,如决大川,如奔骐骥;其光也,如杲日,如火,如金镠铁;其于人也,如冯高视远,如君而朝万众,如鼓万勇士而战之。其得于阴与柔之美者,则其文如升初日,如清风,如云,如霞,如烟,如幽林曲涧,如沦,如漾,如珠玉之辉,如鸿鹄之鸣而入寥廓;其于人也,漻乎其如叹,邈乎其如有思,暖乎其如喜,愀乎其如悲。观其文,讽其音,则为文者之性情形状,举以殊焉。"(《复鲁絜非书》)姚鼐从古文的写作出发,不但明确地把文章之美与阴阳刚柔联系起来,提出文章有"得于阳与刚之美者"和"得于阴与柔之美者"两大类型,而且还从美的欣赏的角度出发,广设譬喻,生动地说明了这两种美的不同特征。其"批评注意的焦点已从作家与宇宙的关系,转到读者对作品中审美特质的感受"①。

第三节　清代小说戏曲美学

中国白话小说和戏曲,在宋代以后得到了长足的发展,至明清出现了独具特色的小说评点和戏曲论著,其中重要的有:金圣叹评点《水浒传》、毛宗岗评点《三国演义》、张竹坡评点《金瓶梅》、脂砚斋评点《红楼梦》,以及李渔的戏曲论著等。本节讨论金圣叹和李渔的小说戏曲美学思想。

一　金圣叹的小说戏曲美学思想

金圣叹(1608—1661),名采,字若采,入清后,更名人瑞,字圣叹,吴县(今江苏苏州)人,明末清初文艺批评家。曾评点《离骚》、《庄子》、《史记》、杜诗、《水浒传》、《西厢记》,合称为六才子书。其评点对象虽涉及诗歌、散文、小说、戏曲等不同体裁样式,但他更注重它们之间的共同审美价值,如他所说:"其实六部书,圣叹只是用一副手眼读得。"(《读第六才子书西厢记法》)

金圣叹在《水浒传》第二十五回回评中说:"吾尝言不登泰山,不知天下之高,登泰山不登日观,不知泰山之高也。不观黄河,不知天下之深,观黄河不观龙门,不知黄河之深也。不见圣人,不知天下之至,见圣人不见仲尼,不知圣人之至也。乃今于此书亦然。不读《水浒》,不知天下之奇,读《水浒》不读设祭,不知《水浒》之奇也。呜呼!耐庵之才其又岂可以斗石计之乎哉?"他公然把《水浒》的作者施耐庵与孔圣人相比附。又说:"庄周有庄周之才,屈平有屈平之才,马迁有马迁之才,杜甫有杜甫之才,降而至于施耐庵有施耐庵之才,董解元有董解元之才。"(《第五才子书施耐庵水浒传序一》)他公然让小说、戏曲作者与庄周、屈原、司马迁、杜甫这些文坛泰斗们平起平坐。不止如此,金圣叹还将此说推向极致:"天下之文章,无有出《水浒》右者;天下之格物君子,无有出施耐庵先生右者"(《第五才子书施耐庵水浒传序三》);"自《水浒》以外,都更无有文章"(《水浒传》第四十一回回评)。又说:"《西厢记》不同小可,乃是天地妙文。"(《读第六才子书西厢记法》)金圣叹把优秀小说、戏曲抬到文坛至高无上的地位。尽管他的话有些故作惊人之语,但其用心是明显的,胆量和勇气也是惊人的。金圣叹一系列振聋发聩的评

---

① 〔美〕刘若愚:《中国的文学理论》,四川人民出版社1987年版,第68页。

论,对于肯定小说、戏曲和小说家、戏曲家在社会生活中的地位与价值,推动小说、戏曲的创作与传播,总结小说、戏曲的理论,都起了很大的作用。

(一) 因文生事

中国古代小说理论主要有两大流派:一派视小说为野史,这一派把小说与正史相比,以史的功能来评价小说,认为小说的价值主要在于补充正史之不足;一派视小说为文学,从文学的特点,特别是从小说本身的特点来评价小说,从审美欣赏与审美创造的角度来研究小说。这两大流派的观点论争实际上代表了不同美学思想的论争。言必有据,拘泥历史,是非审美的;允许虚构,合理想象,是审美的。明代小说批评家虽然看重小说的审美价值,但前提仍然是"六经国史之辅"。相比之下,以金圣叹为代表的清代小说批评家更看重小说自身的特殊性,反映了清代小说理论对审美特性的重视。金圣叹在《读第五才子书法》中说:

> 某尝道《水浒》胜似《史记》,人都不肯信。殊不知某却不是乱说,其实《史记》是以文运事,《水浒》是因文生事。以文运事,是先有事生成如此如此,却要算计出一篇文字来,虽是史公高才,也毕竟是吃苦事;因文生事即不然,只是顺着笔性去,削高补低都由我。

这就是说,历史著作是着眼于"事"(历史上的实事),"文"是服务于记"事"的;这叫"以文运事"。小说则不同。小说是着眼于"文"(艺术形象),而"事"(故事情节)则是根据整体艺术形象的需要创造出来的;这叫"因文生事"。所谓"生"者,就是虚构、创造的意思。这种虚构和创造,要服从于艺术形象本身的规律,这就是所谓"顺着笔性"。

当然,小说家虚构和创造艺术形象的素材,还是从实际生活中来的。所不同的是,小说家对于生活素材,不是简单的记录,而是艺术的创造。在金圣叹看来,即使是历史家,为了完成一部著作,也还要对史料进行加工处理:大事可以剪裁缩写,小事可以扩大详写,某些缺少的材料可以设法联贯起来,某些完整的材料也可以删掉,而不能完全迁就于现成的史料。至于小说家,则根本不必拘泥于真人真事,他的任务是努力创造出"纵横曲直"、富有吸引力的故事情节来。不然的话,读小说还不如去读史书。"是故马迁之为文也,吾见其有事之钜者,而隐括焉;又见其有事之细者,而张皇焉;或见其有事之缺者,而附会焉;又见其有事之全者,而轶去焉;无非为文计,不为事计也……呜呼！古之君子,受命载笔,为一代纪事,而犹出其珠玉锦绣之心,自成一篇绝世奇文,岂有稗官之家,无事可纪,不过欲成绝世奇文,以自娱乐,而必张定是张,李定是李,毫无纵横曲直、经营惨淡之志者哉？则读稗官,其又何不读宋子京《新唐书》也？"(《水浒传》第二十八回回评)总之,小说家不应拘泥于"事"的记录,而应着眼于"文"的创造,对生活素材进行概括、夸张、想象、虚构、剪裁、提炼,以服务于艺术形象的创造。

(二) 见文观心

金圣叹评点小说,首先是作为一个读者,自己先去了解、体会作品的内容和形式。金圣叹要求读者用诗人的鉴赏态度来读小说,从整体构思来考虑具体描写,特别要求读者揣摩文字、章法。他说：

吾最恨人家子弟,凡遇读书,都不理会文字,只记得若干事迹,便算读过一部书了。(《读第五才子书法》)

读书随书读,定非读书人。(《水浒传》第十六回回评)

既反对"不理会文字",又不赞成"随书读",这看似矛盾的意见,正是对小说鉴赏两个阶段的揭示。读者首先要移身局中,入乎其内,尽可能完整地把握作品中的形象。小说用语言塑造形象,读者只有通过阅读作品的语言文字,才能掌握文字塑造的形象；而一旦获得对文学形象的把握后,又要跳到局外,保持一定的审美距离,以便通盘思考,深入体会。当然,在具体的阅读过程中这两个方面往往是很难分辨的。理想的阅读是在从语言文字出发抓住形象的同时,又从整体形象中领悟词句的妙用。

在对作品本体鉴赏的基础上,金圣叹还要求读者能够得作者之心,"见文当观心,见文不见心,莫读我此传"(《水浒传》第五回夹批)。

小说作为语言的艺术,并不直接呈现出画面形象,它的间接性使得读者不能直观地从作品字面中把握形象,而须借助想象性的心理活动,把作品的词句转换为内心感觉,重建完整的艺术形象。从金圣叹的大量评点来看,他是相当善于完成这一转换的。《水浒传》"郓城县月夜走刘唐"一回写刘唐给宋江送书和金子,当面交上。这本是极普通的文字,而金圣叹却从简洁的文字中想象出交信、交金的每一个动作,细致入微。他说,刘唐取出书信,本来要接着拿金子,因为宋江开书太快,刘唐来不及拿金子,等宋江看完信后摸出招文袋,刘唐就将金子放在桌上,宋江于是把信和金子一齐收起,放入招文袋。把小说中未曾明确交代的内容——想象出来,而又合乎情理,这是金圣叹的本领,唯其如此,才能充分领略小说的丰富意蕴。

中国古典小说往往较少正面而直接地描写人物心理活动的过程,更多的是通过对人物行为、对话和自然景物的描写来表现人物的心理活动。这种含蓄而间接的表现方式,需要读者敏感而细心的鉴赏才能领悟。《水浒传》"船火儿夜闹浔阳江"一回有一段对宋江的心理描写,其精彩卓绝是依靠金圣叹的评点才为世人所叹服的。宋江在张横船上受了大惊,忽然有人救他,宋江"钻出船上来看时,星光明亮"。金圣叹批道:"此十一字妙不可说,非云星光明亮照见来船那汉,乃是极写宋江半日心惊胆碎,不复知天地何色,直至此,忽然得救,夫而后依然又见星光也。"金圣叹是化身为宋江才复现出这段心理描写的。

审美不仅是被动的接受,而且是主动的创造,不但要感受体会,而且要思考判断,所以金圣叹说他有时"又欲疾读下去得知其故,又欲且止,试一思之。愿天下后世之读是书者,至此等处,皆且止试思也"(《水浒传》第二十七回夹批)。

总之,金圣叹对小说欣赏的分析,时时不忘读者是一个能动的主体,读者在接受作品提供的语言、形象的同时,还主动再现作者的情感意向,思索形象中的意义。因此,读者就有可能在同一部作品中得出不同的理解。如金圣叹在《读第六才子书西厢记法》中说:"文者见之谓之文,淫者见之谓之淫。"这与西方"有多少个读者,就有多少个哈姆雷特"的说法,有异曲同工之妙。

(三) 论世间妙文

金圣叹在论戏曲创作时强调,艺术创造的本质在于通过艺术形象表现艺术家的思想感情,并且这种思想感情决不是一种狭隘的、纯属个人的东西。他在《读第六才子书西厢记法》中说:

> 世间妙文,原是天下万世人人心里公共之宝,决不是此一人自己文集。

> 若世间又有不妙之文,此则非天下万世人人心里之所曾有也,便可听其为一人自己文集也。

一切优秀的文学作品,表现的都是人类永恒、普遍的思想感情,它们决不仅仅来自作者个人,而是属于"天下人"。与"世间妙文"相反的是"不妙之文"。二者区别即在于是否表现了"天下万世人人心里之所曾有"的思想感情。他对那种"一人自己文集",即只是表现作者个人狭隘思想感情的作品采取了鄙视的态度。

从金圣叹对《西厢记》的评点中我们可以看出,他所说的人类永恒、普遍的思想感情主要包括两方面的内容:一是对丑恶、黑暗现象的批判、否定的思想感情,即"天下万世人人心里之所曾有"的冤苦、怨愤之情;二是对美好、光明事物的热爱、肯定的思想感情,即"天下万世人人心里公共之宝"。可见,金圣叹认为文学作品所表达的思想感情,实际上是一种社会性的审美认识和审美感情,其中渗透、包含着作者对现实的审美评价和审美理想。金圣叹称《西厢记》为"妙文",就是因为《西厢记》表现了人类永恒、普遍的思想感情。"想来姓王字实甫此一人亦安能造《西厢记》?他亦只是平心敛气,向天下人心里偷取出来。"(《读第六才子书西厢记法》)

针对一些人对《西厢记》的非议,金圣叹指出:"《西厢记》断断不是淫书,断断是妙文。""人说《西厢记》是淫书,他止为中间有此一事耳。细思此一事,何日无之?何地无之?不成天地中间有此一事,便废却天地耶!细思此身自何而来,便废却此身耶!"(《读第六才子书西厢记法》)男女之间的爱情本来是人类一种极其自然、极其美好的感情,这种感情每日、每地都在发生,连人自己的存在,也源于这种感情,文学作品要反映、传达出人们心灵中这种美好感情,是理所当然的事情。谁要是反对表现这种感情,谁就是否定世界、否定人类自己!这种审美观对于传统的封建礼教、封建正统观念不能不说是一种异常尖锐、异常勇敢的挑战。

不仅如此,他还指出:"有人来说,《西厢记》是淫书。此人后日定堕拔舌地狱。何也?《西厢记》不同小可,乃是天地妙文。自从有此天地,他中间便定然有此妙文。不是何人做得出来,是他天地直会自己劈空结撰而出。若定要说是一个人做出来,圣叹便说此一个人,即是天地现身。"(《读第六才子书西厢记法》)在这里,他把表现人类共同的、永恒的思想感情的文学作品看做是世界本身、现实生活本身的一种必然反映。也就是说,表现人类共同、永恒思想感情的文艺作品的存在,与世界自身的存在一样具有合理性、不可否定性。这样,他就把审美创造的本质与世界的本质统一起来,从而为以《西厢记》为代表的所谓"淫书"作了有力的辩护。

二　李渔的戏曲美学思想

李渔(约 1611—1680),字笠鸿,又字谪凡,号笠翁,祖籍浙江兰溪,生于江苏如皋,清初作家、戏曲理论家,著有《笠翁一家言》和《笠翁十种曲》等。《闲情偶寄》是李渔最重要的著作,该书包括词曲部、演习部、声容部、居室部、器玩部、饮馔部、种植部、颐养部等八个部分,其中,词曲部和演习部论述了戏曲的创作原则、技巧和戏曲的表演、导演艺术,是他全部著作中最有价值的部分。李渔一生主要从事戏曲艺术方面的活动,他不但自己编剧,而且自己组织剧团,自己导演,积累了丰富的实践经验;同时,他又努力对自己和前人的经验加以整理,使之上升为理论,为中国古典戏曲美学做出了重要贡献。

李渔以前的戏曲论著,往往只研究"曲"(文学剧本)而不研究"戏"(舞台演出)。对于"曲",大多也只是把它作为诗歌的一个变种,着重研究它的词采和音律。因而,李渔以前的戏曲理论,严格地讲,还不能算是戏曲理论,只能算是一种诗歌理论。直到《闲情偶寄》,才第一次系统地从"戏"的角度来研究戏曲。他不仅重视研究词采和音律,而且更重视研究人物、故事、结构以及舞台表演的各种问题;不仅研究了剧本创作的理论和技巧,而且研究了舞台表导演的理论和技巧。因而,李渔在《闲情偶寄》中的论述就不再属于诗学的研究,而属于戏曲美学的范围。

(一) 结构第一

《闲情偶寄》的《词曲部》包括"结构第一"、"词采第二"、"音律第三"、"宾白第四"、"科诨第五"、"格局第六"等六个部分,其中"结构第一"又包括"戒讽刺"、"立主脑"、"脱窠臼"、"密针线"、"减头绪"、"戒荒唐"、"审虚实"等七款,此外,"格局第六"谈到戏曲的开端、结尾,也属于戏曲结构方面的问题。

李渔"结构第一"的思想包括两层含义:一是就戏曲创作过程而言,对于整体结构的考虑总是在铺陈词采、审定音律等具体写作环节之先:"结构二字,则在引商刻羽之先,拈韵抽毫之始。""不宜卒急拈毫,袖手于前,始能疾书于后。"二是就戏曲的创作效果来说,是否先有一个好的间架结构,直接关系到戏曲创作的成败得失:"未有命题不佳,而能出其锦心,扬为绣口者也。""惨淡经营,用心良苦,而不得被管弦、副优孟者,非审音协律之难,而结构全部规模之未善也。"(《闲情偶寄·词曲部》)

李渔以"造物赋形"、"工师建宅"来说明戏曲结构的重要性。结构"如造物之赋形,当其精血初凝,胞胎未就,先为制定全形,使点血而具五官百骸之势。倘先无成局,而由顶及踵,逐段滋生,则人之一身,当有无数断续之痕,而血气为之中阻矣。工师之建宅亦然。基址初平,间架未立,先筹何处建厅,何方开户,栋需何木,梁用何材,必俟成局了然,始可挥斤运斧。倘造成一架而后再筹一架,则便于前者,不便于后,势必改而就之,未成先毁,犹之筑舍道旁,兼数宅之匠资,不足供一厅一堂之用矣"(《闲情偶寄·词曲部》)。如果说以"工师建宅"为喻只是强调戏曲整体与局部以及各部分之间的联系的话,那么以"造物赋形"为喻则更将戏曲结构视同生命体的血脉神气,气韵生动则生,血气中阻则亡。

在"结构第一"诸款中又以"立主脑"为最重要。李渔说:"古人作文一篇,定有一篇之主脑。主脑非他,即作者立言之本意也。传奇亦然。"所谓"主脑",在戏曲作品中,即是指戏曲的人物和情节。"此一人一事,即作传奇之主脑也。"在人物和情节两者中,李渔尤重情节。如"'重婚牛府'四字,即作《琵琶记》之主脑也","'白马解围'四字,即作《西厢记》之主脑也"。(《闲情偶寄·词曲部》)李渔"立主脑"的主张,反映了中国古典戏曲美学重情节胜于重人物的倾向。

李渔还根据"立主脑"的要求,在戏曲的结构方式上提出了"密针线"、"减头绪"的要求。所谓"密针线"是指根据情节发展的需要在结构上注重贯穿衔接、埋伏照应,以保证"一线到底"的密度和力度;所谓"减头绪"是指处理好主线与副线的关系,删繁就简,突出主要情节,以保证"文情专一"的凝练和集中。

李渔之前的戏曲论著,大多认为"填词首重音律"和"词采"。元明以来的戏曲家一直争论词采与音律孰先孰后的问题,戏曲结构反而放在次要地位。李渔的《闲情偶寄》以结构为第一,以词采、音律为第二、第三,表明了李渔对戏曲结构、词采、音律三者关系的独特理解。李渔在分析戏曲结构、词采、音律三者关系时说:"予独先结构者,以音律有书可考,其理彰明较著。""词采似属可缓,而亦置音律之前者,以有才技之分也。文词稍胜者,即号才人,音律极精者,终为艺士。"(《闲情偶寄·词曲部》)李渔"独先结构",在结构因素的统摄下来处理词采与音律的关系,则棋高一着,较好地解决了这一长期争论不下的问题,进而使中国古典戏曲理论摆脱了与诗话、词话无大差异的阶段,成为中国戏曲美学形成自己独立理论体系的重要标志之一。

(二）意深词浅

《闲情偶寄·词曲部》"词采第二"部分包括"贵显浅"、"重机趣"、"戒浮泛"、"忌填塞"四款,集中讨论了戏曲的语言问题。

李渔非常重视戏曲语言的通俗化。他在论"词采"的时候,首先提出"贵显浅"的主张。所谓"贵显浅",就是要求文词通俗易懂,义理明白通达。李渔的这一主张是在比较了戏曲语言与诗文语言的不同特点之后提出来的。李渔说:"曲文之词采,与诗文之词采非但不同,且要判然相反。何也？诗文之词采,贵典雅而贱粗俗,宜蕴藉而忌分明;词曲不然,话则本之街谈巷议,事则取其直说明言。"(《闲情偶寄·词曲部》)

接着,李渔将"今曲"与"元曲"作了比较。"凡读传奇而有令人费解,或初阅不见其佳,深思而后得其意之所在者,便非绝妙好词,不问而知为今曲,非元曲也。元人非不读书,而所制之曲,绝无一毫书本气,以其有书而不用,非当用而无书也,后人之曲则满纸皆书矣。元人非不深心,而所填之词皆觉过于浅近,以其深而出之以浅,非借浅以文其不深也,后人之词则心口皆深矣。"他认为"今曲"的毛病在于"心口皆深","元曲"的长处则是"以其深而出之以浅"。他还以汤显祖的《还魂记》为例,指出该剧有些语言过于典雅艰深、曲折隐晦,"止可作文字观,不得作传奇观";同时也指出有许多语言"意深词浅,全无一毫书本气"(《闲情偶寄·词曲部》)。

但是,"显浅"不等于"浮泛"——空泛无味,浅薄无文。"一味显浅而不知分别,则将日流粗俗,求为文人之笔而不可得矣。"当然,粗俗之语,曲文中也常有,但这只限于剧中人的语言,目的是符合人物身份、教养、性格,不可乱用。"如在花面口中,则惟恐不粗不俗,一涉生旦之曲,便宜斟酌其词。"(《闲情偶寄·词曲部》)"戒浮泛"的目的在于写出真情实景。人物栩栩如生,景物历历在目,才能使观众为之动心,为之喜悦,为之流泪。

与"浅显"相反的是"填塞"。李渔指出当时戏曲作家的"填塞之病有三:多引古事,迭用人名,直书成句。其所以致病之由亦有三:借典核以明博雅,假脂粉以见姿态,取现成以免思索"(《闲情偶寄·词曲部》)。诗的读者主要是文人,而戏曲的观众虽然也包括文人,但主要还是文化水平较低甚至无文化的普通大众。"总而言之,传奇不比文章,文章做与读书人看,故不怪其深,戏文做与读书人与不读书人同看,又与不读书人之妇女小儿同看,故贵浅不贵深。"在他看来,"能于浅处见才,方是文章高手"(《闲情偶寄·词曲部》)。

在"贵显浅"的基础上,李渔又提出"重机趣"的主张,认为"机趣"二字,填词家必不可少。他说:"机者,传奇之精神,趣者,传奇之风致。少此二物,则如泥人土马,有生形而无生气……故填词之中,勿使有断续痕,勿使有道学气。"李渔"重机趣"的主张与王阳明、李贽、公安派的影响有关。如同王阳明发明"良知"、李贽推崇"童心"、公安派独抒"性灵",李渔也强调"性中带来"。他说:"予又谓填词种子,要在性中带来,性中无此,做杀不佳。"(《闲情偶寄·词曲部》)他在《〈名词选胜〉序》中也说:"文章者,心之花也;溯其根荄,则始于天地。天地英华之气,无时不泄。泄于物者,则为山川草木;泄于人者,则为诗赋词章。"他所说的"性中带来"的"机趣",也就是"天地英华之气"。有了它,便出自天授,承上启下,血脉相连,一气呵成;没有它,则如道学家空洞说教,味同嚼蜡。

(三) 专为登场

剧本不同于其他文学作品的地方,就在于它能够在舞台上演出。一部剧本只有在搬上舞台演出,变成以视听为主的舞台艺术形象,满足观众的审美需要的时候,才能说完成了它的创作任务。李渔对金圣叹的戏曲理论,特别是金圣叹对《西厢记》的评论推崇备至,认为"读金圣叹所评《西厢记》,能令千古才人心死","自有《西厢》以迄于今,四百余载,推《西厢》为填词第一者,不知几千万人,而能历指其所以为第一者,独出一金圣叹"。但是,李渔同时也指出金圣叹戏曲理论存在着很大的缺陷:"圣叹所评,乃文人把玩之《西厢》,非优人搬弄之《西厢》也。文字之三味,圣叹已得之;优人搬弄之三味,圣叹犹有待焉。"(《闲情偶寄·词曲部》)

李渔强调:"填词之设,专为登场。"(《闲情偶寄·演习部》)所谓"登场"的工作,即是由剧作家、导演、演员和其他舞台艺术工作者共同来完成的。《闲情偶寄》的《演习部》的全部篇幅和《声容部》中的"歌舞"项下有关"取材"(配角色)、"正音"、"习态"等款,正是研究和总结登场之道——舞台演出规律,特别是导演艺术规律的,其中不乏真知灼见。

首先,剧作家在创作剧本时就要考虑到舞台的演出。"填词之设,专为登场",因此戏曲作家仅仅掌握"文字之三味"是不够的,还必须研究观众、演员和剧场,进而掌握"优人搬弄之三味",即想象剧场情况,估计到演员演出的难易优劣。李渔认为一个好的戏曲剧本不能太长,人物不能太多;道白要考虑"好说不好说,中听不中听";在布局上要让主要角色及时出场;在结构上要以一人一事作主脑,一线到底;开头要开门见山,以"奇句夺目";情节的发展要波澜起伏,使观众"想不到,猜不着";要善于在作品中穿插笑料;上半场结束时要留下悬念;全剧结束时不能简单生硬地搞个"大团圆"等等。所有这些经验性的创作原则,都是李渔长期舞台实践的结晶。

其次,舞台演出成功与否主要取决于演员的表演。"借优人说法,与大众齐听。"戏曲所使用的媒介和手段,是和看戏的观众一样有动作、会说话、有生命的具体的个人,正是通过这有生命的活生生的个人的现身表演,创造出可以直接作用于观众视听的主体的活动的艺术形象,它是视觉的,又是听觉的,并且在运动中把这两方面统一在一起。正因此,戏曲才能对观众发生勾魂摄魄的效果,使人"不观则已,观则欲罢不能","不听则已,听则求归不得",犹如美人,"足以移人","使人看过数日而犹觉声音在耳,情形在目"(《闲情偶寄·词曲部》),潜移默化地影响人的思想感情。

再次,演员的表演成功与否又取决于演员对所扮演的角色的理解。李渔要求演员"解明曲意",深入准确地掌握剧中人的思想性格、情绪特征。李渔强调演员要有真情,要能投入到剧中去,戏曲表演不只是技巧性的,而且是情感性的,"唱曲宜有曲情,曲情者,曲中之情节也"。演员的一字一腔,都和整个戏曲、整个情节联系在一起,只有演员在表演中做到神情酷肖,"悲者黯然魂消","欢者怡然自得",才能"变死音为活曲"(《闲情偶寄·演习部》),赋予戏曲以真正的生命力。李渔还要求演员在排演和演出时,必须"只作家内想,勿作场上观"(《闲情偶寄·声容部》),即要进入角色,体验角色的内在情感,忘掉自己是在做戏,真正经历剧中人的生活际遇,情感起伏。李渔所论,已经触及到了表演艺术的双重人格问题,一个是自我,一个是角色。李渔的意见是,演员如果时刻意识到自己在做戏,就不会成功,这叫"作场上观",相反的方法是忘掉自己在做戏,设身处地完全进入角色,让角色的情绪支配自己,自然而然,做戏而不觉其做戏,这就叫"作家内想"。针对一些演员不了解剧中人物感情,因而表演也不能动情的毛病,李渔批评道:"有终日唱此曲,终年唱此曲,甚至一生唱此曲,而不知此曲所言何事,所指何人;口唱而心不唱,口中有曲,而面上、身上无曲,此所谓无情之曲,与蒙童背书同一勉强而非自然者也。"(《闲情偶寄·演习部》)

最后,舞台的演出成功与否还取决于能否充分调动舞台综合艺术的优势,恰当地调度各种舞台手段,配合演员表演。李渔专门论述了如何处理锣鼓、丝竹伴奏以及如何设计舞台服装等问题。他指出,锣鼓对加强整个戏的节奏和气氛有重要作用,但应注意控制锣鼓的轻重徐疾,防止打乱、打断甚至淹没演员的念白和演唱;他希望导演将丝竹伴奏和演员的演唱恰当配合,做到"以内为主,而丝竹副之",突出演唱主体,以收"主行客随"、金声玉振之妙。对服装设计,李渔强调要切合角色的身份,特别要有助于演员的舞蹈性表演。

李渔的戏曲美学思想之所以能构成一个较完整的体系,就在于它充分研究了戏曲艺术自身的规律,在中国美学史上,这是前无古人的。

第四节　清代书法绘画美学

清代的书法、绘画美学思想,与诗歌、散文、小说、戏曲美学思想一样,一方面反映了不同的艺术样式各自的特点和发展轨迹,另一方面也反映了这一时代的艺术大致相同的时代精神。书法史研究中有这样一种说法:"晋尚韵,唐尚法,宋尚意,元明尚态。"(梁巘《评书帖》)书风的递变,既有书艺自身的规律,又有不同时代的烙印。美学史亦如此。本节评介石涛、郑燮的绘画美学思想和康有为的书法美学思想。

一　石涛的绘画美学思想

石涛(约 1642—1718),本姓朱,名若极,法名原济,字石涛,又号苦瓜和尚、大涤子等,广西全州人,清初画家、画论家,擅长山水、花卉画,兼工书、诗和治印,并精于园林叠山,著有《苦瓜和尚画语录》(简称《画语录》)以及后人辑录的《大涤子题画诗跋》等。

石涛的《画语录》是中国绘画美学史上最为重要的著作。石涛以前的画论大都局限于笔墨技法的探讨,而《画语录》则发前人所未发,提出"一画"论,将笔墨技法与绘画原理结合起来,从哲学的高度揭示了以山水画为代表的中国画的美学本质,并阐明了中国画家如何在艺术创作活动中获得自由这样一个根本的问题,从而将古典画论提升到前所未有的高度。

(一)　一以贯之

石涛《画语录》的第一章《一画章》是我们理解石涛绘画美学思想的关键。石涛开宗明义:

> 太古无法,太朴不散;太朴一散,而法立矣。法于何立,立于一画。一画者,众有之本,万象之根;见用于神,藏用于人,而世人不知,所以一画之法,乃自我立。立一画之法者,盖以无法生有法,以有法贯众法也。

石涛所讲的"一画",首先是从本体论意义上讲的。"一画"是自然万物、人类社会,乃至艺术的根本。"夫一画,含万物于中。"(《画语录·尊受章》)"一画者,字画先有之根本也;字画者,一画后天之经权也。能知经权而忘一画之本者,是由子孙而失其宗支也。"(《画语录·兼字章》)

石涛所讲的"一画",同时也是从宇宙生成论意义上讲的。"一画"即宇宙生命,也即自然万物、人类社会,乃至艺术的生命。"一画之法"即宇宙的法则,也即通贯自然万物、人类社会,乃至艺术的根本大法。"太古无法,太朴不散;太朴一散,而法立矣。法于何立,立于一画。"(《画语录·一画章》)"笔与墨会,是为氤氲。氤氲不分,是为混沌。辟混沌者,舍一画而谁耶?"(《画语录·氤氲章》)

这就意味着,石涛所讲的"一画"具有形而上的哲学意义。

然而,"一画"的含义并不止于此。石涛在《一画章》中接着写道:

> 行远登高,悉起肤寸。此一画收尽鸿濛之外,即亿万万笔墨,未有不始于此而终于此,惟听人之握取之耳。

这表明石涛所讲的"一画",是从绘画技能技法的角度讲的,在这个意义上,"一画"是指一根造型的线,是画家为天地万物传神写照的凭借。"受之于远,得之最近;识之于近,役之于远。一画者,字画下手之浅近功夫也。"(《画语录·运腕章》)"夫画者,形天地万物者也,舍笔墨其何以形之哉!"(《画语录·了法章》)

这又意味着,石涛所讲的"一画"还具有形而下的技能技法的意义。

石涛在《一画章》最后写道:"盖自太朴散而一画之法立矣。一画之法立而万物著矣。我故曰:吾道一以贯之。"石涛认为,从宇宙由浑沌分化为自然万物、诞生生命开始,"一画之法"就存在于其中了。画家一旦把握了这个贯通宇宙生命、自然万物、人类社会,乃至绘画艺术的根本大法,也就获得了艺术的生命,获得了"信手一挥,山川、人物、鸟兽、草木、池榭、楼台,取形用势,写生揣意,运情摹景,显露隐含,人不见其画之成,画不违其心之用"(《画语录·一画章》)的创作自由,就可以达到"画于山则灵之,画于水则动之,画于林则生之,画于人则逸之"(《画语录·氤氲章》)那样一种出神入化的艺术境界。

可见,宇宙本原、宇宙生命与绘画理论、绘画技法"一以贯之"是石涛的绘画美学思想的核心。

(二) 不似似之

从宇宙本原、宇宙生命与绘画艺术"一以贯之"出发,石涛认为山水画创作的最高境界是"不似似之"。

石涛在其题画诗中写道:"天地浑溶一气,再分风雨四时,明暗高低远近,不似之似似之。""名山许游未许画,画必似之山必怪;变幻神奇懵懂间,不似似之当下拜。"(《大涤子题画诗跋》)他的观点是极其明确的:绘画艺术应求"不似似之",只有"不似似之"的艺术形象,才是具有审美价值的美的艺术。

石涛的"不似似之"不同于以往画论在"似"与"不似"之间搞平衡,而是明确以"不似"为绘画艺术的落脚点,以此作为绘画审美品评和审美创造的前提。以天地万物为表现对象的绘画,只有画出"不似"天地万物的艺术形象,才是创造,才是艺术,艺术美就蕴藏在这"不似"之中。这就肯定了绘画艺术最高的或是最终的要求,不是再现,而是表现;不是再现出客观对象,而是表现出人对所描绘的客观对象的审美感受,创造出一个高于客观对象,并融和了创作主体的审美感受的艺术形象,同时也否定了把绘画艺术局限在简单复制描绘对象、片面追求形似、把艺术创作降低到工匠水平的偏向。

石涛的"不似似之"也不片面追求"不似",而是要求绘画在"不似"之中达到"似之"的审美效果。因而,绘画又要受客观的天地万物的制约,而不能任凭主观的胡抹乱涂。"天地氤氲秀结,四时朝暮垂垂。透过鸿濛之理,堪留百代之奇。"(《大涤子题画诗跋》)画家只有既表现出宇宙生生不息之理,又表现出天地氤氲四时朝暮之象,其作品才能具有"堪留百代"的永恒魅力。这就揭示出绘画美学中人与现实、主体与客体、精神与自然、心灵与造化、表现与再现之间的既矛盾又统一的关系。

由于石涛的"不似似之"是主客观统一的艺术体现,既包含客观的成分,也包含主观的成分,因此,他一方面主张"搜尽奇峰打草稿"(《画语录·山川章》),另一方面又主张"我自发我之肺腑"(《画语录·变化章》)。

(三) 发之肺腑

石涛在论及"画"与"心"的关系时说:"夫画者,从于心者也。"(《画语录·

一画章》)又说:"画受墨,墨受笔,笔受腕,腕受心。如天之造生,地之造成。"(《画语录·尊受章》)画之所以成画,是因为接受了墨的点染,墨的点染来自笔的运动轨迹,笔的运动轨迹又受到腕的操纵,腕的运作又是由于画家内心的指挥;蝉联后形成的"画",其根本还是来自"心"。这一切发生如同天与地交互作用而化生万物一样自然而然。

石涛十分明确地把绘画艺术与画家的"心"联系在一起,肯定"画"从于"心",也就肯定了艺术创作是人的主动创造,艺术创作过程是充满艺术家主体能动精神的创造过程。由此出发,石涛主张在艺术创作中"我自发我之肺腑"。他在《变化章》中说:

> 我之为我,自有我在。古之须眉,不能生在我之面目。古之肺腑,不能安入我之腹肠。我自发我之肺腑,揭我之须眉。纵有时触着某家,是某家就我也,非我故为某家也。

这就进一步表明,绘画艺术绝不是对自然万物的刻板的复制和描摹,当然更不是师古不化、仿制前人的画迹。绘画艺术作为审美创造与审美主体的意向、情感、理想相关联;绘画艺术只能是艺术创作主体的审美意向、审美情感和审美理想的反映和表现。这就强调了艺术家在艺术创作中的主导地位和决定作用。

"我自发我之肺腑"的深刻意义还在于,它不是一般地强调绘画要表现艺术家的审美意向、审美情感和审美理想,而是突出了一个"我"字,它要求张扬艺术个性。因而,艺术不是要表现人们共同的审美感受,而是表现艺术家本人在师法自然中所形成的独特的审美意向、审美情感和审美理想,以及为了表现自己独特的审美意向、审美情感和审美理想所应有的艺术方法。作为一条审美原则,它适用于审美创造,贯穿于艺术创作的全过程,也适用于审美欣赏,作为评判艺术作品高下的审美标准。

(四) 搜尽奇峰

石涛在论山水画创作时,以"搜尽奇峰打草稿"来概括艺术创作的特点:

> 山川使予代山川而言也。山川脱胎于予也,予脱胎于山川也。搜尽奇峰打草稿也。山川与予神遇而迹化也,所以终归之于大涤也。(《画语录·山川章》)

首先,"搜尽奇峰"是"打草稿"的基础,没有"搜尽奇峰"的生活体验,也就失去了"打草稿"的生活基础。这不仅揭示了艺术创造来源于现实生活的道理,而且对"打草稿"所依据的生活也作了规定:一是"搜尽",二是"奇峰"。"搜尽"要求尽力做到没有遗漏地把握现实与自然,是"量"的要求。"奇峰"规定所搜之峰,不是一般的山峰,而是与众不同的、有着自身特点的山峰,是"质"的规定。

其次,"打草稿"作为艺术创造的重要阶段,是人与物、主体与客体双向交流的过程。一方面,是"山川使予代山川而言",是主体对客体的感知与反映。另一方面,也是更为重要的,便是石涛所总结的,要做到"予脱胎于山川"、"山川脱胎于予",从而达到"山川与予神遇而迹化"。"脱胎"本是道家术语,有所谓脱去凡胎换仙胎之意。这里"予脱胎于山川"的山川,是指客观存在的山川,是外在于主体的作为自然物的山川;"山川脱胎于予"的山川,则是审美主体创造出来的作为艺术品的山川。"打草稿"的关键在于"山川与予神遇而迹化"。所谓"神遇",就是把握自然万物的内在生命,使自然万物所蕴藏的精神与创作主体的精神相合一,两者相互渗透,水乳交融。所谓"迹化",就是艺术美的创造,是审美意象的物化。"神遇"是"迹化"的前提,"迹化"是"神遇"的结果。从"神遇"到"迹化"的转换过程,也就是石涛所说的"打草稿"的过程。艺术创造的过程就是艺术家"脱胎于山川",把与自然"神遇"的一切,"迹化"为艺术的山川,使"山川脱胎于予"的过程。

石涛在其康熙六年丁未所作的《黄山图》上题道:"黄山是我师,我是黄山友。心期万类中,黄山无不有。"大自然是山水画家的老师,山水画家只有亲身感悟大自然的生机活力,才能创作出出神入化的山水佳作。这也可以看做是"搜尽奇峰打草稿"的另一种表述。

(五)笔随时代

明末清初的艺术领域,复古主义盛行。在绘画方面,"四王"(王时敏、王鉴、王翚和王原祁)及其末流把持画坛,鼓吹以古为法。石涛针对"四王"等人掀起的复古思潮,明确地提出了"笔墨当随时代"的口号,在画坛产生了十分积极的影响。

石涛在一则画跋中说:

> 笔墨当随时代,犹诗文风气所转。上古之画迹简而意澹,如汉魏六朝之句;然中古之画,如初唐盛唐之句,雄浑壮丽;下古之画,如晚唐之句,虽清丽而渐渐薄矣;到元则如阮籍王粲辈,倪黄辈如口诵陶潜之句

"悲佳人之屡沐,从白水以枯煎",恐无复佳矣。(《大涤子题画诗跋》)

石涛认为,绘画艺术与诗文风格同样是随时代而发展变化的。他把历代诗文与绘画风格相比较,勾勒出中国绘画由上古"简而意澹",到中古"雄浑壮丽"再到下古"虽清丽而渐渐薄矣"的发展变化轨迹。这说明艺术创作作为意识形态,是受经济基础和上层建筑的制约的,同时也说明艺术家只有创作出反映时代精神的作品,才会有永久的生命力。

如果说石涛主张"画者,从于心者也"、"我之为我,自有我在",与明代李贽的"童心说"、公安派的"性灵说"有明显的渊源关系,前者是对后者的继承;那么,"笔墨当随时代"的思想,又使石涛不同于李贽和公安派。李贽和公安派强调的"童心"、"性灵",只局限于要求艺术家要表现各自的性灵和个性,认为艺术家只要从各自的"童心"、"性灵"出发,就能写出感人肺腑的好作品,而不关注与社会现实生活的联系。石涛在强调艺术"从于心"、"有我",表现艺术家情感的同时,又指出"笔墨当随时代",艺术受时代制约,将审美主体情感与时代精神联系起来,表现出对李贽和公安派的超越。

二 郑燮的绘画美学思想

郑燮(1693—1765),字克柔,号板桥,江苏兴化人,清代书画家、文学家。作为清代扬州画派——"扬州八怪"的代表人物,郑燮在绘画风格和审美倾向上,与当时画坛文坛嗜古成癖、拟古成风的习气迥然有异,表现出适天全性、师法造化、努力创新的审美追求。

(一) 适天全性

对于天与性的问题,郑燮没有像理学家那样从宇宙观的高度去探究,甚至也没有作概念上的界定,但在其信札、诗文、题跋中却表达了他对于这些问题的看法。他在一幅画兰图中题词说:

昔人云:入芝兰之室,久而忘其香。夫芝兰入室,室则美矣,芝兰勿乐也。吾愿居深山绝谷之间,有芝弗采,有兰弗撷,各适其天,各全其性。乃为诗曰:高山峻壁见芝兰,竹影遮斜几片寒。便以乾坤为巨室,老夫高枕卧其间。

郑燮认为:适应天理、合乎人性的,就是美的;违背自然物理本性、戕害生命自由发展的,就是丑的。用他自己的话来说,就叫做"各适其天,各全其性"。这是郑燮论美的出发点。

郑燮还以自己养兰花的经验来说明怎样才是适天、全性。他曾在家里种兰数十盆,三年以后,这些兰"皆有憔悴思归之色",以后,他就把这些兰花从盆中移植到山石之间,结果一年"发箭数十,挺然直上,香味坚厚而远,又一年更茂";由此他认识到"物亦各有本性",山野比盆中更适宜兰花的生长,从而得出不能违反天性,违背事物规律的结论。(《郑板桥集·题画》)

郑燮在给他的弟弟郑墨的信中更以"平生最不喜笼中养鸟"、"欲养鸟莫如多种树"(《郑板桥集·潍县署中与舍弟第二书》)的观点,表达了他对适天全性的看法。他看到了物与我的对立,反对屈物之性以适吾性,主张"各适其天,各全其性",不是戕害天性,而是顺应自然,进而达到人与自然的和谐。

(二) 造物为师

基于"各适其天,各全其性"的思想,郑燮在创作方法上主张法自然、师造物。他说:

> 古之善画者,大都以造物为师。天之所生,即吾之所画,总需一块元气团结而成。(《郑板桥集·题兰竹石》)

"以造物为师",毫无疑问,首先要师造物。郑燮为了画好竹子,对于竹子及其声、光、影的种种微妙变化,曾有长期、仔细的观察和深入的玩味。他自称:"板桥专画兰、竹,五十余年,不画他物。"(《郑板桥集·题靳秋田索画》)其题画竹诗云:"雷停雨止斜阳出,一片新篁旋剪裁;影落碧纱窗子上,便拈毫素写将来。"(《郑板桥集·题画竹》)

其次,郑燮所说的"以造物为师",又是与自然"元气"联系在一起的。画中竹不是绘画时叶叶累之,节节为之,而是"一块元气团结而成"。如他《题画竹》时所说的:"方其画时,如阴阳二气,挺然怒生,抽而为笋为篁,散而为枝,展而为叶,实莫知其然而然。"只有在烟云满纸中写出天趣淋漓的宇宙生命力,才是真知画意者。可见,"以造物为师"不是单纯地描摹客观现实,而是要着力表现出大自然的无限生机。

郑燮在总结他的绘画经历时说:"四十年来画竹枝,日间挥写夜间思。冗繁削尽留清瘦,画到生时是熟时。"(《郑板桥集·题画竹》)画竹就是要把无用的"冗繁"都"削尽",而把足以表现竹子元气的"清瘦"的神韵"留"下来。郑燮绘画之所以能够达到这种境地,正是四十年来"以造物为师",不间断地白天画、夜里思的结果。思得多了，画得熟了，又会碰到觉得"生"的时候，这时的"生"，就是又达到了新的境界，又有了新的创造，实际上是更"熟"了。

（三）论胸中竹

苏轼在《文与可画筼筜谷偃竹记》中提出过"成竹于胸"的命题。郑燮发展了苏轼的"成竹于胸"论，指出了"胸中之竹"与"眼中之竹"、"手中之竹"的区别：

> 江馆清秋，晨起看竹，烟光日影露气，皆浮动于疏枝密叶之间。胸中勃勃，遂有画意。其实，胸中之竹，并不是眼中之竹也。因而磨墨展纸，落笔倏作变相。手中之竹，又不是胸中之竹也。总之，意在笔先者，定则也；趣在法外者，化机也。独画云乎哉！（《郑板桥集·题画竹》）

郑燮的这段话叙述了客观物象经主体心手变为审美形象的过程，这就是著名的"三竹"说。

这里说的"眼中之竹"是客观自然之竹，通过画家的视觉反映于头脑中的竹的表象（或"物象"）；"胸中之竹"则是经过心胸孕育、主观思想感情渗透而构思形成的竹的意象（这个"意象"是情和景的内在统一，是内部世界和外部世界的统一，是一个完整的、内部有意蕴的感性世界）；"手中之竹"即是将头脑中孕育成的竹的意象，运用笔墨材料和技巧外化出来的定型化了的竹的艺术形象（即"画象"）。艺术创造的这三个过程是环环相扣，缺一不可的。没有"眼中之竹"，"胸中之竹"就是主观臆造，没有"胸中之竹"，"手中之竹"就会杂乱无章。

这里说的"定则"与"化机"的问题，是针对"胸中之竹"与"手中之竹"而说的。画竹必先立意，即胸有成竹，这是艺术创作的法则之一；但是，下笔又可以临阵变化，产生出立意时预想不到的情趣。不仅作画如此，任何形式的艺术创作都是如此。从"眼中之竹"到"胸中之竹"，再到"手中之竹"的过程，是一个形神合一，意象合一，心手合一的审美创造过程，也是天人合一的过程。

郑燮对苏轼"成竹于胸"论的发展，还表现为他提出了"胸无成竹"论。他说："胸无成竹，亦无成兰。并州快剪，剪一段山。如此境地，高不可攀。"（《兰竹》）他认为"胸有成竹"有时往往会成为固定格局，反不如"胸无成竹"，自由挥洒，自然写出。郑燮在另一首题画诗中写道："信手拈来都是竹，乱叶交枝戛寒玉。却笑洋州文太守,早向从前构成局。我有胸中十万竿,一时飞作淋漓墨。为凤为龙上九天,染遍云霞看新绿。"(《伏庐书画录》)可见,他反对"成竹于胸",是为了反对创作中先有格套模式。在他看来,艺术创作应该随物赋形,按照画时意态的发展而变化,不拘一格,顺乎自然地自由挥洒。

郑燮认为,画家对于欲画之竹不仅应该熟悉到有一个完整的审美意象,而且应该熟悉到有很多完整的审美意象,足以在绘画时提供以随时生发。这就是他所说的"我有胸中十万竿"、"信手拈来都是竹"。所以,郑燮又说:"文与可画竹,胸有成竹;郑板桥画竹,胸无成竹。浓淡疏密,短长肥瘦,随手写去,自尔成局,其神理具足也。藐兹后学,何敢妄拟前贤。然有成竹无成竹,其实只是一个道理。"(《郑板桥集·题画竹》)

可见,郑板桥的"胸无成竹"论是为了反对刻板的模式,并不反对意在笔先;而且,他主张的意在笔先,不是胸有一竹,而是胸有万竹。郑燮的"胸无成竹"论完善了苏轼的"成竹于胸"论,两人的精神则是完全一致的。

三 康有为的书法美学思想

康有为(1858—1927),又名祖诒,字广厦,号长素,广东南海人,著名政治家、思想家、学者、书法家、书论家,著有《新学伪经考》、《大同书》等。其《广艺舟双楫》为中国书法美学思想史上的重要论著。

康有为认为,清代书法有四变,康、雍时专仿董其昌;乾隆时转学赵子昂;嘉庆、道光期间盛行欧体。这三个时期,康有为称之为清代书法的"古学"期,特点是以晋帖、唐碑为师,所得尤以帖为多。第四期即咸、同之际,转师北碑,康有为称为"今学"期,特点是以北碑汉篆为师,所得尤以碑为主。引起"古学"向"新学"转变的是阮元,阮元认为书法"由隶字变为正书、行草,其转移皆在汉末、魏晋之间",自此后分为南北两派,"南派乃江左风流,疏放妍妙,长于启牍,减笔至不可识","北派则是中原古法,拘谨拙陋,长于碑榜"(《南北书派论》)。唐贞观以前,南派不显,至宋《阁帖》盛行,北派碑学愈见衰弱,南派帖学独占书坛,"是故短笺长卷,意态挥洒,则帖擅其长。界格方严,法书深刻,则碑据其胜"(《北碑南帖论》)。在明清以后帖学系统紊乱,体貌失真,难以创新的危机面前,阮元大声疾呼创立碑学以救帖学之弊,得到包世臣的有力响应。包世臣的《艺舟双楫》对碑版作出了前所未有的高度评价。"北朝隶书,虽率导源分、篆,然皆极意波发,力求跌宕。""北魏书,《经石峪》大字、《云峰山五言》、《郑文公碑》、《刁惠公志》为一种,皆出《乙瑛》,有云鹤海鸥之态;《张公清颂》、《贾使君》、《魏灵藏》、《杨大眼》、《始平公》各造像为一种,皆出《孔羡》,具龙威虎震之规……""北朝人书,落笔峻而结体庄和,行墨涩而取势排宕。"(《历下笔谭》)在康有为看来,阮包扬碑抑帖,不溺旧说,另辟新径的尝试,不只是在书坛,就是在清末社会,也是十分需要的。

康有为《广艺舟双楫》最有美学价值的,就是关于碑版的赞颂、评述。"从《尊碑第二》到《卑唐第十二》,所论虽主要是包括书体在内的书法的历史变化,但主旨却在于尊碑,尊以魏碑——北碑为代表的楷碑"①,表现出对雄强朴茂、逸宕浑穆、方厚峻拔之类的风格美的热烈向往,和对姿媚、娟好乃至薄弱书风的鄙弃。如:

南北朝碑……笔法舒长刻入,雄奇角出,迎接不暇……(《尊碑第二》)

南碑绝少……宋、齐而后,日即纤弱,梁、陈娟好,无复雄强之气。(《体变第四》)

北碑当魏世隶、楷错变,无体不有。综其大致,体庄茂而宕以逸气,力沉著而出以涩笔,要以茂密为宗。(《体变第四》)

南宋宗四家,笔力则稍弱矣。(《体变第四》)

元、明两朝……率姿媚多而刚健少。(《体变第四》)

近人多为完白之书,然得其姿媚靡靡之态,鲜有学其茂密古朴之神。(《说分第六》)

康有为竭力张扬碑学,鼓吹阳刚之美、崇高之美,同时也主张体现新意妙理的多种风格并存。《本汉第七》论汉隶《封龙山》等碑,赞赏其骏爽、疏宕、高浑、丰茂、华艳、虚和、凝整、秀韵;《备魏第十》论魏楷《石门铭》等碑,赞赏其奇逸、古朴、古茂、瘦硬、高美、峻美、奇古、精能、峻宕、虚和、圆静、亢夷、庄茂、丰厚、方重、靡逸;《体系第十三》论《吊比干文》等碑,赞赏其瘦硬峻峭、飞逸奇浑、雄强厚密、体骨峻美、秋华丽美。然而,在多种风格的和声协奏中,其主旋律是鲜明突出的,如在《十六宗第十六》中,"三宗上"分别是:《爨龙颜》为雄强茂美之宗,《石门铭》为飞逸浑穆之宗,《吊比干文》为瘦硬峻拔之宗。他还指出魏碑、南碑有"十美":"一曰魄力雄强,二曰气象浑穆,三曰笔法跳越,四曰点画峻厚,五曰意态奇逸,六曰精神飞动,七曰兴趣酣足,八

---

① 金学智:《中国书法美学》,江苏文艺出版社1994年版,第1040页。

曰骨法洞达,九曰结构天成,十曰血肉丰美。"这"十美"归结为一点就是崇高和壮美,和他的整个审美理想乃至政治理想相一致,即以强劲的书风扫荡书坛,从千年萎靡衰弱中走出来,迎接世界的挑战,振兴千年文明古国。

第五节　刘熙载的文艺美学思想

刘熙载(1813—1881),字伯简,号融斋,晚年自号寤崖子,世人多以融斋先生称之,江苏兴化人,晚清著名学者、文艺理论家、教育家,著有《古桐书屋六种》、《古桐书屋续刻三种》。刘熙载的文艺美学思想主要见于他的《艺概》和《游艺约言》。

《艺概》共分《文概》、《诗概》、《赋概》、《词曲概》、《书概》、《经义概》六卷。刘熙载在《艺概》中,通过"举此以概乎彼,举少以概乎多"(《艺概·叙》)的方法,用十分简练的语言,分别论述了古典诗、词、曲、赋、散文,以及书法等的历史流变、创作理论和鉴赏方法,提出了不少启人心智的真知灼见。其《游艺约言》,"游艺"取义于孔子"志于道,据于德,依于仁,游于艺"(《论语·述而》),内容与《艺概》相类,以札记形式谈文论艺,主要论诗文、书法。如刘熙载所说:"神仙迹若游戏,骨里乃极谨严。"(《游艺约言》)表面上似乎是"信手拈来"的即兴式的点评,其中却自有其"头头是道"的严密的理论。

一　本质论:诗为天人之合

刘熙载受传统哲学天人合一思想的影响,视文艺为天人合一的产物,将文艺本质概括为"诗为天人之合"。他说:

> 天只是以人之心为心,人只当体天之心以为心。(《持志塾言·天地》)

> 《诗纬·含神雾》曰:"诗者,天地之心。"文中子曰:"诗者,民之性情也。"此可见诗为天人之合。(《诗概》)

刘熙载这里所说的"天之心"和"天地之心"的意思是相同的,这个"心",在汉代纬书那里有其特定的内涵,就是指天理、天道。如刘熙载《持志塾言·天地》所说:"天地有理,有气,有形。其实道与器本不相离。"它一方面是抽象的"理",是"道";另一方面又是有形的"气",是"器"。所以,这个"天"就是合"道"("理")与"器"("气")为一的宇宙本根。

刘熙载认为文艺创造应当表现"天之心"。他说：

> 书当造乎自然。蔡中郎但谓书肇于自然，此立天定人，尚未及乎由人复天也。（《书概》）

刘熙载说东汉书法家蔡邕提出的"肇于自然"，还只是"立天定人"，即艺术源于自然、以造化为师。他认为艺术家发挥主观能动性进行的审美创造，还应该"由人复天"，即"造乎自然"，达到艺术境界的浑然天成。这一段话表明，表现"天之心"的文艺创造有两个层次：一是"肇于自然"、"立天定人"，二是"造乎自然"、"由人复天"。

艺术创造源于"自然"或"天"，即以法自然或法天为其准则，这是第一个层次。刘熙载在《文概》中说："太史公文，如张长史于歌舞战斗，悉取其意与法以为草书。其秘要在于无我，而以万物为我。"在《赋概》中也说："赋取穷物之变。如山川草木，虽各具本等意态，而随时异观，则存乎阴阳晦明风雨也。"他强调观察事物要细，不但要熟悉事物的常态，而且要在不同情况下观察它的不同姿态，这样才能做到穷尽事物的变化。所以，所谓"无我"、"以万物为我"，就是说要排除主体先入为主的种种成见的干扰，以"自然"或"天"为我，"立天定人"、"肇于自然"。

艺术还应该妙造"自然"，巧夺"天"工，即所谓"造乎自然"、"由人复天"，这是第二个层次。刘熙载在《文概》中说："《左氏》森严，文赡而义明，人之尽也，《檀弓》浑化，语疏而情密，天之全也。"在《词曲概》中说："古乐府中，至语本只是常语。一经道出，便成独得。词得此意，则极炼如不炼，出色而本色，人籁悉归天籁矣。"这里"人籁"指诗文人为雕琢者，"天籁"指诗文得自然之趣者。人法自然或法天，并达到虽由人力而妙造自然、巧夺天工的境界，才是文艺创造的最高的境界。

刘熙载还指出，达到这种"造乎自然"、"由人复天"，虽然是人工创造，但仿佛自然天成，毫无人工斧凿痕迹的境界，靠的是"锻炼"之功。"西江名家好处，在锻炼而归于自然。放翁本学西江者，其云：'文章本天成，妙手偶得之。'平昔锻炼之功，可于言外想见。""学太白者，常曰'天然去雕饰'足矣。余曰：此得手处，非下手处也。必取太白句以为祈向，盍云'猎微穷至精'乎？"（《诗概》）"学书者始由不工求工，继由工求不工。不工者，工之极也。《庄子·山木篇》曰：'既雕既琢，复归于朴。'善夫！"（《书概》）

刘熙载说的"人之心"和"民之性情"的意思也是相同的，因为宋明理学主张"心统性情"。关于"天人之合"的"人",刘熙载说:"我有义理之我,有气质之我。"(《古桐书屋札记》)又说:"己与人同得天地之理以为性,同得天地之气以为形。"(《持志塾言·济物》)一方面是得"天地之理"的理性的义理之心,另一方面又是得"天地之气"的感性的气质之心。所以,这个"人"是指合理性与感性为一的人心。

刘熙载认为文艺的本质即在于"物"与"我"的统一,而以"心"为本,"情"至而"文"生:

> 学书者有二观:曰观物,曰观我。观物以类情,观我以通德。(《书概》)

> 在外者物色,在我者生意,二者相摩相荡而赋出焉。(《赋概》)

文艺作品诞生于"物"与"我"二者的"相摩相荡"。"《十九首》凿空乱道,读之自觉四顾踌躇,百端交集。诗至此,始可谓其中有物也已。"(《诗概》)

刘熙载还认为"物"与"我"二者在文艺的本质构成中的关系并非是对等的,而是以心为本,以作家的主体为指归:"诗文书画,皆生物也。然生不生,亦视乎为之之人,故人以养生气为要。"(《游艺约言》)"龟山杨氏论孟子'千变万化,只说从心上来',可谓探本之言。"(《文概》)他要求创作主体体道有得,由心上求得主体的提升,然后艺术作品才可以"内出而不穷"。同时,他也认识到艺术作品的创造,并不是具备主体精神即可取代一切创作过程,还必须有创作及学习的功夫。

刘熙载所说的"诗为天人之合",实际上就是合道与器为一的"天之心"和合理性与感性为一的"人之心"的融合。概言之,文艺("诗")是天人合一的结晶、情理合一的产物。

如果我们将"天"或"天地"即自然和社会理解为审美客体,将"人"理解为审美主体,分别指称中国诗学中的"物"与"我"、"物"与"心"、"景"与"情"、"象"与"意"、"象"与"兴"、"境"与"意"、"形"与"神"、"事"与"心"……那么,我们就可以发现,"物我为一"、"心物交应"、"情景交融"、"意象具足"、"兴象浑沦"、"意境融彻"、"形神无间"、"因事写心"……等子命题,都可以概括于"诗为天人之合"这个母命题之中。由此可见,"诗为天人之合"这个命题,具有高度的概括性和普遍意义,它以追求审美主体与审美客体的高度融合,亦即"天人之合"为审美的最高境界。

文艺("诗")的本质,既然是"天之心"与"人之心"的融合,那么,文艺创造("诗"的创作)过程,也就是"以人合天",或者说"以人心合天心"的过程,也就意味着要求通过"人之心"体现出"天之心","体天之心以为心"。正是在这个意义上,刘熙载说:"东坡文有与天为徒之意。前此,则庄子、渊明、太白也。"(《游艺约言》)"诗为天人之合",或者说,"诗"为"天之心"与"人之心"的结合,也就是说,文艺作为审美对象是审美客体与审美主体的辩证统一,这是刘熙载对中国古典美学本质特征的揭示,也是他文艺美学思想的核心。

二 作家论:诗品出于人品

刘熙载将中国古典美学主张为文与为人相统一的思想概括为:"诗品出于人品。"(《诗概》)他说:"屈子之缠绵,枚叔、长卿之巨丽,渊明之高逸,宇宙间赋,归趣总不外此三种。"(《赋概》)"缠绵"、"巨丽"、"高逸"就是不同的作家在赋这种文体上表现出来的具有个性特点的风格。又说:"叔夜之诗峻烈,嗣宗之诗旷逸,夷、齐不降不辱,虞仲、夷逸隐放言,趣尚乃自古别矣。"(《诗概》)"贤哲之书温醇,骏雄之书沉毅,畸士之书历落,才子之书秀颖。"(《书概》)作品风格总是作家独特的人格修养与创作个性的体现。作诗作文,不仅要有高超的艺术修养,更要有高尚的人格修养。

所谓"人品",就是一个人的品格,主要是指作者的思想道德修养,也可以说是对文艺家为人的总的评价。

刘熙载《诗概》将人品分为"悃款朴忠者"、"超然高举,诛茅力耕者"、"送往劳来,从俗富贵者"三种类型。他说:

> 人品悃款朴忠者最上;超然高举,诛茅力耕者次之;送往劳来,从俗富贵者无讥焉。

这里刘熙载是以《楚辞·卜居》中屈原的话来说明三种人品的:"悃款朴忠",是指居庙堂而忧民,居江湖而忧君的品格;"超然高举,诛茅力耕"是指不谀权贵,安于贫困,超然出世的品格;"送往劳来,从俗富贵"则是指利口伪德的徇利小人的志行。

如何鉴定一个人的人品?其依据是这个人的"志与行。"刘熙载在《持志塾言·人品》中说:"观品者,观其志与行"。品在内为志,在外为行。"志乃人生之大主意,一生之学术事业,无不本此以贯之,故不可容其少有差失。"(《持志塾言·立志》)它表现为人的言语、行为,乃至人的性格、气质、品德、情操。"志者,文之总持。文不同而志则一,犹鼓琴者声虽改而操不变也。"

(《文概》)"写字者,写志也。"(《书概》)"陶渊明文示己志,所以人多好之。"(《游艺约言》)"喜怒、语默、行止、去就、利害、毁誉,皆可征心以定品。"(《持志塾言·人品》)

一个人的人品只有当他与外界发生关系时,才能充分表现出来。所以,"征心以定品",实际上就是以"行"观"志",这就使得人品的鉴定变得具体可行。所谓"悃款朴忠者"、"超然高举,诛茅力耕者"、"送往劳来,从俗富贵者",都是从一个人对待社会的态度来确定的。

刘熙载所推崇的"志",乃是符合儒家道德规范的以"直而温,宽而栗,刚而无虐,简而无傲"(《尚书·舜典》)为本的志。他在《诗概》中说:"诗之所贵于志者,须是以直温宽栗为本。不然,则其为志也荒矣,如《乐记》所谓'乔志'、'溺志'是也。"

刘熙载所说的"志与行"的标准,也是以儒家伦理道德为准则的。正如他所说:"循理者为君子,徇欲者为小人。"(《持志塾言·人品》)"王沂公平生之志不在温饱,范文正公做秀才时便以天下为己任。"(《持志塾言·立志》)这就是说,与圣贤之志相同并且发扬光大、与圣贤之志不同则加以修正的,才是君子的"志与行"。

所谓"诗品",刘熙载因所论对象不同有时也称为"词品"、"书品",就是一部作品的品位,主要是指作品的思想内容和艺术特色的高低,也可以说是对作品价值的总的评价。

刘熙载在《词曲概》中将词品分为"元分人物"、"峥嵘突兀"、"婺姗勃窣"三种类型。他说:

"没些儿婺姗勃窣,也不是峥嵘突兀,管做彻元分人物。"此陈同甫《三部乐》词也。余欲借其语以判词品。词以"元分人物"为最上;"峥嵘突兀"犹不失为奇杰;"婺姗勃窣"则沦于侧媚矣。

这里刘熙载是借陈亮《三部乐·七月二十六日寿王道甫》词句来说明三种词品的:词中性情始终与儒家之理合为一体的是"元分人物","为最上"。词中性情不时体现出儒家之理的为"峥嵘突兀","犹不失为奇杰"。"婺姗勃窣"语出《汉书·司马相如传》:"婺姗勃上金堤。""婺姗"即"蹒跚"之意。"婺姗勃窣"如膝行匍匐状的,则"沦于侧媚矣",为徇欲小人的性情了。这三品,包容了刘熙载对词之思想和艺术的评价。

刘熙载既然以儒家"直温宽栗"的品格作为品定"人品"高下的准绳,那么,"诗品"的最高标准也就必然是儒家"发乎情、止乎礼义"(《毛诗序》)、"温柔敦厚"(《礼记·经解》)的诗教了。他在《诗概》中说:"不发乎情,即非礼义,故诗要有乐有哀;发乎情,未必即礼义,故诗要哀乐中节。"审美创造中的抒情言志均要符合儒家的伦理道德。

刘熙载评论作品,正是本此标准。如《赋概》论宋玉之赋:"宋玉《风赋》出于《雅》,《登徒子好色赋》出于《风》。二者品居最上。《钓赋》纵横之气,骎骎乎入于说术,殆其降格为之。"他释《九章》中《惜誓》:"惜者,惜己不遇于时,'发乎情'也;誓者,誓己不改所守,'止乎礼义'也。此与篇中语意俱合。"他认为王逸注"哀惜怀王与己约信而复背之"(《赋概》),其说似浅。

刘熙载认为:"天只是以人之心为心,人只当体天之心以为心。"(《持志塾言·天地》)"天赋性于人,以全授之,人当以全归。故尽性是本分事,不能尽性便是亏了本分。"(《持志塾言·心性》)如果一个人的性情(人之心)完全与天理(天之心)同一,即人"以全授之","体天之心以为心",自然就是"元分人物"了。因此,"元分人物"就是天人合一之人物。刘熙载又说:"不情之理非理,非理之情不情。"(《持志塾言·礼乐》)因此,"元分人物"也就是"情理合一"之人物。

所以,刘熙载的"诗品出于人品"的命题,与他对审美本质的看法"诗为天人之合"的思想是一致的。既然"诗为天人之合",诗歌是天理与诗人性情的融合,那么,"诗品出于人品",诗歌的品位源于诗人的品格,进而以诗人的人品来论诗歌的诗品,也就是天经地义的事了。

不仅诗、词,书也如此。《书概》云:"书也者,心学也";"写字者,写志也";"书,如也,如其学,如其才,如其志,总之曰:如其人而已"。通过书法不仅可以看出书家的"学"、"才"、"志",而且可以想见书家其人。

当然,诗品有时也与诗人的人品不一致:一种情况是诗品与人品并非真的不一致,而是诗品隐晦曲折地反映诗人的人品,这时候,刘熙载会用知人论世的办法来解决:"次山诗令人想见'立意较然,不欺其志'。其疾官邪,经爵禄,意皆起于恻怛为民。不独《春陵行》及《贼退示官吏作》足使杜陵感喟也。"(《诗概》)另一种情况是诗品确实不能反映诗人的人品,这时候,刘熙载也有明确的评判:"文不本于心性,有文之耻,甚于无文。"(《游艺约言》)至于强调"诗品出于人品"是否会妨碍作品体裁风格的多样化问题,刘熙载是这样回答的:"文不同而志则一,犹鼓琴者声虽改而操不变也。"(《文概》)

刘熙载非常看重一个人的人品。他在《持志塾言》里曾专设《人品》一节,阐述他对人品的看法。比如:"立品不要自菲薄,又不要自满假。菲薄,则不知圣贤人人可学;满假,则不知才杰往往无成。""有志立品者,未至纯粹,且须坦白,使表里如一,便可实实用功,以去非求是。"

"诗品出于人品"的命题,揭示了诗品与人品的关系,诗品须以人品为基础,作品审美价值的高低,主要取决于文艺家思想境界的高低,这就极大地强调了提高文艺家主体修养的重要性。对于促使文艺家注重内在修养,追求人格完善,促使批评家知人论世,对批评对象作出比较全面准确的把握,都是有积极意义的。

三 创作论:"不一"与"一"相辅成文

刘熙载在论创作时发挥了《周易》"物相杂,故曰文"和《国语》"物一无文"的思想,肯定"两物相对待故有文,若相离去便不成文矣"。构成"文"的基本条件是两物(如:强与弱,刚与柔,阳与阴)"相对待",如有一方"离去",便不能构成"文"。他说:

> 《易·系传》:"物相杂,故曰文。"《国语》:"物一无文。"徐锴《说文通论》:"强弱相成,刚柔相形,故于文人乂为文。"朱子《语录》:"两物相对待故有文,若相离去便不成文矣。"为文者,盍思文之所由生乎?
>
> 《左传》:"言之无文,行而不远。"后人每不解何以谓之无文,不若仍用《外传》作注,曰:"物一无文。"(《文概》)

这里,"物一无文"中的"一"是指单一的"一"。"物一无文"是说"整一"中要有"杂多","统一"中要有"对立","文"应是多种因素相杂而构成的"不一"的复合体。我们可以说:"物相杂,故曰文",或者说"物一无文",或者说"两物相对待故有文",乃是宇宙奥秘的揭示。文艺创作自然莫能例外。有物相杂、不一的聚合、两物的对待,才可能有文艺的创造,言之无文,则行而不远。

刘熙载的高明之处在于,他在肯定了《国语》的"物一无文"说的同时,又提出了"物无一则无文"的命题:

> 《国语》言"物一无文",后人更当知物无一则无文。盖一乃文之真宰,必有一在其中,斯能用夫不一者也。(《文概》)
>
> 《易·系辞》言"物相杂,故曰文",《国语》言"物一无文",可见文之为物,必有对也,然对必有主是对者矣。(《经义概》)

这里,"物无一则无文"中的"一"是指整体的"一"。"物无一则无文"是说"杂多"中要有"整一","对立"中要有"统一",众多的"不一"必须按照美的规律组合起来,才能形成优美的"文"。如《赋概》所云:"《离骚》东一句,西一句,天上一句,地下一句,极开阖抑扬之变,而其中自有不变者存。"

刘熙载"物无一则无文"的思想显然来自《周易》。《周易》认为,"易有太极,是生两仪"(《周易·系辞上》),分而为阴阳相摩相荡,是为动,然而"天下之动,贞夫一者也"(《周易·系辞下》)。同样是揭示宇宙规律的哲学命题,在刘熙载手中转化为美学命题。刘熙载正是以这个"一"为文艺的灵魂。文艺不是简单的集合、拼凑、杂糅,必须以"一"来统贯。这个"一",刘熙载又称之为"真宰",具有主宰"不一"的作用。

"物一无文"和"物无一则无文"这两个论断,表面上看,意思刚好相反,其实,一个说整一中要有杂多、统一中要有对立,一个说杂多中要有整一、对立中要有统一,本质上是一致的,只不过一个强调杂多、对立,一个强调整一、统一,侧重点不同而已。

在刘熙载看来,"文"(文艺)既是杂多的,又是整一的,是寓杂多于整一,杂多与整一的对立统一。他指出:"古人书看似放纵者,骨里弥复谨严;看似奇变者,骨里弥复静正。"(《游艺约言》)"《离骚》东一句,西一句,天上一句,地下一句,极开阖抑扬之变,而其中自有不变者存。"(《赋概》)"太白诗虽若升天乘云,无所不之,然自不离本位。故放言实是法言。"(《诗概》)这里"放纵"、"放言"、"东一句,西一句,天上一句,地下一句"即"杂多";"谨严"、"法言"、"自有不变者"即"整一"。

优秀的文艺作品,都应当是"不一"与"一"的统一。刘熙载《文概》论庄子文,一方面极其赞赏庄子文"能飞"的神妙:"文之神妙,莫过于能飞。庄子之言鹏曰'怒而飞',今观其文,无端而来,无端而去,殆得'飞'之机者。"另一方面又指出:"庄子文看似胡说乱说,骨子里却尽有分数,彼固自谓猖狂妄行而蹈乎大方也。""胡说乱说"、"猖狂妄行"是"不一"的体现,"尽有分数"、"蹈乎大方"是"一"的体现。没有所谓"胡说乱说"、"猖狂妄行",庄子文就失掉了"能飞"的神妙,倘若"飞"得没有"分数",不能"蹈乎大方",那就不能构成艺术整体。庄子文之所以美,就因为它既"能飞",又能"蹈乎大方",达到了"不一"与"一"的高度统一。

任何文艺样式,不仅在整体上应是"不一"与"一"的统一,而且在内容、形式、意境、章法、语言、风格等方面,也都应是"不一"与"一"的统一。可以说,文艺作品在各个方面、各个角度、各个层次上,都存在着"一"与"不一"的关系。

现代学者钱锺书在《管锥编·周易正义二十四》中评论说:"刘氏标一与不一相辅成文,其理殊精:一则杂而不乱,杂则一而能多。古希腊人谈艺,举'一贯寓于万殊'(Unity in variety)为第一义谛(the fundamental theory),后之论者至定为金科玉律(das Gesetz der Einheit in der Mannigfaltigkeit),正刘氏之言'一在其中,用夫不一'也。枯立治论诗家才力愈高,则'多多而益一'(il più nell' uno),亦资印证。"①

四 鉴赏论:颂其诗,贵知其人

在文艺鉴赏方面,古典美学有"以意逆志"与"知人论世"的说法。"以意逆志"和"知人论世"作为文艺批评的方法,有着内在的联系。可以说"知人论世"是"以意逆志"的前提,而"以意逆志"则是"知人论世"的结果。读其书,逆其志,知其人,论其世,其目的是克服时空的障碍,从而达到与古人的心心相通。刘熙载则进一步将"颂其诗,贵知其人"作为鉴赏原则。他说:

> 颂其诗,贵知其人。先儒谓杜子美情多,得志必能济物,可为看诗之法。(《诗概》)

> 古人一生之志,往往于赋寓之。《史记》、《汉书》之例,赋可载入列传,所以使读其赋者即知其人也。(《赋概》)

刘熙载在《赋概》曾将这个意思简称为:"以赋观人。"他在《经义概》中不无感慨地说:"文不易为,亦不易识。观其文,能得其人之性情志尚于工拙疏密之外,庶几知言知人之学也与!"文艺鉴赏,关注作品本身,这是一般人比较容易做到的;透过作品把握作者,则是一般人比较难做到的。这既是说明颂其诗知其人的不易,也是鼓励读者努力步入颂其诗知其人的境界。

刘熙载评论作品,总是与作家其人分不开的。如《文概》论屈原文:"太史公《屈原传赞》曰:'悲其志。'又曰:'未尝不垂涕,想见其为人。''志'也,'为人'也,论屈子辞者,其斯为观其深哉!"《赋概》论屈原、贾谊赋:"读屈、贾辞,不问而知其为志士仁人之作。太史公之合传,陶渊明之合赞,非徒以其遇,殆以其心。"又如《文概》论孔融文:"孔北海文,虽体属骈丽,然卓荦遒亮,

---

① 钱锺书:《管锥篇》(第1册),中华书局1979年版,第52页。

令人想见其为人。"孔融性格孤傲,为人刚正,其文思想犀利,感情真挚。刘熙载评其风格"卓荦遒亮",正是其人的真实写照。他甚至能够从作品艺术风格的不同看出作为创造主体的人的个性特征与精神气质的不同。《赋概》:"赋因人异。如荀卿《云赋》,言云者如彼,而屈子《云中君》亦云也,乃至宋玉《高唐赋》亦云也;晋杨乂、陆机俱有《云赋》,其旨又各不同。以赋观人者,当于此着眼。"荀、屈、宋、杨、陆诸人俱曾赋云,云本身并无不同,但由于各人的精神气质不同,所寄寓的旨趣不同,因而所赋之云也如此如彼,呈现出完全不同的个性特征。《书概》:"或问:颜鲁公书何似?曰:似司马迁。怀素书何似?曰:似庄子。"颜真卿为人,在沉著的本色中可见飘逸之姿,有如史迁,故其书之风格似之;怀素为人,在飘逸的本色中可见沉著之态,有如庄周,故其书之风格亦似之。

正因此,刘熙载批评刘勰《文心雕龙·体性》专从作品本身去评价贾谊:"贾生俊发,故文洁而体清",他认为这样评价"似将贾生作文士看矣"(《文概》)。刘熙载"颂其诗,贵知其人"的思想,与他"诗品出于人品"的思想是一致的。

五 发展论:文之道时为大

刘熙载以前,在文艺发展论方面,有"一代有一代之所胜"(焦循《易馀龠录》卷一五)之说。刘熙载在此基础上,将他关于文艺发展方面的思想概括为"文之道,时为大"。他说:

> 《易》曰:"损益盈虚,与时偕行。"善为文者以之。(《游艺约言》)

> 文之道,时为大。《春秋》不同于《尚书》,无论矣。即以《左传》、《史记》言之,强《左》为《史》,则噍杀;强《史》为《左》,则啴缓。惟与时为消息,故不同正所以同也。(《文概》)

这两段话有这样几层意思:一是一代有一代之文,文与时偕行。比如,《文概》论西汉文:"汉家制度,王、霸杂用。汉家文章,周、秦并法。惟董仲舒一路无秦气。""贾长沙、太史公、淮南子三家文,皆有先秦遗意。若董江都、刘中垒,乃汉文本色也。""班孟坚文,宗仰董生、匡、刘诸家,虽气味已是东京,然尔雅深厚,其所长也。"这里实际上按时代推移将西汉散文的发展分为三个阶段,"有先秦遗意"、"无秦气"、"气味已是东京"("东京"指东汉)。二是一代之文无有不肖乎一代之人者,文以时为大。比如,论秦汉之别:"秦文雄奇,汉文醇厚。"(《文概》)"秦碑有韵之文,质而劲;汉乐府,典而厚。如商、周二《颂》,气体攸别。"(《诗概》)"秦碑力劲,汉碑气厚,一代之书,无有不肖乎一代之人与文者。"(《书概》)三是各代之文不同,文与时偕行、文以时为大却是相同的。从发展的观点看,变乃是正宗,乃是至道,所以刘熙载有"变之正"的说法。《赋概》:"变《风》变《雅》,变之正也。《离骚》亦变之正也。"《词曲概》:"文文山词,有'风雨如晦,鸡鸣不已'之意。不知者以为变声,其实乃变之正也。"四是各代之文不同,不必强求相同。刘熙载认为,"马迁之《史》,与《左氏》一揆",也就是同一准则;但是《左氏》"气象所长,在雍容尔雅",即从容委曲,辞气不迫,而"太史公文,兼括六艺百家之旨",具备"恻怛之情,抑扬之致",雄奇瑰丽"与楚汉间文相似"。"强《左》为《史》,则噍杀;强《史》为《左》,则啴缓。"(《文概》)因此,不同时代的文学艺术,不必也不可能削足适履地强求相同。

刘熙载在"文之道,时为大"的基础上,进一步指出,各代所谓正体与俗体,也是随时代发展而有所变化的。"一代之书,必有章程。章程既明,则但有正体而无俗体。其实汉所谓正体,不必如秦;秦所谓正体,不必如周。后世之所谓正体,由古人观之,未必非俗体也。然俗而久,则为正矣。"(《书概》)

总之,一代文风也好,一代书风也好,总是与一代人风,与这个时代的物质生活、思想潮流、伦理观念、审美趣味等相联系的,不同时代的文艺作品,总是各自时代精神的反映。如《金石略序》云:"观晋人字画,可见晋人之风猷;观唐人书踪,可见唐人之典则。""善为文者"总是"与时偕行",随时代前进的。

刘熙载"文之道,时为大"的论述与"一代有一代之所胜"之说相比,前者论述的是各文艺样式的发展,后者论述的是各时代最有代表性的文体。刘熙载关于"文之道,时为大"的论述,强调了各种文艺样式与时俱进,指出了文风、书风与人风的关系,揭示了文艺与时代同步发展的规律,因而显得更为深刻。

刘熙载谈文论艺,既有微观分析,又有宏观把握。在文艺发展论方面,他还主张在继承的基础上创新。他在《文概》中举出韩愈和王安石、苏轼三个典范性例证,总结了唐宋古文运动的历史性经验,在此基础上提炼出"包"、"扫"、"生"这组阐明继承和创新关系的概念。

韩文起八代之衰,实集八代之成。盖惟善用古者能变古,以无所不包,故能无所不扫也。

　　介甫之文长于扫,东坡之文长于生。扫,故高;生,故赡。

所谓"包",侧重于吸收、继承,善于吸取前代文化的精华,即善于"用古"。在刘熙载看来,苏东坡、陆敬舆便是善用古的典范。"东坡文亦孟子、亦贾长沙,陆敬舆亦庄子、亦秦仪。"(《文概》)当然,文虽贵法古,但却不可先有一古字横于胸中。"王孟及大历十子诗皆尚清雅,惟格止于此而不能变,故犹未足笼罩一切。""杜樊川诗雄姿英发,李樊南诗深情绵貌,其后李成宗派而杜不成,殆以杜之较无寠臼与?"(《诗概》)

所谓"扫",侧重于批判、否定,在古人、古文化面前敢于批判;所谓"生",侧重于创新、建树,对文艺的发展作出贡献。"扫"与"生",也即"变古"。在"用古"与"变古"两者关系问题上,刘熙载强调两者的结合,而又重在"变"。他一再强调"离形得似"、"精能变化"、"阐前人所已发,扩前人所未发"(《文概》);他竭力反对模拟,指出:"杨子云之言,其病正坐近似圣人"(《文概》);他对汉儒以下褒正贬变的观念作了自觉的驳正:"正而伪,不如变而真","变《风》变《雅》,变之正也,《离骚》亦变之正也"(《赋概》)。刘熙载文艺"与时偕行"的思想,不仅是文艺发展规律的揭示,而且与社会发展规律相吻合,并且,这一思想与清代实学主张实事求是、经世致用的精神是一致的。

中国古典美学发展到清代前期和中期,相继出现了金圣叹、李渔、王夫之、叶燮、石涛和袁枚等大师级的人物,他们在小说、戏曲、诗歌、散文、绘画美学研究方面取得了丰硕的成果。相对晚出的刘熙载凭借他得天独厚的条件,折衷群言,论列得失,站在前辈大师的肩上,以自己卓越独特的创造,完成了对中国古典美学的总结。

思考题:
1. 王夫之对诗歌情景关系的规定。
2. 李渔对戏曲作为舞台艺术的论述。
3. 石涛"一画"说的基本含义。
4. 刘熙载文艺美学思想的主要内容。

第九章
现代美学

中国在近代以前的五千年文明史里,虽有悠久的审美意识史和丰富的美学思想,但并不存在科学的、严格意义上的美学。中国有"美"有"学"的历史,要到20世纪初年才算真正开启。美学在中国,其诞生主要是19世纪末20世纪初西学东渐的产物,其发展主要是中西学术文化与美学思想激情碰撞、初步交融的成果。从诞生到发展,美学在中国刚刚跨过了一个世纪的岁月。回望百年中国美学的现代进程,我们应当看到,中国现代美学家的美学努力与现代探索,取得了令世界瞩目的丰硕成果。但是,我们又不能不清醒地认识到,中国美学由古典而现代的转型还远远没有完成,富于民族特色的中国现代美学体系的真正构建还有待于新世纪中国美学家们继往开来的学术努力与创新。

第一节 现代美学概述

中国现代美学的百年进程,大体可以分为三个时期:20世纪初至20世纪20年代末,为美学启蒙及其学科创建时期,以王国维的美学成就为最高;20世纪20年代末至40年代末,为中国现代美学奠基和中国马克思主义美学诞生时期,以朱光潜和宗白华的美学成就为最高;20世纪后期,为实践论美学主流地位的确立及其在论争中不断发展的时期,以李泽厚等的美学成就为最高。

一 美学启蒙及其学科创建

20世纪中国美学帷幕之拉开,是与近代中国启蒙思想相伴随的。20世纪初年,面对积弱积贫的衰微国势和救亡图存的社会变革理想,一些启蒙主义者认识到改造国民性的重要性,强调在向西方学习先进技术的同时,还必须对广大民众进行思想启蒙。而实现思想文化启蒙的有效手段之一,就是审美与艺术教育。王国维、梁启超、蔡元培和鲁迅(晚年以前)等启蒙美学家都十分强调美学启蒙的重要意义,重视艺术、审美和情感教育,主张用感性的美去教育改造民众麻木愚昧的精神状态,用新的美学观念与方法去打破旧的美学观念与方法对人们思想的束缚,认为审美可以提升人生境界,美育可以救国救民。

王国维可以说是20世纪中国美学启蒙的第一人,他的美学启蒙意义主要在于,"他在意识到人生的痛苦和悲剧的同时,仍执著于凭借艺术的感悟和创造来表达它、宣泄它、反映它,从而超越它。这就使文艺和美学摆脱了传统政治伦理的实用利害,成为独立的、以自身为目的的、'天下有最神圣最尊贵而无与于当世之用者';同时又仍然能够是入世的、面向'人间'的。他为铸就一种'为人生的'美学和一种审美的人格而奠下了第一块理论基石"。① 王国维美学的启蒙意义还在于,他开启了美学学科进入中国的大门,陆续将叔本华、康德、尼采和席勒等人的美学思想介绍到中国,并尝试运用西方美学的理论与方法来解释中国艺术理论与实践,对美的基本性质以及美育问题,对"悲剧"、"眩惑"、"古雅"等审美范畴,特别是对"境界",都有自己的阐释与发挥,从而为中国百年美学树立了第一座里程碑。

梁启超的美学,是一位启蒙思想家的启蒙美学。他的美学成就如同其文学和史学成就一样,始终属于思想启蒙范畴②,只是前后期的思想内涵有所不同:由"文学革命"转向"趣味主义",由政治功利美学而为审美人生美学,由对美的现实功能的强调到对美的人文价值底蕴的观照。虽然梁启超从未刻意在理论上营构体系,但其始终直面现实、积极入世的价值向度,由关注社会政治实践到思寻人生价值理想的思想轨迹,以"趣味"为核心、"情感"为基石、"力"为中介、"移人"为目标的有机范畴结构,向我们展示了一个融求是与致用为一体、精神理想与现实执著为一体的富有自身特色的趣味主义人生论美学思想体系。其美学思想的实质是让审美与艺术融入人生,倡导乐生爱美的人生旨趣与生活品格,期待通过审美来激活生命、改造主

---

① 邓晓芒:《20世纪中国美学之回顾与反省》,载《福建论坛》1999年第4期。
② 陈文忠:《美学领域中的中国学人》,安徽教育出版社2001年版,第80—81页。

体、完善人格。①

蔡元培则把美学作为启蒙的工具,把美育作为教育救国的手段,主张以审美教育来对广大民众进行思想文化启蒙。蔡元培对20世纪中国美学研究的贡献主要在于,他以民国教育总长和北京大学校长的重要社会地位和崇高威望对于美育不遗余力的提倡与实施。他在新文化运动前后,发表了一系列关于美育的演说与文章,积极提倡美育,有史以来第一次把美育提高至国家教育方针的地位,深刻地阐明了"以美育代宗教说"。此外,蔡元培还从普及和深化美育的目的出发,向学界提出了建设科学的美学的呼吁。在任北京大学校长期间,他本人身体力行,在北京大学首开美学课,还自拟编著过《美学通论》书稿(可惜的是,只写出了两章手稿)。

鲁迅虽然没有进行专门的美学研究,但他的美学思想丰富、深刻而冷峻,包含于他的博大精深的文艺思想之中。以文艺进行思想启蒙,改造国民性,批判现实社会,是晚年以前鲁迅美学思想的着眼点(晚年鲁迅则译介并接受马克思主义理论家的一些思想和美学观点,开始用历史唯物主义和阶级分析的方法来考察文艺)。青年鲁迅受尼采等人和西方浪漫主义文艺思潮的影响,倡导一种富于浪漫激情的启蒙主义美学,并追随蔡元培提倡美育。《摩罗诗力说》就是鲁迅当时美学思想的集中体现。中年鲁迅的启蒙思想进一步发展,由浪漫主义精神的倡导转入批判现实主义的实践,主张用文艺真实地描写人生,大胆揭露和批判社会的病苦与精神的堕落,并在苦闷彷徨中发出呐喊,也接受、译介了厨川白村的美学观——文艺是"苦闷的象征",提倡反叛与抗争精神,以冲破社会的黑暗和思想的束缚。

由于启蒙美学家的美学启蒙、倡导和影响,以及他们对西方美学的引进、译介和传播,在20世纪20年代,中国迎来了美学研究的第一次热潮,美学和美育得到了相当程度的普及,出版了一大批有关美学的学术著作。这些论著探讨的问题涉及美学的学科性质,美学的研究对象,美与美感、艺术的关系,美与社会、自然的关系,以及美的范畴等多个方面。其中较有影响的代表性著作,当属吕澂、陈望道和范寿康各自撰写、先后出版的三本《美学概论》,构建出规模初具的美学理论体系。尽管这些著作多建基于西方美学理论之上,而忽略了中国传统美学对于现代美学理论建构的潜在价值和意义,但他们建构美学的尝试与努力,对于美学学科在中国的出场具有标志性

---

① 金雅:《梁启超美学思想研究》,商务印书馆2005年版,第7、61、87页。

意义。与此同时,美学在一些著名高校已开始成为一门重要课程。继蔡元培之后,时有"南宗北邓"之称的宗白华和邓以蛰,20年代中期即分别在南京东南大学和北京大学讲授美学课。至此,我们可以说,美学学科在中国的正式创建已告完成。

二 中国现代美学的奠基与中国马克思主义美学的诞生

有民族特色的中国现代美学理论体系的真正构建,应当以中国传统美学资源为根基,融会西方美学思想和方法,汲取和发展马克思主义美学的合理内核。20世纪20年代末至40年代末,中国美学家在这三个方面均作出了卓有成效的努力。正因如此,我们把此一时期看做中国现代美学的奠基期。其中,在系统译介并综合运用西方美学方面,可以朱光潜为代表;真正立足于本土美学资源和思维方式来尝试建构中国现代美学理论体系的,可以宗白华为代表;为中国马克思主义美学的诞生与形成作出杰出贡献的,当以毛泽东和蔡仪为代表。

真正自成体系、富于原创性的中国现代美学论著,出于朱光潜和宗白华之手。朱光潜奠定自己学术地位的美学著作和宗白华最重要、最有影响的美学论文,多问世于20世纪三四十年代。他们两人此一时期的美学探索与努力,共同为中国现代美学学科建设奠定了坚实的基础,为中国古典美学的现代转型作出了不可磨灭的贡献。也因此,他们被学界称为中国现代美学的"双峰"。朱光潜通过对西方近现代美学思想的"补苴罅漏"和"调和折衷",建构起了中国现代美学史上第一个具有自身特色的以美感经验论为核心的审美心理学体系。他这一时期的贡献还在于试图构筑独具特色的"意象美学"观念体系,提出"人生的艺术化"等问题。值得注意的是,他在构建自己美学思想体系的过程中所体现的中西美学理论与审美实践互释互证的方法与努力,也为中国传统美学与西方现代美学的有机融合作了有益的尝试。与朱光潜生卒同年、兼为诗人和哲学家的美学家宗白华,终生在美学殿堂里散步,他富于诗情和哲思、极具民族特色的美学研究,尤其是关于中国美学和中国艺术的精深微妙之阐发,所达到的学术高度,所潜在的美学影响,在中国现代美学家中几乎无人能与比肩。宗白华在中西哲学比较研究的基础上,以中国传统美学为本根,以西方现代美学为参照,创造性地诠释了中国传统哲学的宇宙观念和生命意识,初步建立起了他的生命美学观,并由此出发构筑起了著名的中国艺术境界论。他对中国艺术境界理论体系的求索与构建,为中国传统美学的现代转换提供了范导性的尝试。

苏俄马克思主义美学思想的译介、传播和中国马克思主义美学的诞生、形成,为中国现代美学之构建奠定了又一理论基石,并对20世纪后期中国美学研究的发展产生了十分重要的影响。中国马克思主义美学诞生的理论渊源,主要是苏俄马克思主义文艺美学的思想与模式。鲁迅、瞿秋白、冯雪峰、周扬、毛泽东等人对卢那察尔斯基、普列汉诺夫、车尔尼雪夫斯基、列宁等人的文艺、美学思想的译介、传播与运用,为中国马克思主义美学的诞生作出了重要的贡献。其中影响最大的是毛泽东,《在延安文艺座谈会上的讲话》的发表,标志着中国马克思主义美学的正式诞生。《讲话》从一个领导中国共产党人进行社会革命的政治家的视界出发,将马克思列宁主义与中国革命和文艺的具体实践紧密结合起来,运用马克思主义美学的基本观点,深入地阐发了文艺美学中的一系列重大问题,如生活美与艺术美、文艺的内容美与形式美、文艺和政治的统一、文艺的革命功利性等。毛泽东的这些文艺美学思想,在相当长的历史时期内影响着中国文艺的创作、审美实践及其理论批评,为中国马克思主义美学的形成和发展奠定了坚实的基础。

真正运用马克思主义的观点与方法来构建自己美学理论体系的中国美学家,当以蔡仪为第一人。1947年问世的《新美学》,标志着蔡仪"新美学"理论体系的初步形成;此书可以说是中国第一部自觉运用马克思主义观点与方法系统研究美学的学术专著,为中国马克思主义美学的传播与发展作出了重大贡献。《新美学》从唯物主义认识论出发,考察了美学的基本问题,论述了美、美感、艺术与认识的关系,认为美是客观的,美即典型,客观的美是美的存在,美感是对美的认识,艺术就是美的创造。《新美学》还由此出发,批判了唯心主义的旧美学,从而也揭开了五六十年代唯物主义美学与唯心主义美学大辩论的序幕。

三 美学论争与中国实践论美学的发展

20世纪后期中国美学的发展,与马克思主义哲学特别是其实践论观点结下了不解之缘,同时又是在论争中不断发展的。纵观其发展历程,我们可以将之细分为三个阶段:50年代初期至60年代中期,是"美学大讨论"与实践论美学的初创时期;70年代末至整个80年代,是关于《1844年经济学—哲学手稿》的论争与实践论美学的深化时期;90年代,是关于实践论美学的论争与反思时期。

(一) 美学大讨论:实践论美学的初创

五六十年代的美学大讨论,是建国后中国美学研究第一次热潮的集中体现,它开始于对朱光潜的唯心主义美学思想的批判。其讨论的焦点是美的本质问题,主要围绕美是主观的还是客观的亦或是主客观统一的问题进行交锋,并涉及审美对象、美与美感的关系、自然美等问题。在讨论中,形成了这样四个美学学派,即以吕荧、高尔泰为代表的主观派,以蔡仪为代表的客观派,以朱光潜为代表的主客观统一派,以李泽厚为代表的客观性与社会性统一派。影响较大的是后三派,这三派之间的论争是这次美学大讨论的集中体现。

蔡仪坚持美是客观的、美即典型的主张,坚定地捍卫其新美学的唯物主义认识论、反映论立场,与《新美学》的批判者展开了激烈的论争,对先前的美学观点作了进一步的阐释与补充。他强调,"物的形象是不依赖于鉴赏者的人而存在的,物的形象美也是不依赖于鉴赏者的人而存在的"①,"客观现实事物的美的根源在于客观事物本身,事物的美的形象关系于它作为客观事物的实在性质"②。朱光潜主张美是客观与主观的统一,强调要将自然形态的"物"("物甲")和社会意识形态的"物的形象"("物乙")区分开来,"物甲"是"美的条件"而不是"美":美感的对象既非纯客观的自然的"物",也非与客观自然物毫无关系的纯主观的社会的人的"观念",而是自然性与社会性、客观与主观相统一的"物的形象"。③ 朱光潜还强调,"美"有两种形态,即"自然形态的美"和"美学意义的美",只有艺术美才是真正"美学意义的美",也只有这个意义的美才表现出矛盾的统一,即自然性与社会性的统一、客观与主观的统一。④ 李泽厚的美学可以说是这次美学大讨论的直接成果,他在批判思考其他派别的美学思想缺陷的同时,创立了自己的美学理论,提出了"美是客观性和社会性的统一"的著名观点。

---

① 蔡仪:《评〈食利者的美学〉》,见四川省社会科学院文学研究所编《中国当代美学论文选》第一集,重庆出版社1984年版,第244页。
② 蔡仪:《朱光潜美学思想的本来面目》,见《美学论著初编》(下),上海文艺出版社1982年版,第540—541页。
③ 朱光潜:《美学怎样才能既是唯物的又是辩证的》,见《朱光潜美学文集》第三卷,上海文艺出版社1983年版,第34页。
④ 朱光潜:《论美是客观与主观的统一》,见《朱光潜美学文集》第三卷,第72页。

值得注意的是,在论辩过程中,各派美学家都在继续不停地思考,不断地完善自己的美学观点,特别是都在努力地从马克思主义的经典作家的作品中寻求自己的论据,尽管他们对马克思主义的理解不同。朱光潜和李泽厚等就是从马克思主义的实践观出发来不断发展和完善自己的美学观点的,中国实践论美学观也因之而初创。朱光潜在1957年所写的《论美是客观与主观的统一》一文中,明确指出:"把文艺看作一种生产劳动,这是马克思主义关于文艺的一个重要原则";从生产劳动观点去看文艺,文艺不只是一种认识过程,"文艺同时又是一种实践过程"。① 但是,这个时候,他理解的马克思主义的实践论还只是用来证明他的基本观点"美是意识形态性的"。真正实现从审美意识形态论到审美实践论的转变,对美的本质研究取得重大进展与突破,还要到1960年他写的《生产劳动与人对世界的艺术掌握——马克思主义美学的实践观点》一文。这篇重要论文是此一转变的标志。随后,他又发表了《美学中唯物主义与唯心主义之争——交美学的底》等文,进一步重申马克思主义实践观点之于美学的重要意义。朱光潜指出,艺术掌握方式与实践精神方式的联系,"这是马克思的美学观点的中心思想"②;"从马克思主义的实践观点看,美感起于劳动生产中的喜悦,起于人从自己的产品中看出自己的本质力量的那种喜悦。劳动生产是人对世界的实践精神的掌握,同时也就是人对世界的艺术的掌握。在劳动生产中人对世界建立了实践的关系,同时也就建立了人对世界的审美关系。一切创造性的劳动(包括物质生产与艺术创造)都可以使人起美感。人对世界的艺术掌握是从劳动生产开始的"③。李泽厚于1962年发表了《美学三题议》,这篇论文标志着李泽厚的探索达到了一个崭新的境界,马克思主义历史唯物论的实践哲学真正成为了李泽厚美学的哲学基础。

美学大讨论后来因为文化大革命的爆发而中断。客观地说,这次美学大讨论取得了丰硕的成果,对美学的普及与发展产生了十分积极的作用,它激发了很多人的美学兴趣,促进了美学学术研究,为中国美学的发展奠定了马克思主义哲学基础,是20世纪后期中国美学的起点,也为新时期美学的

---

① 朱光潜:《论美是客观与主观的统一》,见《朱光潜美学文集》第三卷,第61—62页。
② 朱光潜:《生产劳动与人对世界的艺术掌握——马克思主义美学的实践观点》,见《朱光潜美学文集》第三卷,,第284页。
③ 同上书,第290页。

勃兴与繁荣作出了历史的铺垫。但是,我们也应当看到这次美学大讨论的学术局限与消极影响,比如:把美学的哲学基础问题当成美学本身问题,把审美活动归结为认识活动,把哲学上心和物的关系简单地搬到美学里面,以哲学上的唯物与唯心作为美学判断是非的根本标准,以抽象的哲学原理去套具体的美学问题,而忽视了人的感性的生命存在和鲜活的审美体验。

(二) 关于《1844年经济学—哲学手稿》的论争:实践论美学的深化

"十年浩劫"过后的中国,学术研究终于由停滞而又复苏,美学更是走在前面,于80年代初形成了建国后的第二次热潮,美学由高雅的殿堂大步迈入广大民众之中。和50年代兴起的第一次美学热潮相比,此次美学热潮视野更为开阔,讨论更为广泛,研究更为深入。其间最值得关注的现象与成果有两个方面:一是对中国美学史的梳理研究,二是美学论争的广泛深入。

在80年代的美学热潮中,除了对系统译介西方美学抱有很大热忱之外,中国美学研究出现了一个可喜的现象,那就是对中国美学史的关注和研究,并取得了丰硕的成果。1980年在昆明召开的第一次全国美学会议,就将中国美学史的研究列为重要议题。中华书局于1980、1981年出版了由北京大学哲学系美学教研室编选的《中国美学史资料选编》上、下册。在随后1984至1987年短短四年内,出版了三部具有重要影响的中国美学史著作,即李泽厚、刘纲纪的《中国美学史》,叶朗的《中国美学史大纲》和敏泽的《中国美学思想史》。此外,值得注意的是,李泽厚还出版了具有广泛而深远影响的中国美学史内、外篇,即1981年的《美的历程》(外篇)和1988年的《华夏美学》(内篇)。

在此次美学热潮中,最令人注目的,是美学论争广泛而深入的展开,比如关于共同美的论争,关于人性论和人道主义的论争,关于马克思《1844年经济学—哲学手稿》的论争等。其中,最重要、最核心的是关于《手稿》的论争,朱光潜、李泽厚、蔡仪、高尔泰、蒋孔阳、刘纲纪以及美学界大批新人都积极参与了这场讨论。这次论争,对于中国美学研究的一大成果是:以马克思的实践观点来建构美学本体论成为美学界大多数人的共识,"实践"、"自然人化"、"人的本质力量对象化"和"自由"等成为美学界最热衷的概念和命题,尽管美学家们对这些概念、命题的理解不尽相同,甚至差别很大。其中,李泽厚、刘纲纪等人的观点最受人关注,赞同的人也较多。诚如有的论者所说:"80年代持续三年左右的《手稿》的讨论,实际上就是以李泽厚、刘纲纪为代表的'实践观点美学'得以确立并在美学领域获得主导地位的过程。"①

李泽厚在《批判哲学的批判——康德述评》以及一系列"主体性哲学论纲"中,通过对康德哲学的批判性研究,将马克思的实践观点和康德的主体性思想有机联结起来,并吸收了中国传统哲学的天人合一思想,创建了自己的"主体性实践哲学"(又称"人类学本体论"),也由此展开了他的"主体性实践美学"或"人类学本体论美学"。《美学四讲》就是李泽厚实践论美学思想体系的集中体现和具体展开。与李泽厚不同,刘纲纪的"实践本体论"(或称"社会实践本体论")没有走向康德,而是始终守候在马克思的身边。刘纲纪认为,马克思在《手稿》等著述中所表达的"劳动创造了美"、"自然的人化"以及"美的规律"等思想,为美学提供了哲学前提,科学地回答了美的本源问题,指出了美的最根本、最普遍的规律。刘纲纪紧紧抓住实践的本质特征,坚持用实践及其自由阐明美的最终本性,从本体论的高度把实践与美结合起来,把实践运用到研究美与艺术问题的各个方面,建构起了他的马克思主义实践本体论美学思想体系,提出了"美是自由的感性表现"的核心美学命题。

除了李泽厚和刘纲纪的实践论美学思想之外,蒋孔阳的实践论美学思想也因其博采众长、融会创造而独树一帜。蒋孔阳以马克思主义的实践观为哲学基础,以人对现实的审美关系为出发点,以"美在创造中"为核心命题,初步构建了他的实践创造论美学思想体系,强调"美的创造,是一种多层累的突创","美是人的本质力量的对象化"。

(三) 关于实践论美学的论争:实践论美学的反思

进入20世纪90年代,随着社会主义市场经济体制的建立,以及西方现代主义、后现代主义文化思潮的传入与影响,中国美学研究出现了一个新的现象,那就是审美文化研究的兴起。审美文化研究是中国美学结合、介入现实社会生活的一条重要途径,也在一定程度上扭转了中国美学过去那种以哲学思辨和美学史编撰为主导的研究倾向,对推进中国美学研究的发展具有积极意义。但从审美文化研究已经取得的一些成果来看,还只是起步阶段,未能取得突破性的进展,许多基本问题仍有待进一步开掘和研究。

---

① 阎国忠:《走出古典——中国当代美学论争述评》,安徽教育出版社1996年版,第105—106页。

90年代的中国美学研究,真正具有学术史意义的现象,是关于实践论美学的论争与反思。论争集中体现于"后实践美学"和实践美学的维护者之间的论争。以"生命美学"、"超越美学"和"存在论美学"等为代表的"后实践美学",认为以李泽厚为代表的实践论美学存在着严重的历史局限和理论缺陷,主张以"生命"、"生存"和"存在"等为基本范畴和逻辑起点来构建新的美学形态,以超越实践论美学。实践论美学的捍卫者和拥护者则认为,超越实践论美学的用意是可以理解的,但"后实践美学"的批评还存在着诸多曲解和误读,实践论美学至今并未过时,其理论本身呈现着开放性,具有进一步丰富、完善的潜能和生命力,尽管在已有的探索和成果中尚存在着一些偏颇和不足,但是可以而且应当修正、改造和完善。其实,"后实践美学"和实践论美学的维护者之间的论争,都可以视为对实践论美学的反思,只不过反思的性质不同而已:一为批判超越性反思,一为维护改造性反思。他们之间的论争与反思,对活跃和推进中国美学的研究与建设具有十分重要的意义,尽管双方均存在着批判有余而建构不足的理论缺陷。

与此同时,实践论美学家们,如李泽厚、刘纲纪和蒋孔阳,他们或是出于完善理论体系的需要,或是为了回应批判者们的挑战,也在对自己此前的实践论美学思想进行着自我完善性反思。80年代末,李泽厚就已经开始了对实践论美学思想的反思,强调心理情感本体,关注人的个体感性存在,并且,美学开始成为他的哲学思想的一部分,是他人类学历史本体论的归宿之处。刘纲纪的实践论美学反思,开始于他对马克思主义哲学中唯物主义问题的重新考察以及对马克思主义本体论的深入思索,是他对实践论美学思想之哲学基础的进一步清理和巩固。他强调,马克思在《关于费尔巴哈的提纲》中所说的"把感性理解为实践活动"的观点是马克思主义哲学的精髓[①];"马克思主义哲学,特别是它的实践观点,至今仍然是科学地解决美学上各种问题的根本,应当坚持和发展"[②];"当代美学的发展不仅不会脱离实践的基础,并使审美活动与实践活动日益分离开来,反而会使两者日益接近和相互交融"[③];应当"更为具体、深入、细致地展开对美与艺术和人类实践的联系的研究,并吸取改造西方现当代美学一切合理的思想,回答当代美学提出的

---

① 刘纲纪:《马克思主义的实践观与当代美学问题》,载《光明日报》1998年10月23日。
② 刘纲纪:《建立具有鲜明中国特色的美学体系》,载《武汉教育学院学报》1998年第1期。
③ 刘纲纪:《马克思主义的实践观与当代美学问题》,载《光明日报》1998年10月23日。

问题"①。

20世纪90年代,蒋孔阳的实践创造论美学思想也在不断地进行新的创造,取得新的成果,其中,值得注意的主要有三个方面:其一,蒋孔阳出版了著名的美学原理专著《美学新论》,标志着他的以实践观为哲学基础,以审美关系为出发点,以创造论为核心的美学思想体系构建的完成。其二,蒋孔阳明确提出并系统论证了两个关于美的新命题,即"人是'世界的美'"和"美是自由的形象"。"人是'世界的美'",强调人是美的中心,指出人的生存世界是美的本源,"这从另一侧面表明,蒋先生实际是在为实践美学的进一步发展寻求新的存在论根基"②。其三,蒋孔阳对马克思主义人类学美学的思考由不自觉走向自觉,强调"包括人类学美学在内的马克思主义美学不仅有一套完整的思想体系,而且从人的审美关系和审美实践出发,追求人的全面发展和全面解放,这是一个常新的逻辑起点"③。

李泽厚、刘纲纪和蒋孔阳关于实践论美学的自我反思,充分地证明了实践论美学体系自身是一个不断丰富、发展和创造着的开放性体系。客观地说,以李泽厚为代表的实践论美学,为中国美学的现代发展作出了不可抹煞的历史贡献,同时,也是中国当代最有发展前景的美学学派。实践论美学的历史功绩主要在于:其一,克服了传统唯心主义的精神本体论和旧唯物主义的自然本体论美学观的弊端,把美学问题的解决奠定在实践本体论的哲学高度上,赋予了美学理论以深厚的历史感;其二,找到了实践这一联系人与自然、审美主体和审美客体、心灵世界和物质世界的中介环节,从而一定程度上突破了传统哲学和美学的主客对立二元结构,使美学超离认识论成为可能;其三,立足于人类自身及其历史进程来解释审美现象,从人性、人的本质的高度来把握人类审美价值之内涵,高扬人的主体能动性和自由创造精神,从而使美学富于积极乐观的人文品格。当然,实践论美学也存在着一些明显的学术局限,比如:在一定程度上把美的本质问题等同于美的根源问题,缺乏对审美活动自身的具体分析和充分展开;基本上是走哲学美学观念研究的路子,缺乏对具体文艺现象和审美实践活动的细致深入的切实研究;

---

① 刘纲纪:《传统文化、哲学与美学》,载《哲学动态》1995年第8期。
② 朱立元:《走向突破之途——蒋孔阳美学思想新论》,载《中国美学》2004年第2期。
③ 蒋孔阳:《关于马克思主义人类学美学的思考》,见《蒋孔阳全集》第三卷,安徽教育出版社1999年版,第734页。

理论体系之建构也基本上走的是"西化"之路,总体上缺乏对中国本土美学资源的充分重视和有效汲取,尚不足以充分体现中国民族特色。尽管如此,以李泽厚为代表的实践论美学,已成为新世纪中国美学发展绕不开的学术背景,是我们建构有特色的中国现代美学体系的坚实基础。

第二节 王国维美学思想

作为清华国学研究院"四大导师"之一的近代著名学者,王国维的美学研究虽然只有短短的十年,并且经历了曲折的历程,却取得了丰硕的成果,留下了一系列较有影响的美学论著,诸如《叔本华之哲学及其教育学说》、《〈红楼梦〉评论》、《论哲学家及美术家之天职》、《屈子文学之精神》、《文学小言》、《人间嗜好之研究》、《古雅之在美学上之位置》、《人间词话》和《宋元戏曲考》等。王国维的美学贡献,主要在于"大量介绍西方美学的成果,并尝试以西方美学来解释中国艺术理论和实践,其理论本身具有一定的创造性,也在一定程度上反映了西方美学和中国美学融合的早期风貌"①,为20世纪中国美学树立了第一座丰碑,对中国美学学科的启蒙、创建以及现代构建均具有开创性的意义。诚如有的论者所说:"事实上,中国之有'美学',实以王国维为最早";"王国维的美学思想是中国美学理论从自发状态走向自觉的标志,从此中国人开始自觉地建设美学学科的独立体系"。②

一 美学观

王国维生活在中西文化和学术激烈碰撞与交锋的世纪之交,当时的知识分子在这个风云激荡的大时代中都面临着新的学术选择和转换。作为一个现实感和历史感、本土意识和宇宙意识均很强的人,王国维清醒地意识到独立性之于中国学术发展的重要意义。因此,他强调指出:"欲学术之发达,必视学术为目的,而不视为手段而后可";"未有不视学术为目的而能发达者,学术之发达,存于其独立而已"。③ 那么,独立的学术以什么为自己的目

---

① 朱良志:《中国美学名著导读》,北京大学出版社2004年版,第358页。
② 聂振斌:《中国近代美学思想史》,中国社会科学出版社1991年版,第15、56页。
③ 王国维:《论近年之学术界》,见周锡山编校《王国维文学美学论著集》,北岳文艺出版社1987年版,第108、109页。

的呢？王国维认为，当是真理与人生等大问题。对于当时扑面而来的西方学术，王国维之所以会首先醉心于哲学和美学，正是因为在他看来，哲学和美学所追求和思考的就是真理和人生等大问题。他说："天下有最神圣、最尊贵而无与于当世之用者，哲学与美术是已……夫哲学与美术之所志者，真理也。"又云："今夫人积年月之研究，而一旦豁然悟宇宙人生之真理，或以胸中惝恍不可捉摸之意境一旦表诸文字、绘画、雕刻之上，此固彼天赋之能力之发展，而此时之快乐，决非南面王之所能易者也。且此宇宙人生而尚如故，则其所发明所表示之宇宙人生之真理之势力与价值，必仍如故。之二者，所以酬哲学家、美术家者，固已多矣。若夫忘哲学、美术之神圣，而以为道德政治之手段者，正使其著作无价值者也。"①

王国维的美学兴趣，就是他探索人生真理的产物。超功利是王国维美学思想的基础。王国维的这一美学思想，主要受到康德和叔本华的影响。他在《静庵文集自序》②和《三十自序》（二）③中曾自述其美学探索的曲折历程，即始于康德、惬心于叔本华又复返康德，疲于哲学而移于文学。从其自述中可以见出王国维美学所受康德、叔本华之影响，也可以见出王国维的美学研究与其人生真理之探索的密切关系。王国维认为，美之价值是非功利之价值，其价值在其自身；美在无功利境界中给人以安慰，给人以欢乐，给人以生命的信心；审美与人的终极目的是合一的，审美是人性完善的根本通道。

他说："美之性质，一言以蔽之曰：可爱玩而不可利用者是已。虽物之美者，有时亦足供吾人之利用，但人之视为美时，决不计及其可利用之点。其性质如是，故其价值亦存于美之自身，而不存乎其外。……一切之美皆形式之美也。"④ 王国维还从"游戏"来说明审美与人生之关系。他说："文学者，游戏的事业也。人之势力用于生存竞争而有余，于是发而为游戏"⑤，"文学、美术亦不过成人之精神的游戏"⑥。艺术之所以具有游戏的性质，正在

---

① 王国维：《论哲学家与美术家之天职》，见周锡山编校《王国维文学美学论著集》，第34、36页。
② 王国维：《静庵文集自序》，见周锡山编校《王国维文学美学论著集》，第226页。
③ 王国维：《三十自序》（二），见周锡山编校《王国维文学美学论著集》，第244页。
④ 王国维：《古雅之在美学上之位置》，见周锡山编校《王国维文学美学论著集》，第37—38页。
⑤ 王国维：《文学小言》，见周锡山编校《王国维文学美学论著集》，第24页。
⑥ 王国维：《人间嗜好之研究》，见周锡山编校《王国维文学美学论著集》，第45页。

于它是人的无利害考虑的剩余势力,即游戏冲动的产物。王国维受席勒的影响,将游戏作为完满纯净人性之表征,指出人们在作为游戏之事业的审美与艺术中,可以宣泄内心的冲动与情感,从而超越功利并获得快乐。也正因如此,王国维向国人大声疾呼美育的重要性:"盖人心之动,无不束缚于一己之利害;独美之为物,使人忘一己之利害,而入高尚纯粹之域,此最纯粹之快乐也……美育者,一面使人感情发达,以达完美之域;一面又为德育与智育之手段,此又教育者所不可不留意也。"①

二 悲剧论

由超功利美学观出发,王国维提出了他的悲剧观。王国维的悲剧观,集中地体现于《〈红楼梦〉评论》一文。《〈红楼梦〉评论》之立论,正如他自己所说,"全在叔氏之立脚地"。在《〈红楼梦〉评论》第一章中,王国维就接过叔本华的观点,认为生活的本质就是"欲",而由"欲"必然产生"苦痛","故欲与生活,与苦痛,三者一而已矣"。②

那么如何才能从苦痛的欲海中解脱呢?叔本华认为,在审美和艺术中人们可以得到解脱,但是这只是暂时的解脱而非永久的解脱,要想得到永久的解脱,就要彻底否定生命,走向禁欲之路。对于这种虚无的死亡哲学,王国维提出"绝大之疑问",认为"解脱之道,存于出世,而不存于自杀"③,审美和艺术可以成为人生的超脱之道。但是,这种超脱不是经验界的逃避,而是形而上意义的醒悟,即获得内心的"平和"和"纯粹之知识"。他说:"美术之务,在描写人生之苦痛与其解脱之道,而使吾侪冯生之徒,于此桎梏之世界中,离此生活之欲之争斗,而得其暂时之平和,此一切美术之目的也";"美术之价值,存于使人离生活之欲望,而入于纯粹之知识"。④

也正因为如此,《红楼梦》一书显示出其卓绝的艺术价值,所谓"《红楼梦》一书,实示此生活此苦痛之由于自造,又示其解脱之道,不可不由自己求之者也",乃"彻头彻尾之悲剧也"⑤。王国维认为,悲剧是一切艺术中最高

---

① 王国维:《论教育之宗旨》,见傅杰编《王国维论学集》,中国社会科学出版社1997年版,第374页。
② 王国维:《〈红楼梦〉评论》,见周锡山编校《王国维文学美学论著集》,第2页。
③ 同上书,第8页。
④ 同上书,第9、16页。
⑤ 同上书,第7—8、10页。

的艺术,具有较高的审美解脱之功效,而"由叔本华之说",悲剧又可以分为三种:"第一种之悲剧,由极恶之人,极其所有之能力,以交构之者。第二种,由于盲目的运命者。第三种之悲剧,由于剧中之人物之位置及关系而不得不然者,非必有蛇蝎之性质与意外之变故也,但由普遍之人物,普通之境遇,逼之不得不如是,彼等明知其害,交施之而交受之,各加以力而各不任其咎。此种悲剧,其感人贤于前二者远甚。何则?彼示人生最大之不幸,非例外之事,而人生之所固有故也。"在王国维看来,《红楼梦》之悲剧,"则正第三种之悲剧也","不过通常之道德,通常之人情,通常之境遇为之而已"。所以,他说:"由此观之,《红楼梦》者,可谓悲剧中之悲剧也。"①

王国维明确指出,《红楼梦》的美学价值就在于它是悲剧,而且这种美学价值又是同伦理学上的价值相联系的。他说:"昔雅里大德勒(按:即亚里士多德)于《诗论》中,谓悲剧者,所以感发人之情绪而高上之,殊如恐惧与悲悯之二者,为悲剧中固有之物,由此感发,而人之精神于焉洗涤。故其目的,伦理学上之目的也。叔本华置诗歌于美术之顶点,又置悲剧于诗歌之顶点;而于悲剧之中,又特重第三种,以其示人生之真相,又示解脱之不可已故。故美学上最终之目的,与伦理学上最终之目的合。由是《红楼梦》之美学上之价值,亦与其伦理学之价值相联络也。"②

当然,王国维并不认为一切艺术都能示人以解脱之道。他还明确提出了一个值得注意的美学范畴,即"眩惑"。王国维所说的"眩惑"与叔本华在《作为意志和表象的世界》中所说的"媚美"③ 基本上是一个意思。"眩惑"一词,也不是王国维首创。《国语·周语下》记载,单穆公云:"若听乐而震,观美而眩,患莫甚焉……若视听不和,而有震眩,则味入不精,不精则气佚,气佚则不和。于是乎有狂悖之言,有眩惑之明,有转易之名,有过慝之度。"王国维融会中西这方面的思想而提炼出了一个新的美学范畴"眩惑"。他认为,像《招魂》、《七发》之所陈,周昉、仇英之所绘,《西厢记》之《酬柬》,《牡丹亭》之《惊梦》,诸如此类,刺激人的官能欲望,不但不能净化人的灵魂,使"吾人离生活之欲",反而"使吾人自纯粹之知识出,而复归于生活之欲"。他说:"故眩惑之于美,如甘之于辛,火之于水,不相并立者也。吾人欲以眩惑之快

---

① 王国维:《〈红楼梦〉评论》,见周锡山编校《王国维文学美学论著集》,第11—12页。
② 同上书,第14页。
③ 叔本华著、石冲白译:《作为意志和表象的世界》,商务印书馆1982年版,第289—290页。

乐,医人世之苦痛,是犹欲航断港而至海,入幽谷而求明,岂徒无益,而又增之。则岂不以其不能使人忘生活之欲,及此欲与物之关系,而反鼓舞之也哉!"①

三 古雅美

在《〈红楼梦〉评论》发表三年后,王国维的美学探索已由"惬心"叔本华而"复返"康德,《古雅之在美学上之位置》一文就是王国维"复返"康德阶段的代表作。应当指出的是,王国维在接受康德等人的美学思想的同时,并没有停止自己的思考与探索,而是有不少新的发挥与创造。"古雅"这一美学新范畴的提出与阐发,就是王国维美学思想的一大创获。

所谓"古雅",就是指艺术的形式美。王国维说:"美之性质,一言以蔽之,曰:可爱玩而不可利用者是已……而美学上之区别美也,大率分为二种:曰优美,曰宏壮";"一切之美,皆形式之美也。就美之自身言之,则一切优美,皆存于形式之对称变化及调和。至宏壮之对象,汗德(按:即康德)虽谓之无形式,然以此种无形式之形式能唤起宏壮之情,故谓之形式之一种,无不可也……而一切形式之美,又不可无他形式以表之。惟经过此第二之形式,斯美者愈增其美,而吾人之所谓古雅,即此第二种之形式。即形式之无优美与宏壮之属性者,亦因此第二形式故,而得一种独立之价值。故古雅者,可谓之形式之美之形式之美也"。王国维指出,"美"就是超功利的"形式之美",而古雅又是这种"形式之美"的"形式之美",也就是说古雅是"美"的"形式美"。王国维又继续指出:"古雅之致存于艺术而不存于自然。以自然但经过第一形式,而艺术则必就自然中固有之某形式,或所自创造之新形式,而以第二形式表出之……优美及宏壮必与古雅合,然后得显其固有之价值。不过优美及宏壮之原质愈显,则古雅之原质愈蔽。然吾人所以感如此之美且壮者,实以表出之之雅故,即以其美之第一形式,更以雅之第二形式表出之故也。"② 这进一步说明,古雅是艺术的形式美,"是表现优美、宏壮所需要的方法、手段、技巧等形式诸因素"③。

王国维还指出,作为艺术的形式美的古雅有其独立的审美价值。他说:

---

① 王国维:《〈红楼梦〉评论》,见周锡山编校《王国维文学美学论著集》,第5页。
② 王国维:《古雅之在美学上之位置》,见周锡山编校《王国维文学美学论著集》,第37—39页。
③ 聂振斌:《中国近代美学思想史》,中国社会科学出版社1991年版,第85页。

"虽第一形式之本不美者,得由其第二形式之美(雅),而得一种独立之价值……绘画中之布置,属于第一形式,而使笔使墨,则属于第二形式。凡以笔墨见赏于吾人者,实赏其第二形式也……由是观之,则古雅之原质,为优美及宏壮不可缺之原质,且得离优美宏壮而有独立之价值,则固一不可诬之事实也。"那么古雅之独立的审美价值又是什么呢?王国维从审美接受和审美效用之角度,指出:"然则古雅之价值,遂远出优美及宏壮下乎?曰:不然。可爱玩而不可利用者,一切美术品之公性也。优美与宏壮然,古雅亦然。而以吾人之玩其物也,无关于利用故,遂使吾人超出乎利害之范围外,而惝恍于缥缈宁静之域。优美之形式,使人心和平;古雅之形式,使人心休息,故亦可谓之低度之优美。宏壮之形式常以不可抵抗之势力,唤起人钦仰之情;古雅之形式则以不习于世俗之耳目故,而唤起一种之惊讶。惊讶后者,钦仰之情之初步,故虽谓古雅为低度之宏壮,亦无不可也。故古雅之位置,可谓在优美与宏壮之间,而兼有此二者之性质也。"①

正因为古雅有其独立的审美效用,并且"艺术中古雅之部分,不必尽俟天才,而亦得以人力致之",所以王国维认为古雅在美育普及方面有特殊的作用。他说:"至论其实践之方面,则以古雅之能力,能由修养得之,故可为美育普及之津梁。虽中智以下之人,不能创造优美及宏壮之物者,亦得由修养而有古雅之创造力;又虽不能喻优美及宏壮之价值者,亦得于优美宏壮中之古雅之原质,或于古雅之制作物中得其直接之慰藉。故古雅之价值,自美学上观之,诚不能及优美及宏壮;然自其教育众庶之效言之,则虽谓其范围较大成效较著可也。"②

四 境界说

在王国维美学中,影响最大还是要数其《人间词话》中所标举的境界说。境界说既吸纳了中国古典意境理论,又融入了西方近代美学思想,集中地体现了王国维沟通、融会中西美学思想的努力。在《人间词话》中,王国维一再明确标举境界:"词以境界为最上。有境界则自成高格,自有名句";"言气质,言神韵,不如言境界。有境界,本也。气质、神韵,末也。有境界而二者随之矣";"沧浪所谓兴趣,阮亭所谓神韵,犹不过道其面目,不若鄙人拈出

---

① 王国维:《古雅之在美学上之位置》,见周锡山编校《王国维文学美学论著集》,第39、41页。
② 同上书,第40—41页。

'境界'二字为探其本也"。①

那么,王国维何以说沧浪之"兴趣"与阮亭之"神韵"只不过是"道其面目",而他自己所谓之"境界"则是"探其本"呢?叶嘉莹解释王国维之所以如此说之原因:这说明三者之间是有着"相通之处"的,那就是"同样重视'心'与'物'相感后所引起的一种'感受之作用'";当然,也有"相当的差别",那就是:"沧浪之所谓'兴趣',似偏重在感受作用本身之感发的活动;阮亭之所谓'神韵',似偏重在由感兴所引起的言外之情趣;至于静安之所谓'境界',则似偏重在所引发之感受在作品中具体之呈现"。② 叶嘉莹虽不能说完全把握了三者内涵之不同,但已基本道出了"兴趣"、"神韵"与"境界"三者之于艺术作品本身之地位的差别,唯有"境界"具有了艺术本体尤其是抒情艺术本体之意味。此为王国维境界说之所以"探其本"的第一层意涵。

王国维境界说之"探其本"的第二层意涵,与其超功利的人生论美学密不可分,意谓只有境界才能涉及并体现艺术之于人生的根本审美价值问题。沧浪、阮亭二家之说与王国维之境界说,"其根本差异还是在学说的基础上,二家的学说基础是庄禅,王氏的学说基础是康德和叔本华。二家学说强调的是当下的兴感和超越于言象之外的意韵,而王氏侧在人间痛苦的解脱,在或宏壮或优美的境界中实现性灵的超越,境界是人的内在'游戏'性灵透升上去的精神意度。二家之说重在诗本身的韵味(当然也有和人生相关的意义诉求),王氏之说重在人生的价值(当然也有诗味美感本身)"③。

关于境界"探其本"的第二层意涵,我们也可以从王国维对境界形态之区分即"有我之境"和"无我之境"中见出。他说:"有有我之境,有无我之境……有我之境,以我观物,故物皆著我之色彩。无我之境,以物观物,故不知何者为我,何者为物。"又说:"无我之境,人惟于静中得之。有我之境,于由动之静时得之。故一优美,一宏壮也。"④ 而关于"优美"和"宏壮"("壮美"),王国维有言:"苟一物焉,与吾人无利害之关系,而吾人之观之也,不观其关系,而但观其物;或吾人之心中,无丝毫生活之欲存,而其观物也,不视为与我有关系之物,而但视为外物,则今之所观者,非昔之所观者也。此时

---

① 王国维:《人间词话》,见周锡山编校《王国维文学美学论著集》,第348、372、350—351页。
② 叶嘉莹:《王国维及其文学批评》,河北教育出版社1997年版,第296页。
③ 朱良志:《中国美学名著导读》,北京大学出版社2004年版,第355页。
④ 王国维:《人间词话》,见周锡山编校《王国维文学美学论著集》,第348—349页。

吾心宁静之状态,名之曰优美之情,而谓此物曰优美。若此物大不利于吾人,而吾人生活之意志为之破裂,因之意志遁去,而知力得为独立之作用,以深观其物,吾人谓此物曰壮美,而谓其感情曰壮美之情。"① 这样看来,王国维所说的"有我之境"和"无我之境",虽有不同,但都是审美超越活动,这两种境界都是在直观中获得的。无论是"有我之境",还是"无我之境",在没有进入审美静观之前,都是有欲望的,只是前者强烈些,往往表现为冲动的激情,后者微弱些,处在相对宁静平衡的状态中。所谓"有我之境","是在直观中,对象的不可估量的伟大或雄强的气势显现出人的力量的渺小,并带来内在情感的压力,从而促使内在理性的超感性力量进行调节,将人的欲望驱赶走,带有强制性";所谓"无我之境","是由于审美主体专注于凝神观照,使本来较微弱的意欲在不知不觉中失落了"。② 直观的结果,使二者得到欲望的净除,精神的解脱,主体最大限度地向客体靠近,最后主客相融,境界由是而生。

那么,王国维"境界说"的具体审美内涵是什么呢?要而言之,包括以下四个方面:

其一,情与景融,意与境浑。《人间词话删稿》云:"昔人论诗词,有景语、情语之别,不知一切景语皆情语也。"③《人间词乙稿序》则云:"文学之事,其内足以摅己而外足以感人者,意与境二者而已。上焉者意与境浑,其次或以境胜,或以意胜。苟缺其一,不足以言文学。原夫文学之所以有意境者,以其能观也。出于观我者,意余于境。而出于观物者,境多于意。然非物无以见我,而观我之时,又自有我在。故二者常互相错综,能有所偏重,而不能有所偏废也。"④ 王国维首先强调,意境(境界)之前提和基础是,情景交融,意与境浑,情与景不可分离,意与境不容偏废。

其二,真情真景,自然而已。《人间词话》云:"故能写真景物、真感情者,谓上有境界。否则谓之无境界。"⑤《宋元戏曲考》云:"元南戏之佳处,亦一

---

① 王国维:《〈红楼梦〉评论》,见周锡山编校《王国维文学美学论著集》,第4页。
② 朱良志:《中国美学名著导读》,北京大学出版社2004年版,第356页。
③ 王国维:《人间词话》,见周锡山编校《王国维文学美学论著集》,第385页。
④ 王国维:《〈人间词话〉附录》,见周锡山编校《王国维文学美学论著集》,第397页。
⑤ 王国维:《人间词话》,见周锡山编校《王国维文学美学论著集》,第350页。

言以蔽之,曰:自然而已矣。申言之,则亦不过一言,曰:有意境而已矣。"①《人间词话》又云:"纳兰容若以自然之眼观物,以自然之舌言情。此由初入中原,未染汉人风气,故能真切如此。北宋以来,一人而已。"② 王国维认为,只是情景交融还不能谓之有境界,境界之创构必须具有自然真切之美。

其三,传神不隔,如在目前。在王国维看来,判别境界优劣有一个基本标准,那就是看其能否做到"传神"、"不隔"。《人间词话》论"传神"云:"词之雅郑,在神不在貌";"美成《青玉案》(当作《苏幕遮》)词:'叶上初阳干宿雨,水面清圆,一一风荷举。'此真能得荷之神理者。觉白石《念奴娇》、《惜红衣》二词,犹有隔雾看花之恨"。《人间词话》又论"隔"与"不隔"云:"'池塘生春草','空梁落燕泥'等二句,妙处唯在不隔。词亦如是。即以一人一词论,如欧阳公《少年游》咏春草上半阕云:'阑干十二独凭春,晴碧远连云。千里万里,二月三月,行色苦愁人。'语语都在目前,便是不隔";"白石写景之作,如'二十四桥仍在,波心荡、冷月无声。''数峰清苦,商略黄昏雨。''高树晚蝉,说西风消息。'虽格韵高绝,然如雾里看花,终隔一层。"③ 可见,王国维所谓的"不隔",就是语言生动、自然,形象鲜明、传神,就是"语语都在目前",言情"必沁人心脾",写景"必豁人耳目"④。王国维强调,"不隔"才能有"境界"("意境")。所以,他在《宋元戏曲考》中又有言:"其文章之妙,亦一言以蔽之曰:有意境而已矣。何以谓之有意境?曰:写情则沁人心脾,写景则在人耳目,述事则如其口出是也。古诗词之佳者,无不如是。元曲亦然。"⑤

其四,言外之味,弦外之响。《人间词话》云:"古今词人格调之高,无如白石。惜不于意境上用力,故觉无言外之味,弦外之响,终不能与于第一流之作者也。"这里明确强调了意境之"言外之味,弦外之响"的审美内涵。王国维又云:"有境界则自成高格,自有名句。五代、北宋之词所以独绝者在此";"严沧浪《诗话》谓:'盛唐诸公,唯在兴趣。羚羊挂角,无迹可求。故其妙处透彻玲珑,不可凑泊。如空中之音、相中之色、水中之月、镜中之象,言

---

① 王国维:《宋元戏曲考》,见叶朗总主编《中国历代美学文库·近代卷》(下),高等教育出版社2003年版,第398页。
② 王国维:《人间词话》,见周锡山编校《王国维文学美学论著集》,第363页。
③ 同上书,第357—359页。
④ 同上书,第365页。
⑤ 王国维:《宋元戏曲考》,见叶朗总主编《中国历代美学文库·近代卷》(下),高等教育出版社2003年版,第392页。

有尽而意无穷。'余谓北宋以前之词亦复如是"①。王国维认为,北宋以前之词"言有尽而意无穷",而五代、北宋之词又属"自成高格"的"有境界"之词,可见,"言有尽而意无穷"当是"境界"之应有的审美内涵。

第三节 朱光潜美学思想

朱光潜在美学道路上孜孜以求60年,取得了举世瞩目的成就,为中国现代美学学科的建设奠定了坚实的基础。通观朱光潜60年的美学探索,我们发现,其美学思想面貌变化之巨与基本观点持续之久,令人惊奇地并存着。以50年代"美学大讨论"为界,他的变化可概述为:由前期的批判综合西方美学成果而创建意象美学体系的心理学美学,转入后期的反思改造过去美学思想而构建马克思主义认识论、实践论美学体系的哲学美学。其持续不变的基本美学观点,则是他认为美是主客观的统一,美学以艺术为中心对象。从学术史的角度来看,朱光潜对走向现代之中国美学最有贡献的理论成果,主要还是集中在20世纪三四十年代。他的一系列美学名著如《悲剧心理学》、《文艺心理学》、《谈美》、《诗论》以及《克罗齐哲学述评》等均出版于此间。此外,朱光潜对20世纪中国美学的发展还有一大贡献,那就是对西方美学成果的大量译介和系统梳理。关于朱光潜后期美学思想及其变化,我们已在第一节里有所论及。此节,我们只概述朱光潜前期美学思想以及他对西方美学的译介与梳理。

一 美感经验论

朱光潜早期美学的重心在审美心理学体系的构建,他在早期美学的代表作《文艺心理学》及其"通俗叙述"《谈美》中,初步构建起了中国现代美学史上第一个具有自身特色的审美心理学体系。这个审美心理学体系的核心是对于"美感经验"的分析,因为在朱光潜看来,"美学的最大任务就在分析这种美感经验"②。朱光潜的美感经验理论是通过批判综合克罗齐的"直觉说"、布洛的"距离说"、立普斯的"移情说"和谷鲁斯的"内模仿说"等近现代西方美学思想而建立起来的。其中克罗齐的"直觉说"是朱光潜美感经验理

---

① 王国维:《人间词话》,见周锡山编校《王国维文学美学论著集》,第360、348、350—351页。
② 朱光潜:《文艺心理学》,见《朱光潜美学文集》第一卷,上海文艺出版社1982年版,第10页。

论的出发点。

朱光潜认为,所谓美感经验,"就是我们在欣赏自然美或艺术美时的心理活动"①,这种心理活动最基本的特点就是"形象的直觉"。"'美感经验为形象的直觉'是克罗齐的说法"②,那么,什么是"形象的直觉"? 朱光潜说:"无论是艺术或是自然,如果一件事物叫你觉得美,它一定能在你心眼中现出一种具体的境界,或是一幅新鲜的图画,而这种境界或图画必定在霎时中霸占住你的意识全部,使你聚精会神地观赏它,领略它,以至于把它以外一切事物都暂时忘去。这种经验就是形象的直觉。形象是直觉的对象,属于物;直觉是心知物的活动,属于我。在美感经验中所以接物者只是直觉,物所以呈现于心者只是形象。"③ 具体而言,在朱光潜看来,"形象的直觉"作为美感经验,有三个基本特征:其一,美感经验是凝神的境界,审美主体只是聚精会神地观赏一个孤立绝缘的意象。④ 其二,美感经验由物我两忘而达物我同一⑤。其三,作为"形象的直觉"的美感经验,就是艺术的创造。因为,"观赏者的性格和情趣随人随时随地不同,直觉所得的形象也因而千变万化","直觉是突然间心里见到一个形象或意象,其实就是创造,形象便是创造成的艺术"。⑥

既然作为"形象的直觉"的美感经验是一种不带功利和实用目的的凝神境界,而要达到这种凝神境界,我们须在观赏的对象和实际人生之间拉开距离,朱光潜援用英国心理学家布洛的"心理距离说"来对美感经验理论作了进一步的论证。朱光潜说:"在美感经验中,我们一方面要从实际生活中跳出来,一方面又不能脱尽实际生活;一方面要忘我,一方面又要拿我的经验来印证作品,这不显然是一种矛盾么?事实上确有这种矛盾,这就是布洛所说的'距离的矛盾'。创造和欣赏的成功与否,就看能否把'距离的矛盾'安排妥当,'距离'太远了,结果是不可了解;'距离'太近了,结果又不免让实用

---

① 朱光潜:《文艺心理学》,见《朱光潜美学文集》第一卷,上海文艺出版社1982年版,第9页。
② 朱光潜:《我与文学及其他》,见《朱光潜全集》第三卷,安徽教育出版社1987年版,第409页。
③ 朱光潜:《文艺心理学》,见《朱光潜美学文集》第一卷,第13页。
④ 同上书,第16—17页。
⑤ 同上书,第18页。
⑥ 同上书,第19页。

的动机压倒美感,'不即不离'是艺术的一个最好的理想。"①

如前所述,美感经验还有另一特征,即在凝神观照中会不知不觉地由物我两忘而达物我同一的境界,但对美感经验中物我的生命与情趣的往复交流过程,克罗齐的"直觉说"始终没有加以阐明。于是,朱光潜又援用立普斯的"移情说"和谷鲁斯的"内模仿说"来进行"补苴罅漏",对美感经验作进一步的探讨。朱光潜在用移情作用来揭示美感经验时,对立普斯的"移情说"作了创造性的发挥。他认为,移情作用不只是立普斯所说的一个"单向外射",而是一个"双向交流"的过程,即一方面是推己及物,主体把自己的情感移注到外物上去;另一方面又由物及我,主体受到外物的影响,吸收外物的姿态和精神于自身。他还认为,移情作用也不只是纯粹的心理活动,还同时伴有生理变化。

另外,朱光潜美感经验论的建立还有一个潜隐的基点,那就是康德的"无所为而为的观照"(disinterested contemplation,朱光潜译为"无所为而为的观赏"),这是朱光潜用来统摄和融贯"直觉说"、"距离说"、"移情说"、"内模仿说"的内在线索。朱光潜的审美心理学虽然以克罗齐的"直觉说"和康德的"观照说"为基点,但对它们又有补充和修正。他说:"我们在分析美感经验时,大半采取由康德到克罗齐一线相传的态度。这个态度是偏重形式主义而否认文艺与道德有何关联的。把美感经验划成独立区域来研究,我们相信'形象直觉'、'意象孤立'以及'无所为而为地观赏'诸说大致无可非难。但是根本问题是:我们应否把美感经验划为独立区域,不问它的前因后果呢?美感经验能否概括艺术活动全体呢?艺术与人生的关系能否在美感经验的小范围里面决定呢?形式派美学的根本错误就在忽略这些重要的问题。"② 在《文艺心理学》"作者自白"里他更具体指出,他"根本反对克罗齐派形式美学所根据的机械观,和所用的抽象的分析法",要对形式派美学进行"补苴罅漏"和"调和折衷"。③ 而朱光潜的"补苴罅漏"和"调和折衷",主要是创造性的批判综合。

应当注意的是,朱光潜对这些近现代西方美学思想的介绍吸纳和批判综合,又是以中国传统美学为内在参照的,他常常结合中国人的审美观念,

---

① 朱光潜:《文艺心理学》,见《朱光潜美学文集》第一卷,上海文艺出版社1982年版,第25页。
② 同上书,第119页。
③ 同上书,第4页。

运用大量的中国文艺实例来阐释和印证西方美学思想。朱光潜将中西美学理论与审美实践互释互证的努力,为中国传统美学与西方现代美学的有机融合作了较为成功的尝试,具有重要的方法论启迪意义。他的另一部诗学美学著作,也是他自己最看重的一部著作,即《诗论》,更是其中西美学理论与审美实践互释互证之方法的典范性运用与尝试之作。

二 意象美学观

如果说,朱光潜的美感经验论更多的是对西方近代美学的批判综合,那么可以说,他的意象美学观更多的是对中国传统美学的承传发展。意象美学观在朱光潜美学中占有十分重要的地位,意象贯穿了朱光潜的美感论、美论和艺术论等领域,审美意象是朱光潜眼中的"美感经验"、"审美对象"和"艺术境界"的核心要素。

第一,"美感的世界纯粹是意象世界"。在朱光潜看来,美感以意象为起点,也以意象为终端,美感是意象展开、延伸的过程。他说:"美感起于形象的直觉",而"形象"就是"独立自足的意象","直觉"就是"突然间心里见到一个形象或意象"。[①]"意象的孤立绝缘是美感经验的特征",美感经验之所以会由"物我两忘"而达"物我同一"的"移情"境界,正是因为观赏者"心中只有一个意象","把整个的心灵寄托在那个孤立绝缘的意象上"了。[②] 正因为意象成为了美感全程的统摄因素,所以朱光潜在《谈美》"开场话"中明确指出:"美感的世界纯粹是意象世界。"[③]

第二,美是"心物婚媾"的意象。朱光潜认为,美"是心借物的形象来表现情趣";"世间并没有天生自在、俯拾即是的美,凡是美都要经过心灵的创造……创造是表现情趣于意象,可以说是情趣的意象化;欣赏是因意象而见情趣,可以说是意象的情趣化。美就是情趣意象化或意象情趣化时心中所觉到的'恰好'的快感"。[④] 这实际上是在强调美就是意象情趣化与情趣意象化两者恰到好处时呈现的价值。由此他又引出自己主客观统一的美论:"美不完全在外物,也不完全在人心,它是心物婚媾后所产生的婴儿。"这个

---

① 朱光潜:《文艺心理学》,见《朱光潜美学文集》第一卷,第20、12、19页。
② 同上书,第16—17页。
③ 朱光潜:《谈美》,见《朱光潜美学文集》第一卷,第446页。
④ 朱光潜:《文艺心理学》,见《朱光潜美学文集》第一卷,第153页。

"心物婚媾后所产生的婴儿"就是"意象"。他举例说,松的"意象"就是苍翠劲直的物理和清风亮节的人情的"婚媾"①。朱光潜后期美学所说的"物的形象"或"物乙",也就是此处的"心物婚媾"的"意象"。

第三,艺术境界是"情趣"与"意象"的契合。朱光潜认为,艺术离不开意象,艺术离不开情趣与意象之关系,意象就是艺术的心理本体,艺术境界就是"情趣"与"意象"的契合。他说:"凡是文艺都是根据现实世界而铸成另一超现实的意象世界,所以它一方面是现实人生的返照,一方面也是现实人生的超越"②;"文艺说来很简单,它是情趣与意象的融合"③;"艺术的成就在情趣意象契合融化为一整体时。无论是创造者或是欣赏者都必须见到情趣意象混化整体(创造),同时也都觉得它混化得恰好(欣赏)"④。"情趣意象契合融化"的"整体",其实就是艺术境界。在朱光潜那里,诗的境界是艺术境界的最高代表。而诗的境界,朱光潜在《诗论》中明确指出,就是"意象与情趣的契合"⑤。

三 人生艺术化

朱光潜不仅接受吸纳、批判综合了克罗齐美学和西方现代心理学美学思想,还深受康德、叔本华和尼采等人的影响与启发,并承继了中国儒道两家关注人生的传统,从而提出了"人生的艺术化"的问题。朱光潜认为:"艺术是情趣的表现,而情趣的根源就在人生";"人生本来就是一种较广义的艺术。每个人的生命史就是他自己的作品……知道生活的人就是艺术家,他的生活就是艺术品"⑥。那么,何谓"人生的艺术化"呢?在朱光潜看来,主要包括两层内涵:一是对于人生的严肃主义,二是人生的情趣化。以艺术的态度对待人生,将生活当做艺术品去创造,严肃认真又富于情趣,这就是艺术化的人生。

朱光潜说:"善于生活者则彻底认真,不让一尘一芥妨碍整个生命的和谐",不肯轻易放过看来虽似小节的言行,正犹如诗人不肯轻易放过一字一

---

① 朱光潜:《谈美》,见《朱光潜美学文集》第一卷,第485页。
② 朱光潜:《谈文学》,见《朱光潜美学文集》第二卷,第243页。
③ 朱光潜:《看戏与演戏——两种人生理想》,见《朱光潜美学文集》第二卷,第558页。
④ 朱光潜:《文艺心理学》,见《朱光潜美学文集》第一卷,第155页。
⑤ 朱光潜:《诗论》,见《朱光潜美学文集》第二卷,第62、55页。
⑥ 朱光潜:《谈美》,见《朱光潜美学文集》第一卷,第533页。

句一样。小节如此,大节更不消说。董狐宁愿断头不肯掩盖史实,夷齐饿死不愿降周,这种风度是道德的也是艺术的。我们主张人生的艺术化,就是主张对于人生的严肃主义。"① 朱光潜又指出,这贯穿于小节、大节之始终的是"人格":"凡是完美的生活都是人格的表现。大而进退取与,小而声音笑貌,都没有一件和全人格相冲突……这种生命史才可以使人把它当作一幅图画去惊赞,它就是一种艺术的杰作。"②

人生的艺术化,更是人生的情趣化。朱光潜说:"艺术是情趣的活动,艺术的生活也就是情趣丰富的生活。人可以分为两种,一种是情趣丰富的,对于许多事物都觉得有趣味,而且到处寻求享受这种趣味。一种是情趣干枯的,对于许多事物都觉得没有趣味,也不去寻求趣味,只终日拼命和蝇蛆在一块争温饱。后者是俗人,前者就是艺术家。情趣愈丰富,生活也愈美满,所谓人生的艺术化就是人生的情趣化。"③

那么,怎样才能做到"人生的艺术化"呢?朱光潜强调,要"严肃"与"豁达"并胜,"以出世的精神,做入世的事业",由"无所为而为的玩索"而达"至高的善"。他说:"伟大的人生和伟大的艺术都要同时并有严肃与豁达之胜"④;"艺术的活动是'无所为而为'的。我以为无论是讲学问或是做事业的人都要抱有一副'无所为而为'的精神,把自己所做的学问事业当作一件艺术品看待","人要有出世的精神才可以做入世的事业"。⑤ 而"以出世的精神,做入世的事业",也正是朱光潜毕生奉行的座右铭。这其实也就是他所说的由"无所为而为的玩索"而达"至高的善"。⑥

四 《西方美学史》

朱光潜对于20世纪中国美学学科的发展,还有一个突出的贡献,那就是他对西方美学的系统译介与梳理。朱光潜此一方面的贡献,在中国现代美学家中无人能望其项背。他翻译的克罗齐《美学原理》、柏拉图《文艺对话集》、爱克曼辑录的《歌德谈话录》、莱辛《拉奥孔》、黑格尔《美学》和维柯的

---

① 朱光潜:《谈美》,见《朱光潜美学文集》第一卷,第535页。
② 同上书,第533页。
③ 同上书,第538页。
④ 同上书,第536页。
⑤ 同上书,第446页。
⑥ 同上书,第537页。

《新科学》,以及《西方美学史资料附编》等,堪称美学翻译的典范。不仅如此,他还于20世纪60年代出版了影响深远的《西方美学史》。

《西方美学史》从公元前6世纪古希腊毕达哥拉斯学派起一直写到20世纪初意大利美学家克罗齐,前后跨越二千五百余年,对西方美学思想发展的历史过程做了比较全面系统的述评。它以各个时代有代表性的重要美学流派和美学家为中心,用全面的观点和历史的眼光将每个美学家摆在作为有机联系的历史过程的美学史中来考察,清晰地描述出每个时代美学思想的概貌及其渊源流变的关系,同时着重交代一些基本美学问题,并勾勒了一些重要美学范畴萌生及衍变的轨迹。"该书做到了既有史的完整性和资料的丰富性,又有对主要美学流派和美学家的深入探讨,使人在获得系统美学知识的同时,又在美学思想和美学理论方面得到训练和启发。"[1]《西方美学史》,不仅是中国学者第一部全面、系统地研究西方美学史的杰出成果,对20世纪中国美学建设具有开创性的意义,也是中国美学界第一部以马克思主义理论为指导,分析和总结西方美学思想发展的一代名著,代表了20世纪中国美学界在西方美学史领域研究的水平。

第四节 宗白华美学思想

兼为诗人和哲学家的美学家宗白华,终生在美学殿堂里散步,取得了卓越的美学成就。他在中西哲学的比较研究和中西艺术的深切体验的基础上,以中国传统美学为本根,以西方现代美学为参照,以哲人的睿智、深邃和诗人的敏感、灵视,深刻地把握了中国美学和中国艺术的精髓和灵魂。宗白华立足于本土思想资源、极具民族特色、富于诗情和哲思的美学研究,为中国现代美学的建设与发展奠定了坚实而厚重的基础,同时也为中国传统美学的现代转换提供了范导性的尝试。尤其是关于中国美学和中国艺术的精深微妙的把握与阐发,所达到的学术高度,所潜在的美学影响,在中国现代美学家中几乎无人能与之比肩。宗白华于20世纪三四十年代发表了一系列重要的美学论文(后被收入论文集《美学散步》、《美学与意境》及《艺境》等书),在这些文章中,宗白华初步构建起了独具特色的生命美学观和艺术境界论。此外,宗白华后来,特别是60年代初,还系统地梳理和研究了中国古

---

[1] 钱念孙:《朱光潜:出世的精神与入世的事业》,文津出版社2004年版,第207页。

代美学史,为中国美学史的研究作出了开创性的贡献。

一 基于中国形而上学的生命美学观

宗白华的美学思想是与他对中国形而上学的思考密不可分的。他对中国形上学的思考,主要留下了四篇笔记,即《形上学——中西哲学之比较》、《形而上学提纲》、《孔子形上学》和《论格物》。在这些笔记中,宗白华从仰观天象、俯察地理的《易传》哲学出发,通过"中西哲学之比较",明确指出中国形而上学有着浓厚的生命哲学色彩,强调中国的形而上学是"生命的体系"、"象征的世界",它所探究的主要问题是"天人之际"和"万物生生不已之说",其目的是要了解、体验世界的"意味、情趣与价值"。并且,在宗白华看来,中国形上学之"象征世界"与"生命体系"又是密不可分的,因为"'象'由仰观天象,反身而诚以得之生命范型","象之构成原理,是生生条理"。

与中国形上学的生命体系和象征世界紧密相联,宗白华又指出,中国哲学是"四时自成岁"之历律哲学,以音乐为其象征,中国人眼中的宇宙是时间的节奏率领着空间的方位、充满生命意趣和情调的节奏化、音乐化了的"时空合一体":时中有空,空中有时,空间与时间打通,亦与生命打通矣,一方面生命被"空间化,法则化,典型化",另一方面空间被"生命化,意义化,化"。另外,宗白华又强调指出,中国哲学家"于形下之器,体会其形上之道","以器为载道之象","尤须化'器'为生命意义之象征,以启示生命高境如美术,而生命乃益富有情趣";"'以制器者尚其象。'象即中国形而上之道也。象具丰富之内涵意义(立象以尽意),于是所制之器,亦能尽意,意义丰富,价值多方。宗教的,道德的,审美的,实用的溶于一象";"'象'如日,创化万物,明朗万物"。①

可见,"宗白华的中国形上学是一种哲学,同时也是一种美学","最有美学意味"。② 宗白华创造性地诠释了中国传统哲学的宇宙观念和生命意识,并以此为基础建立了他的生命美学观。诚如叶朗先生所说,"宗白华先生的

---

① 宗白华:《形上学——中西哲学之比较》,见《宗白华全集》第一卷,安徽教育出版社1994年版,第585—629页。
② 王锦民:《建立中国形上学的草案——对宗白华〈形上学〉笔记的初步研究》,见叶朗主编《美学的双峰——朱光潜、宗白华与中国现代美学》,安徽教育出版社1999年版,第537页。

美学思想就立足于中国古代的这种天人合一的生命哲学"①。

基于中国传统生命哲学思想和天人合一观念，宗白华认为，审美活动就是人的心灵与世界的沟通，"美是丰富的生命在和谐的形式中"②。他说："美与美术的源泉是人类最深心灵与他的环境世界接触相感时的波动"③；"美与美术的特点在'形式'，在'节奏'，而它所表现的是生命的内核，是生命内部最深的动，是至动而有条理的生命情调"④。同时，宗白华还强调："宇宙是无尽的生命、丰富的动力，但它同时也是严整的秩序、圆满的和谐……和谐与秩序是宇宙的美，也是人生美的基础。"⑤ 由此，宗白华指出了艺术和审美之于具有本体意味之生命节奏的独特意义与价值："每一个伟大的时代，伟大的文化，都欲在实用生活之余裕，或在社会的重要典礼，以庄严的建筑、崇高的音乐、闳丽的舞蹈，表达这生命的高潮、一代精神的最深节奏。……建筑形体的抽象结构、音乐的节律与和谐、舞蹈的纹线姿式，乃最能表现吾人深心的情调与律动。吾人借此返于'失去了的和谐，埋没了的节奏'，重新获得生命的中心，乃得真自由、真生命。美术对于人生的意义与价值在此。"⑥ 艺术与审美虽然无关实际生活，却最能显现生命的意义，能让我们在美的欣赏与迷醉之中，去深入领略真自由、真生命。

此种生命美学之观念，也具体体现于宗白华关于中国艺术的体悟与分析之中。他明确指出："中国哲学是就'生命本身'体悟'道'的节奏。'道'具象于生活、礼乐制度。道尤表象于'艺'。灿烂的'艺'赋予'道'以形象和生命，'道'给予'艺'以深度和灵魂。"⑦ 宗白华认为，中国形而上学之"道"，主要就是指宇宙最幽深、最玄远却又弥纶万物的生命本体，并且，此生命是"有节奏的生命"，此节奏是"生命的节奏"；而与"道"相合，最能充分宇宙之生命本体的中国艺术，自然富于形上意味和生命色彩。所以，在宗白华看来，最富民族特色的中国艺术诸如诗、书、画，无不鲜明地体现了中国传统哲学的

---

① 叶朗：《朱光潜"接着讲"》，见叶朗主编《美学的双峰——朱光潜、宗白华与中国现代美学》，第15页。
② 宗白华：《哲学与艺术》，见《宗白华全集》第二卷，第58页。
③ 宗白华：《介绍两本关于中国画学的书并论中国的绘画》，见《宗白华全集》第二卷，第43页。
④ 宗白华：《论中西画法的渊源与基础》，见《宗白华全集》第二卷，第98页。
⑤ 宗白华：《哲学与艺术》，见《宗白华全集》第二卷，第57—58页。
⑥ 宗白华：《论中西画法的渊源与基础》，见《宗白华全集》第二卷，第99页。
⑦ 宗白华：《中国艺术意境之诞生》（增订稿），见《宗白华全集》第二卷，第367页。

宇宙意识和生命精神。他说："中国画的主题'气韵生动'，就是'生命的节奏'或'有节奏的生命'"①；"画家在画面所欲表现的不只是建筑意味的空间的'宇'，而需同时具有音乐意味的时间节奏'宙'"②；"我们的诗和画中所表现的空间意识，不是像那代表希腊空间感觉的有轮廓的立体雕像，不是像那表现埃及空间感的墓中的直线甬道，也不是那代表近代欧洲精神的伦勃朗的油画中渺茫无际追寻无着的深空，而是'俯仰自得'的节奏化的音乐化了的中国人的宇宙感"③；"中国字若写得好，用笔得法，就成功一个有生命有空间立体味的艺术品。若字和字之间，行与行之间，能'偃仰顾盼，阴阳起伏，如树木之枝叶扶疏，而彼此相让。如流水之沦漪杂见，而先后相承'。这一幅字就是生命之流，一回舞蹈，一曲音乐"④。

由上所述，我们不难看出，宗白华的生命美学观主要建基于他对中国传统生命哲学和宇宙意识的深刻理解与创造诠释，体现了鲜明的民族特色与本土立场。在中国现代美学家中，宗白华是真正立足于中国本土美学资源和思维方式来尝试构建中国现代美学理论体系的杰出代表，他卓有成效的中国美学研究与探索，为"中国的"美学的出场与构建奠定了基本的理论范式和言说方式。

二 由古典而现代的艺术境界论

宗白华之所以"终生情笃于艺境之追求"⑤，是与其生命美学观念密不可分的。因为，在他那里，艺境不止于"我"对外物的静观寂照，心灵与宇宙的共鸣共感，还必须"于静观寂照中，求返于自己深心的心灵节奏，以体合宇宙内部的生命节奏"⑥。宗白华认为，所有艺术都植根于艺术家活跃、生动而有韵律的心灵，进而都植根于宇宙的生命律动与节奏。所以，他说："中国人感到宇宙全体是大生命的流行，其本身就是节奏与和谐。人类社会生活里的礼和乐，是反射着天地的节奏与和谐。一切艺术境界都根基于此"⑦；

---

① 宗白华：《论中西画法的渊源与基础》，见《宗白华全集》第二卷，第109页。
② 宗白华：《中国诗画中所表现的空间意识》，见《宗白华全集》第二卷，第431页。
③ 同上书，第423页。
④ 宗白华：《中西画法所表现的空间意识》，见《宗白华全集》第二卷，第144页。
⑤ 宗白华：《〈艺境〉前言》，见《宗白华全集》第三卷，第623页。
⑥ 宗白华：《论中西画法的渊源与基础》，见《宗白华全集》第二卷，第109页。
⑦ 宗白华：《艺术与中国社会》，见《宗白华全集》第二卷，第413页。

"《易》云'天地絪缊,万物化醇'。这生生的节奏是中国艺术境界的最后源泉"①;"一个充满音乐情趣的宇宙(时空合一体)是中国画家、诗人的艺术境界"②。

宗白华对中国艺术意境(境界)之求索,不仅与其生命美学观念紧密相关,还与其文化批判观念联成一体。他不仅在阐明美与艺术的理想境界,还试图从审美和艺术切入文化批判,将意境求索上升到中国心灵和文化自省的高度。在《中国艺术意境之诞生》(增订稿)的"引言"中,宗白华说:"现代的中国站在历史的转折点。新的局面必将展开。然而我们对旧文化的检讨,以同情的了解给予新的评价,也更显重要。就中国艺术方面——这中国文化史上最中心最有世界贡献的一方面——研寻其意境的特构,以窥探中国心灵的幽情壮采,也是民族文化的自省工作。"③

在《中国艺术意境之诞生》(增订稿)中,宗白华从哲学意蕴、层深结构、创构过程、人格蕴涵等方面对中国艺术境界作了精妙绝伦、匠心独具的阐发,从而也揭示了中国艺术意境理论所蕴涵的心灵与宇宙的融通、最富于节奏与和谐、充满音乐性的中国文化的美丽精神。

宗白华将艺境之内涵和意义的探讨,上升到关于人的生命存在及其价值意义之思考。他说:"什么是意境?人与世界接触,因关系的层次不同,可有五种境界……以宇宙人生的具体为对象,赏玩它的色相、秩序、节奏、和谐,借以窥见自我的最深心灵的反映;化实景而为虚境,创形象以为象征,使人生最高的心灵具体化、肉身化,这就是'艺术境界'。艺术境界主于美";"艺术家以心灵映射万象,代山川而立言,他所表现的是主观的生命情调与客观的自然景象交融互渗,成就一个鸢飞鱼跃,活泼玲珑,渊然而深的灵境;这灵境就是构成艺术之所以为艺术的'意境'"④。可见,艺境不仅是主观情感与客观景象的有机融合,还是生命的折光,一种精神和心灵的呈现;艺境也不仅具有审美价值,还有对人生的丰富意义,对心灵的深远影响。

在宗白华看来,这个折射出生命、呈现出心灵的艺境,主要有两个结构特征,即"道"与"舞"。宗白华强调,与"道"体合无间的"艺",其意境的根源

---

① 宗白华:《中国艺术意境之诞生》(增订稿),见《宗白华全集》第二卷,第365页。
② 宗白华:《中国诗画中所表现的空间意识》,见《宗白华全集》第二卷,第431页。
③ 宗白华:《中国艺术意境之诞生》(增订稿),见《宗白华全集》第二卷,第356页。
④ 同上书,第358—359页。

在于对活泼飞跃的生命本体的体悟与揭示,其意境的本质在于创造空灵虚幻的景象以象征和展现那宇宙人生的真际,即至深至动的生命情调与律动。他说:"灿烂的'艺'赋予'道'以形象和生命,'道'给予'艺'以深度和灵魂"①;"中国人对'道'的体验,是'于空寂处见流行,于流行处见空寂',唯道集虚,体用不二,这构成中国人的生命情调和艺术意境的实相"②。宗白华又认为,"道"之流动的精气和神韵,最生动地体现在舞蹈艺术中,"舞"是中国艺术意境最为重要的特征。他明确指出:"'舞'是中国一切艺术境界的典型。中国的书法、画法都趋向飞舞。庄严的建筑也有飞檐表现着舞姿。"宗白华之所以说"舞"是中国一切艺术境界的典型,根源于其生命美学观,因为在他看来,"'舞',这最高度的韵律、节奏、秩序、理性,同时是最高度的生命、旋动、力、热情,它不仅是一切艺术表现的究竟状态,且是宇宙创化过程的象征……只有'舞',这最紧密的律法和最热烈的旋动,能使这深不可测的玄冥的境界具象化、肉身化";"也只有活跃的具体的生命舞姿、音乐的韵律、艺术的形象,才能使静照中的'道'具象化、肉身化"。③ 宗白华还指出,这种具有"道"和"舞"之结构特征的中国艺术意境具有不同的层次:"艺术意境不是一个单层的平面的自然的再现,而是一个境界层深的创构。从直观感相的摹写,活跃生命的传达,到最高灵境的启示,可以有三层。"④ 这三个层次,宗白华又称之为"写实的境界"、"传神的境界"、"妙悟的境界"。⑤ 三个境界相互联结,逐层递进,渊然而深。

那么直探生命节奏之核心、呈现人类心灵之至动的中国艺术意境是如何创构的呢?概而言之,宗白华强调了四点:其一,"外师造化,中得心源"。宗白华认为,艺术意境是"造化"与"心源"的凝合,是心与物刹那间感动而生的直观。他说:"'外师造化,中得心源。'唐代画家张璪这两句训示,是意境创现的基本条件";"意境是艺术家的独创,是从他最深的'心源'和'造化'接触时突然的领悟和震动中诞生的,它不是一味客观的描绘,像一照像机的摄

---

① 宗白华:《中国艺术意境之诞生》(增订稿),见《宗白华全集》第二卷,第367页。
② 同上书,第370页。
③ 同上书,第369、366、367页。
④ 同上书,第362页。
⑤ 宗白华:《中国艺术三境界》,见《宗白华全集》第二卷,安徽教育出版社1994年版,第382页。

影"①。其二,"化实景而为虚境,创形象以为象征"。这其实就是指"虚实相生"的原则。宗白华非常重视"虚实相生",认为"这是中国美学思想中的核心问题"。② 就具体的艺境创构而言,"虚实相生"首先即指"化景物为情思","是使客观景物作我主观情思的象征"。③ 其次,还指"创形象以为象征",而这又集中体现于他对"超以象外,得其环中"的强调。他指出:"书法的妙境通于绘画,虚空中传出动荡,神明里透出幽深,超以象外,得其环中,是中国艺术的一切造境";"中国艺术意境的创成,既须得屈原的缠绵悱恻,又须得庄子的超旷空灵。缠绵悱恻,才能一往情深,深入万物的核心,所谓'得其环中'。超旷空灵,才能如镜中花,水中月,羚羊挂角,无迹可寻,所谓'超以象外'"。④ 其三,重视"空白"。重视空白,其实也是"虚实相生"之艺境创构原则的应有内涵,只不过是一种特殊的表现方式。宗白华指出:"中国画很重视空白……空白处更有意味。中国书家也讲究布白,要求'计白当黑'。中国戏曲舞台上也利用虚空,如'刁窗',不用真窗,而用手势配合音乐的节奏来表演,既真实又优美。中国园林建筑更是注重布置空间、处理空间"⑤;"庄子说:'虚实生白。'又说:'唯道集虚。'中国诗词文章里都着重这空中点染,抟虚成实的表现方法,使诗境、词境里面有空间,有荡漾,和中国画面具同样的意境结构"。宗白华还指出,之所以要重视空白的意境创构,"是植根于中国心灵里葱茏缊缊,蓬勃生发的宇宙意识"⑥。宗白华强调:艺术之空白处并非真空,而是灵气往来生命流动之处;更要重视"心灵内部方面的'空'",唯有当人的心灵还原到虚静空灵之状态时,才能体合宇宙内部的生命节奏,而同宇宙生命一起律动。"美感的养成在于能空,对物象造成距离,使自己不沾不滞,物象得以孤立绝缘,自成境界。"⑦ 其四,与人格涵养密切相关。宗白华强调艺术意境之创构有赖于人格涵养与艺术心灵。他说:"微妙境界的实现,端赖艺术家平素的精神涵养,天机的培植,在活泼泼

---

① 宗白华:《中国艺术意境之诞生》(增订稿),见《宗白华全集》第二卷,第360、366页。
② 宗白华:《中国美学史中重要问题的初步探索》,见《宗白华全集》第三卷,第455页。
③ 宗白华:《中国艺术意境之诞生》(增订稿),见《宗白华全集》第二卷,第360页。
④ 同上书,第370、364页。
⑤ 宗白华:《中国美学史中重要问题的初步探索》,见《宗白华全集》第三卷,第454—455页。
⑥ 宗白华:《中国艺术意境之诞生》(增订稿),见《宗白华全集》第二卷,第370页。
⑦ 宗白华:《论文艺的空灵与充实》,见《宗白华全集》第二卷,第349—350页。

的心灵飞跃而又凝神寂照的体验中突然地成就。"①宗白华对艺术家的人格涵养和心灵培养提出了两个具体要求,即"空灵"与"充实",所谓"空灵和充实是艺术精神的两元"②。宗白华同时还强调了艺术意境可以涵养人格,净化心灵。他说:"艺术的境界,既使心灵和宇宙净化,又使心灵和宇宙深化,使人在超脱的胸襟里体味到宇宙的深境。"③

宗白华对中国传统美学作出了独树一帜的创造性诠释:"参照西方现代美学,却不设想削足适履,将传统美学强行纳入西方框架,也不设想按西方的思辨模式去重建中国的传统理论,而是将自己的诠释,聚焦于这一理论的关键性范畴——'艺术境界',直探它的文化哲学底蕴,作出富于现代意义的发挥",从而使"中国传统的艺术境界论,更以别具一格的哲学内涵,另成一系的文化品貌,呈现于当代世界美学之林,不仅以明确的语言答复了西方某些学人关于中国有没有属于自己的美学理论这一大疑问,也为中国传统美学的现代转换,提供了范导性尝试"。④

三 富于开拓性的中国美学史研究

宗白华于60年代初开始,将中国美学思想的研究从先前的以诗画研究为主拓展到书法、音乐、舞蹈以及园林建筑等领域,并系统地梳理了中国古代美学史,留下了一系列的论文、讲义、文稿和笔记,为中国美学史的研究作出了开创性的贡献。宗白华对中国美学史的开创性研究表现在以下三个方面:

其一,对中国艺术和中国美学思想及其特征的深刻把握与揭示。作为身兼哲人和诗人的美学家,宗白华对中国艺术与美学的体悟与把握精深而微妙,诚如李泽厚先生在《宗白华〈美学散步〉序》中所言:"'天行健,君子以自强不息'的儒家精神,以对待人生的审美态度为特色的庄子哲学,以及并不否弃生命的中国佛学——禅宗,加上屈骚传统,我以为,这就是中国美学的精英和灵魂。宗先生以诗人的锐敏,以近代人的感受,直观地牢牢把握和

---

① 宗白华:《中国艺术意境之诞生》(增订稿),见《宗白华全集》第二卷,第361页。
② 宗白华:《论文艺的空灵与充实》,见《宗白华全集》第二卷,第345页。
③ 宗白华:《中国艺术意境之诞生》(增订稿),见《宗白华全集》第二卷,第373页。
④ 汪裕雄:《中国传统美学的现代转换——宗白华美学思想评议》,载《安徽范师大学学报》1999年第1期。

展示了这个灵魂。"① 不过,应当补充说明的是,宗白华对中国美学的把握不只是诗人的直观,更有哲人的深邃。比如,他关于富于生命情趣和宇宙意识的中国艺术意境之剖析,关于中国"俯仰往还,远近取与"的审美观照法的揭示,关于中国艺术创造中"虚实相生"的审美原则的强调,关于"'舞'是中国一切艺术境界的典型"的认识等等,都是那么的微妙而精深。

其二,对中国古代美学思想发展历程及其重要问题的梳理和探索。宗白华关于中国古代美学思想史的研究,有许多精辟独到的见解,其中最值得注意的有三点:首先,《周易》原型论。宗白华认为,中国审美与艺术的宇宙论根据,中国艺术与美学思想的一些根本特征,都渊源于《周易》。他说:"中国画所表现的境界特征,可以说是根基于中国民族的基本哲学,即《易经》的宇宙观"②;"中国人的最根本的宇宙观是《易传》上所说的'一阴一阳之谓道'。我们画面的空间感也凭一虚一实,一明一暗的流动节奏表达出来";《周易·系辞传》所说的"俯仰往还,远近取与","是中国哲人的观照法,也是诗人的观照法";③"《易经》是儒家经典,包含了宝贵的美学思想。如《易经》有六个字:'刚健、笃实、辉光',就代表了我们民族一种很健全的美学思想。《易经》的许多卦,也富有美学的启发,对于后来艺术思想的发展很有影响"④。其次,魏晋转折论。宗白华指出:"学习中国美学史,在方法上要掌握魏晋六朝这一中国美学思想大转折的关键"⑤;"汉末魏晋六朝是中国政治上最混乱、社会上最苦痛的时代,然而却是精神史上极自由、极解放,最富于智慧、最浓于热情的一个时代。因此,也就是最富有艺术精神的一个时代"⑥;魏晋六朝也是中国人的美感或美的理想的转折期,"从这个时候起,中国人的美感走到了一个新的方面,表现出一种新的美的理想。那就是认为'初发芙蓉'比之于'错彩镂金'是一种更高的美的境界"⑦。再次,美感发展论。宗白华认为,研究中国美学史"要重视中国人美感发展史的研究",研究中国美感的特点和发展规律,有助于"找出中国美学的特点,找出中国美

---

① 李泽厚:《宗白华〈美学散步〉序》,见《走我自己的路》(杂著集),第84—85页。
② 宗白华:《论中西画法的渊源与基础》,见《宗白华全集》第二卷,第109页。
③ 宗白华:《中国诗画中所表现的空间意识》,见《宗白华全集》第二卷,第434页、第436页。
④ 宗白华:《中国美学史中重要问题的初步探索》,见《宗白华全集》第三卷,第458页。
⑤ 同上书,第448页。
⑥ 宗白华:《论〈世说新语〉和晋人的美》,见《宗白华全集》第二卷,第267页。
⑦ 宗白华:《中国美学史中重要问题的初步探索》,见《宗白华全集》第三卷,第450—451页。

学发展史的规律来"。①

其三,对中国美学和中国美学史研究方法的强调及其范导性尝试。除了强调"要重视中国人美感发展史的研究"之外,宗白华还对中国美学和中国美学史的研究明确提出了一些重要的原则和方法。一是要从比较中见出中国美学的特点。他说:"中国美学有悠久的历史,材料丰富,成就很高,要很好地进行研究。同时也要了解西方的美学。要在比较中见出中国美学的特点。"② 二是中国学者当有自己的立足点。宗白华虽力倡中西美学的比较研究,但更重视对中国传统美学材料和遗产的深入掘发和创造性研究,更强调要"极力发挥中国民族文化的'个性'"③,认为"中国的艺术与美学理论也自有它伟大独立的精神意义"④。三是美学研究要紧密联系艺术实践,把理论考察与实物研究结合起来,不能只注重从文论、诗论、乐论和画论中去搜集资料。他明确强调:要"从中国极为丰富的艺术成就和艺人的艺术思想里,去考察中国美学思想的特点"⑤;要"把哲学、文学著作和工艺、美术品联系起来研究"⑥;"要重视实物研究,要有感性认识为基础"⑦。宗白华成功地贯彻了这些研究原则和方法,为中国美学和美学史的研究作出了范导性的尝试。

第五节 李泽厚美学思想

在五六十年代的"美学大讨论"中一举成名的李泽厚,是 20 世纪后期中国最有成就、最有影响力的美学家。他从 50 年代开始便活跃于中国美学界,在 80 年代真正成熟并产生重大影响,从而形成中国美学思想之主潮,学界称之为实践美学或实践论美学。李泽厚的实践论美学,无论是其哲学高度、体系建构,还是其学术影响力,都代表了 20 世纪后期中国美学的最高成

---

① 宗白华:《关于美学研究的几点意见》,见《宗白华全集》第二卷,第 594—595 页。
② 同上书,第 592 页。
③ 宗白华:《自德见寄书》,见《宗白华全集》第一卷,第 320—321 页。
④ 宗白华:《介绍两本关于中国画学的书并论中国的绘画》,见《宗白华全集》第二卷,第 43 页。
⑤ 宗白华:《漫话中国美学》,见《宗白华全集》第三卷,第 393 页。
⑥ 宗白华:《中国美学史中重要问题的初步探索》,见《宗白华全集》第三卷,第 449 页。
⑦ 宗白华:《漫谈中国美学史研究》,见《宗白华全集》第三卷,第 617 页。

就,为中国美学的现代发展作出了历史性贡献,是新世纪中国美学发展绕不开的学术背景。纵观李泽厚的实践论美学思想,其发展历程大体可分为三个主要阶段,即五六十年代的初创期,80年代的深化期,90年代的反思期。

一 20世纪五十六年代:实践论美学思想的初创

在20世纪五六十年代的"美学大讨论"中,李泽厚在批判其他派别美学思想缺陷的同时,创立了自己的美学理论,主张"美是客观性和社会性的统一",并从马克思主义的实践观出发来不断发展和完善自己的美学观点。

(一) 美是客观性和社会性的统一

美是客观性和社会性的统一,这是李泽厚针对朱光潜和蔡仪的观点而试图解决美的本质问题所提出的一个观点。他批评朱光潜只看到了美的社会性而没有看到美的客观性,蔡仪只看到了美的客观性而没有看到美的社会性。李泽厚强调,要把美与美感区别开来,美是不依赖于人类主观的美感的存在而存在的,美感是美的反映、美的模写;美既是不能脱离人类而存在的,又是不依存人类的意识而存在的,它是社会的,不是主观的。他说:"我们的结论是:美不是物的自然属性,而是物的社会属性。美是社会生活中不依存于人的主观意识的客观现实的存在。自然美只是这种存在的特殊形式";"自然本身并不是美,美的自然是社会化的结果,也就是人的本质对象化的结果。自然的社会性是自然美的根源"。①李泽厚又明确指出:"美,与善一样,都只是人类社会的产物,它们都只对于人、对于人类社会才有意义。在人类以前,宇宙太空无所谓美丑,就正如当时无所谓善恶一样。美是人类的社会生活,美是现实生活中那些包含着社会发展的本质、规律和理想而用感官可以直接感知的具体的社会形象和自然形象……宽广的客观社会性和生动的具体形象性是美的两个基本属性。"②

李泽厚还强调美感存在着"矛盾二重性",认为这"是美学的基本矛盾,这一矛盾的分析和解决是研究美学科学的关键,是反对唯心主义的重要环节"。所谓"美感的矛盾二重性",简单说来,"就是美感的个人心理的主观直

---

① 李泽厚:《论美感、美和艺术》,见《美学论集》,上海文艺出版社1980年版,第29页、第25页。
② 李泽厚:《美的客观性和社会性》,见《美学论集》,第59页。

觉性质和社会生活的客观功利性质,即主观直觉性和客观功利性。美感的这两种特性是互相对立矛盾着的,但它们又相互依存、不可分割地形成美感的统一体。前者是这个统一体的表现形式、外貌、现象,后者是这个统一体的存在实质、基础、内容"。其实,"个人的超功利非实用的美感直觉本身中,就已包涵了人类社会生活的功利的实用的内容,只是对于个人来说,这种内容常不能察觉而是潜移默化地形成和浸进到主观直觉中去了"①。

(二) 以马克思主义的实践观点为美学的哲学基础

李泽厚于1962年发表了《美学三题议》,这篇论文标志着他的美学探索达到了一个新的境界,马克思主义历史唯物论的实践哲学真正成为了李泽厚美学的哲学基础。在此文中,李泽厚批评朱光潜混淆了人的意识活动与人的实践活动,混淆了生产实践与艺术实践、物质生产与精神生产②,混淆了实践(生产劳动)作用于自然的"人化"与意识(审美或艺术活动)作用于自然的"人化"。③他强调,人类的实践活动主要是指人类的生产实践;"自然人化"虽有实践使之"人化"与意识使之"人化"两种理解,然而对人类历史起了根本性作用的还是实践使之的"人化",马克思在指出"人化"这个概念时主要指的就是人类基本的客观实践活动,是"实践的人化",所谓"'人化'者,通过实践(改造自然)而非通过意识(欣赏自然)去'化'也"。④

基于对"实践"与"自然人化"的这些认识,李泽厚强调:"只有遵循'人类社会生活的本质是实践的'这一马克思主义根本观点,从实践对现实的能动作用的探究中,来深刻地论证美的客观性和社会性。从主体实践对客观现实的能动关系中,实即从'真'与'善'的相互作用和统一中,来看'美'的诞生。"⑤他说:"美的普遍必然性正是它的社会客观性。美是诞生在人的实践与现实的相互作用和统一中,而不是诞生在人的意识与自然的相互作用或统一中,是依存于人类社会生活、实践的客观存在,但却不是依存于人类社会意识的所谓'主客观的统一'。"⑥由此,李泽厚给美以及自然美的本质

---

① 李泽厚:《论美感、美和艺术》,见《美学论集》,第4、11页。
② 李泽厚:《美学三题议》,见《美学论集》,第159—160页。
③ 同上书,第171页、第178页。
④ 同上书,第172页。
⑤ 同上书,第161页。
⑥ 同上书,第163页。

下了新的判断:"如果说,现实对实践的肯定是美的内容,那末,自由的形式就是美的形式。就内容言,美是现实以自由形式对实践的肯定;就形式言,美是现实肯定实践的自由形式";"自然美的本质在于'自然的人化'"。①

二 20世纪80年代:实践论美学思想的深化

70年代末以来,李泽厚在《批判哲学的批判——康德述评》以及一系列"主体性哲学论纲"中,通过对康德哲学的批判性研究,将马克思的实践观点和康德的主体性思想有机联结起来,并吸收了中国传统哲学的天人合一思想,创建了自己的"主体性实践哲学"(又称"人类学本体论"),也由此展开了他的"主体性实践美学"或"人类学本体论美学"。

(一) 主体性实践哲学

李泽厚指出,他所理解的人性就是人类"通过漫长的历史实践终于全面地建立了一整套区别于自然界而又可以作用于它们超生物族类的主体性","人性应该是感性与理性的互参,自然性与社会性的融合","是感性(自然性)中有理性(社会性),或理性在感性中内化、凝聚和积淀,使两者合二而一,融为整体。这也就是自然的人化或人化的自然"。② 那么,究竟何谓"主体性"呢? 李泽厚说:"'主体性'概念包括有两个双重内容和含义。第一个'双重'是:它具有外在的即工艺—社会的结构面和内在的即文化—心理的结构面。第二个'双重'是:它具有人类群体(又可区分为不同社会、时代、民族、阶级、阶层、集团等等)的性质和个体身心的性质。这四者相互交错渗透,不可分割。而且每一方又都是某种复杂的结合体。"并认为,"这两个双重含义中的第一个方面是基础的方面。亦即,人类群体的工艺—社会的结构面是根本的、起决定作用的方面","群体的生产实践是人类的第一个历史事实"。③

可见,尽管承认了主体存在具有与群体不同的个体层面,但"主体性"概念的内涵,仍主要是在与"类本质"的联系中加以确定的,李泽厚"最终落脚

---

① 李泽厚:《美学三题议》,见《美学论集》,第164页、174页。
② 李泽厚:《康德哲学与建立主体性的哲学论纲》,见《实用理性与乐感文化》,三联书店2005年版,第203页。
③ 李泽厚:《关于主体性的补充说明》,见《实用理性与乐感文化》,第218—219页。

点在个体独特性和创造性,以获取人的自由,认识的自由直观,伦理的自由意志,审美的自由享受等等"①。所以,他说:"这种主体性的人性结构就是'理性的内化'(智力结构),'理性的凝聚'(意志结构)和'理性的积淀'(审美结构)。它们作为普遍形式是人类群体超生物族类的确证。它们落实在个体心理上,却是以创造性的心理功能而不断开拓和丰富自身而成为'自由直观'(以美启真)、'自由意志'(以美储善)和'自由感受'(审美快乐)。"② 也就是说,"理性的内化"(智力结构),当其落实在个体心理上,就有"自由直观",它有助于人们认识真理,因而可说是"以美启真";当"理性的凝聚"(意志结构)落实到个体心理上,则有"自由意志",它有助于人们的品德修养,因而可说是"以美储善";而审美因理性积淀为感性,则为"自由感受",它以"快乐"的形式表现出来。

李泽厚还指出,认识论的自由直观和伦理学的自由意志,"还只表现在感性的能力、行为、意志中的人与自然的统一";而审美的自由感受,"则表现在感性的需要、享受和向往中的人与自然的统一。这种统一是最高的统一,也是中国古代哲学讲的'天人合一'的人生境界。这是能够替代宗教的审美境界,它是超道德的本体境界"。③ "审美的特征正在于总体与个体的充分交融,即历史与心理、社会与个人、理性与感性在心理、个体和感性自身中的统一。这不再是理性的一般内化,不再是理性的集中凝聚,而是理性的积淀。它不再是一般压倒个别,而是沉积着一般的个性潜能的充分培育和展现。自由审美可以成为自由直观(认识)、自由意志(道德)的锁匙。从而理性的积淀—审美的自由感受便构成人性结构的顶峰。"④

总之,在李泽厚看来,"在主体性系统中,不是伦理,而是审美,成了归宿所在:这便是天(自然)人合一。而这个最终的'天人合一'却又是建立在物质现实的自然人化(改造内外世界)的基础之上的。不是个体精神而是工艺科技的物质工具的力量,才是人类和个体发展的基础,是人类社会结构和个体心理结构的存在和发展的基础"⑤。这实际上又是在强调实践之于主体性和审美的重要意义。

---

① 李泽厚:《课虚无以责有》,见《实用理性与乐感文化》,第359页。
② 李泽厚:《关于主体性的补充说明》,见《实用理性与乐感文化》,第222页。
③ 李泽厚:《康德哲学与建立主体性的哲学论纲》,见《实用理性与乐感文化》,第216页。
④ 李泽厚:《关于主体性的补充说明》,见《实用理性与乐感文化》,第230—231页。
⑤ 同上书,第231页。

(二) 实践论美学思想

基于上述主体性实践哲学的观点,李泽厚构建了他的实践论美学思想体系。1989年出版的《美学四讲》是他实践论美学思想体系的集中体现和具体展开。在《美学四讲》中,李泽厚从主体性实践哲学的立场出发,围绕着"自然的人化"这个人类学主题,对"美学"、"美"、"美感"和"艺术"展开了系统论述,阐发了"美是自由的形式"的著名命题,提出了"心理情感本体"和"新感性"等实践论美学新概念。

李泽厚的实践论美学观的展开,是以"自然的人化"为核心的。关于"自然的人化",李泽厚强调不能做简单的字面理解,其思想内涵可以展开为多个层面。首先,他认为"自然的人化"包括两个方面,即"外在自然的人化"和"内在自然的人化",这两个方面的都是人类社会整体历史的成果。"从美学讲,前者(外在自然的人化)使客体世界成为美的现实。后者(内在自然的人化)使主体心理获有审美情感。前者就是美的本质,后者就是美感的本质,它们都通过整个社会实践历史来达到。"[①] 其次,李泽厚指出,"自然的人化"可分狭义和广义两种含义,他说的"自然的人化"一般都是从广义上说的,因为"自然的人化"指的是人类征服自然的历史尺度,指的是整个社会发展达到一定的阶段,人和自然的关系发生了根本改变;不过,狭义的"自然的人化"(即通过劳动、技术改造自然事物)是广义的"自然的人化"的基础,是使人与自然界发生关系改变的根本原因。可见,"'自然的人化'作为哲学美学概念,只涉及美的本质,它指出美的本质的人类历史性格,它是山水花鸟、自然景物成为人们的审美对象的最后根源和前提条件"[②]。再次,李泽厚还提出了"人的自然化"问题,包括人与自然环境的亲密相处、人与山水花鸟比拟性的符号或隐喻共存、人与宇宙节律的生理—心理的一致或同构三个层次。他认为"人的自然化"正好是"自然的人化"的对应物,它们是整个历史过程的两个方面:"自然的人化"是工具本体的成果,"人的自然化"则是情感(心理)本体的建立[③];"自然的人化就内在自然说,是人性的社会建立,人的

---

① 李泽厚:《美学四讲》,见《李泽厚十年集·美的历程》,第494—495页。
② 同上书,第479—480页。
③ 同上书,第483—484页。

自然化则是人性的宇宙扩展"①。从美学讲,"自然的人化"是美产生的根源,"人的自然化"则是审美的最高境界;"如果说儒家讲的是'自然的人化',那么庄子讲的便是'人的自然化':前者讲人的自然性必须符合和渗透社会性才成为人;后者讲人必须舍弃其社会性,使其自然性不受污染,并扩而与宇宙同构才能是真正的人"②。这恰好是儒道互补的中国美学精神。

基于对"自然的人化"的这些理解,李泽厚得出结论:"在我看来,自然的人化说是马克思主义实践哲学在美学上(实际也不只是在美学上)的一种具体的表达或落实。就是说,美的本质、根源来源于实践,因此才使得一些客观事物的性能、形式具有审美性质,而最终成为审美对象。这就是主体论实践哲学(人类学本体论)的美学观。"③ 由此出发,李泽厚强调,是人类总体的社会历史实践这种本质力量创造了美,美就是自由的形式。他说:"通过漫长历史的社会实践,自然人化了,人的目的对象化了。自然为人类所控制、改造、征服和利用,成为顺从人的自然,成为人的'非有机的躯体',人成为掌握控制自然的主人。自然与人、真与善、感性与理性、规律与目的、必然与自由,在这里才具有真正的矛盾统一。真与善、合规律性与合目的性在这里才有了真正的渗透、交融与一致。理性才能积淀在感性中,内容才能积淀在形式中,自然的形式才能成为自由的形式,这也就是美。"④ 他又强调,"从主体性实践哲学或人类学本体论来看美感,这是一个'建立新感性'的问题,所谓'建立新感性'也就是建立起人类心理本体,又特别是其中的情感本体"⑤;"我所说的'新感性'就是指的这种由人类自己历史地建构起来的心理本体。它仍然是动物生理的感性,但已区别于动物心理,它是人类将自己的血肉自然即生理的感性存在加以'人化'的结果。这也就是我所谓的'内在的自然的人化'"⑥;美感就是"内在自然的人化"(感官的人化、情欲的人化),就是"对人类生存所意识到的感性肯定"。由于"内在自然的人化","感性之中渗透了理性,个性之中具有了历史,自然之中充满了社会;在感性而不只是感性,在形式(自然)而不只是形式,这就是自然的人化作为美和美感

---

① 李泽厚:《关于主体性的第三个提纲》,见《实用理性与乐感文化》,第 240 页。
② 李泽厚:《华夏美学》,见《李泽厚十年集·美的历程》,第 284 页。
③ 李泽厚:《美学四讲》,见《李泽厚十年集·美的历程》,第 462—463 页。
④ 同上书,第 466 页。
⑤ 同上书,第 493 页。
⑥ 同上书,第 494 页。

的基础的深刻含义,即总体、社会、理性最终落实在个体、自然、和感性上"。① 这其实也就是李泽厚所说的"积淀"及其美学意义,而"积淀"就是通过"自然的人化"来实现的。总起来说,"美感就是内在自然的人化,它包含着两重性,一方面是感性的、直观的、非功利的;另一方面又是超感性的、理性的、具有功利性的";"所谓'新感性',乃'自然的人化'之成果是也"。② 基于美感本质的这些分析,李泽厚又将美感分为三个形态或层次,即"悦耳悦目"、"悦心悦意"和"悦志悦神",而"天人合一"处于美感的最高的层次。他还指出美感是审美心理结构的数学方程式:"审美愉快(美感)不只是一种心理功能,而是多种心理功能(理解、感知、想象、情感等等)的总和结构,是复杂的、变项很多的数学方程式。这些变项被组织在一种不同种类、性质的动态平衡中,不同比例的配合可以形成不同类型的美感。"③ 关于艺术,李泽厚认为,"情感本体或审美心理结构作为人类的内在自然人化的重要组成,艺术品乃是其物态化的对应品"④,"心理—情感本体,它是物态化的艺术世界的本源和果实"⑤。李泽厚还认为,艺术作品的结构可以分为三个层面,即形式层、形象层和意味层,"积淀"可以解释艺术作品三层次的来源,即原始积淀产生艺术作品的形式层,艺术积淀产生艺术作品的形象层,生活积淀产生艺术作品的意味层。

三 20 世纪 90 年代:实践论美学思想的反思

尽管李泽厚曾说自己 90 年代以来的论著,与 80 年代初的论著,"思想观念几乎毫无变化;圆心未动,扩而充之而已"。但他还是希望"把这个同心圆画得更好更圆一些"。⑥ 事实上,李泽厚的哲学美学观念前后虽然有明显的一脉相承,但还是一直不断地在变化发展着,并且美学在他的理论结构中的地位也发生了变化,开始成为他的哲学思想的一部分,是他人类学历史本体论的归宿之处。

---

① 李泽厚:《美学四讲》,见《李泽厚十年集·美的历程》,第 501 页。
② 同上书,第 501 页。
③ 同上书,第 515 页。
④ 同上书,第 536 页。
⑤ 同上书,第 574 页。
⑥ 李泽厚:《〈实用理性与乐感文化〉后记》,见《实用理性与乐感文化》,第 372 页、第 374 页。

（一）强调心理情感本体，关注人的个体感性存在

还是在 80 年代末，李泽厚实践论美学思想已出现了一些较为明显的变化，此变化之端倪体现于 1989 年出版的《美学四讲》一书。从四篇演讲稿到《美学四讲》的成书，其间之"调整联贯"、"修改补充"留下了李泽厚美学思想变化发展的明显印痕。在《美学四讲》中，他说："寻找、发现由历史所形成的人类文化—心理结构，如何从工具本体到心理本体，自觉地塑造能与异常发达了的外在物质文化相对应的人类内在的心理—精神文明，将教育学、美学推向前沿，这即是今日的哲学和美学的任务"①；"把艺术和审美与陶冶性情、塑造文化心理结构(亦即建立心理本体)联系起来，就可以为发展美学开拓一条新路"②。

关于工具本体和心理本体之关系，李泽厚说："我认为，人类作为超生物性的族类，两元对峙的工具——社会本体和个人心理本体都植根于制造——使用工具为实践特征的人类生存延续的总体之上。它不仅开发出'外在自然的人化'，而且开发出'内在自然的人化'的认识领域(自由直观)和伦理领域(自由意志)，进一步伸展则与'人自然化'相交融，构成审美领域(自由享受)。这就是历史积淀而成的文化心理结构，这也就是人类学历史本体论和哲学心理学的'天人新义'。"③ "本体就是讲最后的实在，最根本的东西。我是讲两个本体，但是有先后。第一个，我讲的是'工具'本体，也叫'工具—社会'本体，第二个叫'情感—心理'本体。这都与我讲的自然人化有关……这两个方面在我这里没有什么矛盾，恰恰是构成一个整体。"④ "人类是动物族类，而工具—社会和心理—情感都由群体历史地形成，但落实在个体的物质生存、精神存在上。可见，所谓两个本体，不管从人类说或从个人说，都以人与内外自然的关系(自然的人化和人的自然化)而展开，而最终归属为'历史'，此之谓'人类学历史本体论'或'历史本体论'。"⑤

李泽厚不仅由对工具本体的突出转向对心理本体的强调，而且也开始关注人的命运偶然性、个体独特性生存和生命存在，并认为这些与心理本体

---

① 李泽厚：《美学四讲》，见《李泽厚十年集·美的历程》，第 451 页。
② 同上书，第 447 页。
③ 李泽厚：《己卯五说》，中国电影出版社 1999 年版，第 164 页。
④ 李泽厚、戴阿宝：《美的历程——李泽厚访谈录》，载《文艺争鸣》2003 年第 1 期。
⑤ 李泽厚：《历史本体论》，三联书店 2002 年版，第 132 页。

密切相关。他说,马克思、弗洛伊德的"食、色"问题,海德格尔的"死"问题,维特根斯坦的"语言"问题,"它们从不同角度在不同种类和层次上都紧紧抓住了人的感性生存和生命存在";"看来,在马克思和弗洛伊德所提供的人类生存的基础上,融会维特根斯坦和海德格尔,似乎是当下哲学—美学可以进行探索其命运诗篇的方向之一。这诗篇与心理本体相关,心理本体又与个体—社会即小我—大我相关"。① 他在《美学四讲》的最后,发出了这样的呼喊:"回到人本身吧,回到人的个体、感性和偶然吧。从而,也就回到现实的日常生活(every day life)中来吧!""情感本体万岁,新感性万岁,人类万岁。"②

李泽厚还强调:"积淀论的人类学历史本体论和哲学心理学,既以人类漫长历史的群体实践为根本基础,却恰恰是强调个体存在的哲学。因为不仅文化心理的积淀因人而异,从而人的个体性亦即个性在此显得十分突出和非常重要;而且时至今日(21世纪即将来临),个体本身存在的意义也大不同前。它不可能再是任何群体(从家庭、社会、民族、国家到各种宗教教义或'主义')的奴隶。'人是目的'(康德)、'每个人自由发展是一切人自由发展的条件'(马克思),在各种情感联系中,发展每个人所特有的才力、智慧、幸福、快乐和一切潜能,即充分实现每个人的独特存在,将成为人生主要意义之所在。这也许是未来可实现的梦想,也正是美学哲学的指向。"③

(二) 指出人类学历史本体论始于理性终于感性,归宿于"情本体"之建构的审美境界

李泽厚在关注个体、感性和偶然的同时,也涉及到了他对理性和非理性的看法。他不同意将马克思所说的"人是一切社会关系的总和"作为人的定义,因为"这个定义忽略了人是作为个体、感性的存在";也不同意将"文化心理结构"倒过来说成"心理文化结构",因为"将之说成是心理结构(formation,不译 structure),正是强调人的个体性。文化对心理产生影响,但人不是一切社会关系的总和。人作为感性的个体,在接受围绕着他的文化作用的同时,具有主动性。个人是在与这围绕着他的文化互动中形成自己的心理的,其

---

① 李泽厚:《美学四讲》,见《李泽厚十年集·美的历程》,第451—452页。
② 同上书,第580页。
③ 李泽厚:《己卯五说》,中国电影出版社1999年版,第166页。

中包括非理性的成分和方面"。① 李泽厚承认非理性的存在及其作用,但强调对此不能夸大,只有理性才是人类存在和发展的基本。因而,他反对过分强调非理性的"反理性"(或非理性主义)倾向,也反对过分强调理性的"分析理性"(或泛理性主义)倾向。他说:"理性容易陷入教条主义、科技至上主义等等倾向,在这意义上,非理性因为与人作为个体感性的生物生存有关,他对理性主义的反叛恰好是某种人文的补充。所以我说,非理性主义可以作为理性主义的解毒剂。但它始终不能和不应成为主流。非理性尽管比理性更根本,更与生命相关,更有生命力,更是人的存在的确认,但由此而否弃理性,否弃工具,那人就会回归动物去了,就不成其为人了。如果毁弃掉一切理性,人类也就完蛋,所以我说,人不是机器(泛理性主义)也不是动物(非理性主义)。"②

　　李泽厚指出,他的哲学是始于理性而终于感性。他说:"传统哲学经常是从感性到理性,人类学历史本体论则从理性(人类、历史、必然)始,以感性(个体、偶然、心理)终。"③ 他的人类学历史本体论的最终归宿是"活得怎样"的审美境界,最终目标就是"情感本体"的建构。在李泽厚看来,"人活着"可以分为人"如何活"(认识论)、"为什么活"(伦理学)和"活得怎样"(美学)。他的人类学历史本体论就是从"人活着"就要吃饭,就要使用—制造工具、产生语言和认识范畴开始,通过"为什么活"即人生意义和两种道德("社会性道德"和"宗教性道德")的伦理探求,归宿在"活得怎样"的美学境界中。他说:"'如何活'、'为什么活'是理性的内化和理性的凝聚,显示的仍然是理性对个体、感性、偶然的规划、管辖、控制和支配。只有'活得怎样'的审美境界,理性才真正渗透、融合、化解(却又未消失)在人的各种感情欲中,这就叫理性的积淀或融化。'理性的内化'给予人以认识形式,'理性的凝聚'给予人以行动意志,'理性的融化'给予人以生存状态。前二者(内化、凝聚)实质上还是一颗集体的心(collective soul),只有后者才真正是个体的心。所以理性在此融化中自然解构。"④ 李泽厚认为,"活得怎样"的最高审美境界就是"'理'(宇宙规律)、'欲'(一己身心)交融的情感快乐"⑤,这也就是某种生活

---

① 李泽厚:《哲学答问》,见《实用理性与乐感文化》,第 155—156 页。
② 同上书,第 140 页。
③ 李泽厚:《哲学探寻录》,见《实用理性与乐感文化》,第 190 页。
④ 同上书,第 186 页。
⑤ 同上书,第 187 页。

境界和人生归宿。那么这是什么样的"情感"呢？李泽厚说："它是一种具有宇宙情怀甚至包含某种神秘体验的'本体'存在。在这里，本体才真正不脱离现象而高于现象，以情为'体'，才真正的解构任何定于一尊和将本体抽象化的形而上学"①"'情'与'欲'相连而非'欲'，'情'与'性'（'理'）相通而非'性'（理）。'情'是'性'（道德）与'欲'（本能）多种多样不同比例的配置和结合，从而不可能建构成某种固定的框架和体系或超越的'本体'（不管是'外在超越'或'内在超越'）。可见，这个'情本体'即无本体，它已不再是传统意义上的'本体'。这个形而上学即没有形而上学，它的形而上即在形而下之中"。而"'情本体'之所以仍名之为'本体'，不过是指它即人生的真谛、存在的真实、最后的意义，如此而已。"②李泽厚还强调，"不是'性'，而是'情'；不是'性（理）本体'，而是'情本体'；不是道德的形而上学，而是审美的形而上学，才是今日改弦更张的方向"③；"惟一可走的，似乎是既执著感性又超越感性的'情感本体论'的'后现代'之路"④。

第六节　蒋孔阳美学思想

蒋孔阳（1923—1999），重庆万县人，1946年毕业于前中央政治学校经济系，生前历任复旦大学中文系教授，国务院学位委员会中国语言文学评议组成员，中华美学学会副会长，上海美学研究会会长等。主要著作有：《文学的基本知识》《论文学艺术的特征》《形象与典型》《德国古典美学》《美和美的创造》《美学与文艺评论集》《先秦音乐美学思想论稿》和《美学新论》等，辑为《蒋孔阳全集》五卷本面世。蒋孔阳先生一生致力于美学研究，在中西融通、古今贯通和博采兼容的基础上，创构了自己的美学思想体系。在20世纪，王国维是开风气之先，率先系统研究和引入美学，并用西方美学研究方法研究中国诗论和戏曲等；朱光潜是我们学习和研究西方美学的楷模；宗白华是我们借鉴西方美学研究中国美学的楷模；而蒋孔阳先生则是20世纪中国美学研究的总结者。他在西方美学方面继承了朱光潜先生，在研究中

---

① 李泽厚：《哲学探寻录》，见《实用理性与乐感文化》，第180页。
② 同上书，第187—188页。
③ 同上书，第187页。
④ 同上书，第180页。

国美学方面更多地继承和发展了宗白华先生,在实践美学方面,蒋孔阳先生则与李泽厚先生并肩探索,形成了他独特的实践创造论美学。

一 德国古典美学研究

蒋孔阳的《德国古典美学》是我国第一部运用马克思主义观点研究西方美学的断代史专著。在这部著作中,蒋孔阳对德国古典美学产生和形成的阶级基础和社会基础、性质,以及它与18世纪法国启蒙运动、英国经验派美学、德国理性派美学的渊源关系进行了探究,从历史的角度阐释了德国古典美学产生的必然性、思想内容的承继关系及其在西方美学史上的地位。在此基础上,他又分别介绍、评价了康德、费希特、谢林、歌德、席勒和黑格尔这六位德国古典美学家的美学思想体系,并对西方美学发展的历史规律作了探讨和总结。

蒋孔阳指出,德国古典美学正好经历了法国大革命到法国七月革命的历史时期,德国古典美学家们基本站在资产阶级一面,对革命表现出强烈的两面性和妥协性,他们对现实不满,具有某些革命的要求,但又依附于统治阶级。而促使德国古典美学形成和发展的社会原因,蒋孔阳归纳为:资产阶级革命和资本主义生产方式所造成的社会政治生活的巨大变化;当时文学艺术的发展提出了新的美学问题;当时自然科学发展的影响。德国古典美学家们以纯粹的哲理思辨代替了现实的革命斗争,认为真正的自由不在物质,而在精神。德国古典美学不仅在性质上是唯心的,在方法上也是唯心的。

在学科渊源上,蒋孔阳指出:"以前西方美学中的各种思想和流派,差不多都以不同形式,经过批判和改造,反映到德国古典美学中来。"[1] 德国古典美学继承了法国启蒙运动中的辩证观点和历史主义观点,并力图在此基础上建立完整的抽象美学体系。可以说,法国启蒙运动在社会政治思想和文艺思想上深刻地影响了德国古典美学,而英国经验派和德国理性派则在美学理论上影响了德国古典美学。如康德批判性地接受休谟、柏克等人关于感性经验、审美趣味和审美判断的理论,结合德国理性派美学对于美学研究对象和范围以及逻辑思维的理性认识,调和二者,形成了"他自己先验派的唯心主义的美学观点"。在美学思想发展史上,德国古典美学是承前启后

---

[1] 蒋孔阳:《蒋孔阳全集》第二卷,安徽教育出版社1999年版,第31页。

的。它总结了过去美学思想的成就,"是有史以来一直到当时,最为完备而又最有影响的唯心主义美学思想体系"①,又直接影响和开启了现代唯心主义的美学思想。更重要的是,它把辩证法引进了美学研究领域,推动了马克思主义美学的形成。

在《德国古典美学》中,蒋孔阳重点介绍了康德、费希特、谢林、歌德、席勒和黑格尔这六位德国古典美学家,其中以康德和黑格尔为重点。蒋孔阳认为,康德在德国古典美学发展中占有重要地位,他的美学思想是近代唯心主义美学的根源。"他的历史功绩,是在新的理论基础上,适应新的历史要求,重新整理出一个新的体系来。"②但蒋孔阳对康德美学体系的内在矛盾也提出了批评,他指出康德的美学"虽然处处揭示了矛盾,论述了矛盾,然而,却没有一个矛盾他是正确地解决了的。他的美学充满了自相矛盾的地方,原因就在这里"③。

在《德国古典美学》中,蒋孔阳还将美学史上一向不为中国美学界注意的费希特和谢林纳入自己的研究范围,给他们以应有的地位,并尽可能做出公允中肯的评价。他认为费希特虽然没有写过专门的美学著作,但他给当时的浪漫主义美学思想提供了理论武器和哲学根据。同时,他较为全面地介绍了谢林的美学思想,尤其是谢林的艺术直觉和艺术分类思想,指出谢林对黑格尔的美学体系和关于艺术分类的重大影响,这在中国当代美学史上具有开创性意义。

歌德和席勒历来为人们所重视,蒋孔阳在这里系统地总结了二者的美学体系。他通过梳理莱辛、赫尔德等启蒙运动者与歌德对他们的继承,强调了歌德不同于其他德国古典美学家的美学体系特质,认为他是其中唯一具有唯物主义倾向的美学家。而席勒的美学体系"大部分是建立在康德的原则的基础之上的",是从康德到黑格尔的一个转折点。

蒋孔阳指出:"如果说,康德是德国古典唯心主义美学的奠基人,那么,黑格尔便是这一美学的完成者或集大成者。"④ 蒋孔阳认为,黑格尔的意义在于他把辩证法全面地运用到美学研究中来,认识到了绝对理念与感性形

---

① 蒋孔阳:《蒋孔阳全集》第二卷,安徽教育出版社1999年版,第58页。
② 同上书,第97—98页。
③ 同上书,第135页。
④ 同上书,第229页。

象的矛盾统一。蒋孔阳指出,在赫尔德、文克尔曼、席勒、谢林、许莱格尔之后,黑格尔第一次把艺术发展历史分为象征主义、古典主义和浪漫主义三种类型,对人类艺术发展的历史过程及其内在规律作了系统的探讨。在肯定黑格尔的历史功绩之余,蒋孔阳也看到了黑格尔的美学体系依然是以唯心主义为基础的,其"美是理念的感性显现"理论,混淆了美与艺术的源与流,这是其美学体系的根本漏洞。

蒋孔阳对于德国古典美学的研究,采取了纵横比较的方法,有时还会把同一对象与不同对象作反复的比较,在比较中突出某一具体对象的核心特征。他对康德美学与英国经验派美学、德国理性派美学的比较,就在于突出康德美学对二者的调和及其调和的矛盾性。

以美学家研究为主,同时注重美学史发展的内在逻辑,也是《德国古典美学》的一个重要特点。《德国古典美学》采用以美学家为中心的历史叙述方法,主要着眼于历史上著名的美学家,并对他们的思想作出概括。其中,尤以康德和黑格尔为主。这种安排既照顾到了作为整体的德国古典美学,又在各位美学家之间明确了主次,突出了重点。在着眼于美学家及其思想研究的同时,蒋孔阳并没有孤立地介绍其思想,而是对他们思想之间的内在逻辑和历史源流作了透彻的分析。例如,对于康德美学思想中的天才理论,他上溯到柏拉图,中间有爱德华·扬格的影响,在此基础上,康德将天才论推向一个新的阶段。再如对崇高的分析,他指出最初提出崇高概念的是朗吉努斯,经由布瓦洛,再由柏克影响康德。这样的研究方法保证了史的完整性,又兼顾了美学思想的深入探讨。

总之,以《德国古典美学》为代表的美学史研究,与蒋孔阳主编的《西方美学通史》和他翻译的《近代美学史评述》,以及他发表的一系列西方现代美学家研究和中西美学比较研究的论文,共同铸就了他对西方美学研究的贡献,这些成果在西方美学和中西美学比较研究方面都具有重要的学术价值,有的成果还具有里程碑式的意义。

二 中国古典美学研究

蒋孔阳对中国古典美学的研究主要集中在先秦音乐、唐诗和绘画这三个方面。《先秦音乐美学思想论稿》是蒋孔阳80年代出版的著作,是他在中国古典美学研究领域的主要代表作。在蒋孔阳的遗稿中,另有关于唐诗与中国古代绘画美学思想的专题研究,它们主要写于20世纪七八十年代,体现了他晚年在中国古代美学研究领域的重要思想。

(一) 先秦音乐美学的研究

《先秦音乐美学思想论稿》由 11 篇 20 世纪 70 年代末至 80 年代中期陆续发表的专论集结而成,初稿完成于"文革"后期。全书虽未着意构筑宏观的理论体系,但各篇之间的安排,围绕着先秦的"礼乐",贯穿着历史的脉络,既独立成文,议论专精,又紧密联系,聚焦于一点。

蒋孔阳以先秦音乐为切入点,抓住中国古典美学研究的关键。《先秦音乐美学思想论稿》的第一篇文章,就是《音乐在我国上古时期社会生活中的地位和作用》。在这篇论文中,蒋孔阳认为,我国古代的思想家基本都是联系音乐来探讨整个文艺现象的规律,他们把乐论当成整个文艺理论,因此,"探讨音乐在我国上古时期社会生活中的地位和作用,事实上就是探讨整个文艺在当时的地位和作用"。接着,蒋孔阳进一步从上古人类的生理特点、劳动生活、乐器的由来、"巫"的表现形式等方面多角度展开研究,以丰富的史料论证了音乐在上古时期的重要地位。

蒋孔阳从哲学的形上角度切入,并结合具体的历史背景加以考察,为先秦音乐美学思想发展勾勒了一个大致的轮廓。他认为,殷周时期,强调天人关系,因而其音乐美学思想带有较多的神学唯心主义色彩;春秋时代,人们开始用自然现象的"阴阳"、"五行"解释音乐,具有较多的唯物主义成分;春秋末期和战国,剧烈的社会变化使政治伦理的关系被提到首要地位,并概括地表现在"礼"中,因此,联系"礼"来研究音乐,以至"礼乐"不分,成为诸子百家音乐美学思想中的重要特点。这种划分方式,以史为脉络,从宏观的政治、伦理层层深入到"礼乐"这一核心问题。

围绕"礼乐",蒋孔阳逐一论述了先秦诸子的不同主张。作为本书的主体,蒋孔阳既对各派的音乐思想条分缕析,展开详密的考证与阐发,又紧紧扣住他们在"礼乐"问题上的分歧,从史料深入到理论高度,透析各家音乐思想背后的哲学主张。一方面,在维护"礼乐"的阵营中,战国时积极宣传和主张"礼乐"的,是以孔子为代表的儒家。把"礼"和"乐"连接在一起成为一个专有名词始于孔子。孔子"正乐",是要在"礼乐"的相反相成的调节中,来达到"和",从而造就出"中庸之德"(《雍也篇》)和"礼乐皆备"(《乐记》)的人才。孟子与荀子都是孔子"礼乐"思想的继承者,蒋孔阳着重分析了孟柯"与民同乐"的美学思想;对于荀子,蒋孔阳则认为他的"礼乐"思想,是对孔子思想的继承和发挥,后又由《乐记》集其大成。《礼论》、《乐论》等篇系统地谈到"礼"与"乐"的关系,给"礼乐"思想提供了比较完备的理论。另一方面,反对儒家"礼乐"思想的阵营以墨、道、法三家为代表。蒋孔阳指出墨子"非乐"思想是从功利主义出发的,他以有用、无用、有利、无利作为衡量音乐的标准,具有片面性和局限性;以老子和庄子为代表的道家则从形而上学的"道"的观点来探讨"礼乐"。蒋孔阳认为,他们是从更高的艺术境界来否定和取消"礼乐",从而使音乐和艺术能够超出"礼"的规范,按照音乐和艺术本身的规律来发展;对于商鞅、韩非子等法家,蒋孔阳则从他们反复古的立场阐述他们反对"礼乐"的言论,但他认为,这并不代表他们完全反对文学艺术,他们所反对的是儒家的"礼乐",然而他们"尊君"、"重法"的思想与儒家"礼乐"制度实质上不谋而合。凡此种种,蒋孔阳都能做到论从史出,以独到的眼光、细致的分析深探底蕴,理清似是而非的同中之异、异中之同。他不满足于从宏观上区分维护与反对的两大阵营,还深入到阵营的内部,辨别出同是"礼乐"的维护者,孔孟荀各有侧重;同是反对"礼乐",墨、法两家采取的是功利的态度,道家采取的则是超越的态度。即便同是功利的态度,墨家与儒家的"礼乐"根本对立,而法家与儒家则殊途同归。

最后,蒋孔阳又另辟专章探讨《礼记·乐记》的音乐美学思想。蒋孔阳先生高度评价了《乐记》的地位,认为它是先秦儒家"礼乐"思想的总结和集大成,从《毛诗序》开始,一直到晚清各家论"乐"的观点,基本上没有超过《乐记》所论述的范围。蒋孔阳主要从《乐记》关于音乐的本质及其作用等方面论述其美学思想,肯定《乐记》提倡心物感应、"和"及音乐的社会作用等在今天仍具有一定的现实意义。同时,蒋孔阳还认为"乐"与"礼"的捆绑有损于音乐的创造性和独立性,因此不可避免地具有时代的局限性。蒋孔阳对《乐记》的高度评价,是在整个乐论史制高点上的俯瞰,他对《乐记》的贡献与局限的分析,是在历史研究中注入当代意识,既注重实证,又依托理论,二者辩证统一,避免了单纯的"我注六经"和"六经注我"的褊狭。

(二) 唐诗美学特征研究

蒋孔阳从音乐美、建筑美或视觉美、个性美、意境美四个方面具体论述了唐诗的美学特征,具体而言,蒋孔阳对唐诗美学特征的研究具有以下特点:

一是共时与历时交错。蒋孔阳从唐诗的美学特征中抽取四个方面,是从共时的横断面对唐诗审美特征的高度概括,在具体的论述中,又往往在历史的发展轨迹中步步为营,得出结论。例如在探讨唐诗的音乐美时,蒋孔阳先是在共时的视野中对唐诗的对偶、平仄、押韵和节奏作出细致的分析。同时,他又按历史顺序,从诗经、楚辞、汉赋、骈体文到唐代的散文以至唐诗,作了历时性比较,突出唐诗的格律特点。又如在论述唐诗的意境时,蒋孔阳先论述中国古代诗歌"心物感应"的曲折发展历程,从《诗经》注重比兴,但"心"、"物"尚未相融始,经由汉代经学对情感的抑制,魏晋六朝的自觉,至唐诗中出现的"境"与"意境"等诗歌理论,此后又经严羽的"兴趣"说、王士祯的"神韵"说、袁枚的"性灵"说直至王国维的"境界"说,追本溯源,最终又横向概括出意境的"情景相生"、"生气盎然"、"韵味无穷"等特点。共时与历时的交错,既能把研究对象还原到历史的背景中加以动态考察,又能把内在的规律性抽取出来做深度的理论分析,从而做到史论结合、纵横开掘。

二是共性与个性并重。蒋孔阳论唐诗的审美特征,注重将共性与个性相结合。他认为诗歌的美来自两个方面,一是诗人本身内在的品质,二是诗歌艺术形象的生动性和完美性。唐诗因诗人的个性与风格而异,但作为一个整体,仍有其自己的美学特征。他对唐诗四个审美特征的归纳,体现出他将唐诗作为一个审美客体加以体悟和评析的理论色彩。而对于唐诗的个性特色,蒋孔阳则作为特征之一详加探讨。他强调,一首诗美不美,除了形式、内容诸要素外,个性特色是最为根本和重要的。他用具体的诗例,分析了李白的自然在于性情的真挚、毫无保留的流露,有别于谢灵运、陶渊明、王维、孟浩然的自然。而杜甫的个性,蒋孔阳则认为在于体物观性以抒我之情,而非以我之性写物之性。杜甫诗的个性经过深沉的回味和咀嚼,往往升华为一种更高的人生境界。一般的人生经验,经过杜甫的心灵,就像经过雕刻家的手,塑造成永恒的形象。蒋孔阳又以《嫦娥》一诗为例,揭示李商隐将一个家喻户晓的神话传说,以独特的意象与感受表现出隐晦、曲折的个性美。凡此种种,体现出蒋孔阳唐诗美学研究中共性与个性并重、理性与感性并存的特点。

三是类比手法的运用。在唐诗的"建筑美或视觉美"一节中,蒋孔阳从唐诗与建筑的比喻关系入手,探讨了唐诗的视觉美。蒋孔阳认为,音乐、建筑与诗是不同的艺术部门,不可互相混淆,但又非绝对孤立,而是彼此相通。他巧妙地以建筑从砖、瓦到门、窗、房间的化实为虚的特点,来比拟唐诗由具体意象的陈列到意境营造的虚实关系;以建筑的立体视角,来揭示诗歌意象叠加的多方位、多角度的时空交错的立体感;以建筑小空间容纳大宇宙的特点,来象征唐诗言简意赅的凝炼美。这种类比的手法,能形象地突出事物的特征,显得具体可感。

(三) 对古代绘画美学思想的研究

在对中国古代绘画美学研究的笔记中,蒋孔阳将中国古代绘画概括为五个特点:即中国绘画是笔墨的艺术、线的艺术、用以大观小的方法塑造形象的艺术、不受时空限制的艺术和综合的艺术。在此基础上,蒋孔阳从四个方面归纳中国绘画美学思想:在形似与神似统一的基础上强调美在神似;在师造化与法心源二者的统一中,强调美在画家的人品和修养;在个体与整体的统一中,强调美在整体的境界;道与自然。具体看来,蒋孔阳对中国绘画美学思想的研究具有以下三个方面的特点:

一是中西比较。蒋孔阳处处以西方绘画为参照,突出中国绘画的美学特征。例如,在形似与神似的关系中,蒋孔阳概括了西方绘画重形似与中国绘画重神似的特点;在师造化与法心源的关系中,蒋孔阳以西方的模仿自然为参照,论述了中国古代画家师造化,是将自然渗入到画家灵魂当中,成为画家整个人品的一个组成部分;在个体与整体的关系中,蒋孔阳认为,中西方绘画,都讲究个体与整体的统一。中国绘画着重整体境界的描写,它的主题,不是描写某一个地方、某一个人,而是表现某一种情趣、某一种境界;在道与自然的关系中,蒋孔阳以西方哲学中现象与本质的范畴来说明二者的关系,认为自然与道,分而言之,一是现象,一是本质,似有差别;但合而言之,现象即本质,本质即现象,因此,自然也就是道,道也就是自然。可见,蒋孔阳对绘画美学的中西比较乃以西方为参照,立足于中国,力求突出本土的特色。

二是历史考证。除了宏观的中西比较,蒋孔阳还在微观的考证上下功夫。如围绕神似,蒋孔阳不仅将"传神"、"以形写神"、"畅神"等提法的出处及含义作出周密的辨析,还将"形似"与"神似"、"神"与"理"等相反的概念拈出比较,对相关范畴的渊源及历代的含义遍加考证。在此基础上,蒋孔阳以严谨的态度得出结论,认为中国古代绘画美学思想,虽强调神似,但并非只重神似而不重形似,而是要在形似的基础上,传达出自然界的生命,表现出作者的思想感情,以达到神似。细密的考证功夫使他不至于将形似与神似的发展过程作线性的简单化理解,而是实事求是地认为,中国绘画是从重形到重神,发展有先后,但又交叉并行,不能截然说古人重形,后人重神,历代皆有重形者与重神者。

三是多领域、多学科的贯通。在对史料广泛征引的基础上,蒋孔阳论述所及,举凡历代哲学思想、诗书画论及相关实践无所不涉。例如,在论述神似范畴的渊源时,蒋孔阳除了探讨魏晋时期的几种思潮,还着重分析了佛教东来对形神关系的影响;在论述中国画之美在"整体的境界"时,又大量征引中国诗学的例子加以说明,论述这种整体性体现为情与景、虚与实、时间与空间、声音与色彩、诗与画的浑然不分;在"道与自然"文中,将儒道两家的哲学思想与中国画论互相参证,说明建立在道的哲学基础上的中国绘画,强调自然,反映在风格上,就是强调简、淡、雅、拙等。多领域、多学科的贯通,使蒋孔阳的美学研究不限于一隅,体现出渊博的学识与广阔的视野。

综上所述,蒋孔阳的中国古典美学研究以断代史或专题研究为特色,务求立足于文本,融哲学、历史与美学于一炉。史论结合,论从史出;征引丰富,考据慎密;文风朴实,浅近自然,并注重在西方美学的参照下突出中国美学的特色,体现了他的渊博、严谨与平易。

三　实践创造论美学

在美学的基础理论上,蒋孔阳继承和发展了马克思主义的实践美学观,提出了他的实践创造论美学观。这是以实践论为哲学基础、以创造论为核心的审美关系论美学观。蒋孔阳在人与世界的审美关系中界定美学,研究美学中的实践特征。它是以人为中心,以艺术为主要对象,以人生实践为本源,以审美关系为出发点,以"创造——生成"观为指导思想和基本思路的理论整体。在理论体系的创新上,充分体现了蒋孔阳的治学特点和学术品格。在具体的研究中,蒋孔阳既注重温故而知新的历史研究,又强调自己独特的感受和理解。这就使得他的实践创造论美学能融会贯通、兼采众家之长而又独具慧识、自出手眼。

蒋孔阳的实践创造论美学从20世纪60年代开始发萌,形成于20世纪90年代初。它首先体现了蒋孔阳在研究方法方面的贡献与创新。方法的转变意味着思维方式的转变。对此,蒋孔阳打了个生动的比方:"到了原子时代,如果还泥古不化,上阵时还要使用长枪和短枪,那是没有不失败的。"① 方法的

---

① 蒋孔阳:《蒋孔阳全集》第三卷,安徽教育出版社1999年版,第45页。

重要意义即在于:"历史上每一次科学研究的突破和创新,总是伴随着方法上的突破和创新,美学研究也是如此。每一种新的理论的出现,总是和新的方法分不开。"① 蒋孔阳大力提倡"综合比较"和"考据"的方法。综合比较能使人视野宏阔,便于在古今中西的时空比较中占据理论创新的制高点。考据则体现了中国学术精神的本土特色,乾嘉和五四学者的巨大成就就是与其重考据的求实精神分不开的,理论建构上的每一移形换步都必须以坚强的事实依据作为基础。否则,所谓的理论创新只能流于侈谈。在综合比较和求实考据的基础上,蒋孔阳最终将当代美学研究的方法落脚于唯物辩证法。唯物辩证法何"新"之有？至少建国后中国的一切理论研究不都以唯物辩证法为指导吗？事实上并非如此。以往各种高举唯物辩证法大旗的理论研究无不多多少少带有口号式的教条化倾向,而仍以机械的、僵化的、形而上学的思维方式来处理问题,这不啻是对唯物辩证法的讽刺。蒋孔阳则不然,他一以贯之地提倡唯物辩证法,不仅源于一份坚守精神,更在于他对唯物辩证法通透的理解。正是在这种通透的理解上,我们才说它是"新"的。蒋孔阳认为,唯物辩证法可以包含和容纳其他各种方法,其本身是一个开放的系统,而不是固定的条条框框,它是实践的指南,并随着实践的不断发展而不断地创造和发展、丰富和完善。蒋孔阳明确指出:"唯物辩证法,是唯物、辩证和历史三者的统一。由于这三方面的统一,它把整个宇宙当成一个动态的时空复合结构,一切都处于相互的联系之中,处于不断地否定、革新和创造的过程之中。"② 正是基于这样全新理解的唯物辩证法,实践创造论美学才能突破形而上学的思维模式,突破本质论和认识论的理论研究框架。

实践创造论美学的最突出的特点,是蒋孔阳把人与现实的审美关系作为美学研究的出发点,这不同于以往的美学学派或以美(美的本质)、或以美感(审美经验)作为研究的出发点,而是尝试着突破主客二分和形而上学的思维方式,力求贯彻马克思主义的唯物辩证法,从实践的角度揭示出美学的基本规律。蒋孔阳着重阐释了人与现实的关系。他认为马克思主义的划时代意义是从人与自然的关系中全面地研究人,并特别指出关系对人才有意义,包括人与自然的关系、人与人的社会关系。而"无论作为关系主体的人,或是作为关系客体的现实,以及它们所构成的关系,都既不是简单的,也不

---

① 蒋孔阳:《蒋孔阳全集》第三卷,安徽教育出版社1999年版,第42页。
② 同上书,第55页。

是固定不变的。它们都各自具有多层次的结构,多方面的变化"①。这就能从关系的各个环节入手进行细致的辨析:作为关系主体的人是自然性、物质性与社会性、精神性的统一,是在一定历史条件下具有丰富、复杂内容的个性化的主体;而作为关系客体的现实,则包括自然界、人与自然的关系所制造出来的各种产品、人与人的关系所产生的各种社会现象和人类的各种精神产品;主体和客体都是如此的丰富复杂,它们之间的关系则更是丰富复杂了。"这一切关系,都以人的需要为轴心,以人的实践为动力,以物的性质和特性为对象,相互交错影响,形成了整个人类社会的历史和现实生活。"② 人与现实的关系多种多样,审美关系作为其中的一种,是通过感官来建立的,是自由的,是人作为整体与世界发生的关系,从中全面展开人的本质力量,最终化为一种情感的关系。审美关系是贯穿实践创造论美学的一条红线,最能体现蒋孔阳思维方式的辩证性。他强调主体、客体、主客体关系三者的变动性、复杂性、丰富性,把它们置于原生态的审美关系的背景中去。

关于美的本质问题的探讨,经过五六十年代和七八十年代美学大讨论的洗礼,美学研究者们基本上顺应西方20世纪美学研究的潮流,避开与这个难题的正面交锋。而蒋孔阳则不惮艰难,勇敢地正面应对美的本质问题,他从马克思主义哲学的实践观点出发,抽丝剥茧,层层剖析,多角度多侧面地展开论述,为美的本质问题的研究别开一生面。蒋孔阳明确指出:"美是一个开放性的系统。"很显然,蒋孔阳并不是把美看成某种固定不变的实体,也不是把美看成某种由单纯的因素构成的单一现象。蒋孔阳在正面阐述美的本质时用了四个命题:"美在创造中"、"人是世界的美"、"美是人的本质力量的对象化"和"美是自由的形象"。这四个命题多角度地论述了美的系统性、生成性,这与蒋先生以审美关系为出发点的思维方式是一致的。蒋孔阳坚持和维护"人的本质力量对象化",认为"美离不开人,因而美的本质离不开人的本质","人的本质转化为具体的生命力量,在'人化的自然'中实现出来,对象化为自由的形象,这时才美。"③ 对于"人的本质力量"的理解,蒋孔阳基于马克思的原意,融通了李泽厚、朱光潜等人的解说,并创造性地加以

---

① 蒋孔阳:《蒋孔阳全集》第三卷,第5页。
② 同上书,第7页。
③ 同上书,第175页。

发挥,提出这"是一个多元的、多层次的复合结构。在这个复合结构中,不仅既有物质属性,又有精神属性;而且在物质与精神交互影响之下,形成千千万万既是精神又是物质、既非精神又非物质的种种因素"[①]。对于对象,蒋孔阳也作了阐释,强调人化了的自然才能进入审美关系。对于对象化的活动,蒋孔阳也提出主体要有对象意识,所化的内容应该是根据社会的要求最能体现出本质力量的,是用形象化的实践方式双向反馈、循环不已地创造出来的有意味的形式,即"第二自然"。这样,他就将"人的本质力量的对象化"和李泽厚采用的"自然的人化"两个命题很好地结合了起来。在此基础之上,蒋孔阳提出"美是自由的形象",他说:"美的理想就是自由的理想,美的规律就是自由的规律,美的内容和形式就是自由的内容和形式。美是人的本质力量的对象化,人的本质力量也离不开自由,因此,我们说,美的形象就是自由的形象。"[②] 这个观点既是对"美是人的本质力量对象化"的拓深和延展,又借鉴了李泽厚先生"美是自由的形式"说和高尔泰先生"美是自由的象征"说,正体现出蒋孔阳美学思想的综合性和包容性。

  蒋孔阳提出"美在创造中",将审美活动视为"恒新恒异的创造"。[③] 他从马克思主义的实践观点出发,以主客体之间的审美关系为基础,兼采众长,从历史和逻辑的角度加以论证,提出了独树一帜的"多层累的突创"说,不仅解释了美的形成和创造的缘由,而且揭示审美意识历史变迁的基本规律:"所谓多层累的突创,包括两方面的意思:一是从美的形成来说,它是空间上的积累和时间上的绵延,相互交错,所造成的时空复合结构。二是从美的产生和出现来说,它具有量变到质变的突然变化,我们还来不及分析和推理,它就突然出现在我们面前,一下子整个抓住我们。"[④] 他所说的"多层累",从多个层次和侧面来探讨美的形成和创造,包括"自然物质层"、"知觉表象层"、"社会历史层"、"心理意识层",综合吸取了蔡仪先生客观说、朱光潜先生的主客观统一说和李泽厚先生积淀说的一些合理成分,同时更加强调了突创性。其"突创说"受到了马克思主义的由量变到质变的质量互变规律的影响。这种由渐而顿,由量变到质变的过程具有着突发性和创造性的

---

① 蒋孔阳:《蒋孔阳全集》第三卷,第185—186页。
② 同上书,第213页。
③ 同上书,第147页。
④ 同上书,第148页。

特点,蒋孔阳将其比喻成"像母鸡孵小鸡一样,不是一脚一爪地逐步显露出来的,而是一下子突然破壳而出"①。强调了审美过程中主体的创造性。这表现在我们对美的感受过程中,带有直觉的突然性、感受的完整性、思想感情的集中性和想象的生动性等特点,是对审美活动的一种描述。审美活动本身就是一种创造性的活动,"主体与客体的关系,永远处于恒新恒变的状态中,因此,美也处于不断的创造过程中"②。他把美看成是一个"开放性的系统",一个"恒新恒异的创造"的过程,强调了审美活动中主观的能动创造性,并且具体深入地揭示了审美创造的丰富性和复杂性,包括个体的个性特征、心理素质和文化素养,特别是在具体的审美活动中主体的处境和精神状态。

在论及美感问题时,蒋孔阳有一个总的概括:"如果说,美是人的本质力量的对象化,是人的本质力量在客观对象上的自由显现,那么,美感则是这一本质力量得到对象化或者自由显现之后,我们对它的感受、体验、观照、欣赏和评价,以及由此而在内心生活中所引起的满足感、愉快感和幸福感,外物的形式符合了内心的结构之后所产生的和谐感,暂时摆脱了物质的束缚后精神上所得到的自由感。"③蒋孔阳强调应把美与美感作为构成审美关系的相反相成的主客体双方来把握,二者在现实的实践中同时诞生、同时存在而又相互创造、互为因果,突破了美感研究的认识论框架。蒋孔阳从马克思主义的实践论出发,把美感看成是社会历史实践的产物。他认为在审美活动中,"这种心理上的满足和精神上的享受,决不是自然的禀赋,而只能是在社会历史实践的过程中,经过世代积累,所诞生和形成起来的人之所以为人的特殊的本质力量"④。这种对审美心理的社会历史实践过程中的积累,正是美的产生和创造中的多层累的基础。蒋孔阳从"美感的诞生"、"美感的生理基础"、"美感的心理功能"、"美感欣赏活动表层的心理特征"、"美感欣赏活动深层的心理特征"和"美感教育与人的心理气质和精神面貌的转移"各方面详尽探讨了美感的形成过程和多层结构。其一以贯之的辩证的创造生成论思想使对美感的研究得到极大的深化和发展,深刻揭示了美感的多

---

① 蒋孔阳:《蒋孔阳全集》第三卷,第158页。
② 同上书,第150页。
③ 同上书,第269页。
④ 同上书,第272页。

样性、丰富性、复杂性以及美感心理活动的矛盾性。

蒋孔阳的实践创造论美学是建国五十多年间美学发展的一个总结，也为21世纪的美学研究奠定了重要基础。蒋孔阳先生把美学研究放到对人的价值的发现和提升的高度展望未来，指出："在21世纪，对人的展望，对美的展望，很可能会经受各种曲折，但美作为人的本质力量对象化，作为自由的形象，终究会被人所创造、所拥有，并呈现出恒新恒异的形态，人在审美关系中不断的自我实现和自我创造，正是人的价值和理想的不断发现和提升。"① 蒋孔阳的美学思想是融通中西、贯穿古今和指向未来的。

综上所述，中国现代美学的发展主要经历了三个时期，即20世纪初的美学启蒙及其学科创建时期，三四十年代的中国现代美学奠基和中国马克思主义美学诞生时期，20世纪后期的实践论美学在论争中不断发展的时期。王国维的美学启蒙及其悲剧、境界理论中所体现的中西美学融合之初步尝试，朱光潜对西方美学的翻译介绍、批判综合以及他在美学研究中所体现的心理学方法与向度，宗白华对中国美学与艺术的精深微妙的体验、把握以及他在艺术境界理论的建构中所体现的中国美学的本土立场，李泽厚美学研究中的体系意识、哲学高度和他在实践论美学中所体现的对马克思主义哲学的深刻理解与重新阐释，以及蒋孔阳沿着王国维、朱光潜、宗白华以来的美学研究，继续推进西方美学、中国古典美学的研究，并把实践美学推进到实践创造论美学的层面，共同为中国美学现代体系的构建和21世纪的重新发动奠定了坚实而厚重的理论基础；中国现代美学家们的努力与探索，取得了令世界瞩目的丰硕成果，但中国美学由古典而现代的转型还远远没有完成，新世纪美学家们应当在继承前辈美学研究成果的基础上，既重视挖掘和汲取中国本土美学思想资源，又积极吸纳和融会当代西方美学有益成果，为构建具有中国特色的全球视野下中国现代美学体系而不懈努力，中国美学因之也必将迎来美好的发展前景。

思考题：
1. 简述20世纪中国美学的学术进程。
2. 试比较分析王国维的境界说和宗白华的艺境论。

---

① 蒋孔阳：《蒋孔阳全集》第三卷，第734页。

3. 简析朱光潜美学思想之于中国现代美学建设的意义。
4. 如何评价以李泽厚为代表的实践论美学思想?
5. 简析蒋孔阳的实践创造美学思想。

后 记

经过一年多的酝酿、撰写和讨论定稿,本书终于面世了。本书的作者既有多年来对中国美学史素有研究、特别是对所写的章节内容有独到见解的学者,又有近年来从事中国美学史教学、专门研究相关专题的青年新锐,大家的专业基础和认真态度是本书质量的基本保障。当然,尽管我们做了认真细致的工作,可是由于时间仓促等方面的原因,本书一定还会存在着种种的不足;又由于是集体撰写,某些不足在本书中也会有所体现;一些探索也还有待深化;欢迎专家学者和广大师生批评指正,以便进一步修改完善。

朱志荣

2006 年 10 月 20 日